# 系统哲学思想史研究

高剑平　齐志远　著

科学出版社

北京

# 内 容 简 介

系统哲学思想史,即人们对物质世界和精神世界系统性认识的历史,它经历了古代、近代和现代三个发展时期。与此相对应,产生了古代朴素哲学的系统思想、近代辩证哲学的系统思想以及现代建立在定性与定量相结合的系统科学的基础上的系统哲学思想。本书从"实体"和"关系"的角度切入,全面深入地梳理并总结了系统哲学的"关系"思想、整体思想、非线性思想与演化生成思想。

当今人类所面临的各种各样的全球性问题,要求人类扬弃传统哲学的"实体"性思维,吸纳系统哲学的"关系"性思维,依靠辩证的系统自然观及系统哲学思想来寻求解决方式。

本书适合科技哲学及相关领域的研究者、本科生、硕士生、博士生参考,也可供对哲学感兴趣者阅读。

**图书在版编目(CIP)数据**

系统哲学思想史研究 / 高剑平,齐志远著. —北京:科学出版社,2022.6

ISBN 978-7-03-072258-4

Ⅰ. ①系… Ⅱ. ①高… ②齐… Ⅲ. ①系统哲学-思想史-研究 Ⅳ. ①N94-02

中国版本图书馆 CIP 数据核字(2022)第 080851 号

责任编辑:郭勇斌 冷 玥 / 责任校对:张亚丹
责任印制:吴兆东 / 封面设计:刘 静

**科 学 出 版 社** 出版

北京东黄城根北街 16 号
邮政编码:100717
http://www.sciencep.com

北京厚诚则铭印刷科技有限公司印刷
科学出版社发行 各地新华书店经销

\*

2022 年 6 月第 一 版 开本:720 × 1000 1/16
2025 年 1 月第三次印刷 印张:28 1/2
字数:463 000
**定价:188.00 元**
(如有印装质量问题,我社负责调换)

# 史料、史识与史胆的契合之作
## ——《系统哲学思想史研究》序

高剑平先生和齐志远先生的《系统哲学思想史研究》一书公开出版，是国内系统哲学史界的一件大事，也是我期待已久的喜事。

十多年前，我就拜读过高剑平先生的博士论文，那是他研究系统科学思想史的大作。论文到我手中，拿起来就放不下，连续几天，我都沉浸其中，不歇气地把它读完了。虽然是严肃的学术研究，但读来仍是酣畅淋漓。我多次建议其在博士论文的基础上，再花点功夫，修改成一本专著公开出版，以惠学界。由于种种原因，我的这一期望一直未能实现。所以，当高剑平先生寄来《系统哲学思想史研究》书稿，并请我为之做序时，喜悦之情难以言表，也就不揣冒昧，大胆地接下了这个重担。

如果我没记错的话，该书似乎是国内第一本全面、系统、科学地对系统哲学思想史进行专题研究的论著，值得向广大读者朋友，尤其是学习、研究系统哲学的朋友隆重推介。

该书的史料丰富翔实。作为一门成熟的学科，系统哲学诞生于 20 世纪40 年代。由于第一次科技革命的影响，系统哲学学界可以说是名家云集，学派众多，给世人留下的思想史料自然极为丰富。本书不但系统梳理了系统哲学孕育、诞生、发展的历史进程，而且对当代国际上代表性系统学派的系统哲学思想、中国学者对系统哲学思想的独特贡献都分专门章节进行了较为详细的介绍论述，对系统哲学思想与世界新图景也进行了展望，内容较为全面。

作者的研究较为系统。该书对思想史、科学史和系统哲学思想史之间的联系与区别做了认真的分析论述。在此基础上，对中外的系统哲学史进行了条分缕析。系统哲学学科诞生的时间虽然不长，但古今中外的系统哲学思想却是源远流长。对这些宝贵的思想遗产，作者都用简练的文字进行了系统的梳理。一册在手，有如导航的北斗，可引导读者在浩瀚的系统哲学思想领域纵横驰骋。

　　全书的论述较为严谨。该书共八章，可分为绪论、本论、结论三个部分，逻辑严谨。每一部分，都做到了史论结合，论从史出。作者立论的角度也颇为独特。统揽全书，作者紧紧抓住"实体"与"关系"之间的关系，从破"实体"到立"关系"，从存在的"实体"到演化的"关系"，从"关系"的演化到"关系"的生成，从"实体"再到"实在"，都进行了较为充分的论述，评价也较为恰当和公允，体现了作者深厚的学术功力。

　　同高剑平先生以往的著作一样，该书文字干净、文句优美、文笔洗练，颇为耐读。该书虽然是严肃的学术著作，却并不故弄玄虚和故作高深。这也是我向来喜欢读其大作的原因之一。大家读了之后，自然会有同感。

　　读史使人明智，历史照亮未来。但史书的写作，尤其是学术史的写作，却从来不是一件容易的事情。没有"立言、立功、立德"的大担当、大情怀，没有史眼，没有史识，没有甘于坐冷板凳的心志，是不可能完成的。特别是在当下这个有点浮躁的社会，特别是对于这样一个融自然科学与社会科学于一体的系统哲学思想史，要进行全面而系统的专题研究，殊为不易。

　　当然，作为国内第一本专题研究系统哲学史的论著，也难免有不足之处。比如第六章在论及中国学者对系统哲学思想的独特贡献时，没能对毛泽东的系统哲学思想进行总结研究，窃以为就是美中不足。在我这个外行看来，毛泽东的《中国社会各阶级的分析》《论持久战》《实践论》《矛盾论》《新民主主义论》《论联合政府》《论十大关系》《关于正确处理人民内部矛盾的问题》等重要经典著作和演讲，都蕴含着极为丰富的系统哲学思想，该书却没有论述，实为憾事。但不管怎样，作者筚路蓝缕之功历历在目，应该是无愧于心了。

　　一时高兴，接手为序。待要动笔，诚惶诚恐。草草数言，言不及义。请作者和读者诸君见谅。

蒋剑锋[*]

2022 年 5 月于广州珠江新城寓所

---

　　[*] 蒋剑锋，1986 年 7 月大学毕业被选调到湖南省委党校工作，1991 年 7 月研究生毕业。历任湖南省委党校《湖湘论坛》杂志社编辑、教研科副科长、团委书记。1997 年任中共湖南省委经工委组干处副处长，2000 年任湖南省经贸委人事处处长。2005 年挂职中共茶陵县委副书记。2010 年 5 月任湖南省某省直单位副厅长级干部，现为广州南粤基金集团副总裁、广东财经大学 MBA 学院特聘导师。

# 目　录

# 绪　论

波普尔说："科学的进步是从理论到理论，是由一系列愈来愈好的演绎系统所组成。而我真正想提出的倒是：应当把科学设想为从问题到问题的不断进步——从问题到愈来愈深刻的问题。"①正是因为自然科学和人类社会遇到了愈来愈深刻的问题和危机，20 世纪 40 年代，系统哲学应运而生。

今天，系统哲学已是哲学的重要前沿。系统哲学的产生和发展一方面为自然科学和社会科学开创了广阔的新天地，另一方面又掀起了人类思维模式和思维方法的大革命。对系统哲学思想史进行详细的研究，必将促进哲学和现代科学技术的结合，丰富和发展辩证唯物主义；必将促进人的思维方式的现代化，促进人的素质的全面提高，因而具有深刻的理论意义和重大的实践意义。

然而，要全面系统地研究和总结系统哲学思想史，首先就必须回答下面三个问题：①近代两次科技革命的哲学基础及其内在缺陷是什么？②为什么会孕育出系统哲学？③系统哲学思想史研究何以可能？

## 第一节　第一次科技革命："实体"对象及对"实体"的认识

众所周知，从 16 世纪开始，人类的科学研究发生了前所未有的巨大飞跃。对于自然界，人类在总结前人科学成果的基础上，首次形成了"科学的、系统的、全面的认识"，并产生了科学巨匠牛顿。牛顿建立的以经典力学为中心的科学体系，引发了 18 世纪中叶的第一次科技革命，极大地推动了当时西方各国政治、经济、军事、文化、教育、社会等全面而深入的发展。蒸汽机的发明和应用，更是促使英国、法国、德国、美国等西

---

① 波普尔. 猜想与反驳：科学知识的增长[M]. 傅季重，纪树立，周昌忠，等，译. 上海：上海译文出版社，1986：317.

方主要资本主义国家，完成了其各自的工业革命，生产力得到了极大的提升，人类由此进入了机械化时代。工业生产的发展，必然要求西方各国空前重视自然科学理论的探索，并运用自然科学技术为工业生产服务。这又为自然科学的研究提供了先进的科学技术手段，从而使得近代自然科学进入了全面、深入、广泛的发展时期。1873 年，英国物理学家麦克斯韦的经典电磁场理论和经典电动力学的建立，引发了近代西方各国的第二次科技革命，尤其是发电机和电动机的发明，使人类进入了电气化时代。人类的科学、技术、经济、社会、文化等，在第二次科技革命后得到更加迅猛的发展，写下了光辉灿烂的篇章。

然而，考察人类社会在 16—19 世纪所谱写的绚丽动人的科学技术乐章，我们会发现两次科技革命都有一个共同的哲学基础：牛顿"实体"思维。换句话说，近代科学技术所取得的辉煌成就，等同于"实体"思维所取得的辉煌成就。

## 一、近代科学技术诞生的标志：关于"实体"的机械自然观和科学方法论的建立

近代科学技术之所以能够飞速发展，离不开建立在"实体"思维基础之上的自然观和方法论，包括近代自然观——笛卡儿-牛顿机械自然观以及近代科学方法论——实验-数学方法论。近代以来的自然哲学家和自然科学家共同锻造了这个传统，直到今天，这个传统还在发挥巨大作用。近代自然观和近代科学方法论，无论是在探索自然界的知识增长领域，还是在人类独有的社会生产领域，一直都发挥着无与伦比的巨大作用。

概括起来，近代自然观及近代科学方法论主要包括四个方面的内容：一是主体与客体分离，即自然界与人的分离；二是深入到自然界内部的数学设计；三是任何物理现象都能得到充足的还原论说明；四是大自然堪与机器相比拟。

从此人类的科学技术，便沿着经典和经验这两种传统向前发展。一种是牛顿开创的经典科学传统，包括力学、光学、天文学及数学。数学和科学理论是这种科学传统的方法论基础，严谨而且规范。另一种就是培根所

开创的经验科学传统，科学实验是这种传统的方法论基础，它依靠各种各样的仪器，注重定量分析和定性分析，并借此得出科学的结论。这两种科学传统交相辉映，相得益彰，共同促进了近代以来科学技术的迅猛发展。

无论是依靠牛顿以数学和理论为基础的经典科学传统，还是依靠培根以定量分析和定性分析为基础的经验科学传统，它们都有一个共同的理论前提：世界由可分割的"实体"构成，其本质是简单的。至于外部世界的种种复杂表象，是由"实体"聚集叠加而形成，并且在本质上可以得到还原论的充足说明和准确解释。科学的宏观目标是探索宇宙，终极目的是探明组成宇宙本原的最初"实体"，科学研究中的所有分支学科最终都可以在"实体"的旗帜之下得到统一。

大名鼎鼎的笛卡儿–牛顿机械自然观就一直认为：决定自然界物体千差万别的内在因素，不是别的什么东西，而是微粒的数量变化和微粒在空间排列的位置，此其一。运动不是物质内在性质的变化，本质上是物质空间位置的改变，此其二。世界上的一切运动，包括生物体生长在内的运动，不是受到什么宇宙神秘力量的驱使，本质上乃是机械碰撞和机械位移的结果，此其三。笛卡儿–牛顿机械自然观主张：人类科学的任务，不是去寻求万事万物最初的本原以及目的论证明，而是要对世间万事万物的运动做出精确的数学描述。自然界，理应成为人类理性所透彻了解的研究对象。笛卡儿–牛顿机械自然观之下的机械模型，可以说明自然界包括人的身体在内的一切事物。

笛卡儿–牛顿机械自然观的这些主张意味着：微观世界不仅是不变的，而且是简单的。宏观世界尽管可变，尽管复杂，然而种种复杂现象的背后，不过是由各种各样的简单所堆积聚集叠加而来。

笛卡儿、牛顿两人在近代科学史上的地位无与伦比。笛卡儿开创了解析几何这个全新的数学领域，并且将理性的数学工具运用到极致。牛顿则是近代科学史上第一人，数学工具的运用更是炉火纯青，并且发明了微积分。牛顿实现了近代以来首次物理学理论大综合。以牛顿三定律为代表的经典力学，取得了空前的成功，开创了科学史上著名的牛顿时代。人类借此开启了对于自然界的真正认识。牛顿力学使人们前所未有地认识到这种关于质点的"实体"科学的巨大威力。万有引力理论的指导和数学工具的介入，使人们在天文观测中捕捉到了海王星。按照牛顿万有引力定律所计算的结果，哈雷彗星在预定的时间预定的空间准确回归，更是使得牛顿力学声威大震。从此，关于"实体"的科学——牛顿力学顿时名扬世界，无人不知，无人不晓。

无可否认，牛顿力学体系一建立，就在人们心目中树立起一座巍峨壮丽的大厦。在这座大厦的内部，有着严密、严谨、完美的逻辑结构；在这座大厦的外部，有着挺拔、壮丽、耀眼的总体轮廓，并发出夺目的光辉。让整个科学界服膺的更在于：牛顿关于"实体"的力学将天上和地下统一起来了。掌握了牛顿力学体系，不仅明晰了地球运动，更是洞悉了天体运动。对此，爱因斯坦评价说："牛顿成功地解释了行星、卫星和彗星的运动，直至其最细微的末节，同样也解释了潮汐和地球的进动——这是无比辉煌的演绎成就。"①

的的确确，牛顿在近代以来无可替代的科学地位是有目共睹的。这不仅仅指他开创经典力学体系所作出的科学贡献，更在于他以一己之力锻造而形成的"实体"的科学传统。这种"实体"科学传统对近代以来科学的发展乃至社会进步起着巨大的推动作用。牛顿的经典力学体系不仅仅是当时科学的巅峰形态，它还为同时代乃至以后的相关学科譬如光学、天文学、力学、电动力学等确定了探索和前进的方向。

从此，科学史上一个辉煌时代——分析时代降临。而这源于牛顿所开创的崭新的关于"实体"研究的科学传统。科学家和工程师们开始对自然界和人类社会的各种细枝末节进行研究，即对大自然和人类社会的各种"实体"进行专门、深入、分门别类的研究。剖析越来越深，分工越来越细，"实体"越来越多，种种"实体"的科学和学科孵化出来。分化—汇聚—分化—汇聚，并形成了自然科学、技术科学、社会科学这三大科学领域。在三大科学领域中，出现了众多纵向的学科分支和横向的学科交叉。

在牛顿力学范式的带动之下，其他自然科学也进入长期的繁荣发展时代。关于"实体"的牛顿定律，在各种学科中广泛推广和运用。在化学领域，"实体"——"原子"模型被道尔顿借鉴，他不仅用原子论来解释气体的性质，还把"实体"的质点和力的概念应用到化学，指出组成物质的

---

① 引自爱因斯坦《牛顿力学及其对理论物理学发展的影响》一文。此文是爱因斯坦为纪念牛顿去世 200 周年而撰写，参见：爱因斯坦文集：第一卷[M]. 许良英，范岱年，编译. 北京：商务印书馆，1976：225。

原子必然受到引力的约束。在静电学领域，著名的库仑定律揭示出静电力的内在联系。安培开创了电动力学，其著名的平行导线间的电流作用力公式，和万有引力公式有异曲同工之妙。

近代自然科学飞速发展的另一个强大驱动力量是数学的应用，它源自自然界内部的数学结构。大自然内部的数学结构是世界得以和谐的前提和根据，这不仅是古希腊毕达哥拉斯学派的自然哲学信条，更是牛顿以来近代科学家们深信不疑的真理。数学工具也是近代机械自然观最为重要的方法论基础之一。用机械自然观去指导近代的科学研究，必然形成追求清晰、严密、严谨、精确的研究结果，纯粹理性的数学工具就是其不二法门。对于数学工具在牛顿力学中的深入运用，爱因斯坦曾经评价说："直到十九世纪末，它一直是理论物理学领域中每个工作者的纲领。"[①]

与此同时，数学工具也使得近代以来所有"实体"的科学都取得了飞速的发展。这种由于数学的精确所带来的辉煌的科学成就，即被牛顿数学化了的在科学研究中所取得成就的思维方式，被近代以来的科学家们极力推崇和追捧，以至成为18—19世纪科学研究的风尚。整整两个世纪，几乎所有的科学家都在竞相模仿笛卡儿-牛顿机械自然观和数学方法论，去研究其各自的科学领域，探索自然，建立各自的理论体系并取得成就。除道尔顿和安培外，还有门捷列夫和卢瑟福。门捷列夫采用定量研究，坚持用量变去说明和解释化学元素的性质，以及元素之间的演变规律，最后得出元素周期律，创造出元素周期表。甚至到了20世纪的时候，物理学家卢瑟福还把原子看成和太阳相类似的模型系统。卢瑟福采用牛顿的思维方式，来构造属于他的原子模型。

综上所述，牛顿的关于质点的"实体"的力学研究范式，被各个领域的科学家所推广，牛顿的影响力达到极致，以至于近代相当长一段时间内，西方各国不少姑娘们人手一本牛顿的《自然哲学之数学原理》，摆放在自己的梳妆台前，以显示自己的时尚与紧跟科学的潮流。此种现象背后也标志着初始形态的牛顿"实体"的机械论，开始迈向经典形态的关于"实体"的机械自然观和数学方法论的牛顿科学体系以及近现代的哲学体系。

---

① 爱因斯坦. 爱因斯坦文集：第一卷[M]. 许良英，范岱年，编译. 北京：商务印书馆，1976：225.

## 二、近代科学技术的发展：“实体”科学与“实体”经济相互促进的结果

考察近代以来科学技术与经济社会的发展，是以“实体”思维为基础的，是通过科学技术的“实体”突破，从而带动资本主义“实体”经济向前发展的。反过来，资本主义经济“实体”的发展壮大，又为科学技术“实体”的研究，提供坚实的经济和社会支撑条件。近代以来横向的经济社会发展与纵向的科学技术突破，就是此两者相互促进、互为因果、轮番发展、滚动前进的结果。

其路径是：“实体”科学的渗透催生出“实体”的技术，“实体”的技术应用衍生出“实体”经济，庞大的市场迅速壮大了“实体”经济。反过来，“实体”经济乃至市场的需求又为“实体”的技术发明与“实体”科学研究提供强大的经费支撑和研究目标。对于这种循环路径，恩格斯曾经这样评价：“如果说，在中世纪的黑夜之后，科学以意想不到的力量一下子重新兴起，并且以神奇的速度发展起来，那末，我们要再次把这个奇迹归功于生产。”[①]

在资本主义市场经济条件下，近代以来西方工业生产的发展必然导致两种结果：一是向海外寻找工业原料，二是向海外寻求工业品市场。归根结底，就是寻求海外的扩张。对殖民地与市场扩张的冲动，又促使西方资本主义国家航海事业的发展。正是在此背景下，意大利人哥伦布在西班牙国王的支持下，于1492年发现了美洲新大陆。葡萄牙人达·伽马，于1498年首次取得从葡萄牙往印度航行的成功。葡萄牙人麦哲伦同样在西班牙国王的支持下，于1519年开展了第一次环球航行，并取得成功。

这些海上航路的探索与发现，为即将到来的全球贸易打下了外部空间扩张的基础，也为在此之前的作坊手工业进化到资本主义工厂——“经济实体”创造了良好的内部制度条件。一种全新的“实体”性经济制度——资本主义制度出现了。这是一种崭新的“实体经济”，采用了崭新的工具、

---

① 恩格斯. 自然辩证法[M]. 中共中央马克思恩格斯列宁斯大林著作编译局，译. 北京：人民出版社，1971：163.

利用崭新的能源、面对崭新的劳动对象。人类的生产方式发生了前所未有的改变，在此之前的春耕秋收、靠天吃饭的农业生产方式，被车间和工厂生产的方式所取代。只要原料具备，能源许可，一天 24 小时，一年四季，皆可生产。

于是，各种各样的工厂，在欧美大地拔地而起。由于工业产品名目繁多，涵盖人类吃穿住行乃至科学研究等诸多领域，这就需要各国的科学技术人员大范围全方位地分析自然界"实体"，即剖析具体物质的内在结构，挖掘其特征和性能并探明各种物质的运动形态，以便为人类的科学研究和工农业生产服务。

蒸汽动力机的发明，代替了人的体力劳作，各种机器的发明和使用，不仅把人从繁重的体力劳动中解放出来，而且极大地提高了生产效率。各种机器的研发和使用，需要深入了解金属"实体"的特性，诸如硬度、韧性、延展度、耐温性、抗疲劳性、耐腐蚀性等，这就需要深入研究金属"实体"的内在性能。金属的冶炼，需要发明各种冶炼炉。金属的来源，则需要发现并寻找物质"实体"——矿藏的分布以及勘探的规律。总之，人类需要分门别类的关于"实体"科学的专门知识。于是，物理学、地质学、化学、生物学等近代以来的"实体"科学相继建立。因此，恩格斯说："社会一旦有技术上的需要，这种需要就会比十所大学更能把科学推向前进。"[①]

近代的机器生产，肇始于第一次工业革命。其深刻的原因在于它催生了一种崭新的"实体"经济制度——工厂制度。此后，资本主义的"实体"——工厂迅速发展，向全球扩张，引发了近代以来第一次真正意义上的全球化。蒸汽动力革命所伴随的资本主义"实体"经济制度——工厂制度的生产方式，是由资本主义经济发展的内在逻辑决定的。

这场发端于英国的第一次工业革命，从 18 世纪的下半叶开始，到 19 世纪中叶基本完成。这场工业革命，用物理学的语言来表达，是"物质"与"能源"的研究及其运用的结果。用哲学的语言来表达，则是"实体"科学研究及其运用所取得的成就。

---

① 马克思，恩格斯. 马克思恩格斯选集：第四卷[M]. 3 版. 中共中央马克思恩格斯列宁斯大林著作编译局，编. 北京：人民出版社，2012：648.

　　蒸汽机的发明和机械制造技术的突破，极大地促进和带动了关于"物质实体"的技术和产业——机械制造产业、船舶制造产业、机车制造产业、冶炼产业和化工产业等迅速发展和快速扩张。与此同时，崭新的利用"能量"的技术——崭新的动力机、崭新的传动机、崭新的工具机等相继问世，人类因之而步入到了蒸汽动力的机械化时代。而这，又反过来大大加速了当时西方各国资本主义"经济实体"——工业产业的现代化进程，并引发了"能量"——能源、"物质"——材料、"经济实体"——工厂、"社会实体"——资本主义组织制度及其产业结构等领域的颠覆性的变化。社会结构的变革渗透到每一个角落，产业链条持续加长，新的工业门类不断出现。

　　资本主义"实体"工业的快速扩张，也极大地促进了西方各国教育事业的发展和人才的培养。随着机器大生产在西方各国的迅速普及，各国的工人必须具备相应的知识素养和专门的技能，这又极大地促进了"社会实体"——教育的发展。此一时期，西方各国先后颁布了普及初等教育法，建立了门类齐全、数量众多的技工学校和综合性大学。西方的诸多名校，有不少是此一时期建立并快速发展起来的。大学的纷纷建立，又极大地激活了西方社会的智力因素，推动社会生产力的飞跃发展，并导致了西方各国政治、经济、文化、社会等发生巨大变化。人类由农业文明大步迈入工业文明。

　　继英国的工业革命成功之后，法国在 19 世纪中期，德国在 19 世纪 50～60 年代，美国在 19 世纪 60 年代，日本最后于 19 世纪末 70 年代初，相继完成各自的工业革命。这些国家无一例外，都是充分利用和借鉴了英国工业革命的成功经验，分别用 40 年左右的时间，完成了各自国家的工业革命和产业转型。

　　这些国家近代崛起的路径，都是沿着科学"实体"渗透进技术"实体"，并催生出各自国家的经济"实体"——近代工厂和工业制度这么一条道路走过来的，并在近代成功地实现了各自国家的社会转型。考察第一次科技革命，至少有着下述两个特点。

　　第一个特点，技术"实体"是以"技术群"的方式出现。在持续长达百年之久的第一次科技革命的过程中，技术是以"实体"的各种各样的"技术群"方式存在的。技术之间，存在着内在的密切的联系，或表现为纵向的，或表现为横向的，或者纵横都有密切的联系。各种产业相互发展，各种技术则相互影响、相互促进，甚至相互制约。一种关键性的技术无法突破，众多行业甚至产业便停滞不前。而一种关键性的技术得到突破，则会引发整个社会的产业革命，蒸汽动力技术的突破便是如此。技术之间存在着密切的内在联系，一种技术以另一种技术的存在为前提，一荣俱荣，一损俱损。关键性的技术可以运用到多个领域和各种工业门类的生产当中，比如动力技术。技术之间的相互渗透，导致技术的连锁关系，一种技术出现，会连锁般地引发一系列的技术变革，比如齿轮技术、曲轴技术、变速箱技术。技术之间的这种横向的、密切的内在联系，使得任何技术都不可能"单兵突进"，独自向前发展。而当一种新的技术形态出现之后，尤其是关键性的技术出现之后，不仅会深刻影响与之相关技术的发展，而且还会塑造技术的路径依赖。

第二个特点，"实体"的技术促进了"实体"科学的发展。考察第一次科技革命的历史进程，我们可以发现，是技术革命直接推动了科学革命。为了追逐利润，以新的机器展现出来的"物质"形态——机器化生产，只有持续不断地更新技术，促使技术不停地迭代，才能使西方各国的资本家的"经济实体"——工厂，保持强劲的竞争力。这就是马克思在《资本论》中所揭示的，资本家为了追求相对剩余价值，加大了对技术研发的投入。然而，技术的进步有赖于"实体"科学推进的广度、深度和速度。比如，要提高蒸汽动力机的热效率，必然探索并研究热力学。如此这般，著名的探讨热效率的卡诺定理就被发现了。蒸汽动力机的发明及其在工业生产中的广泛应用，为后来的能量守恒和质量守恒定律的发现，奠定了化石燃料应用的物质基础和生产实践基础。又如纺织工业对棉纺、染料等技术的研究和使用，以及农业生产中为增产而对合成肥料、农药的研究和使用，极大地促进了有机化学、无机化学、分析化学等"实体"科学的创立和发展。

综上所述，近代以来的第一次科技革命，为科学"实体"的深入研究和社会"实体"的大规模运用，打开了极其广阔的空间。对于这一段历史的评价，马克思在他的《机器、自然力和科学的应用》一文中是这样说的："只有资本主义生产方式才第一次使自然科学为直接的生产过程服务，同时，生产的发展反过来又为从理论上征服自然提供了手段。"①随着资本主义生产方式的扩展，科学和技术首次被全社会有意识地加以广泛的发展和应用，并体现在人的生活的方方面面，其深度和广度是以往时代无法想象的。

## 第二节　第二次科技革命："实体"思维的巨大胜利

第二次科技革命，是以 19 世纪 20 年代以来以奥斯特、法拉第、安培、麦克斯韦等为代表的众多科学家所建立的电磁场理论为发端，以 19 世纪 60 年代发电机、电动机等电力器械的发明与制造，以及电力的大规模应用为主要标志。

如果说近代第一次科技革命，是以"实体"思维为基础，那么第二次科技革命，同样是以"实体"思维为基础的。在这一点上，两次科技革命并没有什么根本的不同。第二次科技革命的显著特征，是将"物质"和"能量"思维提升到前所未有的高度，是"物质"和"能量"思维的巨大胜利。只不过第一次科技革命，其"物质""能量"等"实体"思维主要体现在钢铁和煤炭上，而第二次科技革命，其"物质""能量"等"实体"思维则主要体现在电力和电机上。因此，第二次科技革命，同样是"物质"和"能量"等"实体"思维的巨大胜利。

但是，第二次科技革命之所以与第一次科技革命有所不同，是因为第二次科技革命是以"实体"的自然科学理论突破在先，引发大规模科技革命在后。也就是说，"实体"的自然科学理论率先突破，随后大规模引发整个西方社会的第二次科技革命。

综合考察两次科技革命，我们可以发现，在第一次科技革命中，关于"实体"的自然科学理论的指导作用还不是很明显，在其中起着主要作用的是如下三个要素：一是动力机的发明与革新，所谓蒸汽机是也；二是工具机的发明与大规模使用，所谓传动机是也；三是技艺经验，所谓众多的经验丰富的工匠是也。第二次科技革命就截然不同了，无论是发电机的发明，还是电动机的发明，抑或是无线电通信技术的发明等，都是先有关于"实体"的自然科学理论的突破，而后才有上述技术的发明与大规模使用。

---

① 马克思，恩格斯. 马克思恩格斯全集：第三十七卷[M]. 2 版. 中共中央马克思恩格斯列宁斯大林著作编译局，译. 北京：人民出版社，2019：202.

也就是说，在其中起着关键作用的首先是关于"实体"的自然科学理论的突破。

正是因为法拉第发现了电磁感应定律，奠定了理论基础，才有发电机的发明。同样，正是因为电的磁效应被奥斯特发现，成为电动机的理论基础和技术原理，以及安培定律为电力转化为机械力提供了定量公式，而后才有电动机的发明与广泛应用。这两项关键技术的应用，都是"实体"的自然科学理论率先突破的结果。

我们再来考察麦克斯韦的电磁场理论。麦克斯韦完成了自牛顿以来的第二次科学理论大综合——电磁场理论。他的四个偏微分方程式，是建立在严密、严谨的数学理性基础上的，是自然界本身的数学结构。这四个偏微分方程式完美呈现了统一的和谐的大自然的内在秩序，揭示出了声、光、电、热、磁等自然现象的内在联系。电磁场理论规定了电力革命的方向，并预言了电磁波的存在。随着赫兹验证了电磁波的存在，无线电通信随之被发明。正是这一系列科学家前赴后继的共同努力，使得关于电磁场理论和电动力学等"实体"科学理论取得了巨大突破，才迎来了以电气化技术为标志的第二次科技革命。

技术哲学的理论认为，任何重大技术突破所带来的价值，都可以概括为三个方面：一是经济价值，二是社会价值，三是科学价值。第二次科技革命，即电力科技革命所带来的价值同样覆盖了这三个方面。

需要强调的是，这三个方面的价值，大都体现在"实体"上面。也就是说，电气化技术的巨大成功，同样是以"实体"作为哲学理论基础的巨大成功，是"物质""能量"思维的巨大成功。第二次科技革命的成功，正是体现出了这三个方面的巨大价值："经济实体"的价值，"社会实体"的价值，"科学实体"的价值。

## 一、生产力的飞速提升："经济实体"的价值

第二次科技革命的经济价值，主要体现在社会生产力的飞速提升，以及对产业结构的更新换代所产生的巨大的内在驱动力方面。电能的大范围运用，无疑摆脱了某些地区自然条件不足对于发展工业的限制，使得人类改造自然的能力得到了巨大的提升。区域经济布局乃至区域经济的发展

格局，由于电力科学技术的介入，达到了新的平衡。地区的均衡发展与人的全面发展不再是一句空话。电力科学技术，空前地解放了社会生产力，使得整个世界发生了翻天覆地的变化。一个个代表着经济"实体"的电气化工厂，在世界各地拔地而起。整个社会所创造的财富，空前增加。19世纪的最后 30 年，世界工业总产值增加了两倍多，钢产量增加达 55 倍之多，石油产量增加则达到了 25 倍之多。由电力技术所塑造的新的工业技术体系发挥出前所未有的功能，产业结构也发生了深刻的变化。第二次科技革命所锻造的电力工业、化学工业、汽车工业、航空工业、石油工业、电子产业等技术密集型、资本密集型的"经济实体"——工业门类和产业链条，在西方国家竞相兴起和建立，使得这些国家占据了近代以来的科学技术制高点，直到今天，这些国家还在享受着第二次科技革命所带来的技术红利。

## 二、人与社会联系密切："社会实体"的价值

第二次科技革命的社会价值，主要体现在对社会面貌的改变上。电力科技革命的爆发，使得整个社会的文明跃升至一个新的历史高度。无线电通信与有线电话的发明，改变了人类在此之前几千年的鸿雁传书的交往方式。电报和电话，打破了几千年固有的封闭状态，以家庭为基元单位的"社会实体"之间的交往空前活跃。科学技术向社会的各个方面渗透，人的交往方式、交换方式、消费方式、服务方式等都发生了意想不到的变化。人，从各个封闭的环境走出，来到城市和工厂，来到新的工作目的地，建立有别于以往的崭新的人际关系，其沟通的纽带便是电报和电话。新的"社会实体"逐渐建立并扩展，人与人的联系，从血缘关系，到地缘关系，再到业缘关系，越来越宽广，也越来越紧密。"社会实体"的价值越来越凸显，各种社会团体竞相建立。资本主义生产的大规模社会化，促使管理体制改革和管理水平提升。其不可避免的社会效果，便是加快了西方政治民主化进程。反过来，西方政治的民主化进程，又进一步提升了"社会实体"的价值。

## 三、技术科学化："科学实体"的价值

不同于第一次科技革命，第二次科技革命是"科学—技术—生产"

这个循环的完美互动,且是三者之间的关系发生了根本改变的一个历史转折点。

在第二次科技革命中,以牛顿为代表的以数学为基础的经典科学传统和基于培根的以"工匠"经验为基础的经验科学传统,两者达到了完美的统一。科学发现与技术发明建立了密切联系,并在这个基础上确立了近代以来的技术理论体系。也就是说,技术的科学化成为科学技术界的趋势,它改变了过去流行的科学—数学—哲学为基础的社会知识结构,工程技术在社会生产中占据了社会主流,这就造就了:科学—技术—工程—经济—管理—社会,这样一个新的循环模式,从而成为第二次科技革命以来社会知识的主要组成部分。这主要表现在下述两点。

第一,电力科技革命不仅使工业生产大规模地社会化,而且也使得象牙塔内的科学研究出现了社会化的趋势,并成为当时西方各国一道亮丽的风景线。第二次科技革命期间,西方各国相继诞生了各种各样的有着鲜明宗旨的"实体"研究团队。牛顿时代的研究,是以自由式的、单独的、分散的科学家研究为主要方式。而在第二次科技革命之后,则逐渐让位于一种新型的科学研究方式——合作的、团队的、有鲜明目的、社会性的组织方式。也就是说,科学研究走向了"实体化"的方式——建制化的组织方式。

在科学方面,1871年麦克斯韦创建了"实体化"的研究组织——卡文迪什实验室。卡文迪什实验室不仅成为后来整个英国的科学研究中心,而且在20世纪培养出了卢瑟福、汤姆孙、布拉格、莫特、皮帕德等一大批优秀科学家。1904—1989年,这85年间,卡文迪什实验室一共产生了29位诺贝尔奖得主,对全世界的物理学和化学作出了重要贡献。

在应用技术方面,美国的大发明家爱迪生,于1876年建立世界上第一个有组织的"实体化"的工业研究实验室——爱迪生实验室,到1910年,爱迪生研究室获得了白炽灯、留声机、电影放映机等多项技术专利。后来"爱迪生实验室"更名为美国通用电气公司研究所,在电力科学技术革命中作出了巨大的贡献。今天我们所熟知的电话,其发明人贝尔于1889年成立了一个"社会实体"性专业团队实验室,到1925年该团队发展成为举世闻名的"研究实体"——贝尔实验室。贝尔实验室在激光、雷达、通信、晶体管、信息论、阿波罗登月通信系统等方面作出了卓越的贡献。毋庸置疑，贝尔实验室是世界上迄今为止最富有创造性、最富有科学想象力的研究所之一。

第二，电力科技革命改变了社会面貌，还体现在教育"实体"——教育建制化方面。文明的发展使得社会从机械化时代跃升到电气化时代，从而促使人流、物流、资金流、信息流在城市和乡村之间发生了扩散和对流，技术乃至科学向社会的各个方面渗透。先是促使人们的交往方式、服务方式、消费方式等发生急剧的变化，接着是促使人的思想观念发生深刻的变化。紧随其后的是生产的社会化，使得家庭、企业、团体等出现了一种崭新的管理体制——科学管理体制。这是建立在数学基础上的定量和定性相结合的管理体制。它使人的体力在更大范围内得到了解放，使得智力因素得到了更大和更高水准的提升。反过来，这又对各国公民的文化素质、道德素质，以及高技术人才的标准，提出了更新更高的要求，促进了全世界各国新的教育体制的建立。

高等教育，不再是一部分社会精英的专利，而是面向全社会，以便大规模培养社会人才。西方社会形成了一整套严密的教育体制，不仅仅是大学精英教育，还有中等教育，以及技术教育和职业教育。先是西方发达国家初步形成了完善的覆盖全社会的教育体系，发展中国家则紧随其后，形成了自然科学与社会科学并重的、大学中学小学紧密衔接的、多层次的、多样化的教育体系。一句话概括，电力科技革命，催生了整个世界教育的现代化。

综上所述，无论是近代的第一次工业革命还是第二次工业革命，都是围绕着"实体"来展开的。近代科学对自然"实体"作分门别类的研究，使得科学能够在实验的基础上走向精确。分析"实体"的一个个"属性"，通过研究"属性"去达成对"实体"的认识。只要认识了"属性"，就可以认识"实体"。认识了自然的"实体"的规律之后，将这些规律用于经济"实体"——资本主义市场经济，以创造更多的利润。两者相互推动，从而促进了社会各方面向前发展。①

---

① 高剑平. 从"实体"的科学到"关系"的科学——走向系统科学思想史研究[J]. 科学研究，2008，（1）：25-33.

## 第三节　"实体"思维的缺陷与"关系"思维的孕育

两次科技革命取得了前人没能取得的伟大成就，把人类自古以来很多梦想都变成现实。然而，两次科技革命所昭示的人类命运，并非高枕无忧。恰恰相反，人类在解决了一系列问题之后，却遇到了更多更难解决的问题。人类在刚刚尝到技术发展、科学进步甜头的同时，却又不得不吞下与之相伴的一枚又一枚苦果。人类的科技发展了，碳排放增加了，引发了全球气温增高，南极和北极的冰川面临融化。海平面将会抬升，地球陆地面积将会大大缩减，很多海洋国家面临消失的风险。冰箱和冰柜使用过程中挥发的氟利昂，导致南极上空形成臭氧空洞，无法遮挡和过滤太阳的紫外线，人类处于暴露在外太空伤害的风险之中。爱因斯坦发表了质能方程，发现了原子所蕴藏的巨大能量，人类由此发明了核电站，为人类能源开辟了新天地。但是日本广岛、长崎两颗原子弹的爆炸，不仅使数以十万计的人丧生，而且使地球永远笼罩在核恐惧之中。人类发明了 DDT、六六六等高效的农药，曾经一度非常有效地控制了农作物的病虫害，给农作物带来高产，但是却给我们生活的环境带来了几乎不可逆转的农药污染。人类发明了汽车、飞机、轮船、电视、计算机、手机等，并建立一种全新的基于数据和量化的管理模式，提出种种新的理论，采用种种新的技术，使人类的工作效率提高了不知多少倍，然而这个星球上的饥饿、贫穷、疾病、失业、犯罪却未被消除。无论是人与人之间，还是国与国之间，贫富悬殊越来越大。总之，人类在解决了某些科学技术的问题之后，却引发了更多的更深刻的更难解决的问题。

### 一、"实体"思维的四个缺陷

人类自工业革命以来所取得的辉煌成就以及与之相伴而产生的各种问题，终于使人认识到，以往"实体"科学的线性思维方式存在着片面性。事物并不是一因一果的，而是一因多果的、一果多因的或多因多果的。也就是说，事物本质是非线性的，线性仅仅是事物特殊条件的存在。两次科技革命所产生的，以一因一果为哲学范畴的线性的"实体"思维方式，是产生这些问题的根本原因。全世界的科学家和哲学家不约而同地认识到：人类必须采用一种全新的思维方式——整体的系统的思维方式，来替代原来的"实体"思维方式。否则，人类将面临无尽的问题，如猴子摘苞谷，摘下一个，丢掉另一个，解决一两个问题，却带来更多的问题。

无可否认，近代 300 多年以来①，笛卡儿-牛顿机械自然观和实验-数学方法论占据了科学界和哲学界的统治地位，几乎贯彻了整个工业革命的历史进程，指导了全世界科技的发展和西方各国的工业化。其哲学上的主体、客体分离，其机械论的自然观，其实验-数学的纯粹理性工具，其还原论的方法论，等等，取得了近代以来无可比拟的成功。牛顿经典力学的成功，使得近代科学成为全世界新的信仰。

然而，在笛卡儿-牛顿机械自然观中，世界被看作一台机器，这台机器可以还原（分割）为若干零部件，这些零部件可以进一步分割为更基础的若干零部件，以此类推，直到不能分割为止。机械自然观认为，事物整体的性质是由部分来决定的。事物整体内部的动力因素来自部分零部件的性质。事物零部件的性质可以支配整体。也就是说，笛卡儿-牛顿机械自然观是一种基于"实体"的简单性观念。以笛卡儿-牛顿机械自然观为指导，两次科技革命所取得的巨大成功，仅仅是一种局部的成功。这既是世界工业化和科学技术取得辉煌成就的原因，也是当今世界各国所面临困难的原因。

概括起来，"实体"思维有四个缺陷。

一是"实体"思维强化了主体客体之间的对立。"实体"思维，实质上就是物质能量思维。这种思维得以建立的前提是：地球上的各种物质和能源，是取之不尽用之不竭的。欧洲既然从中世纪的黑暗中站起来了，那就只管运用科学的武器对地球源源不断地索取。这种思维本质上带有操纵与整理大自然的意向，企图让大自然按照人的意志来存在，把人类当作高高在上的征服者，主体与客体走向对立。

二是"实体"思维深刻影响了人们逐利的思想观念。"实体"思维向人类社会的各个领域进行渗透，转化为普遍的社会原理，并深刻影响人们的思想观念。比如，笛卡儿-牛顿机械自然观，塑造了近代以来的工业主义的技术观。在这种工业主义技术观的指导之下，工业生产所追求的是高

---

① 从 17 世纪 60 年代英国率先开启第一次工业革命算起，迄今已有 360 多年。

效率、高效益、大批量、多赚钱的目标，几乎不考虑能源枯竭、资源承载力、环境污染等问题。这在 20 世纪 60 年代以来，表现得越来越明显，形势越来越严峻，人与自然走向了更深的对立。

三是"实体"思维刺激了人的欲望的膨胀，进而加剧了人与人之间的对立。这种观念支配之下所发展起来的科学技术与产业门类，攫取并积累大量财富。物质的积累和力量的壮大，又刺激着人类欲望不断膨胀，从而使得人的利益边界不断延伸，导致人与人的关系因利益而紧张甚至剧烈冲突，主体与主体之间因为"实体"思维而走向对立。

四是"实体"思维引发并加剧了单个人身心之间的对立。近代以来的"实体"思维，通过其对象性的技术实体——工业，在实践上进入每一个人的生活而影响每个人的精神世界。生产效益大为提高，然而就业岗位却不增反降，失业率居高不下，成为横亘在无论是发达国家还是发展中国家无法解决的超级社会难题。这不仅引发整个社会的心理焦虑，而且引起单个人的身心失调，从而使得单个主体其内部——身与心不和谐，进而走向对立。

上述四个缺陷，归根结底是近代工业革命"实体"思维方式的不足。何为思维方式？在此引用汪建的观点：（思维方式是）与每个时代实践活动的对象、目标相一致的思维的内容和形式、结构和功能的统一体，是由一系列基本观念所规定和制约的、被模式化了的思维的整体程式，是特定的思维活动的形式、方法和程序的总和。[1]思维方式的确立源于实践方式的确立。近代"实体"思维方式的确立，则根源于近代以来两次科技革命。

反过来，人类要根治和弥补工业革命"实体"思维方式的四个缺陷，就需要确立新的思维方式。人类要建立新的思维方式，就必须确立新的实践方式。而新的实践方式的确立，则有赖于新的科技革命。

苏联科学史家、哲学家凯德洛夫更是把科学革命理解为：摧毁旧的思维方式和旧的关于世界、关于自然界的基本观点。他说，所谓自然科学革命，应当首先理解为研究和说明自然现象的观点本身的转变，用来认识所研究的对象的思维结构本身的转变。发端于 19 世纪末 20 世纪初的物理

---

[1] 汪建. 思维学导论[M]. 济南：山东大学出版社，1994：392.

学革命，便是动摇单一的以"实体"为特征的经典科学的思维方式，并向整体的以"关系"为特征的思维方式转换的前奏。①

## 二、现代物理学革命："关系"思维的孕育与发展

奠基于"实体"的牛顿经典科学体系，并不能包打天下。科学史上，质疑科学一统于"实体"观点的科学家终于出现了。首先是奥斯特，接着是法拉第，集大成于麦克斯韦，对麦克斯韦的预言进行验证的则是赫兹。

奥斯特大量研究光、电、磁、热现象和化学亲和力，其目的是寻找这些自然现象背后的内在联系。1820 年，奥斯特终于发现了电流的磁效应，他发现电流周围存在着磁场，他称之为"涡流"。他不仅预见到了电与磁间的内在联系，而且还寻找到了电与磁相互转化的条件。奥斯特实际上已经凭借他天才的直觉触及到了麦克斯韦的第一方程。他通过实验观察到电流对磁体的作用力是横向的而不是纵向的。这是一种与牛顿纵向的机械力不一样的力。电磁力冲破了牛顿对机械力的定义，力概念的内涵在奥斯特这里得到了扩展。

### （一）"场"："关系"思维的孕育

法拉第接着进行研究，他把奥斯特发现的电流的磁效应提升为电磁感应定律，把奥斯特所称的"涡流"命名为"场"。法拉第认为，"场"是一种充满空间媒质的应力状态。他认为，电磁场是一种运动着的物质，提出电磁场作用是在空间和时间中传播的，是极化粒子邻接作用的宏观表现。法拉第通过铁屑实验直观地感受到电荷之间和磁之间的相互作用，并把它称之为"磁力线"。但"磁力线"的作用并不是超距的，而是由带电体和磁体周围空间客观存在的"场"来传递的。直到今天，全世界的中学物理学教材几乎都保留着这个经典实验。

法拉第把奥斯特所发现的"涡流"重新命名为"场"，这是继牛顿之后物理学基本概念最为重要的变革，没有之一。也就是说，"场"概念的

---

① 高剑平. 从"实体"的科学到"关系"的科学——走向系统科学思想史研究[J]. 科学研究，2008，（1）：25-33.

价值，远远超出了电磁感应定律本身。因为"场"预示着现代物理学将发生颠覆性变革。因为"场"概念的提出，否定了牛顿的质点"实体"实在论一统天下的局面。法拉第认为宇宙中除了"实体"实在以外，还有一种新的实在存在，那就是"场"。

英国物理学家麦克斯韦，有着出类拔萃的数学才华。在当时众多的科学家还未参透法拉第"场"以及"磁力线"的玄妙之处究竟何在之时，唯有麦克斯韦悟出法拉第"场"以及"磁力线"思想的宝贵价值。他采用理想实验的方法，克服法拉第定性表述方面的弱点，重新表述并提出了"位移电流"假说，指出电磁过程的实质是电场和磁场的相互转化过程。他将法拉第电流的磁效应这个物理问题抽象概括为数学问题，抽象出四个偏微分方程式。在这组方程式中，揭示出场强、电位移、电荷密度、传导电流之间的定量关系，建立起了扎实的经典电磁场理论基础。紧接着，麦克斯韦又从这四个偏微分方程式出发，神奇地预言了电磁波的存在，得出电磁波的速度等于光速的结论，并提出光是电磁波的重要推论。麦克斯韦不仅发展了法拉第的"场"的思想，用电磁的本质来说明解释带电体的"场"，而且赋予了"场"崭新的内容和更为普遍的意义。

麦克斯韦用四个高度抽象的偏微分方程，来描述法拉第发现的这种连续的"场"，揭示出声、光、电、热、磁这些大自然现象之间的内在联系，完成了物理学继牛顿之后的第二次理论大综合。麦克斯韦揭示出"场"是一种全新的物理实在，并否定了对"场"的机械论解释。在这些偏微分方程中，他采用了新的物理学概念如电位移、电场、磁场、场强等，将场强作为不能再转化的终极实在取代了牛顿的质点"实体"实在。牛顿"力"的作用在麦克斯韦这里被取消了，物体的运动被描述为一个过程，而不是一个瞬间。

"场"概念的提出，其在物理学上的历史地位，还在于它摆脱了牛顿力学中的超距即时的观点，否定了超距作用力在物理学的中心地位，并放弃了绝对同时性，揭示出牛顿力学的内在缺陷。"牛顿的超距作用力的假说一旦被抛弃，电磁场理论的发展也就导致了这样的企图：……想用一个以场论为基础的更加精确的运动定律来代替牛顿运动定律。虽然这种努力尚未完全成功，但是力学的基本概念已经不再被认为是物理世界体系的基本组成了。"[①]

---

① 爱因斯坦. 爱因斯坦文集：第一卷[M]. 许良英，范岱年，编译. 北京：商务印书馆，1976：227.

　　麦克斯韦的工作，动摇了牛顿经典力学体系的公理基础。对此，爱因斯坦评价说："在麦克斯韦以前，人们认为，物理实在——就它应当代表自然界中的事件而论——是质点，质点的变化完全是由那些服从全微分方程的运动所组成的。在麦克斯韦以后，他们则认为，物理实在是由连续的场来代表的，它服从偏微分方程，不能对它作机械论的解释。实在概念的这一变革，是物理学自牛顿以来的一次最深刻和最富有成效的变革。"[1]

　　然而，19世纪许多自然科学家并没有认识到麦克斯韦理论的革命性意义。只有赫兹等少数科学家对它产生了浓厚兴趣，并终于通过科学实验证明了麦克斯韦理论的客观性。1886年，赫兹成功地证明了位移电流的存在，从而证实了麦克斯韦所预言的电磁波的存在。赫兹测量了电磁波的速度，证明了电磁波具有与光一样的所有特性。电磁波可以反射、折射、衍射、干涉……也就是说，赫兹证明了电磁波与光的同一性。赫兹的实验不仅对麦克斯韦的电磁场理论作了几乎完美的验证，而且在验证的同时也消除了对"场"的机械论解释，使得"场"在物理学中取得了牢固的基础性地位。"场"概念的提出，宣示着宇宙中除了"实体"实在以外，还存在着另一种实在，那就是"关系"实在。

## （二）相对论与量子力学："关系"思维的发展

　　正是麦克斯韦"场"概念的提出，以及赫兹的实验验证，直接导致了20世纪狭义相对论和量子力学的出现。20世纪初，当全世界的科学家们还在欢呼物理学大厦即将建成的时候，却飘来了两朵物理学"乌云"。哪两朵"乌云"？这就是物理学史上著名的"以太"漂移实验与黑体辐射"紫外灾难"这两朵"乌云"。

　　我们先说第一朵"乌云"——"以太"漂移实验。奥斯特、法拉第、麦克斯韦、赫兹四个人的工作，使得电磁场理论在19世纪获得了巨大成功。然而其理论基础是建立在"以太"假说之上的。根据这种假说，"以太"是一种充满宇宙空间的特殊介质，电磁场只不过是这种特殊介质的弹性表现。从空间介质来说，一切物质都在"以太"中运动，而"以太"自己却保持着不动。如此，"以太"就具备了绝对空间的性质。这样一来，

---

① 爱因斯坦. 爱因斯坦文集：第一卷[M]. 许良英，范岱年，编译. 北京：商务印书馆，1976：295.

牛顿的绝对时空观在此便获得了另一种表现形式。为了证明"以太"的存在，众多的科学家做了很多实验，其中以 1887 年迈克尔孙与莫雷所设计的具有足够的精度以便发现"以太"的存在的光的干涉实验最为著名。然而，所有的实验最后都得出了否定的结果，即静止的"以太"根本不存在，却发现了著名的"以太风"即"以太"漂移。这就从根本上动摇了静止的"以太"假设，使得牛顿的绝对时空观遭到了严重挑战。

我们再说第二朵"乌云"——黑体辐射"紫外灾难"。量子理论的建立就与黑体辐射的问题密切相关。19 世纪末期有关黑体的相关实验研究都表明：黑体辐射的光谱，即辐射能量的分布形式，只与黑体的温度有关，而与组成黑体的物质成分无关。1900 年英国物理学家瑞利从理论上导出另一个辐射定律：热物体的辐射强度与绝对温度成正比，而与发射光波波长的平方成反比。1905 年经由金斯修正后，称之为瑞利-金斯定律。这一定律完全从经典物理学中推导出来，在长波领域部分与实验结果完全吻合，可是在短波部分则面临着严重的困难——当辐射的波长无限小的时候辐射的能量则无限大。这就是著名的"紫外灾难"。也就是说，"紫外灾难"是指将经典统计力学的能量均分定理应用于一个空腔中的黑体辐射（又叫作空室辐射或具空腔辐射）时，系统的总能量在紫外区域将变得发散并趋于无穷大。这显然与实际不符，从而暴露出经典物理学的困境与严重局限。[①]

科学史上，自然科学理论体系的改革，一般是沿着既相互独立又相互依赖的两个方向来进行。一是沿着发现并解决新的实验事实与旧的思想理论体系之间的矛盾的方向，二是沿着批判解决旧理论体系中内在的逻辑矛盾从而推动新的理论发展的方向。

面对瑞利-金斯定律，德国物理学家普朗克作了修正，推出了"黑体辐射定律"（blackbody radiation law），此定律是科学界公认的物体间热力传导的基本法则。普朗克于 1900 年提出一个经验公式，它在短波领域近似于维恩公式，而在长波领域则近似于瑞利-金斯定律。如果不能从理论上说明这个公式的有效性，那么它的科学性就值得质疑。但是这个公式，又无论如何都不能从经典物理学中推导出来。解决的方法在哪里呢？

---

① 宋子良，等. 理论科技史[M]. 武汉：湖北科学技术出版社，1989：233.

于是，普朗克对黑体修正并作了如下两点假设：一是黑体是由无穷多个各种固有频率的简谐振子（又称为"能量子"或"量子"）构成的发射体，而每个频率的简谐振子的能量只能取最小的能量 $E=hv$ 的整数倍：$E, 2E, 3E, \cdots, nE$，其中 $h$ 为普朗克常数，$v$ 为简谐振子的频率。二是简谐振子不能连续发射或吸收能量，只能以 $E=hv$ 为单位一份一份地跳跃式进行。因此，简谐振子只能从一个能级跃迁到另一个能级，而不能处于两个能级间的某一能量状态，简谐振子也就是量子跃迁时伴随着辐射的发射或吸收。这就是著名的量子假说，并从而宣告了量子理论的诞生。[①]

普朗克提出的量子假说在物理学上具有革命性意义。尽管量子假说能够充分解释普朗克所提出的辐射公式并解决"紫外灾难"的问题，但它却与经典物理学格格不入。

科学史上，正是这"两朵乌云"出乎意料地引发了物理学危机。紧接着 X 射线、放射性和电子相继被发现，彻底否定了传统的原子不可分、元素不可变的"实体"思维的陈旧观念，猛烈地冲击着牛顿力学的物质、能量和运动等基本观念。经典物理学上的质量守恒、能量守恒等基本定律面临着严峻的考验，从而拉开了现代物理学的序幕，并最终导致相对论和量子理论的建立。这场物理学革命，不仅使人们对自然界的认识从宏观低速领域进入到微观与宇观高速领域，而且使人们对客观事物的认识从绝对不变性进入不可穷尽性，从而从根本上动摇了"实体"机械决定论的自然观和思维方式。[②]

爱因斯坦对于量子力学的主要贡献，在于解决两个物理问题。第一个贡献是解释了光电效应（金属在光的作用下发射出电子）。第二个贡献是解决了有关低温时固体的比热容问题。这个问题实际上就是开尔文所说的19世纪末物理学上空的两朵乌云之一。爱因斯坦把量子假说应用到固体中原子的弹性振动上去，成功地解决了这个问题。

爱因斯坦推广量子假说的结果，对于确立量子理论并推动其发展有着非常重要的意义。普朗克的量子化概念，不仅适合于热辐射领域，更是可

---

① 高剑平. 从"实体"的科学到"关系"的科学——走向系统科学思想史研究[J]. 科学研究, 2008, (1): 25-33.

② 同①。

以应用到若干与热辐射无关的自然现象之中，尤其是在微观高速和宇观高速领域。这种启迪的价值是当初爱因斯坦根本没有想到的。同时，这种价值更是爱因斯坦的成就本身所不能比拟的。因为，从科学史的角度考察，这一切的综合作用打开了科学的另一扇门——不仅开启了"关系"论与"整体"论转向，而且叩响了通向关于"关系"的系统科学与系统哲学的大门。

## （三）相对论和量子力学的"关系"论转向

科学史上，为了解释迈克尔孙-莫雷"以太"漂移实验，荷兰物理学家洛伦兹在 1904 年提出了著名的洛伦兹变换式。其目的是在经典物理学理论的框架中，解决实验与理论的矛盾。但是令人意想不到的是，其客观效果却在某些方面突破了经典理论的框架。对"以太"之谜的解释，构成了相对论的中间形态。马赫和庞加莱作出了重要贡献，尤其是马赫批判的目光，启迪了爱因斯坦的创造性思维，是相对论诞生的主要推动力。

### 1. 相对论的"关系"论转向

马赫对牛顿的绝对时空观展开了全面的批判。马赫出版的《力学及其发展的批判历史概论》一书，集中火力批判了牛顿力学的"绝对时空观""绝对运动观"以及"惯性"观念。马赫认为，所谓的"绝对时间""绝对空间""惯性"等观念，不过是人的先入为主的纯粹思辨的产物，与事物本身的变化没有任何关联。世界的本质是普遍的内在联系，事物之间既相互依赖又相互联系。时间是相对的，具有历时性，与事物的变化相联系，便于人们寻找因果关系。因而，时间是从事物的变化中所得到的一种抽象，是相对的。空间同样是相对的，具有共时性。它同样与事物的变化相联系，便于人们验证因果关系并推向普遍。所以人们谈论一个事物的运动是在绝对空间中，无疑是错误的。对于惯性观念，马赫则认为，其产生的根源在于物体间的相互作用，本质是物体间的相互引力。在一个虚空的以太中，物体不会产生任何惯性，故而惯性力本质上就是一种不折不扣的引力。牛顿把惯性看作是物体自身所固有的性质，这与运动的相对性不符，因而是错误的。

马赫之后，庞加莱深刻意识到经典物理学的内在矛盾。尽管他是一位数学家，却对经典物理学的一些基本观念提出了猛烈的批判及一系列的建设性建议。正是他看出了洛伦兹变换中深远的物理意义。在 1904 年 9 月的一次国际学术研讨会上，庞加莱在他的学术报告中引用了洛伦兹变换，得出了与 9 个月之后爱因斯坦所提出的相对论极为接近的基本结论。庞加莱预言：从所有的这些结果来看，必将出现一种全新的力学。这种力学以不存在超过光速这种规律为其特征。显然，庞加莱与马赫一道已经叩响了相对论的大门。于是科学史上，以马赫的批判为先导，经过迈克尔孙-莫雷的"以太"漂移这个中间环节，再到庞加莱的猜测与预言，相对论的理论准备已经就绪。相对论的诞生，正是爱因斯坦沿着马赫和庞加莱这两位科学家的理论进程所结出的硕果。

爱因斯坦受到两种哲学思想影响。一种是休谟和马赫怀疑的经验论；另一种则是斯宾诺莎唯理论所体现的自然界内在的统一性思想。两种思想的结合，使得爱因斯坦找到了经典物理学中一种不对称的现象，即把麦克斯韦电动力学运用于运动物体相关的电磁现象时，就不得不满足伽利略相对性原理的要求。这实际上就是经典物理学内部经典力学与经典电动力学的不一致不协调不对称现象。这个现象，意味着科学的统一性遭到了破坏。爱因斯坦不能容忍这种现象，随即着手从理论上解决"同时性"问题。

爱因斯坦发现，两个在空间分隔开的事件的所谓"同时"，取决于两者之间相隔的空间距离和光信号的传播速度。因此，空间和时间不是互不相干的，而是内在密切联系的，与物质的运动相关。如此，牛顿力学中的"绝对时间"和"绝对空间"就不存在了，从而具有"绝对空间"性质的"以太"也就不存在了。经典物理学内部的"不对称现象"也就随即消除。

在此基础上，爱因斯坦着手建立相对论理论体系，他不再为光速不变寻找依据，而是直接将其置于原理的地位，据此推导出洛伦兹变换，得出了时钟延缓、长度缩短、质能相关等一系列重要结论，从而建立起狭义相对论。随后，爱因斯坦把狭义相对论发展成广义相对论。爱因斯坦把相对性推广到非惯性系中，也即是推广到加速运动的参考系中，牢牢抓住惯性质量与引力质量相等，这一早已经被伽利略发现的简单事实，通过著名的升降机思想实验和扎实的数学分析，进一步提出了加速度与引力场强度等价的"等效原理"，并据此推导出时钟变慢、光的传播发生弯曲的结论，建立起广义相对论。

爱因斯坦所提出的对于任何坐标变换都协变的引力方程，论证了空间的结构和性质取决于物质的分布，现实存在的空间不是平坦的欧几里得几何空间，而是弯曲的黎曼几何空间。空间的曲率体现着引力场的强度，从而在更深的意义上否定了牛顿的绝对时空观，完成了物理学上时空观空前绝后的一次伟大革命。

相对论通过否定"以太"力学模型，确立了电磁场物理实在的地位，打破了"实体"实在——粒子模型一统天下的局面，并且通过揭示"实体"的时空性质、对于参考系的相关依赖性，打破了牛顿力学中立足于性质独立不变的"实体"的客观性概念，独立的固有的属性成为相对的"关系"化概念。这是一种非还原论的整体性思想。怀特海由此得出"自然就是一个过程"的思想。他所强调的事件之间的相互包容关系体现了一种内在"关系论"的观点[①]。

### 2. 量子力学的"关系"论转向

如果说量子理论的建立以普朗克提出量子假说为起点，中间经由爱因斯坦光子说的推动，那么最后则是发展出玻尔的原子结构理论。至此，量子理论终于完成了它的早期建构阶段。

量子理论创立之后的 10 年，其主要进步要归功于爱因斯坦。与之相对应的是接下来的 10 年，即爱因斯坦之后的 1913—1923 年这 10 年，则是以丹麦的物理学家们——哥本哈根学派的贡献最为突出。他们成功地在原子结构理论中应用量子假说，把量子理论的早期发展推到了顶峰。他们在物理学上的另外一个重大发现是原子的可分性，这是理论发现的必然结果。元素的放射性和电子等相继被发现，这些发现破除了原子质点——"实体"不可分的经典观念，说明了原子是具有某种结构——"系统"的物理实在。卢瑟福把"太阳系模型"即"行星模型"引入原子，说明了原子这种"物理实在"也是一种"系统"。

当卢瑟福的"行星系统"无法解释原子光谱的大量实验事实的时候，

---

① 高剑平. 从"实体"的科学到"关系"的科学——走向系统科学思想史研究[J]. 科学研究, 2008,（1）: 25-33.

卢瑟福的研究生玻尔登场了。玻尔把量子化概念引入原子模型中,并在1913年提出两条假设:第一条假设是原子中的电子只能在特定轨道上绕原子核运动,不同轨道的能量水平不同,电子在同一轨道上运动时既不能发射能量也不能吸收能量;第二条假设是原子中的电子可以由一个定态轨道跃迁到另一个定态轨道,但当跃迁发生时,如电子从较高能量($E_1$)的轨道跃迁到较低能量($E_2$)的轨道上时,才会发生电磁辐射,其辐射频率$\nu$为$(E_1-E_2)/h$。他还进一步提出,量子轨道上的电子的角动量也是量子化的,只能取$h/2\pi$的整数倍。玻尔根据量子化模型对氢原子结构做了详细计算,结果与光谱分析的实验数据完全符合。

　　量子力学的进一步发展,则是由德布罗意与薛定谔推动。德布罗意受到爱因斯坦光的波粒二象性学说的影响,大胆提出实物粒子具有波动性的假设,成功地解释了玻尔的原子模型。德布罗意还预言了电子波的衍射现象,这在1927年得到了实验的证实。他的这两项贡献被薛定谔所继承并发扬光大,建立起波动力学。薛定谔发现:既然描述光的理论既有波动光学也有几何光学,而且几何光学是波动光学的近似,而现实世界中的粒子,既有粒子性又有波动性,那么描述现实世界中的粒子的运动规律的除了质点力学之外,也应该还要有波动力学。在此思想的指导下,薛定谔建立起具有相对论效应的波动方程,即哈密顿算符的波函数方程,又叫薛定谔方程。此方程是波动力学的核心,其地位堪比牛顿的运动方程之于经典力学,麦克斯韦方程之于经典电动力学。

　　考察量子力学的建立历程,可以发现量子力学显示出了更为剧烈的"关系论"转向:它由量子性质对测量仪器的相对相关性,走向了量子现象的整体性。量子力学所揭示的量子性质对于测量仪器的依赖性表明:量子现象是不可分割、不可还原、不可由其他过程来说明的基本事件和过程。量子本质上的不可分性,使人们原则上不再能够无限精细地划分量子客体和测量仪器之间的界限而去认识客体即"实体"的"自在"状态,只能作为"系统"的相互作用结果的量子现象"整体"来认识。无疑,这种作为物理"系统"相互"关系"相互作用的量子现象,是不可逆的、是实在的,并且成为量子描述的基本要素和特殊对象。①

---

① 高剑平. 从"实体"的科学到"关系"的科学——走向系统科学思想史研究[J]. 科学研究, 2008, (1): 25-33.

　　量子现象的另一特征是描述它的理论的互补性。由于微观粒子的波粒二象性原理和测不准原理，一些相互对立的经典概念，如波和粒子，在描述量子现象中并不是相互排斥的，而是不可缺少和互补的。波粒二象性原理可以形象地表述为：当人们戴着波的眼镜观测实验过程，量子呈现为波；当人们戴着粒子的眼镜观测实验过程，量子则呈现为粒子。在这里，对客体的测量结果取决于人们对仪器的选择，即主体（人）与客体（仪器）之间的构成“关系”。量子性质的关系性、相对性、条件性等，揭示出我们在对量子现象的描述中，“关系”性质正显示出优于“实体”性质的逻辑地位。[①]

## （四）量子力学与现代科学技术的“整体论”转向

### 1. 量子力学的“整体论”转向

　　建立量子力学的另一队人马是德国物理学家海森伯（又译作海森堡）、玻恩等。他们所探寻的是另外一条科学道路。海森伯等人从玻尔的模型出发，另辟蹊径，并在 1925 年建立起矩阵力学。在玻尔的模型中，电子的轨道和频率都是观察不到的，可以观察的只是原子光谱，也就是电子在不同定态之间跃迁所引起的辐射的频率和振幅。对此，海森伯认为，理论探讨中应该抛弃那些原则上不可观察的量。所以，海森伯毅然决然抛弃了电子轨道的概念，同时也不考虑用坐标作为时间的函数来描述电子的运动，而是直接运用光谱项，研究与两个定态有关的电子跃迁的概率，从而得出了一套新的力学的数学方案。随后，海森伯、玻恩、约尔丹三人展开合作，把这个数学方案进一步系统化，建立起另外一组量子力学的系统理论，这就是矩阵力学。与此同时，英国物理学家狄拉克对海森伯理论中的矩阵相乘的不可对易性进行了深入研究，建立了一套严密的 $q$ 数理论，从而使得矩阵力学拥有并具备了更加严密的数学原理作为基础的理论体系。

　　科学史发展到这一时刻，在同一个微观领域里，出现了两种内容有效但形式上完全不同的物理理论。一个是薛定谔的波动力学，其数学方法是解微分方程，从推广经典理论入手，强调连续性，核心思想是波动。另一个是海森伯的矩阵力学，其数学方法是一种代数方程，从所观察到的光谱

---

① 高剑平. 从“实体”的科学到“关系”的科学——走向系统科学思想史研究[J]. 科学研究, 2008,（1）:25-33.

线的分立性入手，强调断续性。然而这两种不同的理论被科学界证明具有等价性，殊途而同归，统称为量子力学。

然而，两种量子力学具有同一个哲学基础：整体性。无论是薛定谔波函数的连续统，还是海森伯的电子跃迁的概率统计，都是建立在对整体性考察的基础上的，从而揭示了以量子力学为代表的现代物理学的"整体论"转向。

在上述两种量子力学的表达中，无论是波动力学还是矩阵力学，它们都有一个共同点：那就是在经典物理学中，那种用"实体"科学之刚性质点基元的力学性质，来说明整个物体即整体的动力学机制的思想，在量子理论的框架中再也行不通了。"众所周知，原子物理学的发展给我们带来的教益，主要在于认识到了原子过程中的一种整体性观点，这种观点是通过作用量子的发现而显示出来的。"①这是玻尔对于量子力学"整体性"特点的评价。在量子力学中，有一种与经典物理学完全不同的科学现象与科学事实：分割的部分可能大于整体，自由夸克不存在，基本粒子不再基本，如此等等，经典理想的质点"实体"基元难以找寻。然而量子现象的"整体性"，却是由"关系"的不可还原性和量子作为"潜能"的特质，在确定条件下得以显现的科学事实，给出了一种逆向的解释机制，那就是部分只有在整体中才能清晰地说明、描述并将其定义。在量子力学这里，粒子间的这种内在整体性，还通过它们与观测仪器一道构成了量子现象的"整体性"：表现出来的同时即被观测或者说观测的同时即表现。如此，量子理论构成一个双重"整体性"系统。这里所体现出来的"整体论"原则，进一步揭示出作为"实体"的基元分割方法的局限性，及其对自然作为有机整体的底蕴，表现出向机体论的回归。②

## 2. 现代科学与技术的"整体论"转向

20 世纪开始的现代科学与技术，一方面继续分化，另一方面在高度分化的基础上相互渗透而日益走向综合。科学的发展正在走向整体化。科学的高度分化，各个学科分支相互交叉，彼此渗透且日益结合在一起。学科之间的距离越来越近，学科间的界限变得越来越模糊。这一切，使得交

---

① 玻尔. 原子物理学和人类知识[M]. 郁韬，译. 北京：商务印书馆，1978：3.
② 童天湘，林夏水. 新自然观[M]. 北京：中共中央党校出版社，1998：440-442.

叉学科、边缘学科、综合学科以及横断学科不断产生，不仅填补了学科之间的空白区域，而且使得整个科学出现了一幅较为完整的世界图景。

技术的综合化趋势也是如此。目前，被科学界称为第四次科技革命当中的大数据、5G、云计算、人工智能技术、信息产业、宇航技术、海洋开发技术等新兴技术与产业，更是现代整体化思潮主导下应用现代信息技术和系统科学，对不同领域的单项技术进行综合研究、综合装配、综合调配的产物。现代整体化思潮及其特有的精密综合方法，在现代科学思维和科学方法的体系中日益占据着主导地位。

20世纪以来，工业化大生产的高度专业化、集约化、标准化和同步化，使得社会生产规模越来越大，复杂程度越来越高，社会分工越来越细。21世纪以来，这个趋势更为明显。一言以蔽之，世界现代化工业的日趋综合化已经成为"整体论"的强大社会基础。

### 3."整体论"转向的自然科学基础

与此同时，"整体论"转向，不仅表现在上述的科学、技术、工业生产等方面，同时也有其深刻的自然科学理论基础。这主要表现在三个方面：一是生态科学思想开创了综合研究的新潮流。20世纪30年代英国生态学家坦斯利（Tansley）提出了"生态系统"的概念。生态系统这个概念包含了所研究对象的全部物理的、化学的、生物学的影响要素，也包括了植物生态学、动物生态学，以及微生物生态学。生态系统概念的提出，意味着科学研究推向了整体化的新阶段。20世纪以来，尤其是进入21世纪后，生态系统思想渗透进社会的方方面面，成为"整体论"转向的当代表现。二是生物科学开创了多学科之间边缘领域的研究。边缘学科是由两门及以上学科相互渗透形成的新兴学科。一般在几门相邻学科的边缘地带中产生，如生物化学、物理化学等，也可以是在把一门学科的概念、原理、方法运用于另外一门学科中产生，如天体物理学、量子生物学等。此外，更有生物学与技术之间、工程之间的边缘科学，如仿生工程学等。边缘科学的涌现，是自然科学内部、社会科学内部以及自然科学与社会科学之间日益融合，走向"整体"的结果。三是系统论、控制论、信息论、耗散结构论的产生，直接将科学研究推入"整体论"的当代潮流。

综上所述，现代物理学尤其是量子力学所表现出来的一系列"整体论"观念上的转向，极大地动摇了"实体"科学的基础，同时提供了一种独特的观察和分析问题的"关系论"视域。系统科学与系统哲学正是顺应"关系论"视域和"整体论"思维所结出的丰硕的成果。

### 三、系统科学："关系"思维的形成

相对论和量子力学的建立，奠定了现代物理学的基本框架。沿着相对论和量子力学开辟的道路，相继建立起现代宇宙学、粒子物理和量子场论。然而这一系列的理论却使现代物理学发生了革命性的转向：一方面与经典的传统的关于"实体"的科学相悖，另一方面又与系统论、信息论、控制论、耗散结构论、自组织理论、突现论……乃至生命科学等"关系"科学相通。而在这种相通中，最突出的是相对论和量子力学理论框架所表现出来的"关系"特征和"整体"观念。[①]随着系统科学的建立，"关系"思维，终于形成了。

## 第四节　"关系"思维：从系统科学到系统哲学

整个 20 世纪，是科学空前繁荣、技术空前发展并取得辉煌成就的世纪。20 世纪，科学理性得到充分发展，新的科学理论竞相建立。爱因斯坦的相对论、以海森伯和薛定谔为代表的量子力学理论、香农的信息论、摩尔根的基因论等，这些理论的形成，标志着无论是科学还是技术，都从微观或者宏观的不同途径走向综合。系统科学作为 20 世纪 40 年代以来科技革命的产物，正是在这种各学科不断走向综合的大环境之下孕育、产生和发展的。因此，系统科学所蕴含的思维方式必然具有综合性、整体性的时代特征。

恩格斯曾经指出："每一时代的理论思维，包括我们时代的理论思维，都是一种历史的产物，它在不同的时代具有非常不同的形式，同时具

---

① 高剑平. 从"实体"的科学到"关系"的科学——走向系统科学思想史研究[J]. 科学研究，2008，（1）：25-33.

有非常不同的内容。"①思维方式是在最基础层面上作为世界观和方法论的具体体现，它无疑会随着自然科学和社会科学的发展而发展，此其一。其二，科学技术通过实践方式的推动而产生和形成的带有某一时代特征的特定的思维方式，反过来又会制约着那个时代的科学和技术的发展，并在一定程度上规定着那个时代科学技术的发展方向。

### 一、系统科学兴起："关系"范畴的确立

20 世纪 40 年代兴起的系统科学，它是由一系列的学科群组成。系统科学主要由贝塔朗菲（又译作贝塔兰菲）的系统论，维纳的控制论，香农的信息论，普里高津（又译作普里戈金）的耗散结构论、哈肯（Haken）的协同学、艾根（Eigen）的超循环理论等自组织理论，托姆的突变论，以及混沌理论和分形理论等组成。尽管这些学科横跨自然科学和社会科学不同的层面，其背景知识和研究对象各自有别，其所揭示的自然规律和社会规律也各不相同。然而它们有一个共同的特点，那就是它们都把跨越系统内部和外部的"关系"作为立论基础，从而体现了系统科学共有的"关系"特征。

系统科学之所以发生了革命性变革，主要体现在系统学科的各个分支学科都把"关系"作为认识论的立论基础，通过对"关系"对象——系统内部诸要素的相互"关系"和系统与外部环境的相互"关系"的分析与综合，来把握对象的运动规律与特征。

众所周知，贝塔朗菲的系统论是系统科学的理论基础。系统论是把研究对象看作一个跨越不同层面的系统，研究重点在于系统的结构、功能、特征及其规律。关于系统的概念，贝塔朗菲是这样定义的："处于一定相互关系中，并与环境发生关系的各组成部分（要素）的总体（集）。"②钱学森的定义则是："由相互作用和相互依赖的若干组成部分结合成的具有特定功能的有机整体。"③而且这个"系统"本身，又是它所属的一个更大系统的组成部分。两个定义都有一个共同的特点，就是都强调了系统内部

---

① 马克思，恩格斯. 马克思恩格斯全集：第二十卷[M]. 中共中央马克思恩格斯列宁斯大林著作编译局，译. 北京：人民出版社，2014：499.

② 贝塔朗菲，王兴成. 普通系统论的历史和现状[J]. 国外社会科学，1978，（2）：69-77.

③ 钱学敏. 钱学森科学思想研究[M]. 2 版. 西安：西安交通大学出版社，2010：95.

和外部的"关系",其基本特征就表现在跨越系统内部和外部的各种"关系"之中。系统论有两个基本范畴:结构和功能。两者都以"关系"来表征。所谓结构,是指系统内部不同层面"关系"的总和。所谓功能,则是系统作为整体在与外部的交换"关系"中所拥有的特性、特质和能力。系统方法则是在系统自身整合之后,推向外部的必然结果。系统方法即整体方法,它是立足于部分与部分、整体与部分、系统与环境的"关系"特征,去考察系统的内在功能及其规律,以达到最佳的处理问题的方法。这也是系统方法的整体性原则。它是从整体上探索系统内部诸要素之间、整体与部分之间、系统与环境之间的辩证"关系",以求得对系统的整体理解。

香农的信息论,是研究系统对信息的接收、储存、处理和转换、传递等规律的通信理论。基于信息论角度观察,所谓信息的输入和输出的过程,实际上是信息发射系统和信息接收系统之间的"关系"过程,即以信息的形式发生交互作用的"关系"过程。故此,香农对信息熵[①]公式有此论述:"量 $H = -\sum_{i=1}^{n} P_i \log P_i$ 在信息论中起着非常重要的作用,它作为信息、选择和不确定的度量。"[②]在这里,信息被香农视为不确定性的减少或消除,强调了"关系"作用。香农的信息熵公式揭示了信息是连接主客体之间"关系"的实质,在获取信息与认知上,从不知到知,从知之不多到知之较多的"关系"作用,即不确定性的减少或者消除。维纳则把信息定义为:"信息这个名称的内容就是我们对外界进行调节并使我们的调节为外界所了解时而与外界交换的东西。"[③]人对外部世界的认识、反映、适应,人与外部世界的相互联系、相互作用,是通过交换信息这一过程来实现的。维纳对信息的定义和香农的信息熵公式包含着共同的思想内核:信息本质上是主客体之间认识和被认识的联系或"关系",是客观事物普遍联系的一种表现形式。

普里高津的耗散结构论同样如此,不仅把"关系"作为其理论基础,而且把"关系"的研究向纵深推进。如果说上述系统科学理论,其对"关系"研究还处在静止层面,是对系统的结构、功能等静态的"关系"展开

---

① 信息熵也可称为信息源的熵。
② 上海市科学技术编译馆. 信息论理论基础[M]. 上海:上海市科学技术编译馆, 1965:8.
③ 维纳. 人有人的用处:控制论和社会[M]. 陈步, 译. 北京:商务印书馆, 1978:9.

研究的话，那么，耗散结构论则是把对"关系"研究，推进到了动态层面。普里高津的耗散结构论，是对系统的有序之源、系统的进化机制等动态"关系"所展开的研究。普里高津指出，一个开放的系统在与外界充分交换物质能量的条件下，通过系统内部要素间的非线性相互作用和能量耗散，可以自发形成宏观时空上的有序结构。在这里，系统的开放，即与外界的"关系"是系统进化的基本条件。因为只有在开放的条件下，系统通过与外界交换物质和能量，从系统外部吸收负熵流，才能使系统内部的熵减少，而系统的内部"关系"，即系统内部的非线性相互作用，则是系统进化的根据。由于这种相互作用是系统内部元素间相干耦合的整体效应，它能使系统从一个定态跃迁到另一个定态，产生新的有序结构。因此，普里高津的耗散结构论在对系统进化机制的揭示中，既强调了系统与外部环境的"关系"，又强调了系统内部诸要素的协调"关系"。

协同学是继耗散结构论之后的又一个研究系统演化的自组织理论。协同学把系统整体观推进到一个新的阶段，它的"关系"特征更为明显。哈肯把自己的理论命名为"协同学"，其目的就是强调"关系"。所谓协同，就是大量微观粒子的相互关联、相互合作的运动。这种协同运动，是在序参量的支配下进行的。序参量是为描述系统整体性而引入的一个宏观参量，是在系统相变过程中起决定作用的、支配系统演化的进程和特点的变量，也是系统有序程度的量度。它由系统各部分协同作用产生，又反过来支配各子系统的运动。哈肯说，在协同学中，我们研究系统各部分是怎样合作并通过自组织来产生空间、时间以及结构、功能的。这就是说，系统自组织结构的形成，是系统整体各种"关系"协同作用的结果。

信息论、控制论、耗散结构论、协同学等这些"关系"理论的建立，为研究一切开放系统提供了一种普遍适用的理论和方法。它们把自然科学、社会科学整合到一起，把必然性和偶然性、时间的可逆性和不可逆性、进化和退化、有序和无序等，都用"关系"统一起来。然后，广泛用于自然科学、社会科学的各个领域。这些关于"关系"的系统科学理论，既是当今时代的科学指导思想，同时又是综合的分析方法，还是当今组织管理的关键技术。

上述系统科学的发展表明，世界的统一性不仅仅体现在物质"实体"方面，而更本质的则是体现在跨越各层次结构的"关系"方面。拉兹洛认为，古典科学及其自然哲学抽象出来的是物质"实体"，而当代科学越来越趋向于注意组织性。贝塔朗菲就指出，科学的统一性，并不是把所有科学虚幻地还原成物理学与化学，而是来自实在的各个不同层次的系统结构的一致性。普里高津更是断言："今天，我们的兴趣正从'实体'转移到'关系'，转移到'信息'，转移到'时间'上。"①

"一个化学家取一块肉放在他的蒸馏器上，加以多方的割裂分解，于是告诉人说，这块肉是氮、氧、碳等元素所构成。但这些抽象的元素已经不复是肉了。……用分析的方法来研究对象就像剥葱一样，将葱皮一层一层地剥掉，但原葱已不在了。"②这是黑格尔在批评近代科学分析方法的缺点。系统科学正是看到了经典科学分析方法的内在缺陷，把认识论的基础立足于"关系"、立足于整体、立足于综合，而一步一步建立起来的。

突出"关系"认识论特征的系统科学，突破了经典科学"实体"中心论的羁绊，使得人们对于世界的认识，将考察重点从"实体"转移到"关系"。系统科学强调整体分析，摒弃对部分的孤立分析，实现了世界图景从"实体"中心到"关系"中心的转换。也就是说，系统科学探索世界统一性的角度，已从原来的"物质实体"角度，转到了"关系、结构或组织"的角度。系统科学所探求的，是系统关系、组织、结构方面的共同特征。其所关心的则是跟复杂系统演化有关的组织的不变性，即过程的不变性和共同规律。所以，系统科学集中体现了从"实体"的科学到"关系"的科学这种思维方式的转换，它从一个全新的角度，在更深的层次，揭示了客观世界更本质的规律。

现代科学的"整体"化、"关系"化，一方面是现代社会物质生产发展的需要，另一方面也是现代科学在高度分化基础上走向高度综合的结果。系统科学及其各分支学科的集中涌现，正逐步把"整体"思维、"关系"思维推向历史舞台。"关系"作为一个哲学范畴，自20世纪40年代走向历史舞台，其使命是在各门学科之间，在自然科学与社会科学之间，填补空白，构成一个相互联系的整体，形成一幅以"关系"实在为哲学基础，在整体上把握客观世界的科学图景和哲学图景。

---

① 普里戈金，斯唐热. 从混沌到有序：人与自然的新对话[M]. 曾庆宏，沈小峰，译. 上海：上海译文出版社，1987：41.

② 黑格尔. 小逻辑[M]. 贺麟，译. 北京：商务印书馆，1980：113-114.

　　"关系"作为一个范畴，是与"实体""属性"这两个哲学范畴相对应，密不可分的。从逻辑上说，"实体"规定"属性"，"属性"规定"关系"；从认识的角度说，则反过来，"实体"要通过"属性"去认识，"属性"则要通过"关系"去认识。从对事物"实体"的认识过渡到对事物"属性"的认识，再过渡到对"关系"的认识，这是人类经历了漫长的岁月才感悟并体认到的。①

## 二、系统科学："关系"的复杂性特征

　　系统科学是以提倡复杂性、克服简单性为前提的。它要求承认现实世界的复杂性——系统性的客观存在，要求放弃"现实世界简单性"的传统信念；承认复杂系统演化规律的随机性、不可逆性、非线性等复杂性特征及概率论描述体系的客观性，而要求对严格确定性的简单性规律及确定论描述体系重新认识和估价；提倡把复杂性当作复杂性来处理的新思维和新方法，放弃把所有复杂性化约为简单性来处理的思维和方法。

　　科学的巨大飞跃带来了认识论和方法论的变革。20世纪中叶以前，科学的突出进展是专业化，孤立地割裂整体并研究局部。映射在哲学上，必然以分析为主要的方法论原则。系统科学作为科学的历史性转折和走向，以其对整体的探索，始终把"关系"的整体性和复杂性作为追求的目标以及重要的方法论原则加以贯彻，以一种崭新的思维和视角来研究。任何单一的、孤立的、简单的方法论原则都不可能承担起复杂性的系统科学的研究课题。

## 三、从系统科学到系统哲学

　　何为系统哲学？乌杰的《系统哲学》告诉我们：系统哲学是以系统科学为基础的，是关于系统普遍本质和最一般规律的学说。系统哲学是以马克思主义哲学和自然辩证法为基础，结合现代科学、现代技术、现代社会的最新成果以及理论成就，从系统的"关系论"和"整体"论角度来考察

---

　　① 高剑平. 从"实体"的科学到"关系"的科学——走向系统科学思想史研究[J]. 科学研究, 2008, (1): 25-33.

客观世界，而建立起来的一门哲学学科。系统哲学是对辩证唯物主义哲学的完善、丰富、补充和发展，是对传统哲学表现形式的一种超越，是当代辩证唯物主义哲学的新形态。作为一个哲学研究的新领域，系统哲学对于客观世界的生成与演变有着深刻的理解与深远的意义。①

## 四、系统哲学思想

辩证唯物主义认为，一切事物、过程乃至整个世界都是由相互联系、相互依赖、相互制约的事物和过程所形成的统一的有机整体。系统哲学思想就是把世界看作普遍联系的整体性思想。系统哲学思想源远流长。整个人类文明发展史为系统哲学思想提供了丰富的材料。它经历了三个发展阶段：一是以整体为特征的古代朴素哲学的系统思想；二是近代机械论与辩证论阶段的系统哲学思想；三是现当代建立在定性与定量结合的系统科学基础上的系统哲学思想。

（1）古代朴素的整体的系统哲学思想。最早的整体思想来源于古代人类的社会实践经验。人类在社会生产活动中无时无处不在同各种自然系统打交道，逐渐积累了认识、处理各类系统问题的经验，这就产生了朴素的整体的系统哲学思想。

（2）机械的系统哲学思想。16 世纪以来，近代科学兴起，分门别类孤立地研究事物的方法，开始取代古代朴素的、系统的、整体的观察事物的方法。这种方法反映在哲学上就是形而上学思维。它从机械论的角度认识自然，把自然描绘成机械性的系统。机械性的系统思想虽然具有不可克服的局限性，但是我们要承认它是人类系统思想发展的一个必经阶段。

（3）辩证的系统哲学思想。19 世纪上半叶，自然科学取得了伟大成就。特别是能量守恒定律、细胞学说与进化论的发现，揭示了客观世界的普遍联系。19 世纪的自然科学，为马克思主义哲学提供了丰富的材料。系统思想成为辩证唯物主义的组成部分。

（4）定性与定量结合的系统科学基础上的系统哲学思想。20 世纪以来，科学技术蓬勃发展，使人们的认识对象不断复杂化，人们经常会遇到大范围、大系统、复杂系统以及具有不确定因素等问题，因而在客观上

---

① 乌杰. 系统哲学[M]. 北京：人民出版社，2008：1.

促使了定量化的系统思想产生。现代科学技术不仅为系统的定量研究提供了现代数学理论，而且提供了强有力的电子计算机工具。第二次世界大战将定量化的系统方法成功地应用于作战分析，接着广泛地应用于分析工程、经济、政治领域的大型复杂的系统问题。贝塔朗菲在20世纪30年代建立了一般系统论，认为它属于逻辑和数学领域的科学。它的主要目的是试图确立适用于系统的一般原则，为系统思想的定性分析转入定量分析指出一条道路。对系统进行定量研究的学科有许多，如系统工程、运筹学、控制论、信息论等，尤其是20世纪六七十年代以来建立的耗散结构论、协同学、突变论、超循环理论等，使系统的定量化研究逐步发展与完善起来。但是，系统的定量研究并不排除定性研究，往往需要把两者结合起来，才能解决问题。钱学森认为，现在能有效地处理复杂巨系统的方法是定性与定量相结合的系统研究方法[①]。这就是系统思想从定性到定量的大致发展情况。

只有当系统思想建立在定性与定量相结合的科学基础上，才是系统哲学思想。系统哲学思想的核心是强调系统作为一个整体而不是各部分的简单混合而存在。人们现在将其简洁地、象征性地表达为 1+1＞2。系统哲学思想无论是对过去哲学中流行的传统哲学本体论、认识论思想，还是方法论、价值论思想都是一种超越。

## 第五节　系统哲学思想史研究何以可能

历史的推动有其深层动力及内在规律。而反映历史、再现历史、研究历史主要有三个层面：器物层面、制度层面与思想观念层面。比如，考古发现古代精美的器物，并对其进行研究，属于器物层面的历史。而研究这种精美器物为什么在某个历史时期特别流行，是什么原因导致这种器物在那个历史时段大规模生产与消费，则属于制度层面的历史。思想观点层面的历史属于观念史，它是关于思想观念孕育、生成、演进的历史。

人类所取得的进步，从思想层面考察，归功于思想观念的进步。人，

① 钱学森. 基础科学研究应该接受马克思主义哲学的指导[J]. 哲学研究，1989，（10）：3-8.

无论是从大自然层面考量，还是从社会层面考量，都是被其大脑深处的观念所支配。因此，思想，只能是作为主体的人的思想。但它在观念层面，则创造着自己的历史。当今知识表现出两个强大的潮流和趋势：一个方面越来越专门化且越来越专业化，另一方面则越来越综合化且越来越整体化。大数据恰恰是这两者的综合表现。那么，回归更为普遍更为基础的思想观念史研究，便成为当今学界的普遍共识与学科发展的内在要求。

## 一、一切历史都是思想史

任何哲学研究，不外乎四个方面的内容：本体论、认识论、方法论、价值论。马克思主义哲学的主要内容同样是这四个方面：辩证唯物主义世界观（对应本体论）、辩证唯物主义认识论、唯物辩证法（对应方法论）、辩证唯物主义历史观（对应价值论）。

哲学史就是思想观念演进的历史。从古到今，人类的哲学发展，经历了三次比较大的历史变迁。在漫长的古代和中世纪，哲学的主要任务是本体论的研究，主要解决宇宙的本体是"物质"还是"意识"的问题。文艺复兴以来，尤其是 16 世纪以来，哲学的主要任务是认识论的研究，主要解决对本体即认识对象的"真"与"假"的问题。20 世纪 40 年代以来，尤其是当下，主要侧重价值论的研究，主要解决主体行为所带来的"善"与"恶"的价值问题。哲学研究重心的转移以及哲学论域的演进与变迁，是人类思维内核的真实反映，是人类思想变化、观念变迁的历史。故此，从这个角度，"一切历史都是思想史"[①]。

更进一步，英国历史学家柯林武德还说："在更广泛的意义上理解思想，能够成为历史的也只能是思想。唯有思想，历史学家能够如此亲近地对待，而没有它，历史就不再是历史。因为只有思想才可能以这种方式在历史学家的心灵中重演。太阳系的诞生、我们星球上生命的起源、地质史的早期过程——所有这些都不是严格的历史研究，因为历史学家不能真正深入其境，在他的心灵中使它们现实化：它们是科学，不是历史。"[②]

---

① Collingwood. The Idea of History[M]. Oxford: Oxford University Press，1994.

② 丁耘，陈新. 思想史研究（第一卷）：思想史的元问题[M]. 桂林：广西师范大学出版社，2005：10-11.

那么，怎样唤醒沉睡在哲学史中的"思想"，就成了研究哲学思想史诸多同仁的使命。尤其是对于系统哲学思想史而言，需要通过对系统科学家和系统哲学家的研究，深入到其内心，探索其系统哲学的思想内核。对此，柯林武德说："历史学家在其心灵中重演它们：他并不仅仅重复它们，就像后来的科学家那样可能重新发明前辈的发明。他是有意识地重演它们……并因此赋予这种重演一种心灵的特殊活动品质。"①

在知识碎片化、价值多元化的今天，不断深入系统科学家和系统哲学家的内心世界，不断回到思想史鲜活的源头活水之中，把由于时间的远去而模糊的思想史镜头重新定格并清晰，从中吸纳创新品质，乃是激活思想、发展学术、贯通学科的内在需求。而本书就是以总结自系统科学创立以来，其整体思想、综合思想、非线性思想、演化生成思想等为重要研究内容的。而要深入展开对系统哲学思想史的研究，也要求研究者必须自觉地贯通各学科，因为学科可能千差万别，其内在的思想则往往相通。

"思想"也许沉睡在"历史"里，思想史研究却是一种清醒的、活生生的当下活动。正是通过这种活动，在某些关键时刻，那些暂时休眠的伟大传统会苏醒过来，帮助我们突破现实的困顿与狭隘。②

因此，思想史研究的目的，就是通过承接人类的伟大传统，养成宏大开阔的视野。学术研究的原初冲动乃是凝视永恒，而最接近永恒的就是人类光辉灿烂的思想。在众多的科学高峰中，我们做一棵关于"系统哲学思想史研究"这座山峰的小草，小草随风起舞，遍览四周灿烂风景。俯，则群山错落，起伏有致；仰，则月朗星稀，星汉灿烂；俯仰之间，我们一次次凝视并接近思想的永恒，岂不是思想史研究者的最大快事？③

## 二、何为系统哲学思想史

这个问题要分三个环节来回答。首先，回答何为思想史；其次，回答何为科学史；最后，回答何为系统哲学思想史。

---

① 丁耘，陈新. 思想史研究（第一卷）：思想史的元问题[M]. 桂林：广西师范大学出版社，2005：11.
② 丁耘，陈新. 思想史研究（第一卷）：思想史的元问题[M]. 桂林：广西师范大学出版社，2005：1.
③ 高剑平. 从"实体"的科学到"关系"的科学——走向系统科学思想史研究[J]. 科学研究，2008，（1）：25-33.

第一个环节,何为思想史?无论是思想史研究还是观念史研究,都是关于思想与观念的历史性质及其在历史长河中所起作用的研究。观念史家的任务是研究和诠释经典文本,这些文本由于其"普遍观念"是"经得起时间检验的智慧(dateless wisdom)",读者可以从中研读而受益。[①]而阅读的最佳途径就是将注意力集中于"普遍观念"的建立、社会传播与历史演进上。由此,研究者在理解观念之外,更重视观念的运用问题,在解读文本的同时,更重视对文本产生和存在的语境加以把握。[②]这种视野和方法,本身就是多学科融合、综合的结果。

按照剑桥大学政治科学教授昆廷·斯金纳的观点,思想史是"研究过去那些主要的宗教和哲学体系;研究普通人有关神圣与凡俗、过去与未来、形而上学与科学的信念;考察我们的祖先对长与幼、战争与和平、爱与恨、白菜与国王的态度;揭示他们在饮食、穿着、膜拜对象等方面的倾向;分析他们在健康与疾病、善恶、道德与政治、生殖、性以及死亡等方面的想法。所有这些以及大量类似的话题都可以被纳入思想史研究的广阔范畴,因为它们都属于思想史家最为关注的一般性论题,即研究以往的思想"[③]。斯金纳眼里的思想史是完全综合的领域,历史学、哲学、文学、社会学、政治学、人类学、宗教学、民俗学等不同学科的相互合作与相互影响,才能较好地进行思想史的研究。在一定意义上说,思想史就是综合,同时警醒研究者要持守一种谦卑的态度。我们各自走在自己的路上,我们通过不同的门进入历史,然后彼此交流历史所展现的方方面面。

第二个环节,何为科学史?为什么要回答这个问题?这是因为,系统哲学是建立在系统科学基础上的,系统哲学思想史是建立在系统科学思想基础上的,因此科学史尤其是系统科学史,是本书的研究与写作所必须面对的。

关于科学,到目前为止有三种典型的定义界说。第一种,科学是系统化了的关于自然界的知识。此定义的出发点是科学内涵,但比较模糊。第二种,科学就是社会生产力。此定义侧重科学的功能,兼顾内涵与外延。

① 丁耘,陈新. 思想史研究(第一卷):思想史的元问题[M]. 桂林:广西师范大学出版社,2005:39.
② 丁耘. 什么是思想史[M]. 上海:上海人民出版社,2006:2.
③ 丁耘. 什么是思想史[M]. 上海:上海人民出版社,2006:13.

第三种，科学就是一种社会活动。此定义侧重科学的外延。系统科学的定义，也可以对应上述三种方式。那么系统科学史，就是研究系统科学发展及其规律的科学。系统科学史从历史事实出发，通过对系统科学发展的历史过程进行挖掘和分析，总结其历史经验，揭示系统科学的发展规律。系统科学史的研究对象是系统科学，而不是对象的对象——系统科学的对象——自然界、人类社会或人类思维本身。系统科学史用自然哲学、社会哲学、历史学的方法和观点来分析系统科学发展的历史。因此系统科学史的本质不是系统科学，而是史。但它毕竟是研究系统科学发展的历史，所以又同系统科学有着非常密切的内在联系。

任何概念的定义界说，都是人类思维与认识在一定发展阶段的产物，因而都带有时间或空间的局限性。概念的外延和内涵并不都是一成不变的，它要随着人们的认识深化而深化，要随着时代的进步而进步，一步一步改变其表达形式。后来的表述较之先前的表述更加完善，更加接近事物的本质。

系统科学史也是如此。作为一个概念，系统科学史内涵和外延一直都在发生着变化。它是由三个方面的内在原因所引起：第一种原因，是由于人的认识的深化，赋予系统科学史更多更新更深的内涵；第二种原因，是由于系统科学的作用发生了显著的变化，其传播面迅速扩大，系统科学史不能无视这种社会影响；第三种原因，是由于时代的变迁与研究的进步，系统科学的研究内容发生变迁，系统科学史的研究内容随之发生变迁。

科学史的研究分为"外部史"研究和"内部史"研究两种，日本学者伊东俊太郎等就持此种观点。外部史"着重研究科学理论产生的思想源流和社会背景"[①]。内部史则研究"自然科学理论体系的发展过程"[②]。伊东俊太郎等曾用图表示科学史各部分内容之间的关系。

这种关系如图0-1[③]所示。

《十七世纪英格兰的科学、技术与社会》的作者是默顿，学界认为此书是科学社会学的奠基之作。《科学的社会功能》的作者是 J. D. 贝尔纳，此书

---

① 伊东俊太郎，坂本贤三，山田庆儿，等. 科学技术史词典[M]. 北京：光明日报出版社，1986：400.
② 同①。
③ 伊东俊太郎，坂本贤三，山田庆儿，等. 科学技术史词典[M]. 北京：光明日报出版社，1986：401.

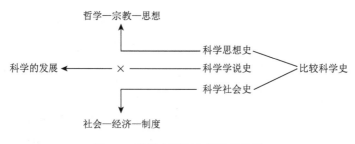

图 0-1　科学史研究内容及其关系

则被公认为是科学学的开山之作。不论科学社会学还是科学学,其研究的重心的都是科学与社会的关系。前者注重研究科学发展与外部社会条件之间的相互制约关系。后者则把科学活动本身作为社会学的研究对象,考察科学共同体的运作机制。科学史研究中所谓的外部史学派,比较典型的就属默顿和 J. D. 贝尔纳这两种研究范式。思想史属于观念史,显然属于内部史学派。内部史所注重的,是追溯思想观念的内在逻辑与发展线索,主要叙述观念与概念的孕育、生成与发展的历史。内部史研究,比较典型的有冯友兰的《中国哲学史》、苗力田等的《西方哲学史新编》、林德宏的《科学思想史》。

　　这样一来,我们就不难回答第三个环节的问题,何为系统哲学思想史?系统哲学思想史研究,就是研究系统科学史如何升华为系统哲学思想的历史进程。系统哲学思想史是研究和总结贝塔朗菲一般系统论诞生以来,系统科学各分支学科或各分支理论所蕴含的哲学思想,记录其主要概念与观念的孕育、发生与发展的历史,记录与之相伴全过程的历史演进。当然,系统思想的渊源可以追溯到古代,而近代的机械论和辩证论也是系统哲学思想诞生的逻辑环节,因此用少量的笔墨回顾这两个时期系统理论的发展,就成为本书的逻辑必然,否则,系统哲学思想就成为无源之水、无本之木。

## 三、系统哲学思想史研究的充分必要条件

　　系统科学是横跨在自然科学、社会科学两大领域之间以及各门自然科学之间、各门社会科学之间的横断科学。系统科学深刻体现了它们之间的诸多复杂关系。但它们之间并不存在隔断的鸿沟。这是因为大自然界

和人类社会本来就是一个整体。系统哲学思想史就是反映人类对自然界整体发展的观念性和规律性认识的历史。系统科学之某种阶段性思想和理论的提出，是对自然规律或社会规律的不同层面的把握和体认，那么，其理论思想往往超越了具体学科，必然上升到哲学范畴，对人类社会产生或浅或深的影响。系统科学各分支学科，尽管各自的具体研究对象可能有别，但理论思想往往相通，需要从哲学的角度，加以提炼、概括和总结。

对系统哲学思想进行概括和总结不仅十分必要，而且成为可能。今天的系统科学已发展成为一个复杂的科学领域，形成了多方面多学科的研究。国内外对于系统哲学思想史研究的文献，主要集中在 5 个方面：①系统（科）学；②系统科学方法（论）；③系统科学应用；④系统科学理论；⑤系统（科学）哲学。

## （一）系统哲学思想史的研究动态及其评析

首先，从历史起源和国际研究动态来讲，系统科学的起源可以追溯到 20 世纪 30—40 年代贝塔朗菲提出的一般系统论。而在此后的几十年中，国际学术界在系统论、信息论、控制论、系统技术和运筹学等多个领域并行发展。进而，高度复杂性理论出现了。如普里高津的耗散结构论、哈肯的协同学、艾根的超循环理论、托姆的突变论、冯·诺依曼的细胞自动机理论。20 世纪 70 年代初，这些发展的哲学基础在拉兹洛的系统哲学中形成。系统领域历史的进一步发展是 20 世纪 70 年代和 80 年代的动力系统数学理论和混沌理论的出现，以及芒德布罗（Mandelbrot）分形理论、扎德的模糊逻辑，洛伦茨、亚伯拉罕、M. 肖等的计算机基础实验工程的出现。由于所有这些理论的进步，至 1990 年，拉兹洛等又提出了包括自然和社会的动力系统发展的一般进化论，并形成了一般进化论的研究会。系统工程也伴随着这些理论发展而快速发展起来。[①]

其次，从我国国内系统科学的学术动态来讲，在系统科学领域，钱学森创建系统科学中国学派并作出突出贡献，邓聚龙创立灰色系统理论，吴学谋创建泛系方法论等。在哲学领域，国内学者诸如乌杰、罗嘉昌等，都

---

① 高剑平. 从"实体"的科学到"关系"的科学——走向系统科学思想史研究[J]. 科学研究, 2008, (1): 25-33.

做了大量的有价值的研究。众多学者对系统科学的"关系"转向，纷纷提出关于"实在论"的种种独特见解，如乌杰的系统辩证学学说、罗嘉昌的关系实在论等。这为系统哲学思想史的研究准备了充足的思想材料。

最后，现代科学体系，呈现出一幅较之以往任何时代都更为复杂的图景。学科之间彼此相互隔绝、相互分立的状态已成为历史陈迹。彼此之间的联系方式日益复杂多样，为横断学科、边缘学科和综合学科的发展，以及由此而上升到系统哲学思想史的概括，提供了肥沃的土壤和充足的养分。

1. 系统（科）学研究

系统（科）学研究，首倡于钱学森。《创建系统学》和《智慧的钥匙：钱学森论系统科学》这两本书对系统学的思想内核进行了比较深入的探讨，并对系统学与其他相关学科的关系进行了说明。其后，朴昌根出版《系统学基础》。在这本著作中，朴昌根把系统概念论、系统分类学、系统进化论、分支系统理论作为该书的四根理论支柱。高隆昌出版了《系统学原理》，主要阐述系统学的三个原理：空间原理、对偶原理以及能量原理，其最主要的理论贡献是给出了系统学原理的数学阐释。谭跃进等出版了同名的《系统学原理》，对系统学的诸多问题进行了研究。苗东升出版了《系统科学精要》，此书的突出特点是从涌现论（或突现论）的角度，对系统学进行了比较深入的探讨。昝廷全则发表了题为《关于系统学研究的若干问题》的论文，主要探讨关于系统的五个问题：一是时空尺度，二是进化，三是稳定性，四是系统的测量与控制，五是系统评价。上述这些学者的系统学研究，无论是概念还是研究进路，基本都沿袭钱学森，尤其是关于系统学（systematology）概念。

然而，国外对于系统学的研究，却没有相对应的英文概念，内涵相近的则是 systemics。systemics 这个单词，其概念内涵更近于系统科学的含义。故而本书用"系统（科）学"来概括。根据所查阅的资料，国外最具代表性的关于系统（科）学的研究学者，是一个名叫 Minati 的人，Minati 与 Pessa 合作，撰写了一部著作，名为 *Collective Beings*。翻译为中文，其著作名为《集合性存在》。这可能是目前所能查阅到的国外唯一的一部关于系统学的著作了。

集合性存在，代表着多重系统，或者说复杂性系统。无论任何系统，其功能主要体现在三个方面：①一种框架，其功能用来认识系统的不变量及系统的特征；②一种策略，其功能注重系统元素之间的相互作用；③一种方法论，其功能是强调整体的方法。这些观点与钱学森的观点和贝塔朗菲的观点基本相似。然而，在 *Collective Beings* 背后，隐含着一种统一各种系统（科）学（或者 systemics）知识的企图。

无论国内还是国外，系统（科）学所对应的都是系统本体论。这里面有一个很奇怪的现象，国外学术界很少有出身于哲学专业的学者从事系统（科）学的研究，然而他们却关心系统的哲学根基问题，秉承"建构论"路径。国内有一大批从事系统科学哲学研究的专业学者，却并不是很关心系统的哲学根基问题。他们所研究的系统本体论则是"关系实在论"路径，而这恰恰是系统哲学思想史所要着力发掘的重要内容。

## 2. 系统科学方法（论）研究

无可否认，系统科学具有极强的方法论特征，这也是当今系统科学风行全世界的根本原因。朱志昌的《当代西方系统方法论经典文献目录汇编》一文，详细梳理了从 20 世纪 40 年代到 90 年代，西方系统学界所涉及的系统科学方法论的主要文献。朱志昌将其概括为十二个方面：一是一般系统论，二是系统科学和模型，三是系统动力学，四是社会组织系统，五是管理控制论，六是传统运筹学与系统工程，七是对运筹学与系统工程的反思，八是软运筹，九是软系统方法论，十是硬系统思维，十一是批判式系统思维，十二是复合方法论。这里特别需要强调的是，系统科学方法与系统科学方法论的界限，无论是国内的研究还是国外的研究都显得很模糊，故而本书用"系统科学方法（论）"来概括。国外同行的研究，常常集二者于一体。譬如今天广为人知的系统论、信息论、控制论、耗散结构论、协同学、突变论、混沌理论、分形理论等，它们都是属于方法论的范畴。对于这个问题，吴彤所著的《自组织方法论研究》和魏宏森所著的《系统科学方法论导论》，都作了针对性的说明和比较深入的研究。

然而，20 世纪 50 年代之后，国外的系统学界，兴起了批判系统思考、系统动力学、软系统方法论、硬系统思考等系统科学方法论研究的一波小高潮。软系统方法论的研究，其代表人物有英国学者切克兰德。切克兰德的三部代表作《系统思考与实践》（1981）、《实践中的软系统方法论》（1990）、《软系统方法论：30年回顾》（1999），在全世界系统学界产生了非常大的影响。而关于硬系统动力学的研究，其代表学者有福瑞斯特（Forrester），福瑞斯特的四部著作《工业动力学》（1961）、《系统原理》（1968）、《城市动力学》（1969）、《世界动力学》（1971），则是硬系统动力学的开创性著作。他的这些著作，能够模拟动力系统的相互作用。在他的社会系统学的研究中，讨论了社会系统动力学的可能性，也就是一种建立社会系统的动力学仿真的方法，从而模拟新政策或法律对社会的可能影响。国内学者王其藩主编的《管理与决策科学最前沿：系统动力学理论与应用》，以及他所著的《系统动力学》《高级系统动力学》都对此进行了较为详尽和深入的研究。

肇始于福瑞斯特，如今，系统动力学方法广泛运用于工业、农业、城市、生态等领域。而在系统科学方法论方面，产生较大影响的还有美国圣菲研究所（Santa Fe Institute，SFI）。美国圣菲研究所成立于20世纪80年代。该所的代表学者是霍兰德（Holland，又译作霍兰），其主要理论贡献是复杂适应系统（CAS）理论，它是建立在"涌现"基础上的。该研究所的代表性文献有霍兰德的《隐秩序：适应性造就复杂性》（1995）、《涌现：从混沌到有序》（1998），盖尔曼（Gell-Mann）的《复杂适应系统》以及克勒（Klir）的《系统问题解决的体系结构》（2003）。

国内对于系统方法的研究，则首见于钱学森所倡导的"定性定量的综合集成法"。其后，顾基发与王浣尘对之进行了完善，顾基发提出了"物理-事理-人理"的系统科学方法。吴学谋提出并创立的泛系方法论不仅得到了国内外学界的认可，而且还产生了较大的影响。邓聚龙所创立的灰色系统理论，为处理信息的不完全或不确定提供了一种全新的灰度系统方法论。李曙华提出了"还元论"与"探源论"的系统方法。张华夏提出了"对称破缺"的观点；刘粤生提出信息增殖论；沈骊天提出信息进化论。沈骊天的"改变信息与材料能量的结合方式就可以产生有序"的观点，实际上成为可持续发展的理论支撑。此外，吴彤、苗东升、黄欣荣等都对系统科学方法做了很多有益探索。在当今国内外的系统学界，关于系统科学方法的研究，是有着有大量中国学者密集发声的领域，并取得不俗的研究成果。这主要得益于领军人物钱学森，以及吴学谋、顾基发、邓聚龙、张华夏等的一大批原创性成果。

　　然而，系统科学方法论的功能或者研究目标主要是两个：一个是解决问题的方法，另一个则是获取知识的方法。对于前者，已经取得了广泛的成就，系统科学方法被应用于几乎所有的学科。对于后者，获取知识的方法属于系统认识论范畴，而这恰恰是系统哲学思想史的重要内容，然而国内外的研究都相对薄弱。

### 3. 系统科学应用研究

　　系统科学迄今得到了广泛的应用。系统科学应用于工程，在 20 世纪的五六十年代诞生了钱学森的工程控制论、华罗庚的优选法和统筹学，并以此为理论基础和方法论，广泛指导了我国的工农业生产。钱学森的工程控制论，一直应用于我国的重大工程，从三门峡水利工程，到三峡大坝，从"两弹一星"到"北斗"工程。华罗庚的优选法和统筹学，则在我国的 20 世纪 50 年代到 70 年代的工农业生产中得到了充分的应用。作为最具张力的横断学科，系统科学几乎渗透进自然科学和社会科学两大领域里的所有学科。系统科学应用于经济实践，诞生了陈平的经济混沌理论、复杂演化经济学、代谢增长论等。从某种意义上说，改革开放后经济发展的中国模式，实际上就是系统科学理论运用于我国经济系统的结果。系统科学在物理学、统计学、经济学、管理学、教育学、生物学、生态学、社会学、国际关系等学科里的应用则更为突出。应用于物理学和统计学的成果有普里高津的《非平衡态统计力学》、祖巴列夫的《非平衡统计热力学》、德格鲁脱等的《非平衡态热力学》、霍裕平等的《非平衡态统计理论》等。应用于经济学的成果有福克斯（Fox）等的《系统经济学：概念、模型和跨学科视角》、弗里德曼（Friedmann）的《自动和控制系统经济学》。应用于管理学的成果有斯可德贝克（Schoderbek）的《管理系统》、杰克逊的《系统思考：适于管理者的创造性整体论》、威尔逊的《软系统方法论：概念模型的建构及其贡献》等。

　　我国学者将系统科学运用于经济学并取得的成果有：昝廷全的《系统经济学：开创新学科》、胡传机的《非平衡系统经济学导论》、魏宏森等的《系统科学与市场经济》等。将其运用于科学决策的有陈家环等的《系统科学与科学决策》（1988）。将其运用于管理学的有王淑荣的《系统科学与成功管理》（1993）、李健行的《系统科学原理与现代管理思维》（1994）、李建华等的《现代系统科学与管理》（1996）、刘永振的《论系统科学与管理》（1997）、常绍舜的《系统科学与管理》（1998）。此外，人民出版社于2006年出版了"系统科学与系统管理丛书"共五本，等等。鉴于系统科学在教育学、生物学、生态学、社会学、国际关系等学科里的应用及其成果太多，在此不一一列举。需要强调的是，系统科学应用研究，鲜明地体现了三个特征：一是系统科学渗透进所有的学科，成为迄今为止流行于学术界且最具范式意义的学科。二是渗透进其他学科主要通过两种途径：系统思维和系统科学方法论。三是系统科学的学科定位尚存在争议，导致系统科学理论与方法的诸多不确定性，这与上述两个特征是明显背离的。系统科学应用研究的这三个特征，恰恰是属于系统方法论范畴，是系统哲学思想史需要挖掘并着重研究的内容。

### 4. 系统科学理论研究

对于系统科学理论的研究，国内始于翻译西方的系统科学著作。在钱学森首倡系统学之后，20世纪70年代末至80年代，恰逢中国改革开放的历史节点，国内出现了一波翻译国外系统科学原著的热潮。学术界20世纪俗称的"老三论"：《系统论》《控制论》《信息论》和"新三论"：《耗散结构论》《协同学》《突变论》，就是这一时期译介过来的。紧随其后的是国内涌现出了一大批研究系统科学理论的专家和学者。钱学森之后比较重要的有许国志、吴学谋、邓聚龙、乌杰、罗嘉昌等。围绕系统科学理论的研究主要分为两类：一类是总论研究，即对系统科学理论进行总体研究；另一类则是专论研究，即对系统科学的相关各论进行专门研究。

由于这些学者的共同工作，20世纪80年代以来，国内出版发表了大量的系统科学理论研究的成果，由于文献太多，本书按时间顺序只列主要的如下：邹珊刚等1987年编著《系统科学》、朴昌根1988年出版《系统科学论》、陈禹1989年出版《关于系统的对话：现象、启示与探讨》、苗东升1990年出版《系统科学原理》等。2000年有一个标志性的理论成果，由许国志主编的《系统科学》出版，对系统科学理论及其应用做了广泛、深入、系统的探讨。其后由其主编的《系统科学与工程研究》则侧重于系统科学理论的工程应用。陈忠与盛毅华于2005年合作编著出版《现代系统科学学》，对于基础系统论、复杂系统论以及社会系统论进行了建构，形成初步的系统科学体系。颜泽贤、范冬萍、张华夏三人合作于2006年出版《系统科学导论》，从四个方面探讨系统科学的基本理论：一般系统论、复杂系统总论、复杂系统分论、系统管理论。所有上述成果有一个共同的特点，对系统科学理论的总体进行研究。

围绕系统科学理论的专论研究的成果则有：1987年沈小峰等编著出版《耗散结构论》，颜泽贤的《耗散结构与系统演化》（1987），1990年姜璐和王德胜编著出版《系统科学新论》，魏宏森等于1991年编著出版《开创复杂性研究的新学科：系统科学纵览》，1997年姜璐出版《熵：系统科学的基本概念》，李曙华2002年出版《从系统论到混沌学》，等等。

在20世纪80年代以前国外的系统科学理论研究，主要探讨从系统论、信息论、控制论到耗散结构论、协同学、突变论乃至混沌理论、分形理论等相关专论。其在学术界的贡献和影响，今天已成为定论，在此不再赘述。在此之后的较为重要的文献有：桑奎斯特（Sandquist）于1985年出版《系统科学导论》、詹克尔（Troncale）在1988年发表论文《系统科学：是什么？一个还是多个？》、斯托威尔（Stowell）等在1993年编辑出版了《系统科学：解决全球问题》、弗勒德（Flood）与卡森（Carson）两人于1993年出版《处理复杂性：系统科学的理论和应用导论》、明格（Minger）在1995年出版《自创生系统：自创生的含义和应用》、希姆斯（Simms）于1999年出版著作《定性生命系统科学原理》、克勒于2001年出版《系统科学面面观》的第二版、贝利（Bailey）于2001年发表题为《走向统一学科：跨学科边界的概念应用》的论文，并于2005年出版《系统科学50年》。2003年的国际系统学界有一个标志性的理论成果，由米奇利（Midgley）编辑出版了系统科学领域最重要的四卷本文献《系统思考》，收录了从贝塔朗菲至拉兹洛乃至到2000年左右的重要文献，每一卷都以副标题的形式标出侧重点。此外，国际系统科学学会每年召开一次年会，会后结集出版论文集，从中可以洞悉国际系统科学理论研究的动态以及有价值的思想和观点。

从哲学的角度考察，系统科学理论研究涵盖了系统本体论、系统认识论、系统方法论、系统价值论，系统科学理论研究侧重于系统方法论，尽管总的研究趋势是向综合化和体系化方向演进，但是相对零散，没有形成有机的体系。因此，仍然有充分的可供探讨和总结的理论空间。综观国内

外系统科学理论研究的态势：国外的理论研究日益增长，国内的研究也百
花齐放、百家争鸣。国内的高质量研究主要集中于老一代的系统学者。
当下国内进行系统科学理论研究的大多是各高校毕业的博士，这些博士
们虽然没有老一代的宏大叙事，但也不乏创新和思想闪光点，从整体角
度入手研究的有分量的研究成果相对欠缺。

　　5. 系统（科学）哲学研究

　　国内对于系统（科学）哲学研究分为两大板块：第一个板块是系统哲
学研究，是自然哲学研究的延续；第二个板块是系统科学哲学研究，聚焦
于系统科学中的哲学问题。

　　对于第一个板块，国内系统哲学研究最早且最有代表性的成果是乌杰
1988 年出版的《系统辩证论》，2008 年出修订版改书名为《系统哲学》，
该书融合马克思主义"一分为二"的辩证法思想，建构了以"一分为多"
与"合多为一"的系统辩证法思想为核心的系统哲学体系。刘长林在
1990 年出版著作《中国系统思维》，深入探究了中国古代科学和文化中的
系统哲学思想。当然，罗嘉昌的著作《从物质实体到关系实在》（1996）
和论文《关系实在：纲要和研究纲领》也是该领域的重量级成果，作者认
为"关系在一定意义上先于关系者"。为此，他与郑家栋等合作编辑系统
哲学丛书《场与有：中外哲学的比较与融通》，来支撑他的观点。其他比
较重要的著作有：沈小峰、吴彤、曾国屏合作的《自组织的哲学：一种新
的自然观和科学观》（1993），曾国屏的《自组织的自然观》（1996），闵家
胤的《进化的多元论：系统哲学的新体系》（1999），张志林与张华夏合编
的《系统观念与哲学探索：一种系统主义哲学体系的建构与批评》（2003），
黄小寒的《世界视野中的系统哲学》（2006），等等。

　　对于第二个板块，国内探究系统科学中的哲学问题的著作非常之多，
比较重要专著的按时间顺序列举如下：王雨田的《控制论、信息论、系统
科学与哲学》（1986），沈小峰的《耗散结构论》（1987），魏宏森主编的《系
统理论及其哲学思考》（1988），沈骊天的《高科技与熵增的竞赛》（1992），
苗东升、刘华杰的《混沌学纵横论》（1993），魏宏森、曾国屏的《系统论：
系统科学哲学》（1995），王兆强的《两大科学疑案：序和熵》（1995），湛

垦华的《系统科学的哲学问题》（1995），刘华杰的《混沌语义与哲学》（1998），苗东升的《系统科学辩证法》（1998），林夏水等的《分形的哲学漫步》（1999），邬焜的《信息哲学：理论、体系、方法》（2005），颜泽贤的《耗散结构与系统演化》（1987）。此外，比较重要的论文有：陈忠的《混沌运动的哲学启示》（1987），沈小峰等的《关于混沌的哲学问题》（1988）和《超循环论的哲学问题》（1989），詹克明的《系统论的若干哲学问题》（1991），黄小寒的《超循环论及其哲学问题》（1991），闵家胤的《系统科学的对象、方法及其哲学意义》（1992），李后强的《关于分形理论的哲学思考》（1993），苗东升的《分形研究的哲学思考》（1993）和《系统科学哲学论纲》（1997），沈骊天的《哲学信息范畴与信息进化论》（1993）、《热寂与发展——跨世纪的论战》（1994）、《微弱的有序与强大的无序——论当代辩证发展观与机械演化观的基本分歧》（1995），刘粤生的《论"信息进化论"与信息增殖——信息增殖进化论的历史背景与理论探》（1998），李曙华的系列论文《系统科学：从"构成论"走向"生成论"》（2004）、《系统"生成论"与"生成进化论"》（2005）、《"生成论"与"还原论"：生产科学的自然观与方法论原则》（2008），吴彤的《中国系统科学哲学三十年：回顾与展望》（2010）等。

国外的系统哲学研究，开山祖师是贝塔朗菲，其著作《一般系统论：基础、发展和应用》拉开了系统哲学研究的序幕。系统哲学领域成就最大的当属拉兹洛，构建了比较完整的系统哲学理论体系。这主要集中在他的三本专著《系统哲学引论：一种当代思想的新范式》《系统、结构和经验》《从系统的观点看世界》和两本论文集《系统哲学讲演集》《系统科学和世界秩序》之中。埃利斯（Ellis）的《系统哲学》是西方最早以系统哲学命名的著作。邦格的论文《系统世界观》《无所不在的系统》与拉波波特的著作《一般系统论：基本概念和应用》以及茹科夫的《控制论的哲学原理》等，都是系统哲学领域里的重要成果。至于国外的系统科学哲学研究的文献更是汗牛充栋，数不胜数。比较有代表性的有：卡普拉的《转折点》、普里高津的《从混沌到有序》和《确定性的终结：时间、混沌与新自然法则》、莫兰的《复杂性思想导论》、米奇利编辑的四卷本《系统思考》、Rhee编辑的第四十一届国际系统科学学会年会的论文集《走向系统科学范式》等。

对于系统哲学研究而言，其主要问题有两个：一是如何延续乃至巩固自古希腊哲学以来系统哲学的自然哲学根基，二是如何在哲学领域里争得一席之地。对于系统科学中的哲学问题研究来说，主要问题也是两个：一是在自然科学哲学问题的范式下如何深入并实现系统整合的研究，二是如何全面整合系统科学的哲学问题研究。

（二）主要问题及进一步研究的空间

上述研究，如果站在系统哲学思想史的角度，则存在着下面五个问题。正是这五个问题的存在，使得"系统哲学思想史"存在着广阔的研究空间。

一是从思想史的角度考察，只有专门史的研究或者专题专论的研究，没有系统哲学思想史的通史研究。作为横断学科，系统科学尽管渗透进自然科学和社会科学两大领域里面的所有学科，但是显得芜杂和参差不齐，缺乏一个提纲挈领的系统哲学思想史来统领。

二是从哲学的角度考察，尽管学界都认识到系统科学作为一种崭新的范式猛烈冲击着经典科学的各门学科，各学科也都借用系统科学忙着开辟新的交叉研究领域，可问题在于：社会科学的研究进路侧重于思辨和建构，缺乏自然科学的根基；自然科学的研究进路侧重于数学和动力学揭示或证明，缺乏宏观的哲学视野以及推向一般性普遍性的标志性成果来诠释系统科学所导致的世界观的转换以及方法论的变革，从而让系统哲学思想熠熠生辉。

三是从文化的源头考察，既缺乏对西方自古希腊以来深厚自然哲学传统的传承，又缺乏对我国古代系统思想的全面而深刻的总结。尽管有对亚里士多德、伯格森（又译作柏格森）、怀特海等哲学思想的总结，也有对马克思、恩格斯普遍联系思想的探讨，但都没有聚焦到系统哲学思想史的文化源流和形而上学根基上来。

四是从共时性的角度考察，缺乏一根逻辑的主线，来将系统哲学思想的内核：整体思想、关系思想、非线性思想、演化生成思想等进行深刻的总结，使系统哲学思想史璀璨夺目。

五是从历时性角度考察，缺乏一根历史的主线将一般系统论前期、构成论阶段、自组织论阶段、生成论阶段的系统哲学思想、当代国外代表性系统科学学派的系统哲学思想、我国学者对系统哲学思想的独特贡献等有机地串联起来，从而全面深入地进行系统哲学思想史的发掘与建构。

## 四、研究内容、研究方法与研究意义

### （一）研究内容

在系统哲学思想史的发展阶段划分上，有两个大家的观点具有代表性：一是美国圣菲研究所考温的观点，二是中国科学院前院长路甬祥的观点。美国圣菲研究所的考温认为，系统科学诞生的标志是贝塔朗菲一般系统论的创立，并将系统科学的发展历史划分为三个阶段：第一阶段以系统论、控制论、信息论以及人工智能为代表，研究存在；第二阶段，以耗散结构论、协同学、超循环理论为代表，研究演化；第三阶段则是以突变论、混沌理论、分形理论乃至复杂性科学的兴起为代表，是综合研究阶段。中国科学院前院长路甬祥认为，系统科学的发展，信息论、运筹学、控制论为一个时期；20 世纪 60—70 年代兴起的耗散结构论、协同学、超循环理论是一个时期；此后是一个时期。本书吸纳了上述两位大家的学术营养，全书展开为八章。首先是绪论，用比较长的篇幅交代近代以来如何从经典物理学演进到相对论与量子力学为代表的现代物理学及其之后的系统科学，而后由系统科学思想提升到系统哲学思想，较为详细地论述了系统哲学思想史研究如何可能。

第一章，一般系统论前期的系统哲学思想。此章花少量的笔墨回顾系统思想在东西方的萌芽及其历史演进，这也是必要的，否则系统哲学思想便成了空中楼阁。

第二章，构成论阶段的系统哲学思想：破"实体"立"关系"。主要研究并总结系统论、控制论、信息论的系统哲学思想。这就是考温所说的研究存在的系统哲学阶段，也就是路甬祥所说的信息论、运筹学、控制论时期。

第三章，自组织理论阶段的系统哲学思想：从存在的"实体"到演化的"关系"。主要总结并研究耗散结构论、协同学、超循环理论的系统哲学思想。这就是考温所说的研究演化的系统哲学阶段，也就是路甬祥所说的 20 世纪 60—70 年代兴起的耗散结构论、协同学、超循环理论的时期。

　　第四章，生成论阶段的系统哲学思想：从"关系"的演化到"关系"的生成。主要研究总结突变论、混沌理论、分形理论、复杂性科学的系统哲学思想。这就是考温所说的综合研究阶段，也就是路甬祥所说的耗散结构论、协同学、超循环理论之后的时期。需要说明的是，尽管第三、第四两章都是自组织理论，但在这两章的展开是有明显的区别的，前者是侧重演化，后者侧重生成。从第一章到第四章，主要以时间线索或者说以历史为线索展开。黑格尔说，历史的就是逻辑的，系统科学的发展确实印证了黑格尔的这一命题。系统哲学的一步步深入，确实是随着时间的推进，其内容越来越广博，其理论越来越抽象，对事物本质的揭示则越来越深入。在这里历史的就是逻辑的。

　　第五章，当代国际上代表性系统学派的系统哲学思想。选取国际上比较有代表性的系统学派，总结他们的系统哲学思想。诸如：美国圣菲研究所复杂适应系统（CAS）理论的系统哲学思想，比利时"控制论原理研究计划"三人小组的进化系统哲学思想，英国牛津大学弗洛里迪（Floridi）信息哲学学派的系统哲学思想，拉兹洛（Laszlo）的系统哲学思想。

　　第六章，中国学者对系统哲学思想的独特贡献。比如，钱学森创建系统科学中国学派并作出突出贡献，邓聚龙创立灰色系统理论，吴学谋创建泛系理论及乌杰的系统辩证论学说、罗嘉昌的关系实在论，等等。这些宝贵的系统哲学思想材料，都需要去提炼与概括。第五、六这两章，主要以空间地域为线索总结中外学者的系统哲学思想。在这两章里，逻辑的就是历史的。

　　第七章，系统哲学思想史的理论根基：复杂的实在。讨论两种"关系实在论"的理论分歧，探寻复杂概念所指称的实在，最后得出复杂的实在的两个结论与四点启示。两个结论：一是构成、组织、生成兼容，二是物质、能量、信息兼容。四点启示：一是对于理解进化的启示，二是对于唯物辩证法的启示，三是对于可持续发展的启示，四是对于哲学本体论的启示。

　　第八章，系统哲学思想与世界新图景，展开为四节内容。第一节讨论系统哲学思想与认识论变革：从"实体"的哲学到"关系"的哲学。第二节讨论系统哲学思想与方法论变革：自然科学与社会科学两大领域正在日益成为一个研究对象的整体。第三节讨论系统哲学思想与世界观转换，展开为四个方面：一是系统哲学思想与哲学本体论的结合：关系实在；二是系统哲学思想与哲学认识论和方法论的结合：系统方法论；三是系统哲学思想与哲学价值论的结合：系统价值论；四是系统哲学思想对马克思列宁主义、毛泽东思想的回归与发展。第四节探讨系统哲学思想与人类命运共同体，展开为四个方面：一是整体思想与"人类命运共同体"中的国际权力观，二是"关系"思想与"人类命运共同体"中的共同利益观，三是演化生成思想与"人类命运共同体"中的可持续发展观，四是非线性思想与"人类命运共同体"中的全球治理观。

## （二）研究方法

首先，要运用马克思主义哲学的一般方法。辩证唯物主义和历史唯物主义既是系统哲学思想史研究的理论指南，又是处理系统哲学思想史研究的一般方法论。本书就是从"实体"和"关系"的角度切入，研究系统科学的主要理论以及系统哲学思想之产生与发展的历史。主要任务是：以辩证唯物主义与历史唯物主义为指导，从认识论的角度，分析系统科学的主要成果、提升重要学说的理论思想，它的科学意义与哲学意义，重要系统科学家和哲学家的哲学观点与方法论思想。

其次，运用历史与逻辑相统一的方法，来理清系统哲学思想史的发展脉络，探索系统科学发展的规律，并说明系统科学发展与哲学发展的内在联系。东西方的系统科学家对系统科学发展阶段的划分是基本一致的。系统哲学思想史就是研究、概括、总结这几个阶段背后的系统哲学思想的历史呈现与历史演进。

再次，解释性与说明性相结合、归纳与演绎相结合。

思想与历史，这是思想史概念中的两个核心观念。思想是纯粹理性与逻辑的产物，思想的产生意味着赋予混沌状态一种秩序。人们通过语言或符号阅读到的历史，乃是思想的产物。换句话说，历史表现是由表现者的思想组织、建构而成，这才是人们接触到的真正的历史。思想史研究由情境、思想和历史三者构成。<sup>①</sup>这就要求我们深入到历史人物内心，才有可能了解他们所表现的"客观历史"及其变迁。北京大学教授葛兆光认为，在知识史和思想史之间有一个相互诠释、相互支持的关系。<sup>②</sup>具体到本书，要求我们既要把系统哲学思想史的各种理论放到一定的科学历史背景下进行介绍、分析和总结，又要深入到当时系统科学家的内心深处去思考和体会。只有坚持解释性与说明性相结合、归纳与演绎相结合的方法，我们才有可能体会系统科学具体理论阶段，从而理解每一理论阶段，当时科学家和哲学家面临科学问题时难言的痛苦、思考问题的方式以及解决问题时忘我的喜悦。而这，正如林德宏所说，在某种意义上是第二次探索、第二次发现。没有这第二次探索，自然科学的成果就不可能升华为科学思想和哲学结论。<sup>③</sup>

最后，要多学科交叉协作攻关。现代科学体系，呈现出一幅较之以往任何时代都更为复杂的图景。学科之间彼此相互隔绝、相互分立的状态已成为历史陈迹。彼此之间的联系方式日益复杂多样，由线性联系走向多维联系。这不仅为横断学科、边缘学科和综合学科的发展，以及由此而上升的思想史概括乃至哲学概括等提供了肥沃的土壤，而且要求我们必须坚持使用多学科交叉协作的方法，才可以达到系统哲学思想史的研究目的。

怀特海说，两千年来的西方哲学史都可以看作是对柏拉图的一连串注脚。歌德说，凡是值得思考的问题或地方，没有不是被人思考过了的，我们所能做的不过是力图重新思考而已。从贝塔朗菲开始，众多第一流的科学家和哲学家，他们宛如大地上的园丁，在此辛勤耕耘，莫不硕果累累，才浇灌出今天丰富、厚重的系统哲学领域。

然而，这里面有一点小小的遗憾，那就是迄今为止，无论是国外学术界还是国内学术界，还没有一部系统而详尽总结系统哲学思想史的专著。第一流的系统科学家和哲学家，他们对系统领域那些具有永恒性问题的探

---

① 丁耘，陈新. 思想史研究（第一卷）：思想史的元问题[M]. 桂林：广西师范大学出版社，2005：170-173.

② 葛兆光. 思想史研究课堂讲录：视野、角度与方法[M]. 北京：生活·读书·新知三联书店，2005：225.

③ 林德宏. 科学思想史[M]. 南京：江苏科学技术出版社，1985：前言，2.

索，构成了人类思想的宝库，其中包含了永恒的智慧，那是我们人类任何时候都需要严肃认真对待的；任何时候重新思考都必须引以为出发点的。系统哲学思想史的研究，其价值就在于我们可以期望从研究这些永恒要素中直接学习和受益。因此，对于这个快速发展的领域来说，明确其概念，总结其方法，梳理其理论和思想脉络。研究系统哲学思想的孕育、演化、走向成熟的发展史，不仅有着深刻的理论意义，而且有着重大的实践意义。笔者选择这么一个重大题材，历经近二十年的研究，力图在系统哲学思想史这一领域，尽自己的绵薄之力。

（三）研究意义

首先，从 20 世纪 30 年代贝塔朗菲创立一般系统论以来，迄今已经 80 年。其间，系统哲学领域内学说纷起，学派林立，但无论是国外学术界还是国内学术界，至今都没有进行系统哲学思想史的梳理、概括和理论总结工作，以致系统哲学发展未能步入系统化的轨道，难以上升为具有强大逻辑联系的系统哲学思想史的理论体系。因此本书的研究对于 21 世纪系统哲学的发展，对于丰富系统哲学思想史的理论及思想资源，都有着极为重要的学术价值。

其次，当今人类所面临的各种全球性问题，生态环境问题、能源问题、粮食问题、人口问题、贫富悬殊问题、东西对抗问题、南北差距问题等，都是一个个因素众多、结构复杂的系统问题，涉及各种自然因素、社会因素以及它们之间的各种复杂关系。解决这些问题要求人类放弃传统哲学的"实体"的简单性思维方式，吸纳系统哲学"关系"的复杂性思维方式，依靠辩证的系统自然观以及系统哲学思想。因此，对于系统哲学思想史的研究，不仅具有深刻的理论意义，而且有着重大的应用价值和广泛的社会意义。

# 第一章 一般系统论前期的系统哲学思想

系统哲学思想史，即人们对物质世界和精神世界系统性认识的历史，它经历了古代、近代和现代三个发展时期。与此相对应，产生了古代朴素哲学的系统思想、近代辩证哲学的系统思想，以及现代建立在系统科学基础上的系统哲学思想。在西方，古希腊自然哲学体系以"实体"为核心展开，同时也包含着"关系"实在的萌芽。而在东方，强调"天人合一"的"整体"思维，以及整体与环境之间、整体与整体之间、整体与部分之间、部分与部分之间的不可分割的相互"关系"，一直是我国古代哲学的核心思想。因此，对系统哲学思想史的研究，必须从东西方的古代哲学开始。系统哲学需要集中阐明的所有重要思想，无论是"关系实在"，还是"整体"思维，在东西方的古代哲学中，都已经有了胚胎和萌芽。

本章将深入讨论贝塔朗菲一般系统论诞生以前的系统哲学思想，主要包括下面三节内容。第一节，东西方古代哲学："实体"与"关系"的提出。第二节，近代的机械论与辩证论：系统哲学思想的逻辑环节。第三节，"机体论"：凸显"关系"与"整体"的系统思想。

## 第一节 东西方古代哲学："实体"与"关系"的提出

哲学是理性思维的最高代表，恩格斯说，一个民族要想站在科学的最高峰，就一刻也不能没有理论思维。理论思维即理性思维的一种。哲学史上有一个奇特的现象：那就是公元前 1046 年—前 256 年，我国先秦的周朝期间不仅诞生了《周易》，而且诞生了诸子百家；与此相对应的是，几乎在同一时期，即公元前 800 年—前 146 年，西方诞生了古希腊哲学。哲学史上，东西方这两座哲学高峰几乎同时崛起，双峰并立，代表着当时哲学理论的最高成就。

古希腊的自然哲学，有早期的爱奥尼亚学派、毕达哥拉斯学派；古典时期的希腊哲学则有三个代表人物：苏格拉底、柏拉图、亚里士多德；晚期古希腊哲学有斯多亚主义、怀疑主义、新柏拉图主义。古希腊的自然哲学体系，无论是早期、中期还是晚期，统统都以"实体"为核心来展开。与此同时，古希腊的自然哲学体系中也包含着"关系"实在的萌芽。

概括起来，古希腊哲学的核心概念有五个：部分和整体的"关系"、还原原理、"形式"论、自然类观念、"始基"说等，这五个概念之间有着非常严密的逻辑关系。无论是"关系"问题还是"实体"问题，在古希腊自然哲学体系中就已经露出胚芽，不仅为中世纪哲学研究乃至近现代的哲学研究指明了方向，而且为近代产生的以定性和定量相结合为方法论基础的科学研究，指明了方向。正是在这个意义上，革命导师恩格斯说："在希腊哲学的多种多样的形式中，几乎可以发现以后所有的观点的胚胎、萌芽。"[1]

而在东方，中国的古代哲学，则强调整体与环境之间、整体与整体之间、整体与部分之间、部分与部分之间的不可分割的"关系"，这些"关系"相互依存，相互联系，彼此都以对方为存在前提，否则都不可能单独存在。这种强调以"关系"为基础的"整体"性思维，一直都是中国古代哲学的优秀传统思想。因此，就系统哲学来说，中国的古代哲学比之古希腊的自然哲学体系，更加具有"系统"色彩。

## 一、古希腊时期的系统哲学思想

### （一）"实体原理"提出：古希腊的"始基"说与"原子"论

沿着古希腊神话的道路，古希腊哲学家们探讨宇宙的奥秘，追寻世界的本原。其中，一以贯之的主线索，便是古希腊的自然哲学。从"始基"说，到"理念"生成论，乃至神秘的流溢说等，其哲学根本问题都是宇宙从何而来。只不过爱奥尼亚的"始基"说，是以有形质料为本原；德谟克里特的"原子"论是抽象的"实体"本原；而柏拉图的"理念"是抽象的实在论；新柏拉图主义的流溢说则是兼而有之。

最早提出"始基"思想作为世界本原的，是古希腊的米利都学派。对于"始基"在哲学史上的重要性，科学史家丹皮尔是这样评价的："这个

---

① 马克思，恩格斯. 马克思恩格斯全集：第四卷[M]. 中共中央马克思恩格斯列宁斯大林著作编译局，译. 北京：人民出版社，1995：287.

米利都哲学学派的重要性在于，它第一个假定整个宇宙是自然的，从可能性上来说，是普通知识和理性的探讨所可以解释的。这样，神话所形成的超自然的鬼神就真的消灭了。他们形成了一个变化的循环的观念。这个循环就是从空气、土、水，经过动植物的身体，复归于空气、土、水。泰勒斯注意到动植物的食物都带湿气，因而重新提出古来的理论，说水或湿气是万物的本质。"①

世界最初的物质，在米利都学派那里叫作"始基"，即建造宇宙的第一块砖头。只要找到了这块最初的砖头，世界就可以还原或者重新建造出来。这不仅是古希腊哲学家的愿景，而且也是后来世世代代哲学家和科学家们的愿景。只不过，这块最初的砖头，在德谟克里特那里，成了抽象的"原子"论。这块最初的砖头，到了柏拉图这里，不是有形的质料，而是无形的"理念"。柏拉图比之先前的哲学家，向前进了一大步。他将世界割裂为两重：现象世界和本质世界。人的认识因而也可以对象化为两重：感觉世界和理念世界。感觉世界是变化的、流动的、相对的、纷繁复杂的甚至是众多的。与之相对应，理念世界则是不动的、静止的、绝对的、单一的甚至是永恒的。感觉世界，只能获得意见；理念世界，则能获得真理。亚里士多德建造了一套独特的哲学体系，他的"四因"说包括质料因、形式因、动力因、目的因。其中质料因被亚里士多德排在第一，被赋予了基础性的地位。我们从古希腊哲学中可以考察出一种历时关系："本原"—"始基"—"理念"—"质料因"，这反映出本体论在古希腊自然哲学中基础性的牢固地位。因此，本体论，或者说存在论，是古希腊哲学的一根牢固的支柱。

在原始人眼中，世界是混沌的。人与其他动物无异，是与自然浑然一体的，人与自然两者是密不可分的。自从古希腊哲学开始探索宇宙背后的本原，就开始了人与自然关系的新的历史进程：主体与客体的分离。主体独立出来了，客体则被外化了。"本原"的探索，"始基"概念的提出，虽然并不能圆满地解释世界，但主体的能动性释放了，这是人类的进步。人，不再是被动地沿袭过去神话和宗教的方式去解释世界，而是主动地去探索和认识客体的自然界。

---

① 丹皮尔. 科学史：及其与哲学和宗教的关系[M]. 李珩，译. 桂林：广西师范大学出版社，2001：13.

在人与自然两者密不可分的时期，人被放逐到宗教和神学领域。而当主客体分离的思想一旦诞生，人必然会反过来审视宗教和神学。人的主体性必然会一步步彰显，人的能动性必然会一步步释放，认识能力必然会一点点提高，其结果必然是：宗教和神学必然会被人一步步放逐。考察西方哲学史，古希腊哲学之后，中世纪的教父哲学、早期的经院哲学、中期经院哲学的繁荣、晚期经院哲学的解体、文艺复兴哲学的兴起、近代认识论和科学哲学的兴起，等等，就是上述逻辑的历时性展开。

在彰显自然事物的客体性上，本原有两个优点：一是超感觉性，这是本体论或者存在论；二是认识的关系，这是主体的认识论。本原通过感觉和现象把主体和客体二元切割并固定在存在论和认识论两个层面上。对此，《物理学》在其开篇就强调："……显然，在对自然的研究中首要的课题也必须是试确定其本原。通常的研究路线是从对我们说来较为易知和明白的东西进到就自然说来较为明白和易知的东西，因为对我们说来易知和在绝对意义上易知不是一回事。"[①]亚里士多德在此所说的"对我们说来较为易知和明白的东西"指的是感觉经验，而亚里士多德所说的"就自然说来较为明白和易知的东西"所指的则是超经验的"物质本原"。正是"物质本原"导致了主体与客体在认识关系上割裂开来并相互对立。

在这里，正是"始基"使得对自然本体的认识脱离了人的感觉器官，进入到了客体的"实在"范畴之中。这是一种理性认知，其特征是：理性思维在反省感官经验的同时，也显露出主体与客体对立的端倪。人的认识就是沿着这样一条道路，一步一步深化的。对此，文德尔班曾经这样评价："事物究竟是什么或者事物的本性是什么，这个问题已包括在米利都学派的'始基'这个概念中了；这个问题假设：当时流行的、原始的、朴素的对世界的思维方式已经动摇了，虽然这种假设在意识中还没有得到的明确的认识。这问题证明了，反省的思维已不满足于当时已有的观念；而且证明了，反省的思维超过或绕过已有的观念去追寻真理。"[②]几千年来的发展证明，人类追求"真理"，发掘"知识"，探寻科学"规律"，热衷技术"发明"，其原初的动力，已经蕴含在"始基"这个哲学观念之中了。

---

① 亚里士多德. 物理学[M]. 张竹明，译. 北京：商务印书馆，1982：15-20.
② 文德尔班. 哲学史教程：上卷[M]. 罗达仁，译. 北京：商务印书馆，1987：83-84.

　　老子说，道生一，一生二，二生三，三生万物。万物生于有，而有生于无。"无"就是"始基"，有了"始基"，世界便开启了生生不息的历程。找到了"始基"，就找到了世界的本原。世界的本原是变动不居的，它是"一"。那么，"多"在哪里呢？"多"又是如何存在的呢？于是，古希腊哲学中，巴门尼德登场了。巴门尼德不仅提出了"存在"的观念，而且认为"存在"就是那个宇宙中变动不居的"一"。"一"是事物的"真理"，具体事物的运动和变化即是"多"，"多"是"意见"层面的。巴门尼德对"存在"作了三点规定：第一，存在是宇宙中唯一的，不可分割的"实体"。第二，存在是静止的。第三，存在是永恒存在的，而不是生成的。也就是说，存在是宇宙的终极本体，是终极"实在"。巴门尼德说："生成是没有的，消灭也不可想象。"[①]在这里，我们可以看到，生成和存在被巴门尼德割裂，而真理和存在却被他结合起来。"存在"作为思维的对象，只能是最普遍的，只能是高度抽象的。是故，在哲学家看来，"作为思维和作为存在是一回事"。此命题被后世的哲学家简化为"思维与存在的同一"。这是西方哲学史上关于理性认识与概念认识之内在本质的第一个规定。

　　恩培多克勒提出了"四根"说。这是吸取巴门尼德"存在"论与毕达哥拉斯"数目"论所结出的自然哲学成果。恩培多克勒认为，水、火、土、气是构成世间万物的四重"根"。世间万物正是经由此"四根"，从"多"变为"一"，又由"一"变为"多"。因此，"四根"是世界的本原。如此一来，古希腊自然哲学便从"始基"说过渡到了"四根"说。这是古希腊哲学家探索"始基"本原的必然结果。

　　"四根"被恩培多克勒置于"本原"和"实体"的地位。水、火、土、气"这四个元素中每一个元素，按照这个体系，都是无始无终、均匀、不变的，但同时又可分为部分，在这些部分中可能发生位移。由于这些元素的混合便产生个别物体"[②]。为了强调存在的唯一性、永恒性，恩培多克勒又说："从根本不存在的东西中产生出东西来是不可思议的，而存在的东西会消灭，也是不可能的，不曾听说过的。存在的东西永远存在，不管人们将它放在什么地方。"[③]

① 苗力田，李毓章. 西方哲学史新编[M]. 北京：人民出版社，1990：25.

② 文德尔班. 哲学史教程：上卷[M]. 罗达仁，译. 北京：商务印书馆，1987：60.

③ 汪子嵩，等. 希腊哲学史：第一卷[M]. 北京：人民出版社，1988：808.

尽管"实体"是古希腊哲学家们思辨性构造的产物，但其目的却是从自然界众多变化的现象中把握不变，从芜杂的表象之下去把握真理，是人的抽象思维高度发达所带来的成果。"四根"说从物质层面，即从水、火、土、气层面把握"实体"，"实体"归于"四根"，"四根"不仅唯一而且永恒不变。"没有任何东西产生和消灭；如果它们不断被毁坏，它们就不再存在了；它们相互奔赴，进而成为这个，时而成为那个，而它们是始终不变的。"①这就是说，万物都有变化和运动，但是支撑万物背后的作为"本体"的"四根"是不变的。

"实体"（substance，也翻译为"本体"）是古希腊哲学的核心概念。但是，"实体"究竟是什么？亚里士多德对它进行了定义："实体，在最严格、最原始、最根本的意义上说，既不是述说一个主体，也不存在一个主体之中。如'个别的人'、'个别的马'。而人们所说的第二实体，指作为属而包含第一实体的东西，就像种包含属一样。"②在这句话里，亚里士多德确立并区分了第一实体和第二实体。具体事物即"个别的"是第一实体。具体事物所固有的也即"个别的"事物所固有的数量、性质、状态、关系等是第二实体。亚里士多德对"实体"概念的界定，不仅阐明了哲学与科学的区别，而且达成了对"一"与"多"、确定与不确定、抽象与具体的辩证统一。

为了更进一步地说明"实体"的永恒性和不变性，亚里士多德规定："实体"只有生成和灭亡，"实体没有运动"③。那么，世界上的变化是怎么来的呢？亚里士多德说："凡运动都是变化。"④并总结出三个类别的运动："既然范畴分为：实体、质、处所（空间）、时间、关系、量、行动和遭受，那么必然运动有三类——质方面的运动、量方面的运动和空间方面的运动。"⑤也就是说，"实体"的质、量和所处的空间位置是变化的，而"实体"本身是绝对的、不变的。这就是亚里士多德总结的"实体原理"。

---

① 汪子嵩，等. 希腊哲学史：第一卷[M]. 北京：人民出版社，1988：805.

② 亚里士多德. 亚里士多德全集：第一卷[M]. 秦典华，余纪元，徐开来，译. 北京：中国人民大学出版社，1990：6.

③ 亚里士多德. 物理学[M]. 张竹明，译. 北京：商务印书馆，1982：225b10.

④ 亚里士多德. 物理学[M]. 张竹明，译. 北京：商务印书馆，1982：225a5.

⑤ 亚里士多德. 物理学[M]. 张竹明，译. 北京：商务印书馆，1982：225b68.

　　亚里士多德所总结的"实体原理"有两个重要特点：一是把"实体"和"性质"相分离、相对立。二是必须从变化中去把握不变。也就是说，这个"实体原理"既是认识论观念同时又是关于存在的本体论观念。按照巴门尼德的观点，"实体"（存在）是人的思维的对象，而变化（非存在）则是人的感觉的对象。巴门尼德先是这样说："思想只能是关于存在的思想"。①他接着说"决不能证明非存在存在，务必使你自己的思想远离这一条途径。不要为许多经验产生的习惯所左右。"②最后，巴门尼德说："思想和存在是同一的。"③经过巴门尼德强调的"实体原理"，不仅是哲学产生的重要基础，而且是科学的重要基础。实际上，在恩培多克勒的"四根"说那里，就已经暗含了"思想和存在是同一的"重要观念。譬如，恩培多克勒就曾经说过："由于四种元素粒子数量上的不同比例，造成万物在性质和形态上的千差万异"。④

　　综上所述，古希腊哲学"实体原理"的提出，其目的是通过变化来把握作为"实体"存在的不变性，与此同时又必须正视具体存在物本身的"流变"性。从哲学的角度表述，"实体—性质"的对立也好，"本质—属性"的对立也好，正是对"不变—变化"之"实体"的把握和落实。古希腊"实体原理"的提出，表明"实体"是可以独立存在的，而"性质"或者说"属性"是依附"实体"而存在的，是绝对不能脱离实体的。这就凸显了"实体"作为存在物的基础性地位，而"性质"只能是"实体"的性质，是不能独立存在的，其本身因"实体"的变化而变化。

　　（二）"关系"实在萌芽：古希腊的"自然类"和"形式"论

　　实体是宇宙之砖。实体是对变化之中的不变的东西的把握。实体是存在。实体是终极实在。古希腊自然哲学正是以此为基础，沿着两条道路去探索和构建"实体原理"。第一条道路就是上面所讨论的，从自然界的物质性方面来探寻，譬如德谟克里特的"原子"论和恩培多克勒的"四根"说。第二条道路则是从抽象方面即从"自然类"和"形式"论方面去探寻

---

① 汪子嵩，等. 希腊哲学史：第一卷[M]. 北京：人民出版社，1988：635.
② 汪子嵩，等. 希腊哲学史：第一卷[M]. 北京：人民出版社，1988：632.
③ 汪子嵩，等. 希腊哲学史：第一卷[M]. 北京：人民出版社，1988：634.
④ 汪子嵩，等. 希腊哲学史：第一卷[M]. 北京：人民出版社，1988：811.

并构建"实体原理"。在这里需要强调的是，不管是"自然类"还是"形式"论，两者都是现代系统科学中"整体—部分"之"关系"实在的萌芽。

什么是"自然类"？从自然界的"类"上来把握事物的本质，就是"自然类"。在古希腊哲学中，"自然类"是融入"存在论"之中的。古希腊"自然类"学说的兴起，不仅开启了"实体原理"的另外一条道路，而且以此为发端，开启了哲学和科学的道路，并由此成为科学和哲学的重要组成部分。从亚里士多德的《物理学》，到他的《范畴篇》，从有机界到无机界，不仅视"类"为"实体"，而且要从"自然类"的概念去把握自然界的万事万物。

"自然类"包含两个极为重要的思想：一是"类"和"个体"，二是"本质"和"属性"。此两者都包含"整体"与"部分"的"关系"思想。

如前所述，亚里士多德曾经区分第一实体和第二实体：第一实体是"个体"，第二实体是"类"。然而，要把握"个体"这个"实体"，是绝对离不开从"类"来把握"个体"的途径的。换句话说，这就是一种特殊的"关系"把握途径，即从"部分"和"整体"的"关系"中来把握。

我们知道，"形式"论是柏拉图提出来的。柏拉图在《蒂迈欧篇》中表述："形式（form）"是"真实明确的自然实体"，是为"类型"。①他进一步阐述："有一种存在属于恒常不变的类型，既不是生成的，也不是可以毁灭的；既不从外界接纳任何东西到它身上，其自身也不参加到任何别的东西里面去，没有形体可见。"②他把这种"形式（form）"称之为"理念"。

柏拉图的"形式"论，也是通过从"类"和"关系"的路径去把握"实体"的。柏拉图在《理想国》中说："在凡是我们能用同一名称称呼多数事物的场合，我认为我们总是假定它们只有一个形式或理念的。"③在这里，柏拉图关注"一"与"多"，强调"形式"是"实体"，是"理念"。不仅如此，"理念"还与"数"相关。也就是说，如果要阐明"形式"，那么"数"是必不可少的。这里的"数"，包括代数和几何。它们可以用来阐明事物的本体。无论是人还是事物，其所经历的时间与空间，都是可以用"数"

---

① 柏拉图. 柏拉图《对话》七篇[M]. 戴之钦，译. 沈阳：辽宁教育出版社，1998：191.

② 柏拉图. 柏拉图《对话》七篇[M]. 戴之钦，译. 沈阳：辽宁教育出版社，1998：190-191.

③ 柏拉图. 理想国[M]. 郭斌和，张竹明，译. 北京：商务印书馆，1986：596aA.

来度量的。可以看出，柏拉图的这些观点，是深受毕达哥拉斯学派的影响与启发的。于是，毕达哥拉斯学派之"数"是世界万物的本原的观点，经由巴门尼德，终于进入了"存在"领域。进而，又因为恩培多克勒"四根"说对实体之物质性的把握，转向了对"形式"即对实体之数量关系的把握。

正是柏拉图的一番努力，终于将"万物的本质是数这一毕达哥拉斯的主要教义与他自己的理念论结合起来"。①于是，"数"与"理念"紧密结合，终于成为早期古希腊哲学的"形式"与"实体"。

那么，"数"与"理念"或者"形式"与"实体"是什么关系呢？"在可感觉事物与理念以外，还有数理对象，数理对象具有中间性，它们异于可感觉事物者为常存不变，异于理念者为每一理念事物各独成一体，而数理事物则往往许多相似"。②在这里，柏拉图提出了著名的"理念"分有说：每一个"实体"都有"理念"，"实体"不同，则"理念"不同。然而，"数目"这个"形式"则可以是跨越"实体"和"理念"的。因为"实体"的数量方面是共同的。于是，通过"数"这个中间桥梁，"理念"被建构为"关系"的"实在"、"实体"或者说"存在"。著名的柏拉图的"三张床"，就是此"理念"分有说之下的产物。

在《巴曼尼德篇》的第4、5、6章中，柏拉图就用相当篇幅讨论过"存在"的数学"关系"结构。"实体"的"存在"被柏拉图缔造为"数量-关系"的结构。当然，这种"关系"是"理念"的"关系"，它是一种抽象的、先在的关于"实在"的"关系"。接着，柏拉图以理念为本原论，分析了"数目"与"形式"、"理念"与"实在"之间的多重"关系"。譬如抽象与具体、绝对与相对、本质与存在、整体与部分、一与多等。

例如一，在严格的（抽象的、绝对的、整体的、理念的）意义上，它不是多。然而，在"实体"的（具体的、相对的、部分的、存在的）意义上，它又是多。意义上的单一或者说非存在的单一，是不能构造"关系"的。但是，非存在的单一或意义上的单一的特殊性或具体性，最终必须是依靠数量"关系"的或"关系"的组合来达成。因此，柏拉图构造的"存在论"模型，是离不开"数量-关系"结构这个基础的。

---

① 策勒尔. 古希腊哲学史纲[M]. 翁绍军, 译. 济南：山东人民出版社，1992：143.

② Aristotle. Aristotle Metaphysics[M]. London：Clarendon Press，1908：987b15-18.

"自然类"学说，以及依据"自然类"学说建构起来的"本质-属性"以及"个体-类"的分析框架，对于哲学的形成，乃至对科学的建立，都起到了至关重要的作用。其理论精髓是从"类"上切入，从而把握"个体"的本质——"实体"。

"自然类"学说的精髓在于从"类"来把握个体的实在性，从而揭示出本质，也就是揭示出"类"之作为"个体"的结构。"自然类"学说所建构的"个体-类"以及"本质-属性"的分析框架，对于哲学的形成和科学方法的建立，是非常重要的。何为科学知识？其本质和功能，就在于从"类"上去揭示"个体"作为"实体"的内在结构的本质。

因此，柏拉图的"形式"论作为自然哲学，在哲学史和科学史上有着两大贡献。一是将"形式"论上升为哲学的存在论，二是将"形式"论上升到科学方法论，并直接将"形式"论融入了科学之中。古希腊哲学自柏拉图"形式"论之后，科学知识都以"数量-关系"的形式来表达。

无论是"自然类"也好，还是"形式"论也好，它们先是从"数量-关系"的角度，接着是从"结构-功能"的角度，来揭示自然"实在"的本质，它们都包含了"关系"实在的萌芽。而"关系"实在，则是系统哲学的本体论根基。

综上所述，古希腊哲学取得了极大的成就。无论是"实体原理"提出，即古希腊的"始基"说与"原子"论；还是"关系"实在萌芽，即古希腊的"自然类"和"形式"论等，都是古希腊先贤们所取得的哲学成就。古希腊"实体原理"的提出，不仅为此后的哲学开辟了道路，而且为中世纪以后的科学开辟了道路，并由此成为科学和哲学的重要组成部分。而古希腊的"自然类"和"形式"论，不仅是"关系"实在的萌芽，更是 20世纪 40 年代以后兴起的系统科学和系统哲学的本体论根基。需要强调的是，古希腊哲学对宇宙本原的探索，强调主客二分，在追求大自然内在统一性的同时，把人置于这种统一性之外的境地。也就是说，在古希腊哲学里，人是处于大自然系统之外的。

## 二、中国古代的系统哲学思想："整体"思维与"关系"思维

我国商周时期成书的《周易》和《尚书》就包含了丰富而深刻的系统

思想。在其后的《道德经》《荀子·天论》《黄帝内经》等中国古代文献，则继承了这一优秀的思想传统。不仅如此，我们的祖先还用系统的观点去改造自然，都江堰水利工程就是运用系统观改造大自然的杰作。也就是说在中国古代，无论是形而上的思想观念，还是形而下的水利工程，都贯穿着"整体"思维和"关系"思维。

不同于古希腊哲学的"原子"论，把人置于大自然系统之外，强调主客二分，在我国古代，则强调"天人合一"的宇宙"整体"思维，人包含在大自然之内。在中国古代哲学里，强调整体与整体、整体与部分、部分与部分、结构与功能等。中国古代哲学之"天人合一"、"整体"思维、"关系"思维这些观点的提出，充分表明中国古代朴素的唯物论和辩证法中，蕴涵着丰富的系统哲学思想。

## （一）《周易》的系统思想

古人作《周易》，是试图用一种统一的观点来解释宇宙万物发生发展的规律。《周易·系辞下》中说，"古者包牺氏之王天下也，仰则观象于天，俯则观法于地，观鸟兽之文与地之宜，近取诸身，远取诸物，于是始作八卦"。《周易》所论述的是一个包罗万象的宇宙大系统。在我国传统文化的经、史、子、集当中，《周易》是群经之首。

### 1."整体"思维：《周易》的系统思想

实际上，到《周易》成书时，整体观察宇宙已经成为华夏先民们一种牢固的思维方式。《周易》所论述的是一个包罗万象的宇宙大系统。其中的八卦：乾、坤、震、巽、坎、离、艮、兑，分别代表天、地、雷、风、水、火、山、泽等 8 种最基本的要素。世上的万事就是由这 8 种要素按一定的秩序组合而成，这是从整体的"关系"上所认识的世界，即所谓"八卦成列，象在其中矣；因而重之，爻在其中矣；刚柔相推，变在其中矣；系辞焉而命之，动在其中矣"[①]。《周易·系辞上》说："夫《易》广矣大矣，以言乎远则不御，以言乎迩则静而正，以言乎天地之间则备矣。"这

---

① 出自《周易·系辞下》。

里所谓的"广""大""远""备",不仅说明六十四卦可以涵盖大千世界,而且也是赞誉《周易》做到了从整体上认识世界。

易卦包罗万象、触类旁通,二仪中包含有乾元或太极信息,而四象中又包含有二仪信息,八卦中同样包含有太极信息。《周易》中卦爻与单卦,单卦与重卦等,都表明部分中有整体,整体中有部分。《周易》中的这些观点,比之亚里士多德的"整体大于部分之和"的命题,更富有辩证性。亚里士多德的命题主要是从空间考虑,着重指出部分与整体之间的线性差异,是构成论式的。即认为世界是一种既成的存在,是一个融时间于其内的静态的空间。《周易》强调的整体与部分的关系是双向的,不仅从空间上考虑,更从时间上考虑,并力主整体与部分、系统内与外的和谐与协同。这是一种生成论的、质与量并行的、非线性的、生生不息大化流行的辩证整体观。

2. "关系"思维:《周易》的系统思想

《周易》自始至终重视"关系"。在分析卦象系统的构成要素时,《周易》首先考虑的是它们各自在整体中的位置,即它们与其他要素的结构"关系",其次才考虑它们本身的属性。而这恰恰是现代系统方法的基本要求。通过一定数量(三和六)阴阳爻的错综复杂"关系",表示各种不同的事物。如用三阳爻表示"乾",三阴爻表示"坤",上面两阴爻下面一阳爻表示"震",下面两阴爻上面一阳爻表示"艮",中间一阳爻、上下各一阴爻表示"坎"。"震"、"艮"和"坎"虽然都是二阴一阳,但由于排列次序不同,阴阳爻所处的"关系"各异,于是就形成不同的结构和卦象,成为不同事物的象征。"兑"、"离"和"巽"也是根据同样的道理而显示出它们的差别。在八卦和六十四卦图像中,阴阳爻之所以能够发挥如此巨大的作用,主要是因为《周易》充分利用了一切事物都具有特定"关系"与结构的原理。《周易》中,构成要素即阴阳二爻被看作是相对不可分开的,每一卦象作为一个整体,它的属性不仅是由其构成元素的属性所决定,更重要的是由其诸元素的结构"关系"所决定,即由其所包含的各个部分的综合性联系所决定,这正体现出复杂系统探究方式中的"关系"思维。①

---

① 刘长林. 中国系统思维:文化基因的透视[M]. 北京:中国社会科学出版社,1990:59-62.

### 3. "演化生成"：《周易》的系统发展思想

不仅如此，《周易》还对事物的形成也做了解释。世界，被看作是一种不断演化生成的世界。《周易·系辞上》中说："是故《易》有太极，是生两仪，两仪生四象，四象生八卦。"《周易·序卦》中说："有天地，然后万物生焉。盈天地之间者惟万物。"在《周易》中乾坤代表天地，由乾坤生万物由万物充满天地。所以，乾坤二卦为八卦的起始，象征万事万物的其余六十二卦置于其后，总共六十四卦构成一个宇宙大系统。而六十四卦中的每一卦又自成一个小系统，组成每一卦的六爻相互制约，任意一爻的变动不仅会造成内部关系的改变，而且可能影响系统整体的对外关系。可见《周易》中的宇宙体系是十分完整而又严密有序的。

《周易》之八卦和六爻呈明显的动态结构。六爻从初爻至上爻，叠次排列，表示事物自始至终的整个运动过程。当事物发展到上爻，表明该次运动的终结，那么又从初爻出发，开始新一轮的运动，如此周而复始，如环无端，生生不息。

《周易》的这一思想表明，一切自然系统在其欣欣向荣的发展阶段时，都会由无序走向有序；而当控制力衰退时，则会反过来从有序走向无序。《周易》强调，天地万物只能在时间过程中运动变化，无不受到时间因素的深刻影响，要充分考虑时间条件的利弊，并认为把握了时序即可御天。《周易·大有·象》说："应乎天而时行，是以'元亨'。"

总而言之，八卦和六十四卦图形，代表了中国古代哲学家所认为的世界上所有的动态演化之象，代表了内容万千、复杂多变的整个宇宙过程。宇宙的这种动态演化过程就是我国古时候的所谓"圜道观"。圜道即循环之道。圜道观认为宇宙和万物永恒地循着周而复始的环周运动中进行。阴阳、五行、八卦、六爻等无不体现圜道的观念。这种圜道观自《周易》首次系统表述出来之后，便广泛地传播开来。从哲学玄想到文艺创作，从科学研究到宗教信仰，从生老病死到住宅风水，从时空意识到社会历史、人生价值，从宇宙理论到农业、手工业技术……凡是有中国传统的地方，几乎就可以发现循环观念的踪迹和影响。循环论贯穿整个中国古代文化的始终。

4."圆道观"：《周易》的循环之道与相互转化思想

"圆道观"是中国传统文化中基础的观念，深入到中国人生活的方方面面。举凡中国的天文历法、自然界的四季更替、中医理论、风水学说、农学生态系统等，甚至中国人含蓄内敛、豁达变通的性格，都带有"圆道观"的印记。①

第一，《周易》的书名就表现了"圆道观"。生生不息之为易，循环往复之为易，继往开来之为易。"变动不居，周流六虚；上下无常，刚柔相易。"②在自然界和人类社会中，许多事物更多地表现为周而复始的循环，比如，四时更替、昼夜更替、生死更替等，而不是一味地向前发展。《周易》认为，世界运动着、变化着，通过对立属性的阴阳二爻，循环往复与相互转化。《周易》的六十四卦处于整体的大循环之中，并认为一切矛盾都应在循环往复的过程中加以解决。

第二，"圆道观"对"整体"思维的形成，对综合判断的认知方式，起到了推动作用。

第三，"圆道观"之具体圆道是一种特殊的结构。从系统的角度考察，稳定的结构蕴含着稳定的"关系"，反过来也成立，稳定的"关系"必然塑造稳定的结构。而每一特殊的循环圈（圆道），其内部各组成部分之间，必定保持着一种稳定的"关系"。它既是稳定的时间结构，又是稳定的空间结构，还是一种动态的稳定结构。

这种观念甚至深深影响了古代伟大的军事家孙武。"故善出奇者，无穷如天地，不竭如江海，终而复始，日月是也。死而更生，四时是也。声不过五，五声之变，不可胜听也。色不过五，五色之变，不可胜观也。味不过五，五味之变，不可胜尝也。战势不过奇正，奇正之变，不可胜穷也。奇正相生，如循环之无端，孰能穷之哉？"③

第四，"圆道观"的提出，表明中国古代文化已经有了信息反馈的思想，中医理论的阴阳调节思想，实际上就体现了现代信息论控制论中的信息负反馈思想。不管反馈表现得多么复杂，从哲学的角度，都可以抽象出

---

① 刘长林. 中国系统思维：文化基因的透视[M]. 北京：中国社会科学出版社，1990：14.
② 出自《易传·系辞下》。
③ 出自孙武《孙子兵法·势篇》。

作用与反作用两个对立面。中医理论的阴阳彼此制约，却又相互依存，相反相成，求得人体阴阳的动态平衡，所体现的恰恰是控制论中负反馈调节的思想内核。

第五，"圜道观"之具体的圜道，构成了一个界限分明的独立整体——系统。具体的圜道（具体系统）拥有循环结构的整体，各局部之间互为因果，整体则自本自根，不假他求。所以，古人更多的是从事物的内部寻找原因，注重区分内因与外因。用今天系统科学的话来说，内因就是系统自组织，外因就是社会他组织。这也是伟大领袖毛泽东在《矛盾论》中所阐述的"外因是变化的条件，内因是变化的根据"[①]之最初的理论来源。在这里，"圜道观"之寻找内因乃至中国人"自我反省"的心理习惯，与西方文化的寻找外部动因与推诿他人的思维定式有着本质的区别。西方思维的表现是分析，向事物的纵深追根刨底。认识的轨迹是连接两个点的无穷延伸的直线，孤立、静止、片面是其特征。东西方的截然不同的两种思维，刚好可以互补。

（二）阴阳五行：系统的动力学机制

阴阳五行学说是我国最古老的理论之一，阴阳的观念在中国产生很早。《周易》中对此进行了发展和系统化。《周易》认为，宇宙最开始是混沌未分的太极，太极产生大地阴阳两仪，两仪产生象征四时的老阳、老阴、少阳、少阴四象，这四象的相生相克、刚柔相济再产生出乾、坤、震、巽、坎、离、艮、兑八卦。这一理论认为：阴气和阳气构成了世界的本原，阴阳具有相互对立、相互渗透、相互转化的关系，所以"刚柔者，立本者也"，阴阳就成了推动事物演化发展的根本动力。

早期五行说的思想在《尚书·洪范》中有较系统的记载："我闻在昔，鲧堙洪水，汩陈其五行……五行：一曰水，二曰火，三曰木，四曰金，五曰土。水曰润下，火曰炎上，木曰曲直，金曰从革，土爰稼穑。润下作咸，炎上作苦，曲直作酸，从革作辛，稼穑作甘。"这里的五行除了包含对构成世界基本要素的猜想，更重要的是初步包含了五行相克相生的思想。春秋战国时期，五行说逐渐与阴阳说结合起来。一般认为

① 毛泽东. 毛泽东选集：第一卷[M]. 北京：人民出版社，1991：302.

战国末年的邹衍（约公元前 324 年—前 250 年）是这种结合的早期重要人物。他"乃深观阴阳消息，而作怪迂之变，终始大圣之篇……称引天地剖判以来，五德转移，治各有宜，而符应若兹"①。这里，他不仅把阴阳与五行相结合，而且提出"五德转移，治各有宜"。"五德终始说"以五行生克来解释朝代的更替，即木克土，金克木，火克金，水克火，土克水。到了汉代阴阳五行说得到了很大发展，形成了一种统一的自然体系和社会体系。

五行的排列顺序具有特殊的含义，中国古代有四种最重要的排序：①生序为演化生成的顺序：水、火、木、金、土（《洪范》中的序）；②相生序：木、火、土、金、水（董仲舒采取的顺序）；③相胜序：木、金、火、水、土（邹衍采取的顺序）；④"常言"序：金、木、水、火、土（现代最通俗的一个说法）。英国著名学者李约瑟（Joseph Needham，1900—1995）在研究时特别注意到五行的排列顺序和象征间的联系。他认为由顺序②和③可以推出两个原理——"相制原理"和"相化原理"。在相制原理中，特定的毁灭过程被某种元素所"控制"，例如，木灭（胜）土，但金控制其过程；金灭（胜）木，但火控制其过程；火灭（胜）金，但水控制其过程；土灭（胜）水，但木控制其过程。相化原理同时依赖着相灭（胜）序和相生序，指的是由另一种过程来相化一种变化过程，而那另一种过程产生了更多的基质或者所产生出的基质比被初级过程所能毁灭的基质更快，即有木灭（胜）土，但火相化这一过程，火灭（胜）金，但土相化这一过程；土灭（胜）水，但金相化这一过程；金灭（胜）木，但水相化这一过程；水灭（胜）火，但木相化这一过程。②

阴阳五行学说不仅被广泛用来指导人们的生产生活实践，还构成了古老中医的理论基础。中医经典《黄帝内经》指出，人的身体结构是自然的一个组成部分，人的养生之道与自然的运行密切相关，据此提出了"天人相应"的医疗原则。把生理现象与自然现象联系起来，用自然现象、生理现象和神经活动三者结合的观点来考察疾病的根源。认为人体是一个有机的和谐整体，当阴阳失调时人就会生病。所谓"阴阳匀平，以充其形。

① 出自《史记·孟子荀卿列传》。
② 李约瑟. 中国科学技术史：第二卷[M]. 北京：科学出版社，1990：266.

九候若一，命曰平人"①，所以"平人者不病"②；"阴阳乖戾，疾病乃起"③；"从其气则和，违其气则病"④。

### （三）老庄有无说：中国古代系统思想的代表

中国古代系统思想首推道家。道家学说以"道"为核心概念，经老子、庄子的发展而自成体系，在这个体系中包含了丰富的系统思想。

老子的《道德经》一书，蕴涵了丰富而深刻的系统思想。《道德经》一开篇就指出："道可道，非常道；名可名，非常名。无名天地之始，有名万物之母。"认为一切事物的生成和变化都是有和无的统一，都是有无相生，有无转化的过程。认为虚而无形的道是万物赖以存在的根据，又是派生万物的本原，天地万物皆由有无的道演化而来，由此得出"道生一，一生二，二生三，三生万物"的著名论断，成为中国古代最有代表性的宇宙演化观点。

第一，演化始于道，道虽是一种"无状之状，无象之象"的"无形"之物，却"独立而不改，周行而不殆，可以为天下母。吾不知其名，强字之曰道，强为之名曰大"，它虽超越形体不能为人们的感官所直接感知，却实实在在地存在着。

第二，宇宙是逐渐"生"出来的，在生当中体现了宇宙的演化过程：首先是由道生出一来，然后由一生出二来，如此等等。

第三，道家学说中的一、二、三都有其特殊的含义。一是指尚未开化的混沌态，既是"纯粹的"单一，也代表最原始的统一体；二是指天地、阴阳、乾坤，这是一种简单的对立物，但却是宇宙间一切有形之物形成的基础。由于这两个元素的对立而导致了三的出现。在道家学说中"三"这个数字代表着众多，三生万物，与三成倍数或有着某种关系的数字，如9、27等也都具有十分特殊的意义。

老子认为"道"是"先天地生"的本原，以自然无为作为最高法则，

---

① 出自《素问·调经论》。
② 出自《灵枢·通天》。
③ 出自《素问·生气通天篇》。
④ 出自《素问·五运行大论》。

具有无限的创生能力，"道"产生万物并决定万物的变化。老子的"道"显示出宇宙本体和宇宙演化生成的混沌性统一。

庄子（约公元前 369 年—前 286 年）将老子的道发扬光大，形成一套完整的理论。首先，庄子认为，道不仅产生万物，而且支配万物，是事物变化的根本规律。如《庄子·渔父》篇中说："道者，万物之所由也，庶物失之者死，得之者生，为事逆之则败，顺之则成。"其次，庄子认为，不仅万物在变，作为运动变化的规律的道也在变。正是道的变化才生成了万物，即《庄子·天道》篇里所说的："天道运而无所积，故万物成。"最后，庄子谈到了道与人的关系，认为人也是道的产物："人之生，气之聚也；聚则为生，散则为死。"[①]

庄子在《庄子·天运》篇里以发问的形式提出了一个根本性的问题："天其运乎？地其处乎？日月其争于所乎？孰主张是？孰维纲是？孰居无事推而行是？意者其有机缄而不得已乎？意者其运转而不能自止邪？"[②]著名科学家、诺贝尔奖得主普里高津，把庄子的这段话放到了自己著作的卷首，认为这正是今天系统自组织理论所要回答和解决的问题。

## （四）都江堰：古代水利系统工程的杰作[③]

两千多年前，秦国蜀郡郡守李冰父子主持修建的我国古代水利工程都江堰，直到今天还在发挥着巨大的防洪灌溉作用。都江堰成功的最重要原因，就在于李冰父子自觉地运用了系统的观点作指导。

都江堰位于成都平原西部都江堰市附近的岷江上。岷江水资源丰富，四川北部为高山峻岭，都江堰市一带却地势突然平坦。岷江从高山峻岭中急流而下，流到都江堰市一带时流速骤减使顺流而下的泥沙淤积于河床。每到夏季水量集中，加上冰雪融化，常发生季节性水患，西岸洪水泛滥，而东岸缺水干旱。公元前 250 年前后秦国蜀郡郡守李冰父子在对岷江周密勘察的基础上，吸取了前人的治水经验巧妙地利用了当地自然条件，制

---

① 出自《庄子·知北游》。

② 出自《庄子·天运》。

③ 刘长林. 中国系统思维：文化基因的透视[M]. 北京：中国社会科学出版社，1990：534-537.

定了修建都江堰的规划，并率领广大民工奋战多年克服种种艰难，终于创造了这项人类水利史上的奇迹。

都江堰是一个庞大的有机整体：它包括鱼嘴分水工程、飞沙堰分洪排洪工程、宝瓶口束水工程三项主体工程。主体工程延绵约 3000 米，与120 个附属渠堰工程相互联结。其中分水鱼嘴筑于岷江河道正中天然的江心洲北端，将岷江分为东西二流：东流用以灌溉成都平原；西流是岷江正道主要用于排洪。都江堰工程的精妙之处在于，利用鱼嘴上游堤坝和四周的地形地势，使它不但具有分流引水的作用，而且可以自动控制水量。春耕季节灌溉用水量大，较大比例的水量进入东流，较少的水量流入西流。夏季洪水到来时，这种比例就自动地颠倒过来了，形成了"分四六，平潦旱"的情况。

宝瓶口是灌溉水流进入灌区的要道。西流水流至飞沙堰，被玉垒山伸向岷江的一道岩石长脊挡住。李冰指挥民工在这里开凿了一个口子，因状似瓶口，故名宝瓶口。西流通过宝瓶口，经下段仰天窝等节制闸一分二，二分四，一分再分，缓缓流入农田灌渠。这样利用成都平原西北高东南低的地势形成扇形自流的灌溉网络系统。

都江堰建成后成都平原 14 个县 500 多万亩（古亩）农田受益，使整个四川获得天府之国的美誉。更值得提及的是尽管都江堰工程是在 2000 多年前建成的，直到今天还在发挥着它的分流、分洪与灌溉功能。都江堰的创见、规划、设计和施工的科学水平，用今天的系统工程方法来衡量也是颇有价值的。

（五）中国古代系统哲学思想的评价

中国古代系统哲学思想有三个特点：一是"天人合一"的"整体"思维。此处与西方有着显著的区别，主体不仅不与客体对立，而且认为人与大自然是合二为一的，人是宇宙中的一部分。西方的统一性，在人之外；而中国的统一性则在人之内。"天道远，人道迩""天命之谓性，率性之谓道""知其性者则知天"等，中国古人的这类论述非常之多，充分说明了中国古代以人为中心的"天人合一"的"整体"思维。二是综合的思维方式，这点与西方有着显著的区别。中国从整体去理解人，发展出集体主义的价值观，诸如"人皆可以为尧舜"等就是这种思维方式和价值观的写照。西方从原子的角度去理解人，发展出自由主义和个人主义的价值观。三是对立统一、相生相克、相互转化、循环往复的发展观。《周易》认为事物的发展经历六个阶段，并以此周而复始、循环往复，相互转化。这种注重事物发展阶段的思想，对后来的哲学和科学有一定的影响。

## 第二节　近代的机械论与辩证论：系统哲学思想的逻辑环节

古代系统思想是直观的，很大程度上只能采用思辨的方式。但当历史推进到 15—18 世纪时，自然科学全面兴起。随着牛顿力学执科学之牛耳时代的来临，牛顿的机械自然观便乘势提升到了哲学界，产生了形而上学整体观。西方近代哲学上的机械论思潮以及形而上学整体观，是以近代机械论自然观为基础的在西方复兴起来的唯物主义思潮。这也是人类认识世界的一个重要历史阶段。作为一种意识形态，机械论思潮反映了新兴资产阶级发展生产力的内在要求，成为社会改革的理论基础。作为认识论、方法论乃至思维方式，机械论思潮催生了西方的哲学、科学、文化以及宗教在近代的繁荣。

### 一、近代前期：形而上学整体观的系统哲学思想

近代的系统思想是在东西方古代哲学的基础上孕育并生成发展的，其思想核心是整体观念。它又分为前后相继的两个环节：第一个环节，是从 15 世纪到 18 世纪的西方形而上学整体观的系统思想；第二个环节，是以康德、黑格尔、马克思为代表的辩证整体观系统思想的形成阶段。这两个环节前后相继，环环相扣，催生出贝塔朗菲的"机体论"系统思想。

按照近代机械论发展的时间逻辑，又可以细分为三个时期：第一个时期是机械论思潮的奠基时期，时间是 15 世纪到 17 世纪上半叶；第二个时期是机械论思潮的发展时期，时间是 17 世纪下半叶到 18 世纪；第三个时

期是机械论思潮的极端化时期，时间是 18 世纪以后，经过法国唯物主义哲学家们的阐发，机械论思潮无以复加，走向极端。

近代的机械论思潮并不是凭空出现的，首先是经过文艺复兴的推动，其次是经过新教的涤荡，再次是经过新兴科学的哺育，最后是经过大科学家和大哲学家的提炼，在时间上则是经过了 15—18 世纪长达 300 年的反复酝酿，终于逐步成型。

## （一）文艺复兴的推动

文艺复兴时期的西方社会正处于从古代社会向近代社会的过渡时期，无论是西方的社会还是西方的学术，都面临着两个任务。第一个任务是摧毁经院哲学的目的论，恢复人的主体地位。也就是说，必须排除神学的干扰。第二个任务，无论是社会的对象还是学术的对象都必须从神学转移到自然，依靠人的能动性来认识自然，改造自然，战胜自然，并从而改造社会。

当时西方新兴的资产阶级还没有自己的话语权，没有形成自己的文化体系，面临着冲破宗教阻碍打破神学禁锢的历史任务。于是资产阶级打出文艺复兴的旗帜，借助古典文化实现其反封建反教会的目的，发展生产力，为新兴的资本主义服务。

首先，西方的文艺复兴高扬人的价值，摆脱了对宗教和神的恐惧，建立起主体的自信。文艺复兴的核心干将但丁就曾经说过，人的高贵，就其许许多多成果而言，超过了天使的高度。歌颂人性，弘扬人的价值，必然激发人的自信，并从而展开以人为中心的一系列的内在逻辑要求。譬如，艺术要彰显人的主体地位，教育要发掘并培养人的创造性，社会则要求发挥人的各种才能等，这是一个综合的系统工程。

其次，文艺复兴运动重新发现了自然，并开始重新认识自然界。宗教和神学开始淡出人类的科学研究领域。尽管其背后反映了新兴资产阶级急于发展生产力的主观意图，但在客观上起到了排除神学干扰的作用。客体，即自然界作为科学研究对象的回归，直接导致了自然科学研究水平的提升以及自然科学的全面进步。

再次，文艺复兴运动推崇理性反对蒙昧，人的主体地位重新得到确认。西方经院哲学的代表人物托马斯·阿奎那曾经宣扬世界上有两种真理：一种是天启真理，另一种是自然真理，天启真理高于自然真理。托马斯·阿奎那宣称："神学的原理，不是从其他科学而来，而是凭启示直接从上帝而来。所以，它不是把其他科学作为它的上级长官而依赖，而是把它们看成它的下级和女仆来使用。"①这种自然真理服从天启真理的二重真理说，极大地阻碍了科学的发展。面对这种局面，布鲁诺第一个站出来质疑。布鲁诺提出了科学的怀疑原则，在科学探索活动中，"任何一位大师，不管多么出类拔萃和名震遐迩，他的威望也不能用作证据"②。他把认识概括为感觉、知性、理性、精神四个阶段，其中理性和感觉起着非常重要的作用。这是认识论的一大进步，同时也是近代理性主义的萌芽。

最后，文艺复兴运动开创了一种全新的科学方法：观察-实验研究法。文艺复兴运动的旗手达·芬奇认为，真正的科学是从观察开始的。他不仅提出了要从科学试验中获取数据和参数，而且认为这些从实验中取得的第一手资料还有再回到实践去的必要，以检验理论的成色。达·芬奇本人不仅一直坚守着观察-实验的研究信条，而且在很多领域都取得重大的研究成果。达·芬奇是以艺术家闻名于世的，其作品《蒙娜丽莎的微笑》《最后的晚餐》成为全世界的经典名画。但他还是一名科学家和工程师。作为艺术家，为更准确地写生和描绘人体，他解剖过三十多具尸体，以了解人体结构并绘制出人体构造图。作为工程师，他设计了很多实用的机械器具。作为科学家，他深入研究过杠杆原理并发展了阿基米德的液体压力原理。

综上所述，近代西方的文艺复兴运动，摧毁了经院哲学的目的论教条，打破了二元真理说，不仅恢复了人的自信，而且恢复了人的主体地位和人的理性特质，把人的注意力重新转移到人类社会和大自然之上。正是文艺复兴期间所涌现的达·芬奇、布鲁诺等时代的弄潮儿，重新开启了西方近代的自然哲学路径。这是奠基时期机械论所结出的社会成果和理论成果，其突出特点正是"整体"思维，其路径是哲学—艺术—教育—科学研究—社会，这是一个综合的系统工程。

① 转引自：宋学智. 欧洲语言与文化：第2辑[M]. 上海：上海远东出版社，2017：196.
② 转引自：宋子良，等. 理论科技史[M]. 武汉：湖北科学技术出版社，1989：111.

（二）新教的涤荡

如果说，奠基时期的机械论是文艺复兴打破了神学体系的金刚不坏之身，给世俗创造了科学研究环境的话，那么，近代西方新教的涤荡，则建立了新的价值观念，加快了宗教的世俗化进程，给科学研究增添了动力。

近代西方的宗教改革始于 16 世纪初期的德国，其率先建立新型教会，其后是英国、瑞士，再其后改革向西欧①和美洲扩散。新型教会成立的目的是建立起符合资产阶级经济利益和政治利益的新型教义，以便促进资本主义经济与社会的发展。

首先，新教认为，上帝才是所有运动的"第一因"，但可以通过认识自然来认识上帝。科学家从事的自然哲学研究与新教对上帝的研究并不矛盾，自然哲学恰恰证明了上帝的无处不在和对自然的全方位控制。故而，新教对科学家的研究活动持宽容立场。其次，新教重视人的理性和人的经验，强调理性和经验正好是信仰的基础。这是崭新的宗教观念，为科学提供了一种新的价值尺度。它在历史上的作用体现在两点：一是进步作用，适应了宗教、哲学、科学发展的新趋势；二是退步作用，重新把上帝塞进了科学之中，甚至改变了近代相当多的科学家的观念。包括牛顿在内，在其科学研究的后期都回到了上帝那里，其观念源头，正是新教教义里的宗教"第一因"。但即便如此，新教也体现了把上帝和自然统在一起进行研究的"整体观念"。

（三）新兴科学的哺育

新兴科学带来的思想激荡更是剧烈。摆脱了神学束缚的自然科学研究带来了崭新的思维方式，创造出全新的科学概念，继而发展出新的哲学范畴，这就为机械论思潮塑造出良好的社会氛围。机械论的倾向，最初是在科学研究中露出端倪，其路径就是科学的定量分析法。正是定量分析法在科学界的推行，使得科学家把自然界分成很多条块，于是在认识论领域产生了飞跃，催生了新兴科学的繁荣。新兴科学的繁荣又反过来促进机械论自然观发展到机械论世界观，形成良性循环。其中，最经典的科学史案例莫过于天文学家哥白尼和开普勒、物理学家伽利略及生

---

① 此处的西欧，包括南欧和北欧，是以东欧的东正教为前提和参照的。

理学家哈维等。机械论前期的思想根源，就蕴藏在这几位科学家的思想和信念当中。

第一，我们讲天文学家哥白尼。今天，哥白尼的日心说已经无人不知，无人不晓。但是当初，在西方提出并宣讲日心说可是冒天下之大不韪的。正是他的日心说完成了近代科学观点的第一次巨大转变，彻底颠覆了人们的思想观念与宗教信仰，包括教廷在内。哥白尼体系展示在世人面前的是一个崭新的世界，太阳成为宇宙中心，地球只不过是太阳的一颗行星，而居住在地球上的人顿时失去了天之骄子的中心位置，于是基督教教义发生动摇。宗教的故事失去载体，成为彻头彻尾的谎言，于是宗教被哥白尼打开了第一个缺口，此其一。其二，日心说还向人们证实了一种崭新的科学方法——观察、实验在科学研究中的作用。哥白尼就一直坚持天文观测，在意大利求学是如此，回到祖国波兰还是如此。哥白尼日复一日、月复一月、年复一年地坚持天文观测，并把自己所观测到的天文现象写入他的著作《天体运行论》。尽管他当时的观察方法还不是真正的科学实验方法，但却给近代科学提供了一个良好的开端。其三，哥白尼抛却神学目的论的羁绊，沿用古希腊的理性主义，其路径是：观察—抽象—假说—概括，运用欧几里得几何，对观测到的天文现象做数学理论抽象，终于建立起当时最和谐而且最简单的天体几何学。

第二，我们讲开普勒。开普勒不仅继承了哥白尼的事业，而且还发展了天文学理论。更为重要的是，开普勒对近代科学认识论的发展起到了重要的推动作用。开普勒认为，科学假说的目的是"说明现象及其在日常生活中的用途"[①]。如果一个科学假说能够说明客观事实，但不能容纳于某种哲学体系，那就应该反过来把这个哲学体系抛弃掉。正是基于此种科学信念，他相信天文学家第谷的天文观测，并以此为基础进行了数学推算，抛弃毕达哥拉斯以来人们公认的、并为哥白尼所坚守的正圆轨道，建立新的天体模型。开普勒还认为，上帝是按照数的和谐来缔造世界的。物质最根本的基础是量，物质之间的关系和纽带是量，对事物本质的认识过程中，量的范畴要比其他范畴更为优先。正是从量这个范畴出发，开普勒构造了

---

① 梅森. 自然科学史[M]. 上海外国自然科学哲学著作编译组，译. 上海：上海人民出版社，1977：126.

不同于哥白尼的天体模型。在这个模型和体系中，太阳系是一个巨大无比的机器，严格按照数学定律永不停歇地运动，循环往复，周而复始。开普勒的研究方法表明，自然科学的研究已经挣脱了旧的哲学框架的羁绊，蜕变并进化成崭新的科学方法论体系。

第三，我们再说伽利略。正是伽利略为机械论思潮提供了基本的认识论和方法论。伽利略有一句名言："圣灵的心意是教导我们如何升入天堂，但绝不是教给我们天体是如何行走的。"①伽利略认为宗教与科学在认识对象和认识方法上没有任何共同的地方。科学，其认识对象是自然界；宗教的对象，是人类社会，尤其是人的道德行为领域。正是秉持此种信念，伽利略探讨自然的奥秘时，宗教教义便无法干扰。伽利略认为人们开展认识活动的目的在于寻找隐藏在事物内部的因果关系。在他看来，自然界的一切事物不仅遵循严格的因果律，而且遵循机械因果律。因而，必须通过科学的方法摸清其中的内在联系。什么是科学的方法？实验与数学相结合的方法就是科学方法。即在观察和实验的基础上，经过数学演算和逻辑推理，建立起数学模型，然后以实验方法来验证，把研究对象分解为若干个因素，重点观察主要因素之间的因果关联。运用这种方法所得出的，就是一种有计划、有目的、可重复验证的科学理论。故此，伽利略被称为近代物理学之父。

第四，我们来说哈维。哈维采用物理学中崭露头角的机械论的形而上学的研究方法，把观察实验和定量分析法运用于生理学研究。哈维进行了著名的绷带实验，发现人的静脉和动脉中血液的流向是相反的，并借此发现了"血液循环论"。哈维进行了大量的人体和动物尸体的解剖，考察血液循环的整个过程，计算出了单位时间心脏输送血液的数量。终于在 1628 年，哈维出版《关于动物心脏与血液运动的解剖研究》一书。其主要观点为：血液在人体内沿着闭合路线作循环运动，心脏是最主要的器官，正是心脏的舒张和收缩为血液循环提供动力，从而使血液作周而复始的循环运动。不仅如此，哈维还给"血液循环论"赋予了机械论的内涵。他在书中说，心脏是一个中心水泵，收缩与舒张是水的压缩运动，心脏瓣膜则是控制血液流向的两种单向阀门。这种采用机械原理和

---

① 索科洛夫. 文艺复兴时期哲学概论[M]. 汤侠生，译. 北京：北京大学出版社，1983：145.

机械术语来描述血液运动的理论，比较客观地揭示了血液循环的运行机制，在生理学领域取得了空前的成功，引来众多生理学家和哲学家的模仿，以至于梅特里推出了"人是机器"的命题。这也说明，机械论在当时已经深入人心。

通过对科学史上这四位科学家的考察，我们观察到早期的机械论思潮直接把科学作为载体，催生了新兴科学。新兴科学反过来又哺育了机械论思潮。概括起来，机械论的历史功绩和历史意义体现在以下四个方面。

第一，也是机械论思潮最大的历史意义，它体现在把人的认识对象重新转向自然，自然界不仅是科学更是哲学的研究对象。而科学的定量分析法正好发挥出最大的用途，那就是把自然界分成很多条块，进行分门别类的深入的研究。

第二，是把人的经验作为认识的起点，为科学研究打下经验基础并确定出发点。

第三，先是用机械自然观认识自然界，接着是用机械论世界观认识社会，这是一种科学的思维方式：用量变积累诠释质变，用简单运动解释复杂运动。用哲学的话来表达，就是复杂寓于简单之中，整体寓于部分之中。

第四，把定量分析法和综合研究法结合使用，这就克服了古希腊时期直观、思辨和猜测的局限性。这是一种"整体"思维，人的理性可以在更高层次上概括科学现象，并创造出新的科学概念，如力、运动、时间、空间等。

## （四）哲学家的阐发

在伽利略、牛顿等物理学家做出科学概括的同时，英国哲学家霍布斯和洛克也在哲学上做出概括，把机械论从物理学等自然科学领域推广到哲学领域，使得机械论发展成为哲学上的经典形态。

### 1. 霍布斯的阐发

哲学史上，英国哲学家霍布斯最先把力学范畴引入到了哲学领域，诸如物体、偶性、运动因果性等。这反映出他的机械论倾向。霍布斯的贡献主要表现在三个方面：

首先，霍布斯从哲学上界定了"物体"概念："物体是不依赖于我们思想的东西，与空间的某个部分相合或具有同样的广袤……这种物体可以加以组合和分解的，也就是说，它的产生或特性我们是能够认识的。"①革命导师列宁关于"物质"的定义，就是从霍布斯的"物体"概念发展而来的。霍布斯关于物体的定义有三个优点：第一，物体是唯一的客观存在，不以人的主观意图而转移。第二，物体的根本特质是广延性。第三，物体是可以被认识的。不可否认，这是哲学史上第一个完善的机械唯物主义的关于物体的定义。

其次，霍布斯把牛顿力学里的机械运动观引入到哲学领域，提出了动者恒动，静者恒静的观点。并认为机械位移是物体唯一的运动形式。什么是运动？运动就是在空间里不断地放弃一个位置，又不断地获得另一个位置。②霍布斯认为，世界上的所有事物都要受到机械原理的支配，世界上的所有现象都可以从机械运动原理得到清楚的解释和透彻的说明，甚至包括人的心理活动在内。这就是霍布斯机械论的世界图景。

最后，霍布斯把牛顿的物理因果律引入到哲学领域，提出机械论决定论因果律。他认为整个世界都处在必然性的因果链条之中，一切都是必然的，并否认偶然性的存在。哲学存在的意义，就在于揭示出事物间的因果关系。

## 2. 洛克的阐发

洛克的贡献，主要体现在他对"物体"所做出的机械论解释上。洛克继承了亚里士多德"实体"两种属性的观点。他把"物体"的性质区分为两种。物体的第一性质是物体的广延、形状、运动或静止等特征，并认为第一性质说明了物体内部量的联系，是物体的基本性质。第二性质，是物体能够对人体感官所产生的色、香、味、触觉等性质，并认为这是附带的性质，所反映的是物体的外部特征。物体内部的基本性质决定外部性质。在上述洛克对"物体"所作的机械论解释上，表达了他的机械论哲学思想：一种用量变来说明质的区别的思想，同时把组成物体微粒量的空间排列结

---

① 北京大学哲学系外国哲学史教研室. 十六—十八世纪西欧各国哲学[M]. 北京：商务印书馆，1975：83.

② 宋子良. 理论科技史[M]. 武汉：湖北科学技术出版社，1989：128.

构和数量组合视为物体的"实在本质"，是物体之所以为物体的内在根据。据此，可以说明自然界的一切现象。

（五）对近代前期形而上学整体观时期系统哲学思想的评价

经过霍布斯和洛克的加工，机械论思潮从科学领域上升到哲学领域，这个上升使得机械论产生了质的飞跃。首先，机械论彻底地排除了神学，使得哲学在此期间真正建立在唯物主义基础之上，从而使得形而上学整体观成为机械唯物主义哲学的一个组成部分。其次，机械论的概念和范畴得到进一步的提炼和概括，走向了普遍。科学概念和哲学概念有所区别，科学概念是关于自然界具体物体形态之内在本质的认识，哲学概念则是对客观世界一切事物共同本质的理解。从科学概念到哲学概念，呈现的是哲学家更高维度的理性思维成果，是在事物的更深层面上建立起来的因果联系，因而具有了更为一般的普遍性。

近代前期的经典机械论的形而上学整体观，其基本观点可以表述为：整个宇宙由物质所组成。物质性质取决于组成它的不可再分的微粒的空间排列位置和数量组合，物质具有不变的质量和固有的惯性，它们之间存在着万有引力。一切物质运动都是物质在绝对的、均匀的时空框架中的位移，遵循机械运动规律，保持着严格的因果关系，物质运动的原因不在事物的内部，而是在其外部。

综上所述，近代前期以机械论为代表的形而上学整体观，是人类认识和思维发展的一个不可逾越的重要阶段。机械论思潮实现了人类思维从神学思辨到理性思辨的转化。机械论思潮尽管带有形而上学的特征，但也完成了人类对自然界的总体笼统的、直观的认识到对自然界各门类深层规律的揭示的转化，为人类认识达到新的整体化阶段创造了条件。这是它的积极方面。但同时这种撇开总体联系来考察事物和过程的形而上学思维方式，堵塞了人们从了解部分到了解整体，并从而洞察普遍联系的道路。这是它的消极方面。消极方面主要表现在两个方面：一是表现为综合思维的限制，二是机械论的固定模式沉淀为社会心理，成为科学发展的限制。然而，它却是系统哲学思想赖以产生的所不可缺少的逻辑环节。

## 二、近代后期：辩证整体观的系统哲学思想

如果说，近代前期的哲学成就是产生了形而上学整体观，其所对应的是自然科学处于收集材料阶段的话。那么，近代后期的哲学成就则是产生了辩证整体观，其所对应的自然科学是整理材料的阶段。何谓整理材料阶段？就是把所收集的材料进行整理加工，进而概括抽象上升到内在联系的阶段。其研究方法，则从过去的分析为主，转换到以综合为主。映射在哲学上，就是从形而上学整体观进化到辩证整体观。质量守恒定律、能量守恒定律、细胞学说这三大理论的发现，揭示了自然界内在的是一个普遍联系的整体。这种自然界普遍联系的辩证整体观，便迅速流行并传播开来。康德、黑格尔、马克思和恩格斯是辩证整体观时期的哲学大家。

（一）"整体论"与"目的论"：康德的辩证系统思想

熟读西方哲学史的同仁都知道，康德是一个不折不扣的"不可知论"者。然而，这并不妨碍他作为历史上第一个提出"人类知识的系统性"问题的杰出的哲学家。

何为知识？康德认为，知识是有层次有秩序且由一定的要素所组成的一个统一整体。这已经是一个典型的系统定义了。他在《纯粹理性批判》中说，直观与概念构成我们一切知识的要素。他把知识看成是相互关系、相互联系要素的整体，并认为思维的唯一功能就是把概念联系起来，知性运用概念的方法就是做判断，对判断进行分类就是全面理解，因此，分类就意味着进入到体系，康德的范畴就是对知识体系进行分类。康德还强调整体高于部分。他把自然界中的整体分为"机械性整体"和"目的性整体"两类。他在早期著作《宇宙发展史概论》中认为，宇宙世界是以各个系统的等级层次结构组成的一个普遍联系的整体。后来，他在其"批判哲学"中，又明确地指出了"系统"的三个特性：内在目的性、自我建造性（自组织性）和整体先在性。同时，康德还觉察到了自然界简单与复杂的矛盾，他在《任何一种能够作为科学出现的未来形而上学导论》中写道："正题：世界上任何一个复合的物体都是由单一的诸部分构成的；除了单一的东西或由单一的东西组成的东西而外，决不存在别的什么；反题：世界上局部

存在单一的东西。"①在康德看来，用作为系统整体的目的观来看待和研究事物，对于深入揭示自然的奥妙大有好处。贝塔朗菲对康德的评价很高，认为他的"整体论"和"目的论"就包含着系统论的要素。

### （二）"绝对精神"与"过程集合体"：黑格尔的辩证系统思想

黑格尔这位辩证法大师，其系统思想也具有划时代的意义。他不仅集前人系统观之大成，而且还直接影响了马克思、恩格斯和贝塔朗菲等人。

首先，他指出了把真理和科学作为有机的科学系统加以考察的重要性，指出系统与要素内在联系的历史性和层次性。他说，真理的要素是概念；真理的真实形态是科学系统；科学只有借助于概念自己的生命，才能成为有机的系统；知识只有作为科学，或者作为系统，才是现实的，才能够表述出来；真理只有作为系统才是现实的。在黑格尔看来，范畴是在历史过程中逐渐由抽象到具体，由低级到高级发展起来的。每一发展阶段就是一个独特的自然领域，并且成为一个系统。每一系统的完整程度可以由它所反映的整个宇宙的程度来衡量。分析高级系统对低级系统有重大意义，而不能把高级系统归结为低级系统。

其次，他称"绝对概念"为"系统"，把这种系统理解为一个"过程的集合体"。他认为一切存在都是有机的整体。他说，作为自身具体、自身发展的理念，乃是一个有机的系统。一个全体，包含很多的阶段和环节在它自身内。这种把一切事物看成有机系统，由于内部各部分、各种力量的矛盾斗争推动自身向更完善更高级的方向发展的观点是正确的。但他是用概念的系统发展颠倒地反映出客观世界现实系统的发展过程，马克思称之为"抽象形态的运动"。黑格尔有一个基本思想，即认为世界不是一成不变的事物的集合体，而是"过程的集合体"，这与现代系统论中的"历时态系统"很相近。

最后，他运用系统方法构造出完整的哲学体系。黑格尔不是简单地列举哲学范畴，而是力图揭示它们之间的内在联系，从一个推出另一个，把它们放在系统中加以考察，这就是他的庞大的客观唯心主义哲学体系。他

---

① 康德. 任何一种能够作为科学出现的未来形而上学导论[M]. 庞景仁, 译. 北京：商务印书馆, 1978：121-122.

用"逻辑学""自然哲学""精神哲学"三部分,一环扣一环地系统地描述了绝对精神的辩证发展过程。他利用当时的科学成就丰富了系统思想。

这样,黑格尔不仅把世界本身描述为一个自身运动、变化、发展着的过程系统,而且黑格尔的哲学体系本身也同样是一个自身运动、变化、发展着的过程系统,并且作为世界本身的过程系统与作为哲学体系的过程系统又是相互对应和一致的。

（三）马克思恩格斯的唯物辩证法的系统思想及其评价

正是蒸汽机在西方社会生产的大量使用,才使质量守恒定律和能量守恒定律的提出成为可能,加之 19 世纪细胞学说的发现,进一步揭示出世界深层次更为普遍的内在联系。同理,牛顿力学也是在第谷、开普勒、伽利略的基础上取得的理论成果。用牛顿自己的话,是"站在巨人肩膀上"所取得的成果。但是牛顿当时的社会地位和社会阶层,决定了他不可能把机械唯物论贯彻到底,因此建立辩证唯物论这项历史使命,便降临到马克思、恩格斯的身上。

19 世纪以后,由于各门学科分化独立出来,哲学才有可能思考各学科之间更为基础的内在联系问题。马克思、恩格斯曾经对西方工业革命以来的科学技术发展做了大量的历史考察。马克思在《资本论》的写作中,做了大量技术史的札记。恩格斯在《自然辩证法》一书中深入考察了西方17 世纪以来科学技术的历史发展。两位伟人认为,西方 18 世纪以来的诸多发明成果很少是属于某一个人的,都是在前人基础上取得的。这是一种"整体"的社会观和"整体"的历史观。

"整体"的社会观和"整体"的历史观的具体的运用,就诞生了辩证唯物主义与历史唯物主义哲学。系统概念、系统思想是以"整体"观念和联系观念为特征的。在这一历史阶段,这些概念和思想内在联系的特征,恰恰就包含在了马克思、恩格斯所创立的唯物辩证法之中,并从而构成系统哲学思想的逻辑环节。因此,系统观就成为辩证唯物主义与历史唯物主义世界观的组成部分。

我们可以从以下三个方面来理解。

首先,在辩证唯物主义与历史唯物主义哲学体系里,世界、事物、实践、过程等都是一个统一的整体,其内部诸矛盾或者说诸要素是相互作用、相互联系的，甚至是相互依赖、相互制约的。恩格斯在《自然辩证法》中就曾经指出："这些物体处于某种联系之中，这就包含了这样的意思：它们是相互作用着的，而它们的相互作用就是运动。由此可见，没有运动，物质是不可想象的。再则，既然我们面前的物质是某种既有的东西，是某种既不能创造也不能消灭的东西，那么由此得出的结论就是：运动也是既不能创造也不能消灭的。只要认识到宇宙是一个体系，是各种物体相联系的总体，就不能不得出这个结论。"①普遍联系是辩证法的特征。正是这个特征，使得系统哲学家在定义系统时，必须借助辩证法以突出内在的普遍联系。

其次，"系统"概念是两位革命导师明确提出和使用过的。"系统发展整体性""有机系统""系统"这些概念，不仅马克思多次使用过，而且恩格斯也认为整个自然界就是一个相互联系的总体。恩格斯还强调，由于自然科学的巨大进步，人类可以依据各门自然学科所提供的经验材料，用系统的方式描绘出自然界普遍联系的蓝图。这不仅是恩格斯的自然图景，更是辩证唯物主义的系统总体自然观。

最后，两位伟人在自己的研究工作中，都不约而同地频繁地运用系统的观点和系统的方法。比如，生产力被视为劳动者、劳动对象、劳动工具所组成的横跨社会-自然的一个系统。马克思、恩格斯在《德意志意识形态》中所使用的生产关系，同样被视为一个系统。生产关系是生产力社会实现的组织形式，是一种社会关系。生产关系包括生产资料的所有制、劳动成果的分配形式、劳动者在生产中和分配中所处的社会地位等，这同样是一个系统。经济基础是一个系统。所谓经济基础，是社会在一定的发展阶段，由生产力所决定的生产关系的总和。上层建筑，也是一个系统。所谓上层建筑，是指建立在一定经济基础之上的，并与之匹配的政治、法律制度及其意识形态的总和。此外，在马克思的理论中，生产力决定生产关系，生产关系对生产力有反作用；经济基础决定上层建筑，上层建筑对经济基础有反作用。这是典型的系统负反馈动力机制。因此，革命导师马克思、恩格斯是运用"系统"和"系统观"这个工具，深刻分析社会问题的典范。

---

① 马克思，恩格斯. 马克思恩格斯全集：第二十六卷[M]. 中共中央马克思恩格斯列宁斯大林著作编译局，译. 北京：人民出版社，2014：590.

　　这种系统观是马克思主义认识人类历史的关键性观点。在马克思看来社会历史本身的运动也是一种系统的运动。马克思《资本论》是比较完整地体现系统观念和运用系统的方法的重要著作。他从构成资本主义社会的基本要素——商品出发，把资本主义作为一个社会机体进行深刻的剖析，从而揭露了资本主义剥削的秘密，提出了剩余价值理论，揭示出资本主义发生、发展和必然灭亡的客观规律。因此，马克思是运用系统方法分析社会问题的楷模。

## 第三节　"机体论"：凸显"关系"与"整体"的系统思想

　　在西方哲学领域，一直就有着"活力论"社会土壤。所谓"活力论"，又名生命力论或生机论。"活力论"认为生物体与非生物体的最大区别就在于生物体内有一种特殊的东西即"活力"，是"活力"控制着并规定着生物体的生命活动。西方学者把这种"活力"的非物质性的东西叫作灵魂。"活力论"的理论源头在亚里士多德那里。亚里士多德的"四因"说包含了质料因、形式因、动力因、目的因，并认为事物的本质是由质料因和形式因决定的。那么对于生物体而言，其形式因则是灵魂，是灵魂赋予了生物有机体行动的合目的性与合价值性。这个灵魂，被亚里士多德称之为"隐德莱希"（entelecheia 的音译）。正是"隐德莱希"即灵魂这个形式因的性质，决定了有机体的结构和功能。植物只有一种灵魂，职司营养和繁殖。动物有两种灵魂：第一种与植物无异，第二种职司感觉。人类则有三种灵魂，除了第一种和第二种，还有第三种：人的理性。

　　近代西方"活力论"的主要倡导者有：比利时的赫耳蒙特，德国则有三位，施塔尔、沃尔夫以及布卢门巴赫，此外还有法国的比夏。他们各自提出不同的名称，来代替亚里士多德的"隐德莱希"即灵魂的观念，比如，赫耳蒙特提出"生基"，施塔尔提出"精气"以及"有感觉的灵魂"，沃尔夫提出"自发力"，布卢门巴赫提出"形成欲"，等等。他们的理论路径有一个共同点，就是用一种超自然的精神力量来解释说明生物体乃至生理运行规律。这种观点不仅不能达到目的，反而事与愿违。为什么？因为否定了生命的物质性，生物体就成为无源之水和无本之木，且必然引起无机界和有机界的对立。

贝塔朗菲早年是机体论的拥趸，他是从机体活力论走向一般系统论的。正是贝塔朗菲对机体论的探索，使得他最后提出了一般系统论。是故，机体论是一般系统论的助产婆。因此，本节将较为深入地考察机体论系统思想的诞生历程。

## 一、"机体论"的兴起

生物学领域里，"活力论"与"机械论"的争论由来已久。"机械论"者认为一种原因只能导致一种结果，即因果一一对应。生物问题在机械论者那里被认为是物理问题或者是化学问题，探究的路径是还原论。生物体复杂的心理问题和生理问题最后归结为，生物体各部分的机械叠加所引起的问题。尽管机械论可以指出生物体内的化学机制，但是无法解释复杂的生命现象。对此，"活力论"者并不认同。如前所述，"活力论"者认定生物体内有一种特殊的超自然力——"活力"。生物体的生命就受到这种超自然力的支配。这就使得"活力论"披上了神秘主义的面纱，不利于"活力论"推广和传播。在整个19世纪，"机械论"的高歌猛进，尤其是物理、化学两个学科的快速推进，使得"机械论"在一定程度上占据着上风。然而，随着20世纪初"机体论"或者说"新活力论"的崛起，这种局面很快就被打破了。

1891年（另有一说是1899年），德国著名的胚胎学家和哲学家杜里舒，做了一个著名的实验——海胆发育实验。他首次将一个完整的海胆卵切成两半，分开培育。结果惊讶地发现，切开后的半个卵，各自发育成一个完整的胚胎。第二次，他将两个海胆卵融合在一起，结果也发育出完整的胚胎。这两个实验，都无法用机械论的观点来解释，整体不是部分简单的叠加，部分也能孕育出整体，此其一。其二，无论是半个海胆，还是两个海胆融合，都能得到相同的结果，说明截然不同的原因也能引发相同的结果。这不仅给了机械论沉重的一击，而且也带来了怎么解释这个实验的理论困境。

于是在20世纪初，杜里舒提出了"新活力论"，又叫"机体论"。所谓"机体论"，就是生命过程中的自主理论，其实验支撑就是他的海胆发育实验。这个实验的结果，无法运用机械论的因果定律做出解释，只能用类似于"灵魂"的神秘因素来说明，于是转向了依靠亚里士多德的"活力"或"隐德莱希"。杜里舒认为，海胆卵作为一个等潜能的、和谐的完整系统，其内部隐藏着一种能够调节生物体发育的精神"实体"，这个精神实体就是亚里士多德的"活力"或"隐德莱希"。正是它保证了胚胎发育的完整性，并且使得有机生物体具备自我修复乃至再生的能力。此后的实验胚胎学的研究，进一步表明了发育期间的细胞的分化，仍然是由物质因素控制并服从于运动规律。再其后的分子生物学的研究成果，则深刻地揭示了，胚胎发育过程决定于生物体基因活动的调节控制，以及生物体胚胎之整体与各部分之间的相互作用。

20 世纪 20 年代之后，"机体论"在与"机械论"的论战中，开始逐渐占据上风。在科学界和哲学界相继掀起"机体论"思潮。紧随杜里舒，"机体论"思潮在其他研究领域也产生了一系列重量级的研究成果。以下四个为代表。

第一个关于"机体论"的成果，是法国生物学家贝尔纳创立的"自稳定理论"，全称是"生物体内环境自稳定理论"。贝尔纳于 20 世纪 20 年代中期提出此理论。贝尔纳认为，所谓"自稳性"，就是生物有机体不会因为环境的改变而改变自身的性质，生物有机体的内环境的自稳定性是所有生命有机体的本质特征。

第二个关于"机体论"的成果，是德国心理学家韦特海默（Wertheimer）所创立的"完形主义心理学"，他于 1912 年创立此理论，即"格式塔理论"（gestalt theory），德文单词 gestalt 意译为"完形"，音译则为"格式塔"。考夫卡（Koffka）和科勒（Kohler）也是"格式塔理论"的代表人物。此理论强调，在心理活动中，"整体组织性"或"整体结构性"是其最基本的意识经验特征。基于此，科勒反对将机械论的元素分析运用到心理测试中。"一是强调整体，认为心理现象是个整体，而不是彼此独立的元素的拼合；二是描述现象，主张心理学要描述现象而不是分割现象以追求它的结构。"①这是车文博总结的"格式塔心理学"的两个特点。科勒认为，决不能用机械论的切割的方法来了解生物有机体，生物有机体的所有器官是一个相互联系的整体，绝对不是器官的简单相加，而关于生物有机体的每一项经验都是其内在联系的不可切割的整体。

---

① 转引自：车文博. 西方心理学史[M]. 杭州：浙江教育出版社，1998：412.

第三个关于"机体论"的成果,是美国生物学家坎农所提出的"生物有机体的内稳定理论"。这一"内稳定"理论,是坎农于 1929—1932 年提出的。坎农通过多年的实验和检测,发现包括人在内的生物有机体,其体内的诸多成分,诸如血脂、血糖、血压、水分、盐分、尿酸等,都能自动稳定在一定指标范围内,有一个阈值范围。这种自我稳定的状态,不会因为外部环境的改变而改变,相对恒定或者说相对稳定。

第四个关于"机体论"的成果,是英国数学家和哲学家怀特海所提出的"自然机体论"。怀特海认为,应该用"机体论"去代替"机械论",以回应科学的发展和时代的呼唤。怀特海的"机体论"属于他的过程哲学的历史观。怀特海认为,微观世界中,从原子到分子,在宏观世界中,从人到自然界再到人类社会,凡是能够进行合作的机体就是成功的机体,只有成功的机体才能改变环境,并且不会破坏环境。而"机械论"以来的几百年,世界工业化的后果是使得自然环境遭到极大的破坏,必须有一种新的哲学理论来纠正这种偏差。什么理论可以担任这种使命?怀特海认为,他的"自然机体论"完全可以胜任。这一理论强调万物共生,打破了人类中心主义的藩篱,确立自然的内在价值,以及自然与人类共生的价值取向。怀特海的"自然机体论"的提出,为人类社会的可持续发展提供了哲学本体论支撑。

1938 年,世界上著名的生物学家、化学家和物理学家会聚在法国的法兰西学院,共同商讨究竟怎样才能理解生物体的生命本质,得出三类截然不同的意见。

第一种意见,是生物学家的意见。生物学家们认为,只有援引"生命原理"才能真正理解生命的本质,舍此别无他法。生命有机体的生命行为,是与无生命物质的行为截然不同的。[①]

第二种意见,是物理学家和化学家的意见。他们认为,截至 20 世纪 30 年代末,人类所获得的化学知识和物理学知识是相对完整的,我们应该对这些知识抱有信心。物理学家和化学家相信,不久的将来,物理定律和化学定律就能解释清楚生命现象,生物学家的所谓"生命原理"将派不上用场。

---

① 庞元正,李建华. 系统论 控制论 信息论 经典文献选编[M]. 北京:求实出版社,1989:665.

第三种意见，是观望派或者说骑墙派的意见。他们认为，迄今为止人类关于物理学和化学知识知道得较多。但如果据此就认为洞悉了大自然的一切，那就是人类的盲目自大。他们展望，随着科学的推进，一定会有新的原理或者新的定律被发现，使得人类能够彻底洞悉生命的奥秘。至于这些定律或者规律，究竟是该叫作"生命原理"还是其他什么名称的原理，倒是次要的，要紧的是能够探索并掌握这种定律。

比较这三派科学家的意见：第一种意见，坚决反对还原论，旗帜鲜明地赞成"机体论"；第二种则是属于地地道道的还原论，但这一派科学家有一种无力或无奈，无法用还原论解释生命现象；第三种意见，介于第一种和第二种之间，认为需要发现一些新的自然界规律才能透彻地理解生命的本质。

## 二、"机体生物学"：贝塔朗菲早期探索的成果

20世纪的前20年，"机体论"与"机械论"两种哲学观点进行着广泛持续的交锋。贝塔朗菲也加入了这一论战与交锋，他主张"机体论"。从1924年到1928年这五年，贝塔朗菲广泛投稿，发表文章，一是猛烈批判机械论，二是表达他称之为"机体生物学"的主要观点。

贝塔朗菲从三个方面对牛顿的机械论展开了猛烈批判。一是批判部件分割与简单叠加的观点。这在无机界是可以的，但在有机界是绝对行不通的。不能把生物有机体分解为各自孤立的要素，并用来说明生物有机体的内在属性。二是批判把生命现象类比为机器的观点。梅特里的所谓"人是机器""动物是机器"的观点是错误的。梅特里把人的肌体和心灵活动都归结为机械运动，并认为人和动物都是一台机器，人不过是更为复杂的机器，只有量的区别而无质的区别，人不过是"比最完善的动物再多几个齿轮，再多几条弹簧，脑子和心脏的距离成比例地更接近一些，因此所接受的血液更充足一些，于是那个理性就产生了"[①]。这样，梅特里就不可能真正解决物质和意识的关系问题。[②]三是批判机械论的关于有机体被动反应的观点。机械论者认为，有机体的反应是应激式的，被动做出的。有机

---

① 梅特里. 人是机器[M]. 顾寿观，译. 北京：商务印书馆，1979，第40页；52.
② 苗力田，李毓章. 西方哲学史新编（修订本）[M]. 北京：人民出版社，2015；522.

体受到外界的各种刺激后，才会作出调整而应对。否则，有机体就是恒常不动的，静止才是本来属性。贝塔朗菲猛烈批判了这种观点，认为这是绝对错误的，是根本不能正确解释生物有机体的生命现象的。"机械论"的观点之所以在对待生物有机体时会得出错误结论，是因为无机物与有机体是不一样的，对待有机体就应当把它当作一个整体对象或者系统对象来考察。

在批驳完"机械论"观点之后，贝塔朗菲着手建立属于他自己的"机体生物学"，主要包括三个基本观点：整体观点、层次观点、开放观点。

## （一）整体观点

贝塔朗菲认为地球上所有的生物有机体所呈现出来的都是一个整体，不能用牛顿的部件分割法去处理，那会破坏整体。生物有机体所呈现的整体性，根源于大自然多年的进化，生物有机体无论是时间范畴还是空间范畴，都是一个具备复杂结构的整体。只要是生命现象，就是整体现象，不能随便分割。考察单个的生命的现象，从细胞的生成，到胚胎的发育和成长，到神经系统对生物体的控制，到新陈代谢，到强健时期的身强体壮，再到衰老和死亡，每一单独时期的生命现象都是整体现象。再来考察群体部落的兴衰，也是如此。个别要素的行为在系统之内是要受到制约的，是作为整体的部分来呈现的，单独割开是办不到的。同时，整体的行为也绝不是单个行为的简单相加或者加权平均。生物有机体有其独特的神经反馈系统，控制并指挥着生命体的行为。贝塔朗菲创造出了一个词：组织。组织是生物有机体最基本的特征。描述并呈现生物有机体的组织的生命现象，以往的机械论方法肯定是无法完成的，因为部件割裂的方法只能将生命置于死地，何谈深入研究与完整描述？因此，贝塔朗菲认为，机体生物学的历史使命，就是务必发现在生物有机体的各个层次（即跨层次：跨越生物有机体的所有组织）都能够起作用的系统规律，即发现并寻找整体。

## （二）层次观点

贝塔朗菲认为生物有机体是按照层次来组织的。层次，是所有生物有机体的第二个共同特征。考察生命现象，可以发现：层次，层次，还是层次。系统里面有层次，系统外面还是层次，层次套层次，像俄罗斯套娃一样。从单个的活的分子，到单个的细胞，再到细胞的聚合物，再到器官，再到生命整体，再到家庭、氏族、部落……无一不是系统。系统不仅无所不在，而且无时不有，等级森严。这个世界，从大自然到人类社会，都是按照层次逐级统合并建构起来。整个宇宙就是一个超级大系统。"机械论"的方法只能对单一系统的某个过程进行研究，即在某一实体的内部进行切割的分析研究，而不能进行跨层次跨系统的整体研究与综合研究。因此，贝塔朗菲主张用"机体论"的整体方式取代"机械论"的分析方式。科学研究面对有机体时，应该采取整体的或者系统的研究方法，把有机体描述一个系统或者一个整体，有机体具备系统的所有属性，它不遵循牛顿机械论的简化还原方法论。有机体内部极其复杂的结构，是由诸多层次构成的，也就是说，是由诸多小系统构成的。而所有系统都是主动的，是自主的活动中心，活动法则是非线性的。无论是系统内部，还是系统之间，抑或是子系统之间，无不展现为层次。

（三）开放观点

　　贝塔朗菲认为，所有的生命现象都是自主积极的姿态，没有等待死亡的生物有机体。那么，生物有机体靠什么维持这种生命状态？贝塔朗菲认为，靠其自身的组织。生物有机体组织靠什么养活？靠吸纳营养。什么是营养？用物理的话来说就是物质和能量。于是，贝塔朗菲提出动态的开放系统理论，并把它推向普遍：系统之所以维持运转，是因为从周围环境吸纳物质和能量，生物有机体尤其如此。因此，贝塔朗菲提出开放的观点，并认为所有的生物有机体都是一个动态开放的系统，只有开放，才能不断地从环境吸纳物质和能量，以维持系统自身的持续稳定。反过来，有机体系统自身的稳定态，则不仅能够依赖环境吸纳物质能量继续维持稳定，而且能够对抗来自环境的干扰和瓦解性侵犯。为了使"机体生物学"更具科学性，贝塔朗菲呼吁对开放的系统进行数学描述，最好是用联立的微分方程来描述。进而回答，开放的系统有别于牛顿的一因一果的因果律，而是有机体的异因同果的因果律。

### 三、对贝塔朗菲"机体论"系统思想的评价

贝塔朗菲的"机体生物学",尽管是在吸纳了法国生物学家贝尔纳所创立的"自稳定理论"、德国心理学家科勒所创立的"完形主义心理学"、美国生物学家坎农所提出的"生物有机体的内稳定理论"以及英国数学家和哲学家怀特海所提出的"自然机体论"的基础上建立起来的,但是,其整体的观点、层次的观点,尤其是开放的观点,则是他的独特创新。贝塔朗菲从"机体生物学"走向了一般系统论,其后的普里高津,更是把他的开放的观点,推向了更为基础的普遍性,并据此创立了耗散结构理论。贝塔朗菲在"机体生物学"中所使用的诸般原则和范畴,在后来都被他推广成了一般系统论的基本原则和范畴。"机体论"所强调的内稳定性、内调节性、组织性、整体性及其范畴,是一般系统论得以建立的理论前奏。

综上所述,20 世纪 20—30 年代,科学研究前进到了一个三岔路口。由于牛顿机械论的还原方法所面临的困境,科学家面临着选择,是继续走牛顿的老路,还是另辟蹊径?也就是说,建立整体综合的非还原的新的科学,是科学家当仁不让的历史担当。贝塔朗菲完成了历史交予的重任,他从"机体生物学"切入,终于建立起一般系统论。科学在贝塔朗菲这里发生了转向:由还原的"实体"的科学,转向了非还原的"关系"的科学。同时,哲学在贝塔朗菲这里发生了转向:从"实体"的哲学,转向了"关系"的哲学。

因此,"机体论"之凸显"整体""层次""开放""关系"的系统哲学思想,是通向一般系统论之必不可少的逻辑环节。

# 第二章　构成论阶段的系统哲学思想：
## 破"实体"立"关系"

自从大自然进化出人类，有关发展、变化、内在联系的各种哲学观点的论争，就再也没有停止过。子在川上曰：逝者如斯夫。赫拉克利特说，人不能两次踏入同一河流。两者何其相似。柏拉图就曾经深刻指出，变化和永恒是现实世界的不同方面，缺一不可。亚里士多德则说，物理学就是研究自然界的发生、发展及其变化的过程的科学。

近代自然科学的研究中，伽利略首创了科学实验的方法，他通过球体在斜面的下滑来测定摩擦系数的实验，总结出自由落体运动规律。接着笛卡儿从数学的角度提出了演绎推理方法。最后牛顿将两种方法结合，形成了近代以来著名的笛卡儿-牛顿机械自然观和实验-数学方法论。

牛顿通过精确的数学公式演绎，总结出了三大定律，创造出"分析-归纳"方法。随着经典力学的巨大成功，形而上学自然观随之形成。由于经典力学巨大的成功，再加上它找到了简洁和优美的数学形式，其带来的历史影响是有目共睹的。但由于经典力学局限于"实体"的"存在的科学"，只研究简单封闭的系统，因而无法覆盖全部自然界。经典科学有两个教条：一是可逆性，过去和未来没有区别；二是决定论，一旦知道初始条件，不仅能预测未来，而且能推算过去。在这种意义上，经典科学给人们揭示的是一个僵死的、被动的自然，在那里没有变化和发展。尽管形而上学自然观并不否认运动，但这个运动是决定论的运动。正如伯格森等人所批判的那样，"运动"就是经典物理学从自然界发生的变化里所保留的一切。在经典物理学中的变化就是"运动"，而这种"运动"恰恰是对演化发展的一种否定。

为了摒弃"实体"的经典力学所带来的形而上学观点，地质学家赖尔提出了地质缓慢变化的理论，生物学家达尔文提出了进化论。这些学说，在一定程度上动摇了机械论。热力学尤其是"熵"概念的建立，无疑是科学上的巨大飞跃。因为"熵"将演化的思想带进了科学研究的领域，随之而来的是"演化的科学"的兴起，科学研究的对象转向了复杂的演化系统。

从 19 世纪中叶开始，一个尖锐的问题摆在了科学共同体面前：一方面熵增定律宣布，世界将趋于无序并最终热寂；另一方面达尔文的进化论则断言，世界将沿着日益进化、有序、复杂的方向演化。这个矛盾困扰了科学界长达 100 年之久。无论是传统的笛卡儿-牛顿科学观，还是逻辑实证主义的经典科学观，都无法解决这个问题。科学已经到了一个十字路口。

科学每每遇到新的问题，总会有一种与之相适应的新的科学方法出现，从而推动科学继续向前发展。而新的科学方法又会上升为一种新的思想，改变人们的思维方式，修正人们原来对世界的片面的看法，从思维、科学、社会等广泛的领域推动人类社会的进步。

为了克服关于"实体"的机械论的缺陷，关于"关系"的系统科学便开始登上历史舞台。就本质而言，系统科学是关于联系、演化和发展的科学，并不断揭示自然界发展、演化与生成的机制。这样，系统哲学思想史上，在经过古代素朴的系统思想、近代机械论与辩证论的系统思想、"机体论"的系统思想这三个逻辑环节之后，20 世纪上半叶，终于诞生了定性与定量相结合的系统科学思想。正是在这样的背景下，加之电子计算机的诞生，贝塔朗菲的一般系统论、香农的信息论、维纳的控制论等横断学科和科学方法便应运而生。以此为发端，打开了系统科学的关于变化、发展、演化、生成等"关系"科学的大门，并一发而不可收。

本章将详细总结并概括一般系统论、信息论和控制论所蕴含的系统哲学思想。

## 第一节　一般系统论的系统哲学思想

怀特海是英国著名的数学家和哲学家。他在 1925 年发表了题为《科学与近代世界》的论文。怀特海在此文中，提出了用"机体论"代替"机械论"的观点。怀特海认为,只有把生命现象看成是一个有机整体,才能解释自然界众多而复杂的生命。与此同时,还是在 1925 年,美国学者洛特卡发表了他的论文《物理生物学原理》。在其后的 1927 年,德国学者 W. 克勒发表了题为《论调节问题》的论文。这三篇文章,时间上前后相继,内容上高度一致,都蕴含有一般系统论的思想颗粒。这可以算是贝塔朗菲创立一般系统论的思想序曲。

## 一、贝塔朗菲与一般系统论的创立

如上所言,贝塔朗菲所创立的一般系统论,一方面与当时的科学共同体所面临的尖锐问题有关,另一方面则与发生在 20 世纪 20 年代生物学领域"机械论"与"活力论"的激烈论争有关,"机体论"是一般系统论的助产婆。

从 1925 年开始,贝塔朗菲加入了有机生物学"机体论"与"机械论"的论战,到 1928 年,贝塔朗菲发表了多篇文章,从三方面展开对机械论的猛烈批判。通过对牛顿机械论的批判,贝塔朗菲发现了生物有机体不同层次上所共同拥有的组织原理,并借此提出了他的"机体论系统思想"。其主要内容也是三个观点:一是系统的整体观点,二是系统的层次观点,三是系统的开放观点。这在上一章的最后一节详细论述过,这里不再赘述。

1932 年,贝塔朗菲发表《理论生物学》一文;1934 年,贝塔朗菲又发表《现代发展理论》一文。这两篇文章,着重强调生命的奥秘就在于组织性、整体性、系统性,并大声呼吁,要用数学建模的方法来深入研究生物学,彻底弄清生物体的组织结构。

1937 年,贝塔朗菲效仿达尔文,对美国进行考察,考察了美国的洛杉矶、大峡谷和旧金山等地,并在美国各地广泛地旅行,以深入考察美国的博物学和生物学,以及深入考察美国生物学的研究进展,终于孕育出了一般系统论。也正是在 1937 年,贝塔朗菲在美国的芝加哥大学,在莫里斯(Morris)和卡利斯(Carias)两人所组织的一次学术研讨会上,首次提出了"一般系统论"这一崭新的学术思想,较为详尽地阐述了"一般系统论"的整体观点、层次观点和开放观点。1945 年，贝塔朗菲发表题为《关于一般系统论》的标志性论文，正是这篇重量级文章的发表，标志着贝塔朗菲告别了"机体生物学"，而走向了"一般系统论"。

1968 年，一本题为《一般系统论：基础、发展和应用》的著作出版，这是贝塔朗菲关于"一般系统论"的奠基之作。这本著作的出版，标志着关于"关系"的系统科学正式登台亮相。在这本专著中，贝塔朗菲详细、准确地总结了"一般系统论"的概念、方法及其应用。这本著作在我国有两个翻译版本，一个版本是魏宏森、林康义等翻译的，1987 年由清华大学出版社出版发行。另一个版本是秋同、袁嘉新两人合作翻译的，1987 年6 月由社会科学文献出版社出版发行。

## 二、一般系统论的内容

### （一）凸显"关系"与"要素"：一般系统论的定义

在与"机械论"的论争中，贝塔朗菲集中批判三点：一是简单相加，二是被动反应，三是把生命与机器类比。并以此为突破口，创立了一般系统论。那么贝塔朗菲是如何定义系统，以规避"机械论"的缺陷呢？

贝塔朗菲是这样定义的："系统的定义可以确定为处于一定的相互关系中并与环境发生关系的各组成部分（要素）的总体（集）。"①

贝塔朗菲所给出的这个定义，有四个关键词：关系、要素、环境、总体。

第一说"关系"。"必须是处于一定的相互关系中，并与环境发生关系"的才可称之为系统，在这里，"关系"有两层含义，一是处于"关系"中，即系统的内部"关系"；二是与外部环境发生"关系"。也就是说，要构成系统，不仅单个的"关系"是不存在的，而且"关系"还必须是跨越内外层次的。只有跨越内外层次的"关系"，层次套层次的复杂"关系"，才能构成系统。

---

① 贝塔朗菲，王兴成. 普通系统论的历史和现状[J]. 国外社会科学，1978，（2）：69-77.

　　第二说"要素"。系统是"各组成部分（要素）的总体（集）"。"要素"是最基本的单元，没有要素，便不能构成系统。要素这个范畴，是贝塔朗菲对牛顿机械论之"个体""实体""组分""部分"等词的进一步抽象，以满足系统之定义的诉求。只有系统具备了"要素"，诸多"要素"之间才可能构成复杂"关系"，才能构成系统，此其一。"要素"的另一层含义就是协同性，有了诸多"要素"，才有"要素"的协同，一个"要素"变化，必然引起其他"要素"的变化，这是"要素"之间的相互制约。"要素"还有更深层次的含义，"要素"之间的互动或者说协同，可以是清晰的，引发规定性；也可以是混沌的，进而引发突变，即"涌现"；等等。可见，贝塔朗菲一般系统论的"要素"，在理论上浇灌并培育了其后的耗散结构论、协同学、混沌理论、突变论等系统科学理论的土壤。

　　第三说"环境"。"与环境发生关系的"才构成系统。"环境"这个词的出现，意味着视系统为整体，且系统可以层层推演。系统是绝对不可能离开"环境"的。系统内部必须与外部"环境"交换物质和能量，系统才能存活下来。"环境"是对系统外部各种各样联系的概括，"环境"同时还预示着系统的开放和实时动态。凡系统必定处于"环境"之中，随着"环境"的提升，系统演变成"大系统"，原来的"系统"则变成了"子系统"，也就是降为"要素"。以此为法则，系统既可以向下推演，又可以向上推演。于是，系统的层次性出现了。

　　第四说"总体"。"总体"就是"整体"，强调的是"整体原理"。系统是"处于一定的相互关系中并与环境发生关系的各组成部分（要素）的总体（集）"[①]。系统本身就是一个整体，这是区别机械论最关键的地方，系统不是随便可以分割的部件。不管系统内部的诸"要素"，如何协同，如何混沌，如何突变，它都是作为一个"整体"而存在。也不管是系统内部的诸"要素"发生怎样的"关系"，还是与外部发生怎样的"关系"，系统都是作为一个"整体"而存在，或者说作为"总体"而存在。

　　最后，我们来考察贝塔朗菲对于系统的定义，是如何体现辩证唯物

---

① 贝塔朗菲，王兴成. 普通系统论的历史和现状[J]. 国外社会科学，1978，（2）：69-77.

主义之普遍联系的特征的。贝塔朗菲所给出的系统定义里，关系、要素、环境、总体这四个关键词，无论从时间上考察，还是从空间上考察，都是处在普遍联系当中的。其中所揭示的整体原理、关系原理、层次原理、开放原理无一不体现出系统的普遍联系。这就充分体现了马克思恩格斯辩证唯物主义哲学的普遍联系特征。无论系统向下推演还是向上推演，都是如此。向上推演，系统与外部联系获取物质能量信息缔结新的系统时，系统便成了要素；向下推演，要素内在的若干联系被揭示，要素上升为系统。

世界上没有绝对孤立存在的事物，即绝对不与外界发生联系的事物是不存在的。唯物辩证法告诉我们，普遍联系作为一个哲学范畴，通常是指事物之间或者是现象之间又或者是内部诸多要素之间的相互作用、相互制约、相互影响、相互依赖、相互转化的关系。在浩瀚无垠的宇宙中，联系不是特别的、特殊的、孤立的、个别的，而是普遍的、客观的、横向和纵向都存在于一切事物之中的，这就是普遍联系。但是，在系统的范畴里，普遍联系通过关系、要素、环境、总体这四个关键词，通过向上推演和向下推演，将普遍联系充实起来。它不再是抽象的，而是通过系统而存在。宇宙当中的事物，既是要素，又是系统。向上推演，是要素；向下推演，是系统。普遍联系，就是这样通过系统建立起来了。系统无时不在、无时不有，普遍联系也就无时不在、无时不有，这是宇宙事物存在的一种状态与方式。

## （二）破"实体"立"关系"：一般系统论的结构和功能

我们在前文中曾经指出，贝塔朗菲是通过批判"机械论"的部件分割和简单叠加来揭露机械"实体论"的内在缺陷的。那么，需要建构怎样的新的理论，才能克服"实体论"的这个缺陷？贝塔朗菲又是怎样做到的呢？换句话说，贝塔朗菲的历史功绩既然是破"实体"立"关系"，那么他是怎样破"实体"，又是怎样来立"关系"的呢？

贝塔朗菲是这样论证的，请看图 2-1。

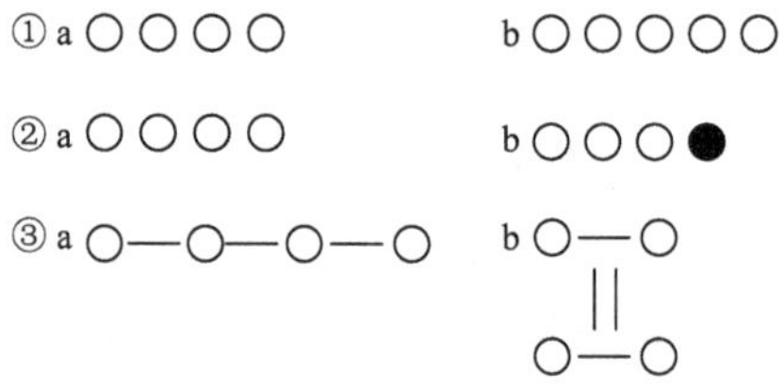

①a ○○○○　　　　　b ○○○○○

②a ○○○○　　　　　b ○○○●

③a ○—○—○—○　　b ○—○
　　　　　　　　　　　　　　‖
　　　　　　　　　　　　　○—○

图 2-1　贝塔朗菲系统"关系"示意图

贝塔朗菲说："对于'要素'的复合体，可以有三种不同的区分方式：①按照要素的数目来区分；②按照要素的种类来区分；③按照要素的关系来区分。"①图 2-1 的简单图示可以清楚地说明这个论点。图中的 a 和 b 表示不同的复合体。

"在①和②两种情况下，复合体可理解为各个孤立要素的总和。在③这种情况下，就不仅要知道各个要素，而且还要知道它们之间的关系。"②正是在这一组图示里，即在图③里，贝塔朗菲确立了作为一般系统论的"关系"原理的基础地位。

那么，贝塔朗菲又是如何破除机械论的"实体"呢？其中的奥秘还是在这个图示里。

我们进一步沿着贝塔朗菲的思路进行考察。

无可否认，图中①是按照要素的数量来进行考察的。那么②呢？显然②与①是不同的，它是按照要素的种类来进行考察的。那么图③又怎么样的呢？只有在③里，才有了质的飞跃，③是按照要素之间的"关系"来进行建构的。在①和②里，要素之间的关系是"加和的"或者说是"累积的"（summative），即是简单叠加的。在①和②这两组图示的考察中，整个复合体的特征，我们可以通过单个要素孤立的特征和单个要素行为的累加来获得。于是，整个复合体，就可以被理解为孤立考虑的各个要素之和。而这恰恰是"机械论"的简单相加的特征，是"实体"实在的命门所在。正是在这一组图示里，贝塔朗菲在理论上破除了机械论"实体"的不败金身。

只有在③的图示里，要素之间的关系才是"构成性的"（constitutive）

---

① 贝塔朗菲. 一般系统论：基础、发展和应用[M]. 林康义，魏宏森，等，译. 北京：清华大学出版社，1987：50.

② 同①.

的"关系"，也就是说是体现了"关系"的非加和性特征。在③里，无论是左边的图示，还是右边的图示，都是一组"关系"。对于英文单词 constitutive，在贝塔朗菲的《一般系统论：基础、发展和应用》里，魏宏森、林康义等的版本将 constitutive 翻译为"组合性的"，而秋同和袁嘉新两位则将其翻译为"构成的"。在此，笔者赞同秋同和袁嘉新的翻译。在③这种考察中，整组复合体的特征正是依赖于特定的"关系"才得以展示，"整体"即复合体被理解为"要素"加"关系"。贝塔朗菲因此才特别强调说："构成性特征就是依赖于复合体内部特定关系的那些特征，因此，我们不仅必须知道部分，而且还必须知道关系，才能理解这样的特征。"[1]只有对于③的考察，才是关于系统的考察。也只有③才真正突破了"机械论"的简单相加的教条。贝塔朗菲所设计的这种图示的考察，其精妙之处尤其在于：正是在③之"关系"的"构成"中，系统之整体的新质，才得以凸显出来。

我们继续分析。

在①所示的类型里，所考察对象的物理特征，是由其质量或者分子量（分别是质量的总和，或者是原子量的总和）、又或者是热（可以看作是分子运动的总和）等所组成。也就是说，①的考察对象涵盖了经典物理学，包括经典力学和热学。而在②的所示里，则涵盖经典科学中的化学。②所概括的是典型的化学特征：譬如同分异构体，分子总的成分相同，但因为原子基团的排列不同，致使其特征各异。

只有在③的所示中，才真正体现了古希腊哲学家亚里士多德所倡导的"整体不同于部分之和"。尽管这句话多多少少显得有点神秘，显得抽象，但是，亚里士多德这句话的真实的含义，不过是强调"关系"的构成性特征。也就是说，我们不能用孤立的组件特征来诠释"关系"的构成性特征。因此"整体"的特征即复合体的特征，比之其他要素，更是一种"新质的"或是"突现的"存在方式。

基于此特征，一个系统的所有"要素"以及各"要素"之间的"关系"被知晓或者被探悉，那么接下来系统的行为被推导出来，就显得顺理成章了。因为，我们可以通过"要素"来组合"关系"，这就是"构成"。尽量

---

① 贝塔朗菲. 一般系统论：基础、发展和应用[M]. 林康义，魏宏森，等，译. 北京：清华大学出版社，1987：51.

穷尽各种可能，做好各种预案。这就是系统的"构成性"特征。"我们也可以说，虽然我们可以设想某个总和是逐渐构成的，但作为具有相互关系的部分的总体的系统必须设想为瞬时间构成的。"①贝塔朗菲的这句话，尤其突出了作为一般系统论的"构成性"特征。

自然界里，这种现象比比皆是。尽管"要素"相同，但由于"构成"的方式不同，则其"关系"各异，最后系统的"功能"也迥然不同。譬如金刚石和石墨就是典型的例子。它们两者的构成"要素"都是碳原子——C，但由于其组合方式不同，即碳原子之间的构成"关系"不同，结果生成两种功能截然不同的物质。金刚石坚硬无比，而石墨的质地则非常柔软。用理论的话来表达，就是系统内部诸"要素"的组织形式即是"关系"的构成路径，缔造了它们之间的不同。也就是说"关系"一旦缔结，又成为系统的"结构"。一旦"结构"形成，则系统的"功能"突现。这就是系统学科的"结构-功能"法则。系统的结构维持着系统内部诸要素之间的持续的稳定的联系。大凡系统都有结构，大凡结构都对应功能。对于系统中相同的"要素"，如果构建的"关系"不同，其"功能"可能千差万别。

当然，用系统科学的话说，系统的"功能"就是指系统在特定的"关系"中所表现出来的行为和能力。其中的"关系"是跨越内外层次的。对于外部环境而言，系统的"功能"则体现出系统与环境之间，即在物质、能量和信息等方面的输入与输出"关系"。例如一个核电厂，就是输入铀或者钚等，使其产生核裂变反应，从而输出电力，这就是核电厂的功能。又譬如一个棉纺厂，就是输入棉花或苎麻，将其加工成面纱，最后向社会输出衣物、被子等棉纱类的生活用品，这就是棉纺厂的功能。

系统内部诸"要素"之间的"关系"，或者说系统各"要素"之间的内在联系方式，构成了系统的"结构"及其系统的"整体"。而系统之"结构"和"功能"是相互依存且相互制约的。系统有什么样的"关系"，就会有什么样的"结构"。系统有什么样的"结构"，就会有什么样的"功能"。系统的"功能"是系统"结构"的外在表现。而系统的"结构"，则是系

---

① 贝塔朗菲. 一般系统论：基础、发展和应用[M]. 林康义，魏宏森，等，译. 北京：清华大学出版社，1987：51.

统"功能"的内在根据。系统的"结构"决定系统的"功能"。然而"功能"虽然处于从属地位，但它并不是只是被动的，而是具有相对的独立性。在条件具备的情况下，系统的"功能"可以反作用于"结构"。更进一步研究表明，系统的"结构"和"功能"之间的关系不总是一一对应的，它们之间往往表现出极为复杂的对应关系。至少存在着两种典型的现象：一种是同构异功的现象，即一种结构具有多种功能；另一种则是同功异构的现象，即一种功能可以由多种结构来实现。

### （三）系统概念的数学描述

自然的数学结构，是古希腊以来西方哲学和科学先驱们深信不疑的真理。同时，自然的数学结构也是机械自然观最重要的组成部分。贝塔朗菲尽管猛烈地批判并摒弃了机械论的部件分割与简单叠加的缺陷，但是他吸取了机械论数学方法的精华。对于数学方法的真理性，恩格斯也曾说过，一种科学只有在其成功地运用了数学这个工具时，才算是达到了真正的完善。近代自然科学的显著特征，就在于数学化。其根源在于自然内在结构的数学化。科学史上，比之托勒密体系，哥白尼的宇宙体系之所以占优，抛开其他因素不论，其根源还是哥白尼体系在数学上的优越性。正是这种数学上的优越性，激起了开普勒、伽利略等科学家等为之呐喊与辩护，其最终结果是牛顿力学的诞生。

贝塔朗菲的一般系统论，之所以称之为科学理论，而有别于古代的朴素系统思想、近代机械论的系统思想，以及近代机体论的系统思想，其判断的标准就在于引入了数学方法。贝塔朗菲成功地运用数学方法，不仅能对系统作定性的分析，而且能够作定量的数学描述。由此，一般系统论拥有了扎实的数学理论基础，成为系统科学的开端。

贝塔朗菲认为，一门学科要想拥有普适性，就必须得建立普遍有效的原理，而数学方法就是其不二法门。一般系统论要想推向普遍，就必须建立与之匹配的数学模型，用来描述系统的一般规律。首先就是要在逻辑领域和数学的领域，建立适用的数学公式。对于系统的定义，也要从抽象的数学角度来界定，才显得更为贴切。《一般系统论：基础、发展和应用》既是一般系统论的奠基之作，也是贝塔朗菲的成名之作。他在该书中，是这样定义系统的：系统可以定义为相互作用着的若干要素的复合体。<sup>①</sup>相互作用指的是：若干要素（$P$），处于若干关系（$R$）中，以致一个要素 $P$ 在 $R$ 中的行为不同于它在另一关系中的行为。如果要素的行为在 $R$ 和 $R'$ 中并无差异，那么就不存在相互作用，要素的行为就不依赖于 $R$ 和 $R'$。系统可以用不同的方法去下定义。在这里，我们选取贝塔朗菲的一组联立微分方程式，作为例子来说明。$Q_i$ 表示要素 $P_i(i=1,2,3,\cdots,n)$ 的某个量。

对于有限数目的要素，处于最简单的情况，就有如下形式：<sup>①</sup>

$$\frac{dQ_1}{dt} = f_1(Q_1,Q_2,Q_3,\cdots,Q_n)$$

$$\frac{dQ_2}{dt} = f_2(Q_1,Q_2,Q_3,\cdots,Q_n)$$

$$\cdots$$

$$\frac{dQ_n}{dt} = f_n(Q_1,Q_2,Q_3,\cdots,Q_n)$$

上述一组联立微分方程可以简化为：

$$\frac{dQ_1}{dt} = f\sum_{i=1}^{n}(Q_1,Q_2,Q_3,\cdots,Q_n)$$

系统整体性在贝塔朗菲的这组联立微分方程的描述中得到了充分的体现。贝塔朗菲在对上述式子作了泰勒级数的展开之后，强调说，任何一个量 $Q_i$ 的变化，是所有 $Q$（从 $Q_1$ 到 $Q_n$）的函数；反之，任一 $Q_i$ 的变化，承担着所有其他量以及整个方程组的变化。基于此，贝塔朗菲得出结论：系统表现为一个整体，其中每一要素的变化都依赖于其他要素的变化。

在抽去了时间和空间的前提下，引入上述方程式，用偏微分方程来表示"系统"的这样一个定义，对于贝塔朗菲来说，有着重要且明确的意义。系统不仅要视为时间的整体，而且被视为空间的整体。对于系统整体性的强调，体现在联立微分方程式的数学描述上。

（四）一般系统论的基本原理

贝塔朗菲的一般系统论，主要包括四个基本原理。它们是整体原理、开放原理、层次原理和动态原理。

① 贝塔朗菲. 一般系统论：基础、发展和应用[M]. 林康义，魏宏森，等，译. 北京：清华大学出版社，1987：51.

1. 整体原理

整体原理是一般系统论的第一个原理。对于整体原理，早在古希腊时期，亚里士多德就有所揭示。正是他提出了"整体不同于部分之和"的著名的哲学命题。贝塔朗菲把亚里士多德的这一著名命题，作为了一般系统论的基本原理。

一般系统论诞生的历史使命，就是为了对抗牛顿机械论的部件分割方法。因此，一般系统论一登上科学和哲学的历史舞台，整体原理就被提了出来。毋庸置疑，系统最基本的属性就是整体性。"一般系统论就是对'整体'和'整体性'的科学探索。"①贝塔朗菲旗帜鲜明地亮明了他的立场。

如上一小节"系统概念的数学描述"所示，系统的整体性已在四个联立微分方程中得到了充分诠释和揭示。系统是各要素按照一定的数学方式所组成的有机整体，绝对不是离散要素的杂乱堆积或简单叠加。系统的整体性存在于系统、要素和环境的有机联系之间。

我们先从环境与整体性的关系说起。系统和环境的最紧密联系是外在联系，即系统为了维持稳定，必须从外部环境输入物质、能量和信息，故而环境是系统存在并维持整体稳定的前提条件。如果外部环境不能持续稳定为系统输入物质、能量、信息，系统整体就会面临崩溃。系统一步一步趋于瓦解，并走向无序，整体性将荡然无存。

我们接着说要素与整体性的关系。要素是基础，没有要素，构不成系统整体。要素与要素之间、要素与整体之间存在着复杂的关系。这种复杂性体现在既相互依赖又相互制约；彼此需要，又彼此限制；一荣俱荣，一损俱损。一个要素变化，必然引起其他要素连锁般的相应的变化，并从而引起整体变化。自然界中，或者说人类社会，这种例子是很多的。用哲学的语言表述，要素之间的相互作用，体现的正是系统的整体性。

著名的生物学家达尔文，就曾经发现大自然中一个著名的整体性例子——食物链。他发现在猫、田鼠、熊蜂、三色堇之间，存在着一种食物链条的关系。田鼠的天敌是猫，田鼠的繁殖数量与猫的数量有着密切的关

---

① 贝塔朗菲. 一般系统论：基础、发展和应用[M]. 林康义，魏宏森，等，译. 北京：清华大学出版社，1987：3.

系，猫的数量制约着田鼠种群的数量；田鼠喜食熊蜂的蜂窝，因而制约着熊蜂的数量；熊蜂喜食三色堇花粉能够为三色堇传授花粉，因此熊蜂的数量制约着三色堇的数量。如此一来，三色堇—熊蜂—田鼠—猫，构成了一条前者被后者食用的食物链，彼此相互制约着种群的数量。这就是达尔文发现的生态系统食物链的整体性例子。

我们再说系统本身。系统可以视为一个整体。构成系统的基本单元是要素，它是系统这个整体的基础，没有要素便没有系统也便没有整体。然而要素仅仅是系统的一个部分，要素注定要受到系统整体制约。一些要素离开系统整体，便不再是要素；而离开了一些要素的整体，它仍然是系统整体。

综上所述，系统的整体原理强调的是：系统的功能、性质以及运动规律之所以焕然一新，或者截然不同，全然不同于各要素在单个状态下所呈现的状态，乃是系统整体焕发出新机，出现了质变。也就是说，整体原理使得系统出现了新的运动规律。而系统新的运动规律、新的性质和功能的出现，正是整体原理的呈现，不是原先的各个组成部分简单叠加就能得到的。

2. 开放原理

开放原理是一般系统论的第二个原理。近代以来的科学研究，聚焦于"实体"，它是关于"存在的科学"。也就是说，只研究"实体"的"存在"，至于"存在"怎么变化、发展、演变不是近代科学的研究重点。或者说，只研究简单的"实体"，不研究复杂的"演化"。而随着"演化科学"的兴起，物理学和生物学领域首先发生变化。相对复杂的演化系统成为科学研究的对象。演化系统怎么存在？怎么持续？原来的关于"实体"的"存在"的科学无法回答这个问题。为解决这个科学问题，贝塔朗菲提出系统的第二个原理：开放性原理。贝塔朗菲说："我们发现系统从它们的真实性质和定义来看，不是封闭系统。每一个生命有机体本质上是一个开放系统。"[①]

开放系统的本质是吐故纳新，可以视同为"新陈代谢"，目的是维持

① 贝塔朗菲. 一般系统论：基础、发展和应用[M]. 林康义，魏宏森，等，译. 北京：清华大学出版社，1987：36.

系统存在和稳定。为了系统内部的稳定，必须维持从外部的输入和向外部的输出，以进行物质、能量和信息的交换。新的物质、能量和信息源源不断输入，其内部不断吸纳，生成新的结构，形成新的功能。因此，开放功能本质上是一种系统内部和外部环境的一种交换。系统内部是定向吸纳，并向外部定向输出。外部环境先是广义供给，而后是广义接纳。然后系统与环境联手铸造一种新的自然秩序。

一般系统论的开放性原理，给予我们深刻的启迪：达尔文的进化论与克劳修斯的熵增定律之间，并没有无法弥补的裂痕。达尔文研究生物有机系统，所有的生命都是属于生物有机系统。生命要想维持运转，必然不断输送养料，即物质能量和信息。所以生物系统必然是开放的，否则，马上就面临着死亡。开放原理即是生物有机体的新陈代谢原理，其结果，是朝着越来越复杂的方向，即朝着增加生物组织性的方向前进，用达尔文的语言表达，就是朝着进化的方向前进。这并不违背热力学第二定律。然而，克劳修斯研究的是"实体"的封闭系统，因而不可能同外界交换物质能量和信息，能量的衰减直至寂灭是其必然结局。贝塔朗菲一般系统论的开放性原理，预示着可能存在着一种崭新的物理学原理。尽管这一崭新的物理学原理并没有被贝塔朗菲发现，但是开放性原理的揭示，为后来普里高津的耗散结构论开辟了道路。

开放原理具有普遍性，从自然界到人类社会，开放系统广泛存在。细胞是开放系统，器官是开放系统，所有动植物是开放系统，种群是开放系统，部落是开放系统。化学的置换反应是开放系统，很多的物理领域也存在着开放系统。系统的开放原理包含着两种规定性：内部规定性和外部规定性。系统内部的组分和系统的结构是其内部规定性。系统之外部环境的特殊性及其系统与外部环境之间的相互作用，是其外部规定性。假定我们要确定一个系统，第一个工作是要确定它的各组成部分和结构；第二个工作是将这一系统置于外部环境当中。这又可分为两种，一是置于相同的环境之中，那会带来相同的演化结果。二是置于不同的环境当中，必然带来不同的演化方式和不同的结果。系统不能离开这两种"关系"的规定。只有当这两种"关系"都给定时，才是确定的稳定的系统。开放性原理有助于我们在研究中把握整体性、目的性、方向性，是一个极为重要的系统哲学思想史的原创性原理。

### 3. 层次原理

一般系统论的第三个原理是层次原理。这个原理涉及宇宙图景，即哲学家持什么样的宇宙观和自然观。在贝塔朗菲看来，宇宙的组成要做两方面的考察：纵向和横向。纵向考察宇宙的等级，横向考察自然界的组合。

我们先考察纵向，系统可以分为若干等级，且系统也能够作向上推演和向下推演。向下推演，系统由更低一级的要素组成。向上推演，系统本身降低为要素，演变成高一级的系统。这就是系统的纵向层次性或称为系统的等级性。整个宇宙可以视为一个系统，宇宙系统又可以分为无机系统和有机系统。宇宙的无机系统就是一个内含无数纵向系统的巨系统。现代物理学已经对其进行了划分。从小到大，依次为微观系统、宏观系统、宇观系统。分子、原子、原子核、基本粒子等属于微观层次。一般物体、地球、太阳、太阳系属于宏观层次。太阳系、银河系、宇宙中其他星系团属于宇观层次。宏观低速层次适用于牛顿物理学；微观和宇观高速层次适用于量子物理学。

我们再作横向的考察，系统可以拆分为若干个既相互制约又相互联系的相对独立的组分，这就是系统的横向层次性或者说横向组合性。系统的横向层次性同样广泛存在于自然界和人类社会。自然界中的典型例子就是太阳系，不同的轨道运行着不同的行星，这就是说它们之间是不相隶属的平行关系。但是这并不意味着它们之间就不存在着相互联系。恰恰相反，太阳系里的行星之间不仅相互联系，而且还相互制约。著名的万有引力定律描述的就是它们相互联系和相互制约的关系。在鲜活的动物生命现象中，动物体内的不同器官，彼此是横向存在的，其关系也是平行的不相隶属的。然而，器官之间同样存在着相互联系、相互制约的关系，西医和中医都在研究它们之间的内在联系。中医的阴阳五行学说，尤其强调这种五脏六腑之间的相生相克的共生关系。

经济活动中，不同的产业门类会表现出明显的层次性，这在产业链条中尤其明显。改革开放后，中国的经济之所以成功，其秘诀之一就是塑造产业链。中国的特别之处还在于全部工业门类和全产业链的铸造。迄今为止，中国已经成为全世界唯一拥有联合国产业分类中全部工业门类的国家，即拥有 39 个工业大类，191 个中类，525 个小类的全部工业门类的全产业链。在这些分类中的任何产品，中国都能制造并生产。我国这种全产业门类和全产业链条的锻造成功，正是中华人民共和国成立七十多年来一直坚持经济系统的整体性、开放性和层次性原理所结成的经济成果。

在自然界和人类社会，这两种层次性即纵向的层次性和横向的层次性往往交织在一起，形成网状结构，即结成各种系统的"关系"网络。尽管层次之间存在着质的差别，但不同性质的不同层次却严格遵守着各自的规律。经济系统遵守经济规律，社会系统遵守社会规律，自然系统遵守自然规律。

自然系统中，各系统又按照各自在自然界的层次，恪守着各自的自然规律。例如微观世界遵守量子力学规律，宏观世界遵守牛顿力学规律，宇观层次则服从相对论规律。

系统的层次性就是通过不同层次之间的相互制约、相互作用，从简单到复杂，从低级到高级的发展和进化过程中自然产生的。低层次系统是高层次系统发展的基础，而高层次系统又会反过来带动低层次系统的发展。系统的层次越高，结构功能就越复杂，高层次系统不仅包含了低层次系统的基本性质，而且还具有低层次系统所没有的新的性质。

### 4. 动态原理

一般系统论的第四个原理是动态原理。既然是动态，就意味着运动，运动必然离不开时间和空间。从时间层面考察，系统的动态性就是随着时间的流逝，系统必然从一种状态切换为另一种状态。从空间层面考察，系统里面的要素是要占用空间的。而要维持要素的稳定，就必然从外部空间输入物质、能量与信息。系统内部空间的稳定性需要向外部空间进行开放才可以获取。而这恰恰就是系统的结构，结构稳定，功能才能稳定。故而，无论是自然系统，还是社会系统，都是动态性系统，目的是维持系统的稳定，其所呈现并承载的都是系统的运动、变化和发展。在《关于一般系统论》一文中，贝塔朗菲深入研究了系统的基本结构，并用联立微分方程对系统的演化趋势、演化方式等作了数学描绘。

在以往的机械论图景里：物质是由具有广延、形体等属性的原子构成的，原子是不可再分的永远不变的最基本的粒子。所有的自然过程都是按照力学的定律来变化，而且是连续的；物质的运动服从严格的决定论规律，一旦确定初始条件，未来的发展就被锁定；根据现在的运行状态，不仅可以精准计算并回溯它们的过去，而且可以精准计算并推测它们未来的运动轨迹；时间与空间是分立的，且外在于物质与物质运动的独立实体，时间与空间都具有绝对性，时空的绝对性是一切物质实体的承载框架。在那里没有变化和发展，更不用说演化了。机械论所考察的对象是静止的、僵化的、孤立的，没有运动、演化和发展。机械论图景没有给目的性、方向性留下任何余地，这是它不能解释演化现象的根源。这幅世界运行的图景，起始于两千多年前古希腊的科学传统，结晶于伽利略与牛顿，而且风行世界 300 多年。尽管这中间也曾遭到不少科学家的质疑，但是都没有动摇这一根基。

当一般系统论的这四个原理被贝塔朗菲揭示出来之后，机械论的根基被彻底搬空。导致呈现在我们面前的世界图景，发生了根本性的变化。贝塔朗菲认为：现代科学是各种不同的学科所组成的学科群，它们已经逐渐形成一种崭新的一般概念和一般观点。以往的科学往往企图去解释一切可以观察到的现象，其前提就是把观察对象归结为可以逐个独立考察的基本单元。这在现代的大科学时代已经行不通了。今天的大科学时代，涉及"整体"和"组织"。科学现象不能拆解为局部事件。现代科学的整体化，并不是把各门学科合并为一门，而是在高度分化的基础上，构成一个相互联系的整体，把学科之间的空白填补起来，以此解释世界的演化和变迁；不仅能够解释运动，而且能够解释目的性、方向性，形成一幅从整体上把握自然界和人类社会的科学图景。

动态原理还揭示出系统的相互作用使处于较高结构中的部分，表现出不同于它们在各自孤立时所呈现的行为。这就是说，机械论中仅仅考察各自孤立的部分的做法，已经不可能去理解各级系统了。只有引入开放性原理才可以定义系统并描述系统，尤其对于生命体系统的新陈代谢而言。

生物有机体的新陈代谢，就是系统内部持续地与外部环境交换物质和能量，来维持系统其动态存在的一种交换过程。这样自然界的生命形式，就不仅仅是存在着，而是实实在在地发生着，是以物质和能量永恒地在生物有机体内部流动的形式来呈现的。它是生物有机体内在的一种需求状态，而不是什么外在的刺激。所以，贝塔朗菲的哲学观点认为，有机体本质上是一个能自主活动的系统。贝塔朗菲对生命系统的主动性的强调，为后来普里高津创立自组织理论指明了方向。

尽管贝塔朗菲没有提出不可逆性、自组织等概念，但他以生命有机体等开放系统为背景，运用动力学的原理和方法，关注系统的生长、竞争、目的性、方向性、果决性、异因同果性等动力学问题，即系统的演化问题，因而在一定程度上克服了经典动力学的局限性。而贝塔朗菲创立一般系统论，目的就是寻找适用于一般化的系统模型、原理和定律。这些模型、原理和定律与系统的特殊类别无关，与传统的"力"的性质无关，而与组成系统的要素以及要素之间的"关系"有关，与运动、演化有关，并进而还世界以运动和演化的本来面目。

正是系统的动态原理摆脱了机械论的桎梏，开启了演化发展的大门。系统的动态原理体现了辩证唯物主义的矛盾和运动的基本原理。

## 三、一般系统论所蕴含的系统哲学思想：从"实体"转向"关系"

一般系统论的主要原理是整体原理、开放原理、层次原理、动态原理。但是上升到哲学领域，则主要是整体论思维。然而"整体"思维在东西方古代就有了，一般系统论与之相比有什么优越之处？古代朴素的整体论思维方式，确实也充满朴素辩证法的色彩，但却存在着很大的缺陷。"这种观点虽然正确地把握了现象的总画面的一般性质，却不足以说明构成这幅总画面的各个细节；而我们要是不知道这些细节，就看不清总画面。"①这是恩格斯对于古代朴素整体论思想的评价。

近代机械论的形而上学的思维方式又是怎样的呢？"把自然界分解为各个部分，把自然界的各种过程和事物分成一定的门类，对有机体的内部按其多种多样的解剖形态进行研究，这就是最近四百年来在认识自然界方面获得巨大进展的基本条件。但是，这种做法也给我们留下一个习惯：把自然界的事物和过程孤立起来，撇开广泛的总的联系去进行考察，因此就不是把它们看成是运动的东西，而是看作静止的东西……就造成了最近几

---

① 马克思，恩格斯. 马克思恩格斯选集：第三卷[M]. 中共中央马克思恩格斯列宁斯大林著作编译局，编. 北京：人民出版社，1972：60.

个世纪所特有的局限性，即形而上学的思维方式。"①这同样是革命导师恩格斯的评价。机械论的哲学思维方式从"实体"到"实体"。尽管对自然界作分门别类的研究，对于科学工作者来说，可以更为细致地了解画面的细节，相对于古代朴素的整体论是一个了不起的进步；但同样存在着不足，这是因为机械论的形而上学的思维方式，忽略了"实体"与"实体"之间的内在联系。只见树木，不见森林。

### （一）从简单的"实体"到复杂的"关系"：思维方式的重大变革

一旦上升到哲学领域，必然提及自然界、人类社会以及人的思维领域。而在思维领域，一旦提及哲学变革，必然提及思维方式的变革。所谓思维方式，就是人类运用思维规律、凭借思维方法进行思维考量的综合思维形式。人类的思维方式，是时代的综合反映，是社会存在的综合映射。思维方式，必然会随着生产、生活、科学实践的演变而演变，必然会随着时代的进步而提升。"每一个时代的理论思维，从而我们时代的理论思维，都是一种历史的产物，在不同的时代具有非常不同的形式，并因而具有不同的内容。"②这句话，对于理论工作者而言，是再也熟悉不过了，它同样是恩格斯的名言。

贝塔朗菲一般系统论所揭示的基于"关系"的整体性思维方式，不仅弥补了古代朴素整体论的不足，而且也修正了近代机械论形而上学"实体"思维的不足。贝塔朗菲在哲学史上的功绩，是破"实体"，立"关系"，把整体性的"关系"思维推向了哲学舞台。

一般系统论的考察对象不再是可还原可分割的"实体"，而是不可还原不可切割的跨越层次的"关系"整体。一般系统论的思想核心在于"整体"。整体不是部分的简单相加，整体的性质、功能等决定部分的性质、功能。反过来系统内部各要素的"关系"则共同决定整体的性质，此其一。其二，整体可以作向下和向上两个方向的推演，因而整体和要素也是相对的。认识系统整体需要从要素开始，即要从要素的相互"关系"中去认

---

① 马克思，恩格斯. 马克思恩格斯选集：第三卷[M]. 中共中央马克思恩格斯列宁斯大林著作编译局，编. 北京：人民出版社，1972：60-61.

② 恩格斯. 自然辩证法[M]. 中共中央马克思恩格斯列宁斯大林著作编译局，译. 北京：人民出版社，1971：27.

识。反过来，认识了要素及其彼此间的"关系"，对整体的认识也就水到渠成了。如此，一般系统论确立了一个崭新的思维范式：从"整体"到"个体"。由于整体可以作向下和向上两个方向的推演，故而一般系统论的思维方式涉及并兼顾到三个维度：系统维度、"关系"维度、要素维度。向上推演：整体维度、系统维度、要素维度。向下推演：系统维度、子系统维度、要素维度。

从 20 世纪中叶开始，无论是科学技术还是人类社会，都发展到了一个新的高度。从科学到技术，从技术到工程，从工程到经济，从经济到社会，从经济基础到上层建筑等，其组织的复杂程度，其开放的程度，其不确定性，其广度和深度等，比以往任何时候都要庞杂，牛顿机械论"实体"的简单性思维方式显然是无法驾驭的。这就从客观上要求在新的大科学的时代，必然要有新的思维相匹配。贝塔朗菲站在了时代的潮头，推出一般系统论关于整体的"关系"思维方式，不仅克服了东西方古代哲学朴素整体论思维的缺点，而且克服了近代以来机械论"实体"思维方式的不足。

一般系统论在哲学思想史上的历史功绩，是破"实体"立"关系"，促成了人类从科学领域到哲学领域的思维转向。一般系统论的诞生，使得人类面对组织复杂性对象时，不再像以往那样无助、无奈和无力，而是能够洞察事物的内在联系机制和深层运动规律。一般系统论的"关系"思维方式，不仅为人类研究自然界、人类社会、思维领域等复杂性、不确定性提供了一种崭新的思维方式和定性定量的科学理论，而且为人类的哲学思想史增添了浓墨重彩的一页。

（二）"关系论"转向：贝塔朗菲的历史贡献

一般系统论，无论是在科学史上，还是在哲学史上，都具有开创性的历史地位。

首先，一般系统论的最大贡献是实现了"关系论"转向。这在一定程度上克服了经典力学"实体"论的局限性，沉重打击了机械论"一因一果"的线性的决定论的因果观。贝塔朗菲明确告诉科学界，一般系统论的研究对象是系统——"关系"，不再是牛顿机械论的"实体"。贝塔朗菲所给出的关于系统的定义，是用一组联立微分方程来表示：系统是要素之间"关系"的整体。尽管联立微分方程是象征性的，但却不是肤浅的。用数学方法来描述系统，贝塔朗菲不仅开了先河，而且坚持了西方几千年来数学方法就是科学方法的传统。

由于"关系"的引入，考察和研究的对象不再是"实体"，于是事物的孕育、演化、生成等特征，便相继浮出水面。恰恰这些却又是普遍的，有着无限生成和演化的空间。更进一步，由于贝塔朗菲系统观的建立，在一定程度上克服了机械论经典力学的缺陷——经典科学的决定论的因果链观点，只能适用于研究"实体"的封闭系统。进而，他批判了一因一果的传统因果观。而要研究开放系统，就必须运用贝塔朗菲一般系统论的因果观。与此同时，基于开放系统的动态稳定，以及阐述有机体的异因同果性，充分说明了这种性质是有机系统初级调节能力的基础。贝塔朗菲的系统动力学把因果关系归结为系统不同状态之间的"关系"，使因果关系可以用科学语言来描述，即可以用微分方程来描述，这是一个贡献。紧随其后的耗散结构论、协同学、自组织理论、系统演化理论等都是沿着数学描述这条道路走过来的。

其次，一般系统论的第二个历史贡献，是对各学科间在系统及其系统方法的同型性的反映，是一个试图把自然科学、人类社会、思维各领域以及各学科综合起来考察的"整体"思维的理论框架，贝塔朗菲试图打通自然科学和社会科学两大领域，企图使用"关系"范畴，使两大领域同型，尽管这个努力在贝塔朗菲这里并未获得他预想的成功，但却给人们揭示了这种综合的必要性和充分性，这就为后来的关于系统的综合研究迈开了第一步。

最后，一般系统论提出了一些重要概念和原理，如整体原理、层次原理、开放原理、动态原理等，为现代系统研究及其理论的深入发展，提供了重要的原创性理论基础。作为与机械论"实体"相对应的范畴，一般系统论"关系"范畴的提出，不仅为科学，而且为哲学作出了新的贡献。

1932 年，贝塔朗菲出版《理论生物学》，在该著作的第一卷中，贝塔朗菲创造出一个崭新的"开放系统"的概念，并用这个概念来描述生物有机体。凡生物有机体都是开放系统，而要维持开放系统的稳定，就必须持续地与周围环境交换物质、能量和信息，从而维持生物有机体的动态稳定及其存在。所有生命的新陈代谢，都是这样一个过程。"生命的形式不是存在着，而是发生着，它们通过有机体同时又是组成有机体的物质和能量的永恒流动的形式。"①在这里。贝塔朗菲的"开放系统"概念，尽管只是用来描述生命存在，但是"开放系统"的概念，一经贝塔朗菲的创造并确立，便广为传播，为科学界和哲学界作出了划时代的贡献。因为"开放系统"成为自然界、人类社会等多方面普适性的概念。

在贝塔朗菲的一般系统论中，"开放系统"概念渗透进了所有的学科，开启了许多新的交叉领域。后继者更是把它推向了普遍领域——不仅在生物学领域，也不仅在行为科学和社会科学等横向领域，而且在物理学领域，其后的普里高津打开了演化物理学的大门。正是有赖于"开放系统"的概念，才有了系统科学家和哲学家对自组织系统理论的探索——"开放系统概念"的一个显著特征，就是系统的行为是具有自主性的自组织活动。

一般系统论的创立，构成了贝塔朗菲开创性的并具有显著历史影响的工作。在这一崭新的领域里，贝塔朗菲将科学与哲学有机地结合在了一起，力图使一般系统论不仅成为人们普适性的客观的思维工具，而且力图使它为一种世界观。20 世纪 40 年代以后的历史发展证明，贝塔朗菲开创一般系统论所付出的努力是值得的。

不过，贝塔朗菲的一般系统论，毕竟还是一个纲领性的系统理论，理论成色有些许粗糙。一般系统论的许多概念，仍然处在定性的阶段，尽管也使用了数学工具来进行描述，但失之简单。一般系统论的不少原理，带有贝塔朗菲本人强烈的生物学背景，尚未达到清晰、精致、准确和圆满。从贝塔朗菲对一般系统论所列出的联立微分方程组，也可以看出他对系统的观察还显得比较局限，只能用来描述某些特定的动态系统，而不能概括为更一般系统的理论基础，其苛刻的条件限制了贝塔朗菲一般系统论的普适性。

## 第二节 控制论的系统哲学思想

伽利略和牛顿作为主要奠基者，为确立机械论的思维方式作出了不可磨灭的贡献。机械论的哲学思维方式是从"实体"到"实体"。机械论思

---

① Bertalanffy. Problems of Life[M]. London：C.A. Watts & Co.，1952：124.

潮下，科学研究有一条约定俗成的规则，即科学研究的对象是客观世界的物质运动。自然界存在着不同的物质，不同的物质有着不同的运动形式。那么，对不同运动形式的探索与研究，则交由不同的学科去完成。牛顿和伽利略的世界，是完全确定了的世界，是决定论的世界。在那里，能动性便没有了栖身之处。用休谟的话说，科学在牛顿和伽利略那里，仅仅是一种"实然"，科学作为纯粹客观的活动，不涉及也没有必要涉及"应然"。①

　　然而，维纳所开创的控制论研究，恰恰引入了休谟的"应然"范畴。系统科学领域里，控制论是研究"目的性"与"能动性"的科学。"控制理论中控制的概念和思想是十分可取的。正如我们通常所说，认识世界的目的是更好地改造世界，那么我们认识系统则是为了更好地控制系统。"②这是于景元对控制论哲学思想的评价。从单纯探索客观规律，再到研究"目的性"并强调发挥"能动性"，是维纳的控制论在系统哲学思想史所带来的变革。

## 一、维纳与控制论的创立

　　第二次世界大战中的 1940 年，维纳和别格罗共同承担了为美军研制防空火炮的控制装置。如何让火炮瞄准运动的目标，是当时他们两人共同面临且必须得解决的主要问题。为此，维纳发表了题为《平稳时间序列的外推、内插和平滑》的学术论文。正是在这篇论文里，维纳建立了著名的滤波理论。维纳滤波理论的主要原理，即用统计方法来控制和处理工程和通信工程中出现的问题。他们还专门发明了一种加装火炮的滤波装置。控制论中的重要环节——信息反馈，就是在为火炮发明滤波装置时发现的。

　　到了 1943 年，维纳、罗森勃吕特、别格罗三人合作撰写题为《行为、目的和目的论》的论文。这篇维纳为第一作者三人合著的论文，集中且深入阐述了系统"目的性"行为中的正负反馈机制，这是维纳在酝酿控制论时期的一篇标志性论文。与此同时，还有一篇美国科学家麦克卡罗和匹茨

---

① 高剑平，仇小敏. 凸显"关系"与"目的"：控制论对系统科学思想史的贡献[J]. 学术论坛，2008，（3）：13-17.

② 于景元. 控制论和系统学[J]. 系统工程与理论实践，1987，（3）：52-55.

合著的《关于神经活动诸概念的逻辑演算》论文也发表了。在这篇论文中，两位美国作者则利用信息理论建立了一个神经元模型。还是在1943年，由维纳和冯·诺依曼两人发起，在美国的普林斯顿大学，召开了关于控制论的首次学术会议。参加者来自数学、生物学、工程学等领域。这次学术会议的关键议题是：为什么在不同领域中会表现出来共同的现象？来自不同领域的学者们企图找到一种共同的学术语言。正是这次会议的召开，使得维纳等人意识到：不仅在技术系统，而且在生物系统、社会系统、工程系统中，都广泛地存在着正负反馈机制。

1948年，《控制论：或关于在动物和机器中控制和通信的科学》（*Cybernetics: or control and communication in the animal and the machine*，简称《控制论》），在法国巴黎出版发行。维纳在这本著作中运用信息论、统计学、逻辑学等学科的研究成果，提出了关于自然界、人类社会、工程系统等控制现象的一般规律以及关于控制论的定量分析的数学方法，为控制与通信问题奠定了理论基础。因为这本著作的出版，维纳成为控制论的创立者。与此同时，这也标志着系统科学的理论重镇——控制论学科的诞生。

控制论是数学、数理逻辑、无线电通信、电子技术、生物学、自动控制等众多学科和技术相互渗透的产物。控制论是第二次世界大战后出现的一门新兴的横断科学，以1948年维纳出版《控制论》一书为标志。控制论的研究对象横跨三大领域：技术领域的技术系统、生物领域的生物系统，以及社会领域的社会系统。控制论所探索的是信息与控制方面的共同规律。控制论形成以来，得到了迅速的发展，并成功地应用于工程系统、生物系统、社会经济系统等领域。不仅建立了众多的新学科，如工程控制论、社会控制论、环境信息工程、经济信息工程等，而且丰富了人们的思维方式，改变了人们的思想观念。其黑箱方法、反馈方法、功能模拟方法等，为人们的科学研究、社会管理、工程管理等，提供了新的方法。在全世界产生了巨大而深远的影响。

## 二、控制论的主要内容

### （一）主要范畴与概念

自从维纳的控制论创立以来，在学术界创造出贯穿"目的""行为"

等特殊内涵的范畴与概念体系。主要包括五组（对）范畴与概念：①状态、变换、过程；②信息、反馈、控制；③输入与输出；④施控、受控、控制系统；⑤信息与信号。下面，主要介绍前四组（对）。

1. 第一组范畴——状态、变换、过程：强调系统内部"关系"的概念

对于第一组范畴，我们首先说"状态"。对于系统的控制，如何才能便捷？怎样才能高效？如何准确描述系统内部的"关系"及其特性？于是，维纳发明了"状态"这个概念，目的是描述系统内部"关系"。所谓系统的"状态"，就是当目前系统的信息输入为已知时，完全描述系统未来行为所需要的关于"过去"的最少的信息量。状态是用来从总体上把握系统的特征，所强调的是系统内部诸要素的"关系"。借助"状态"这个概念，现代控制论获得对系统信息量的深刻认知。

"状态"是可以推广的。不同系统的"状态"，可以用不同的概念去说明。譬如，对于一个力学系统的"状态"，可以用物理学的速度、位置、时间、能量、动量等变量来测度。而对于一个国民经济系统的"状态"，可以用经济学的劳动生产率、GDP、商品流通率、人均收入、投入产出率、外汇储备、消费指数等经济指标来描述。对于抽象的思维系统"状态"，可以用长时记忆、短时记忆、运算速度、检索速度等指标来测度。

更进一步，系统的"状态"还可以用时间空间的数学模型来描述。无论是自然界，还是人类社会，其系统"状态"都可以由一组表示该系统的形状、组成、结构、功能、时间、空间、环境等方面的一般性质来诠释。譬如，热力学系统的"状态"，就可以用温度、压力、比容（或密度）、内能、熵、焓等概念来描述。而每一种性质可以都用一个状态变量来表示。因此系统的状态就是它的各种性质的总和，而所有状态变量的集合就是系统的状态函数。

其次，我们来说"变换"。无论是自然界还是人类社会，我们经常可以发现种种有关"变换"的现象。比如，从零度的水，到零度的冰，虽然温度没有变，但是形态即"状态"变了。同理，从液态的水，到蒸汽的水，"状态"变了。从跳广场舞的人群，到严格军事训练的人群，"状态"变了。这种种现象的"变换"，就是系统从一种状态发展到了另一种状态。这中间，要经过一系列的"变换"，才可以达成。

所谓的"变换"，用控制论的语言表述，就是指改变系统"状态"的作用方式，同时它也是系统"过程"的原因。系统"变换"的原因有两个方面：一种可能，来自系统的外部环境；另一种可能，则来自系统内部的要素和结构。系统的"变换"，以其特有的控制力影响着系统的"状态"，从而促使系统的"过程"得以呈现。

最后，我们来说"过程"。"过程"是对系统之"变换"特征的描述。"状态"和"过程"这一对范畴的关系，是对立统一的关系。两者从系统的不同侧面，来反映系统的特征。所谓"状态"，是对系统之稳定性特征的描述；而"过程"则是对系统之变动性特征的描述。两者之间虽然有差异，但却是相互作用，相互影响，并时刻发生着紧密的联系。如果没有"状态"，就不会有系统"过程"的描述，系统的运动也好，"变换"也好，就失去了具体的内容载体，成了纯粹空洞的抽象。反过来，如果没有了"过程"，系统就成了一堆被动的、失去目的的、没有活力的、僵死的"关系"，系统的"状态"也就没有了描述的意义。需要强调的是，由"状态"到"过程"的转变，或者由"过程"到"状态"的转变，都是需要通过"关系"的"变换"，才能实现的。

比如，内燃机气缸中的气体热循环过程，可以近似地看成由三步冲程的"变换"方式来实现的，每一种"变换"方式对应着一种热力学"过程"。而"变换"方式的性质则决定着"过程"的方向。故此，"变换"是系统之"状态"与"过程"之间相互转化的桥梁。"状态、变换、过程"三者之间的关系，可以表示如图2-2。

图2-2　系统状态、变换、过程图

维纳的控制论方法，不仅重视对系统"状态"和"过程"的描述，而且还着重研究系统的"变换"方式和"变换"条件，以便于人们对系统"状态"的控制，其目的是希望所关注的系统能够沿着人们预期的方向，得到精确的控制和发展。

"状态、变换、过程"这一组范畴和概念，不仅对于控制论有着重要的意义，而且对于更广义的科学和哲学，都有着重要的认识论和方法论意义。三者之间相互影响，相互联系，在自然界和人类社会，都有着广泛的应用范围。如今，无论是人们研究自然系统、技术系统，还是研究社会系统、思维系统，都会把系统的"状态"研究和"过程"研究紧密地结合起来，牢牢把握系统的"变换"特性，从总体上达到控制系统的目的。

2. 第二组范畴——信息、反馈、控制：强调主客体"关系"的概念

一个自然界的具体控制过程可能是物理的，也有可能是化学的，还有可能是生物的。一个社会领域里的具体控制过程可能是政治的，也有可能是经济的，还有可能是文化的。但是，抽象掉具体的现象层面，贯穿所有领域的控制过程之共同的本质，则是信息的获取、存储、传输、加工以及利用的全过程。这种全部过程中的信息控制，就是把时间上前后相继、空间上相对分立的不同环节，进行区分和组织，对目标和手段进行筛选，联系并连接为一个完整的功能整体的过程。这个具体的详细的过程的展开，就是控制。控制论系统所呈现出的显著特点，是巨大物质的运动，是巨大能量的传输和变换，但可以凭借所携带的能量并不算大的信息所发出的信号来控制和指挥。所以，信息是维纳控制论中最基本的概念。

然而，究竟什么是信息呢？目前，无论是国外学术界，还是国内学术界，对于信息的定义，一直争论不休。翻阅各种资料，关于信息的定义竟然有几十种之多。香农认为信息是不确定性的消除。维纳则认为信息是物质的普遍属性。维纳还认为信息是信源、信号、信宿所构成的通信系统的整体性特征。有学者认为信息就是系统组织化程度的标志。还有学者认为信息是物质、能量、时空的不均匀性分布。沙莲香认为信息是物质载体和语义内容的综合体，等等。这些关于信息的不同定义，是人们在信息理论发展和信息实践的过程中，从不同的侧面和角度对信息进行深入研究、分析与理解的结果。

通常说来，信息是主体借助一定的技术手段从客体的运动变化中所获取的消息、知识、指令等。但从控制论的角度，信息则是施控系统和受控系统之间相互联系、相互作用、相互影响的一种特殊方式，是含义内容和物质载体的统一体。所谓含义，是由客体所承载的可以为主体所认

知并"理解"的相关内容；所谓载体，是与客体相关的物质、能量的时空序列。"信息这个名称的内容，就是我们对外界进行调节并使我们的调节为外界所了解时而与外界交换来的东西。接收信息和使用信息的过程就是我们对外界环境中的种种偶然性进行调节并在该环境中有效生活着的过程。……所谓有效的生活就是拥有足够的信息来生活。"①维纳给信息所下的这个定义所强调的是：信息是一种"关系"，是一种主客体之间的"关系"。信息是主体与客体对象相互联系的中介。信息绝对不能脱离主体与客体而孤立地存在。依着维纳这个定义去判断，信息无论是在大自然还是人类社会中都普遍存在。

然而，维纳所要探究的"控制论"，主要是两个领域：一是研究生物有机体的控制行为；二是研究人-机系统的控制行为。对于前者，是研究生物有机体的信号控制；对于后者，则是探究人类社会的信息控制。

信息与反馈是维纳信息论中的一对重要范畴。信息实施过程必须与反馈联系起来，才可能达成控制。故而，反馈是控制论中极为重要的概念。这个词的英文表达为"feedback"，反馈是对它的意译。所谓反馈，是指主体（施控者）通过信息作用于客体（受控者），把客体所产生的信息再次输送回来，并对主体发出修正指令，产生信息影响的过程。其实质是把系统第一次输出的信息，通过客体再次作用于输入端，并以此循环从而改变输入信息状态，对系统的行为产生影响。这种反馈如果是增大系统的输出，便是正反馈；反之，就是负反馈。

信息、反馈、控制三者之间，是相互联系、相互作用、相互影响的。如图 2-3 所示。

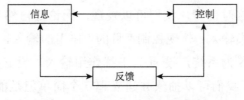

图 2-3　系统信息、反馈、控制图

① 维纳. 人有人的用处：控制论和社会[M]. 陈步，译. 北京：商务印书馆，1978：9.

信息是所有控制行为的手段，有了信息才有控制。控制是为了达成"目的"。没有控制，"目的"便会偏离或失去"目的"，信息过程便没有意义。反馈是为了修正信息，输送能够达成"目的"的信息，正反馈负反馈都是如此。系统控制决定着信息的甄别、存储、传输、转换等，信息的获取服从于控制。信息的内容、质量又决定着控制效果的强弱。凡控制都需要反馈，没有信息的反馈便没有信息的控制。是故，反馈是连接受控者与施控者的桥梁。

故此，信息与反馈这对范畴或者说这对概念，无论是在科学上还是哲学上都有着非常重要的认识论与方法论意义。信息与反馈把主体与客体之间的"关系"具体化了：对信息的提取、甄别、存储、传输、转换的过程，就是主体感知客体的过程。主体控制客体。推而广之，人们改造自然也好、改造社会也好，都可以看成是信息的输入、输出、再输入、再输出产生反馈的过程。从而，人类认识和实践的主客观过程，就构成了信息输入和输出乃至反馈的双向循环的信息过程。

3. 第三组范畴——输入与输出：强调外部"关系"的概念

对于维纳来说，无论是生物有机体的控制行为，还是人-机系统的控制行为，两者都是系统本身与外部环境的物质、能量、信息的彼此交换。对系统本身来讲，维纳的控制论强调自身与外界有着清晰而确定的界限；而对于外部环境来讲，则强调系统内外的交换关系。发生在系统输入端的外部环境对于系统内部的作用，称之为输入。发生在系统输出端的系统对外部环境的作用，则称之为输出。于是，输入和输出这对范畴，便在维纳的概念体系里闪亮登场了。输入和输出是系统与环境相互作用、相互联系、相互影响的一对范畴。

深入地考察这对范畴，我们可以发现，无论是自然界还是人类社会，广泛地存在着两类输入：体现控制"目的"作用的输入，妨碍控制"目的"作用的输入。设 $S$ 为系统，设 $m$ 为干扰作用输入，设 $u$ 为控制作用输入，设 $y$ 为输出结果，我们可以抽象并建立起一个简单但是能够清晰说明输入与输出关系的一个简单的系统模型，如图 2-4 所示。

维纳控制论中的输入和输出这对范畴，广泛地存在于自然界、人类社会以及思维系统，对于哲学和科学的方法论而言，都有着基础性的作用。

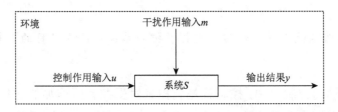

图 2-4　系统输入输出图

输入和输出贯穿于控制论学者的各种定义之中。维纳通过这对范畴，把控制问题归结为系统的施控者与受控者输入与输出的双向"关系"。从这对范畴出发：系统是从输入到输出的"变换机器"，这是艾什比对系统的定义。系统是由一些分别表示输入和输出的时间函数的有序描述的一种数学抽象，这是札德给出的一个可用数学语言精确表达的关于系统的定义。

输入是外部环境对系统内部的激励，输出是系统内部对外部环境之输入激励的响应。输出端对输入端的这种响应特性，完全呈现出系统的基本特性和一般性质。

在此，我们令 $U$ 为输入空间，令 $Y$ 为输出空间，那么系统的输出端对输入端的响应性特性，就可以定义为从 $U$ 到 $Y$ 的映射 $f$：

那么，$f: U \rightarrow Y$

显然，从控制论的角度，映射 $f$ 所表示的，是输入端与输出端之间的因果关系。这种因果关系，通常都带有某种模糊性和不确定性。正是模糊性和不确定性的存在，才使得无论是自然界还是人类社会，广泛地存在着控制与反控制。因此，控制不仅是必要的，而且是可能的。控制的科学意义正在于使系统在不确定的条件下达到比较确定的目标。控制的哲学意义在于，必然和偶然这对范畴焕发出了新的生命力。维纳的控制论所研究的就是如何描述这种不确定性，并寻找到处理这种不确定性以达到"目的"的控制手段。"这样以来，我们就把通信工程变成一门统计科学，变成统计力学的一个分支。"[①]故而维纳《控制论》中的控制问题，就不属于牛顿决定论的范畴，而是属于统计力学范畴。用哲学的语言来表达，《控制论》中的输入与输出这对范畴，所描述的是系统"关系"特性。

① 维纳. 控制论（或关于在动物和机器中控制和通信的科学）[M]. 2 版. 郝季仁，译. 北京：科学出版社，1963：10.

4. 第四组范畴——施控、受控、控制系统：凸显"目的"与"关系"的概念

在维纳的控制论中，控制就是施控者对受控者所施加的一种特殊的影响，以达到施控者目的的行为。因此，施控、受控、控制系统这组范畴和概念，凸显了主体"目的"和主体与客体之间的"关系"。这一组范畴，有着如下几个方面的重要意义。

第一个重要意义，是"关系"范畴得到了强化。所有的控制都会涉及施控者与受控者这两种实体，此两者无论是物质实体，还是精神实体，均是"实体"。然而，控制并不对"实体"本身感兴趣，而是对"实体"之间的"关系"感兴趣。控制所呈现的是"关系"之间的相互作用、相互影响、相互联系。控制实际上是施控者与受控者之间即主体与客体之间的一种"关系"。它是一种系统现象，是以系统的存在为前提的。施控者即主体可以是人，也可以是具有某种控制能力的装置等；受控者即客体可以是一种装置，也可以是一个主体所承担的受体，还可以是一个受控过程。在此，我们所考察到的是，"实体"被弱化了，而"关系"得到了强化。

第二个重要意义，是控制过程必须是一个关于主体的有"目的"的行为，如果没有"目的"，那就谈不上对系统的控制。"趋达目标的行为"，是维纳、罗森勃吕特、别格罗三人对控制系统所特别强调的。在《行为、目的和目的论》这篇文章中，他们三人就曾明确地指出过，所谓有目的的行为，就是设计、教育、管理、指挥、领导等控制过程，统统都是主动性的"趋达目标"的行为。控制的目的，就是要使受控者即客体按照施控者即主体的意图去发生变化。

第三个重要意义更是特别，即控制是在有多种可能性中的一种选择过程。客体即受控者可以有多种可能性。只有一种可能性的对象选择，是无需控制的。主体即施控者可以有多种手段加于对象之上，如果只有一种手段，则无控制的可能，也就是说不存在控制问题。运用不同的手段，则有不同的效果。这正是控制的手段及其目的。主体在多种施控手段中选择最有效的手段，以期从客体即受控者的多种可能行为中，选择出作为施控者最期望的行为发生。

第四个重要意义，是信息、控制、系统三者，相互影响，相互依存，

相互作用。谈到选择，必然离不开信息。谈到控制，更是离不开信息。维纳视野的控制过程，可能是社会的、生物的、物理的或者是机械的。但其共同的特征，则是都存在着信息的提取、甄别、存储、传输和转换。维纳认为，控制工程的问题是与通信工程的问题息息相关的。因此，必须用信息论的观点来研究控制。维纳借此深入研究信息问题，这是他的控制理论研究的需要。维纳正是从控制论角度，建构起信息论。并从而使信息论成为控制论的重要的理论基础。

基于此，苏联的数学家索伯列夫评价说，控制原理的实质在于，巨大质量的运动和行动，巨大能量的传送和转变，可通过携带信息的不大的质量和不大的能量来指挥和控制。这个控制论原理是任何控制系统组织和工作的基础。因此，研究信息的传递和转换规律的信息论，是研究自动机器与生物体控制与通信的共同原理的控制论的基础。

那么，何为控制系统呢？维纳所谓控制系统，即由主体即施控者和客体即受控者相互耦合而成的系统。只要具备主体施控者、客体受控者以与和两者联系的信息传递和反馈通道（即信道）这三个部分，就是一个最简单的控制系统。

如图 2-5，即是一个最简单的控制系统。

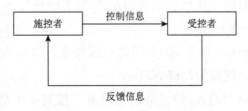

图 2-5　简单控制系统图

图 2-6，则是一个抽象的控制系统。

将上图作数量上的推演，即成为一个具有等级结构的控制系统。只要具备了复杂等级结构的系统，就是复杂的控制系统。

（二）控制论的数学描述

维纳所创立的控制论，是一门基于数学方法的精确的定量化的学科，必然要求用数学方法来描述系统的性能、行为和状态，并得出定性和定量

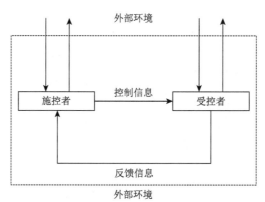

图 2-6　抽象控制系统图

相结合的科学结论。因此，建立和求解数学模型，通过对数学模型的求解来分析系统，是用控制论方法研究系统，以达到主体控制目标的基本手段。

把系统看成因果确定性的，这是控制论的一般理论前提。然而如前所述，此因果确定性是统计确定性，而不是机械论的决定性。在统计确定性的信息输入的激励下（原因），系统以确定性的面貌输出信息来响应（结果）。因而，从哲学的角度，输入与输出这对范畴，在控制论中起着基础性的作用，它们两者贯穿于系统控制的各种定义之中。

如前文所述，令 $U$ 为输入空间，令 $Y$ 为输出空间，那么，系统的输出对输入的响应性特性，就可以定义为从 $U$ 到 $Y$ 的映射 $f$：

于是，$f$：$U \rightarrow Y$

于是，输入 $u(t)$ 与输出 $y(t)$ 之间的对应关系，就成为激励-响应关系，用数学式来表达，就成为：$y(t)=F[u(t)]$。

按照控制论中的输入-输出的观点来看，控制系统是一种变换传递装置，它的作用是对输入量进行变换和传递，以便得到输出量。激励-响应关系就是这种变换传递装置的特性。用数学工具去描述这种传递特性的定量概念，就叫作传递函数。控制论中的传递函数，是由系统的输入量和输出量经过适当数学处理（即拉普拉斯变换，以下简称拉氏变换）来建立的。

令 $W$ 为系统的传递函数，那么，系统的激励-响应关系，就可以用下述函数表达式：

$$Y=W \cdot U$$

此数学表达式，表示输入量乘以传递函数就是输出量。由此可以得到下面传递函数定义的数学表达式：

$$W = \frac{Y}{U}$$

控制论系统的运行都是动态的运行系统，输入量 $u$、输出量 $y$、状态量 $x$、干扰量 $m$ 都是时间 $t$ 的函数，$x$ 对 $u$ 或 $m$、$y$ 对 $u$ 或 $m$ 的响应都是动态响应，也就是说，需要经过一定的过渡才能建立起稳态响应特性。动态方程是在时间域上所描述的系统，数学处理有不便之处。经典控制理论于是便引入拉氏变换对动态方程进行处理，这里不详细展开。把传递函数、输入、输出均表示为复数 $S$ 的函数 $W(S)$、$U(S)$、$Y(S)$，得到：

$$W(S) = \frac{Y(S)}{U(S)}$$

传递函数式输出的拉氏变换除以输入的拉氏变换。或者写作：

$$Y(S) = W(S) \cdot U(S)$$

给定动力学方程，进行拉氏变换，按 $W(S) = \dfrac{Y(S)}{U(S)}$ 可得传递函数。若没有动力学方程，可用实验方法获得传递函数。

控制论中建立系统的传递函数，分析传递函数的特性，是经典控制理论的基本方法。但基于黑箱原理的传递函数方法着眼于输入-输出"关系"来描述系统，而不考虑系统的内部状态，这有着很大局限性。对于经典理论研究的单输入单输出的定常的线性系统，这种数学方法足够有效。偶尔，它也可以处理某些简单的非线性的控制系统。

然而，现代控制理论主要研究时变系统、复杂非线性系统、多输入多输出系统，在考察外部特性的同时，需要全面描述系统的内部状态和特性，以及内部特性与外部特性的关系，还要处理各种随机因素。故而，传递函数远不能满足这些要求，需要使用状态空间法即同时用状态方程（向量形式）来处理。即需要输入方程

$$X(t) = A(t)X(t) + B(t)U(t)$$

和输出方程

$$Y(t) = C(t)X(t) + D(t)U(t)$$

来描述，这里不做详细的展开。

从理论上讲，状态空间法基于所谓白箱原理，即假定系统的内部信息可以完全掌握。介于黑箱与白箱之间的灰箱，系统的内部信息只能部分地了解。邓聚龙的灰色控制理论就是为处理这类系统的预测而建立的。

## （三）控制论的主要方法

维纳控制论的创立与控制论在全世界的广泛传播，是与其独特的方法分不开的。控制论所展示的方法，是不同学科的理论及其方法相互移植、相互渗透乃至相互影响的结果。不仅传统方法在控制论中得到了应用，而且还产生了新的科学方法，比如功能模拟法、黑箱方法和信息反馈法。信息与反馈已经在前文详细讨论过，这里介绍黑箱方法和功能模拟方法。

### 1. 黑箱方法

控制论所运用的最主要的方法之一，就是黑箱方法。黑箱方法是在控制论产生和发展过程中，所形成的一门崭新的系统科学方法。所谓控制论中的黑箱，是指我们所面对的系统，一时无法直接观测到其内部结构，只能从系统的外部输入和输出中去探寻和认知的一种方法。顾名思义，将认识的过程视同一个黑箱。黑箱，是无法直接观测其内部结构的大量存在的一种现实系统。譬如，人的思维器官——大脑，就是属于黑箱。复杂的社会系统，以及各种工程技术系统，都属于黑箱。相对于黑箱，现实世界中还存在灰箱，即对内部结构不完全了解；以及存在着白箱，即对内部结构完全了解。所谓黑箱方法，就是不通过直接考察其内部结构，而是通过考察系统的输入、输出及其动态过程，来定量和定性地认识系统的功能特性、行为方式，以及探索其内部结构和运行机理的一种控制论的认识方法。

图 2-7 即是一个黑箱模式。

图 2-7　黑箱输入输出模式

运用控制论的黑箱方法考察系统，基本上分两个步骤：第一个步骤，是用相对孤立的原则来确认黑箱；第二个步骤，是通过观测和主动实验来仔细考察黑箱，而后建立数学模型来阐明黑箱。黑箱方法已经成为控制论中的一个重要分支——系统辨识的理论基础。系统辨识要解决如何建立动态系统的数学模型问题，所采用的方法就是黑箱方法，即先测量输入、输出数据，通过这些数据来确定系统的参数与结构，求出定量描述系统的数学模型。黑箱方法在现代科学技术和社会实践方面得到了广泛的运用，为研究高度复杂的巨系统提供了有力的控制论工具。著名的"投入-产出"模型，就是黑箱方法的成功应用。黑箱方法对研究具有高度组织性的生命系统更是具有独特的作用。而基于黑箱方法的系统辨识理论，则成为控制论解决工程技术问题的关键理论。今天的人工智能人脸辨识所用的，就是黑箱原理。

### 2. 功能模拟方法

在传统的科学方法中，模拟方法是一种效果较好的方法。所谓的模拟方法，就是根据所考察的模型与原型之间的相似关系，通过模型来间接研究原型的结构、功能及其规律性。传统的模拟方法又分为两种：第一种是以物理相似或几何相似为基础，在模型与原型之间的物理模拟；第二种是以数学形式上的相似为基础，在模型和原型之间的数学模拟。

维纳的控制论，把传统的模拟方法发展到功能模拟的新高度。所谓功能模拟，顾名思义，就是把模拟的侧重点置于系统在功能与行为之间的等效性，其目的是模拟系统的行为特征。维纳的控制论，运用功能模拟方法，并不紧紧着眼于发现不同质的系统的功能相似性，而且还要找出这些具有相似功能的作用于各种不同质系统的统一机制。

控制论中的功能模拟方法，在现代科学技术研究中有着广泛的应用。功能模拟法使电子计算机代替人脑的部分思维功能成为可能，它为人工智能的研究，提供了非常有效的方法。功能模拟法，还开辟了向生物界寻求科学技术设计理念或者设计思想的新途径——仿生学。功能模拟法还为中医现代化找到了有力的工具，中医的脉象方法就是可以用计算机来模拟和开发的，有着广阔的应用前景。功能模拟法还能够为政府的宏观治理提供非常有效的政策工具，为政府决策的科学化提供最经济的手段。

## 三、强化"关系"的系统哲学思想

### （一）强化"关系"范畴，为科学与哲学开辟了广阔的道路

众所周知，自从 17 世纪以牛顿力学为代表的机械论思潮在西方兴起以来，自然科学的研究对象，主要聚焦客观物质世界的"实体"运动。贝塔朗

菲的一般系统论，实现了科学研究从"实体"到"关系"的革命性转向。而维纳的控制论是继一般系统论之后，力主将研究对象由"实体"转向到"关系"的科学理论。控制论不仅得到了其他学科的广泛认同，而且建立起属于控制论自身的功能模拟法、黑箱方法和信息反馈法等专门方法，进行了成功的实践操作，为其后系统科学的复杂性探索，提供了崭新的哲学方法和哲学理念。

不考虑系统内部的要素、结构和机制，给系统输入某种信息，观察系统所输出的信息，通过分析信息之输出与输入的正反馈对应"关系"，来考察并研究系统的功能和属性，把这种研究方法推向普遍，就是控制论。控制论所侧重的是系统外部的"关系"。从开放的观点来看，科学研究的对象是从它的外部环境"关系"中相对地抽象出来的，与周遭外部环境"关系"有着千丝万缕的联系。控制论强调，要研究系统，就必须从系统与外部环境的相互"关系"中着手。

从控制论的观点看，在某种程度上，科学理论就是对输入与输出"关系"的解释。

控制论的出现，推动了人工智能的出现，不仅使得心理学和语言学等有了强有力的工具和手段，而且使得哲学出现了新的研究领域。控制论的"关系"范畴，牢牢根植于哲学领地。控制论的统计因果观则顽强地挑战牛顿机械论的决定因果观，使得"或然性""偶然性""基于统计的决定论"等成为哲学的新范畴。而计算机模型的日趋精确化，使得我们可以对复杂的广泛的自然和社会现象进行认识、理解和模拟。这种理解、认识和模拟都以"关系"为重心，即人们的观察眼光将由"实体"中心转向"关系"中心。由控制论引发的智能科学与其他有关学科的密切结合，不仅为"关系"系统科学的研究开辟广阔的道路，而且为"关系"的系统哲学领域，增添新的内容。

（二）统计因果观与辩证因果观的系统哲学思想

"甚至随着自然科学领域中每一个划时代的发现，唯物主义也必然要改变自己的形式。"①恩格斯这句名言，任何时候都不会过时。维纳控制论

_____

① 马克思，恩格斯. 马克思恩格斯选集：第四卷[M]. 中共中央马克思恩格斯列宁斯大林著作编译局，编. 北京：人民出版社，1972：22.

的创立，也践行并印证了恩格斯的这句名言。控制论在哲学上划时代的发现有两个：统计因果观与辩证因果观。前者是后者的科学基础，后者则把前者推向了普遍。因为控制论的创立，统计因果观借此充实了辩证唯物主义的辩证因果观，不仅使辩证因果观有了坚实的系统科学基础，而且使得因果相互缠绕，相互影响、相互循环并相互转化，充满了辩证色彩。

### 1. 统计因果观的发现

维纳通过研究，发现了通信与控制之间的本质联系——概率论联系或者说统计论联系。维纳借此得到了一项重要收获：控制系统所接收到的信息具有随机性。基于此发现，维纳认为，凡是需要建立或操纵的控制系统，系统的结构必须适应信息输入输出的统计性，它本质上是一种随机性，但它是一种基于统计决定论的随机性。维纳借此得出一个重大结论：控制论是一种统计理论。控制系统关心的不是根据单独一次的输入而输出，而是系统根据全部输入而输出，在此基础上系统做出令人满意的响应。这是一种从统计上预期要收到的输入做出统计上令人满意的输出响应。输入与输出的对应关系因数据的越来越多和越来越全面，因而越来越具有确定性。因而，这是一种统计因果观。

统计因果观显然是与牛顿的机械因果观格格不入的。在此之前，量子力学和相对论在物理学领域已经高奏凯歌。尤其是量子力学，无论是薛定谔波函数的连续统，还是海森伯的电子跃迁的概率统计，都是建立在概率论的基础上的。因此概率论已经在微观领域里建立起了牢固的根基。尽管在科学领域里如此，但是在技术领域里占统治地位的还是拉普拉斯的决定论，所信奉的仍然是一一对应的机械决定论因果观。那是一种简单的、线性的、完全确定的因果观。

维纳对此发起了冲击，维纳在控制论在因果范畴里引入了统计性，这就从另一层面否认了机械论的因果观。它不仅有着科学上的重大意义——今天的人工智能、大数据、云计算等，就是在这个理论基础上发展起来的，而且有着哲学上的重大意义——"或然性"与"偶然性"这两个哲学范畴，不仅在哲学领域里牢牢站稳了根基，而且被赋予了客观性的内涵。更进一步，与"必然性"相对应，"或然性"与"偶然性"无论是在自然界，还是人类社会，都有着更为广阔的空间。

### 2. 控制论的辩证因果观

维纳对系统辩证因果观的发现，是借助"反馈"这个概念实现的。无论是在自然界，还是人类社会，抑或是在人的思维领域，广泛地存在着对某些特殊信息的伴生现象，即一个信息发出，必然有一个信息响应。后一个信息的出现，有赖于前一个信息的发出。它们有对应关系，可以视同为激励或者说响应。这种响应关系，可以有两种方向，正向的或者负向的。即信息的输入和输出的结果，有两种效果。一种是放大原输入信息的效果，一种是减少或者修正原输入信息的效果。维纳发明了一个词"feedback"来表征，译成汉语就是"反馈"。在大量的通信实践中，维纳还发现，作为初始输出的信息，也许到最后还在系统存在着，或者保留着些许因素，然后又参与下一轮信息循环，周而复始。如果输入的信息为因，那么输出的信息则为果。由于输入的信息是循环的，周而复始的，这就意味着，因不是单纯的因，果也不是单纯的果。而是相互缠绕，相互影响，互相都有因果的颗粒和成分。在这里，"原因"和"结果"这一对哲学范畴的界线变得模糊了。

我们知道，无论是经典控制理论，还是现代控制理论，它们都是依靠输入和输出"关系"来建立并识别系统的。控制论专家对系统的种种定义，都会旗帜鲜明地强调输入与输出的对应"关系"。外部环境对系统内部的影响称之为输入，而系统内部整合或者消化这种输入之后，对外部环境的种种回应则称之为输出。给系统以某种输入，观察它的输出，通过分析输出对输入的响应"关系"来研究系统的特征和属性，而不考虑系统内部的要素、结构和机制，从某种程度上说，这就是广义的行为主义方法的控制论。它不仅适用于生物学领域，而且适用于生态系统，适用于社会系统以及其他系统。然而，输入与输出的控制方法，或者更一般地说行为主义的方法，是以因果决定论为哲学基础的。在牛顿机械论的因果观里，"原因"和"结果"这对哲学范畴是绝对对立的，原因和结果之间是不可能相互转化的。即便是莱布尼茨这样的大哲学家，都持有此种观点："单子可以相互反映，但这种反映，没有使因果关系互相转移。……单子乃是牛顿太阳系的缩影。"①

---

① 维纳. 控制论（或关于在动物和机器中控制和通信的科学）[M]. 2 版. 郝季仁，译. 北京：科学出版社，1963：41.

　　然而，这个观点被维纳的控制论推翻了。维纳借助"反馈"这个概念，广泛考察生物学界，自动机之类的技术界，以及其他社会各界。维纳发现"反馈"这个概念太重要了，它对于揭示"原因"和"结果"的相互转化，起着关键性的作用。

　　由于维纳在闭环控制系统中，设置了反馈这个环节，这就使得作为结果环节的"输出"，被反向传递到起始即"原因"环节的"输入"，从而作为新的"输入"的一部分，来获取新的"输出"。如此周而复始，往复循环，作为控制系统中所"输入"的"原因"就不再是单纯的"原因"，所得到的"输出"的"结果"就不再是单纯的"结果"。而这一切，都有赖于信息"反馈"。于是"反馈"不仅成为新的科学范畴，而且借助"反馈"这个范畴，维纳的统计因果观跃升为辩证因果观，"反馈"一词也跻身进入了系统哲学的殿堂。

　　控制系统一旦启动，控制过程就是一个因果缠绕、相互循环、相互影响、不断转化、周而复始的过程。推而广之，进入生物系统、技术系统、社会系统等，凡具有反馈机制的系统中，"原因"和"结果"之间的界线消失了，不仅能够相互转化而且这种转化有了坚实的科学基础。"反馈"一词带给人类的更大的启发还在于，在那些包含多重反馈的复杂系统中，还可以看到复杂的因果转化网络，机械论的线性因果观被推翻了，控制论的辩证因果观从此确立。

　　（三）从"实体"切换到"关系"：控制论的冲击与世界图景的变革

　　"控制论的对象自然还是客观世界，所以控制论的研究对象最终还得联系到物质，只不过不是物质运动本身，而是代表物质运动的事物因素之间的关系。"[①]这是钱学森对控制论的哲学定位。从"实体"切换到"关系"，控制论无论是研究对象还是控制对象，都发生了根本性的转变，势必冲击原有的经典科学及其方法论，甚至冲击了哲学思想，并从而引发世界图景的变革。

---

　　① 钱学森. 钱学森系统科学思想文选[M]. 北京：中国宇航出版社，2011：63.

1. "目的"与"关系": 控制论对传统科学的三次冲击

今天看来, 维纳所开创的控制论对传统科学思想和哲学思想的强烈冲击至少有三次。

维纳控制论的建立, 是对传统科学思想的第一次冲击, 而且其冲击程度非常猛烈。维纳与罗森勃吕特等人共同研究, 写作并出版《控制论》, 标志着控制论的建立。其基本思想是将无机界和有机界联系到了一起, 有着共同的即控制的理论基础。把通信、控制、反馈等本来属于无机界的概念推广到生命有机界, 居然没有违和感, 自然地融会到了一起。把行为、目的、适应性等生命有机界的概念推广到无机界的机器系统, 居然是如此贴切与适合。通过反馈环节, 控制论居然打通无机界与有机界, 借助数学工具, 控制论不仅有了坚实的科学基础, 而且成为一门崭新的关于系统的新学科。

控制论的系统, 是动态的根据反馈信息自动调节的伺服系统, 其理论基础是数理科学的统计理论。其最大的特征是根据周遭的环境, 通过信息反馈, 自动地调节系统的运动。自动控制论系统, 尽管是随机的, 但却有"目的", 还具有"能动性"。这对于传统科学思想的冲击是可想而知的。它不仅突破了建立在牛顿力学基础上的机械论, 而且摆脱了拉普拉斯的决定论。因为无论是在牛顿那里, 还是在康德-拉普拉斯决定论那里, 是完全没有"目的"这个概念的, "目的"被视为是非科学的。而在控制论之前的"目的论"者, 则走向了另外一个极端, 给"目的"披上了宗教的外衣, "目的"概念在唯心主义者那里, 事实上成为反科学。

"目的"论的这两种倾向, 维纳就曾经深刻指出, 都是与现代科学格格不入的。生物有机界的目的, 尤其是动物的随意活动, 隐藏在其背后的目的, 并不是一个可以任意打扮的小女孩, 而是在生理反应和生理指标上存在着铁的事实。而对于伺服机一类的自动机器而言, 它的存在绝对是包含了设计者的目的以及所要达到的功能, 哪怕是设计理念。因而, 控制必然是有"目的"的。因此, 必须在思想的深处清除上述两种倾向的种种杂念, 建立起崭新的"目的论"概念。于是, 控制论应运而生, 在生命现象与物理现象之间架起了一座桥梁。不仅清楚地解释了"目的", 而且明确地告诉科学界和哲学界: "目的"内在于高度组织的物质。只要是高度组织的物质，不管有机界还是无机界，都是有"目的"的。这是对传统的科学思想和哲学思想的猛烈冲击，而且其冲击的烈度和广度是前所未有的。

人工智能控制论的出现，对传统科学思想和哲学思想产生了第二次冲击。如前所述，以往的目的论，存在着两个极端：机械论唯物主义完全排除目的；主观唯心主义和客观唯心主义则把目的神秘化。此两者都有一个共识：目的的实现有赖于精神实体，无机界没有生命，因而是没有目的的。

既然要清除原来定的旧观念，那就必须建立新观念，只有新观念才能彻底驳倒旧观念。维纳是怎么从理论上确立出一个新的观念？换句话问，维纳怎么从理论上建立一个新的概念？新的概念又在哪里呢？维纳创造一个词"feedback"，即"反馈"。与"反馈"相对应，存在着"正反馈"和"负反馈"。借助"负反馈"，维纳彻底驳倒了过往"目的论"的两种倾向。维纳通过大量的科学实验揭示出：出现"负反馈"，是所有"目的"行为的必经环节。系统，无论是有机系统还是无机系统，都会存在"反馈"环节。凡是系统存在着通过"负反馈"来调节并修正系统的行为，就是一个趋达"目的"的行为。而"负反馈"是普遍存在的，广泛存在于自然界、人类社会以及机器伺服系统之中。因此，控制系统寻求"目的"的行为，并不仅仅是生物有机体的生命专利，或者说并不仅仅是精神的特有属性。反之，一旦负反馈机制遭到破坏，无法形成负反馈的循环和导向，则"目的"性行为就会立刻消失。哪怕是自然界最高等级的生命体——人体，也是如此。例如，小脑性震颤就是著名的医学例证。高血压所导致的人的中风，也是如此。小脑损伤患者之所以出现随意运动障碍，是因为脑部某些组织遭到破坏，失去"负反馈"的调节功能，控制肢体正常状态的"目的"便无法达成。

而随着人工智能的发明和推进，智能机器不仅能够取代人的体力劳动，还能部分取代人的脑力劳动。譬如今天的医学上的自动专家门诊系统，图书馆的自动检索系统，城市里处处可见的自动监控系统，今天广泛存在的人脸识别系统等。这些人工智能技术的进步以及在社会上的大规模推广应用，不仅解放了人的脑力，扩大了劳动对象的深度和广度；而且猛烈地冲击着过往的"心灵神秘主义"，向科学界和哲学界大声宣告，精神的东西不仅是依赖物质而产生，而且精神的东西还可以依赖物质而再现。人的精神不再具有神秘性，而是科学和哲学可以探究的。

社会控制论的形成与发展，则是对传统科学思想和哲学思想的第三次冲击。控制论，横跨自然科学与人类社会两大领域。控制论不仅能够调节生物有机体，还能调节高度组织状态的完全属于无机界的伺服自动机系统。然而，控制论还有着更大的影响，那就是用控制论来控制社会。运用人工智能，进行政府的公共管理；运用人工智能，进行城市的智慧管理等。今天，这一领域正展现出无与伦比的广阔前景：智慧城市、智慧种植业、智慧养殖业、智慧畜牧业等，方兴未艾。而5G技术、大数据、云计算、万物互联等，正在以人们未曾想到的速度扑面而来，不仅对人类的生活方式产生极大的影响，而且给社会的就业结构带来意想不到的变化。人工智能技术对自然和社会的深度介入，不仅缩小了体力劳动和脑力劳动的差别，而且带来很多哲学问题，产生了"人机"问题。这些问题，对于传统科学思想和哲学思想所产生的强烈冲击，还在深入当中，也还在评估当中。当今的科学家、哲学家、社会学家竞相加入学术争论的阵营，正在激烈的探讨当中。

2."目的性"与"能动性"：控制论与世界图景的新变革

维纳的控制论所代表的系统科学与牛顿力学为代表的传统经典科学究竟有什么区别？为什么说控制论引发了世界图景的新变革？那是因为牛顿力学只面对自然界，回答"是还是不是"的问题。而维纳的控制论所面对的是横跨自然界、人类社会以及人类思维三大领域，所面对是"做什么和能否做"的问题。在牛顿那里，面对的是自然界的纯粹客观性，不存在能动性问题。在维纳这里，控制论所强调的正是"目的论"和"能动性"问题。"控制论这门新兴科学就是以这个观点为核心而开始其发展的。"①这是维纳就控制论，对"目的论"和"能动性"的回答。

基于此，维纳强调：伽利略和牛顿以来，自然科学发展的历史表明，科学研究的对象是客观物质世界的物质运动，不同学科研究物质运动的不同运动形式，这被视为科学的一条基本原理。机械论所描绘的世界是一个严格决定论的世界，像时钟一样严谨、刻板和准确。宇宙的全部未来取决于现在，而宇宙的现在则取决于它的过去。这是一个僵死的、被动的、没

① 维纳. 人有人的用处：控制论和社会[M]. 陈步，译. 北京：商务印书馆，1978：6.

有生机的世界，今天的一切都被昨天严格决定着，未来的一切都被今天严格地决定着。

为了在理论上清除决定论的思想观念，维纳出版了《控制论》和《人有人的用处：控制论和社会》。在这两本书中，他用了相当多的篇幅来批判没有"目的性"和"能动性"的机械决定论，并从科学观和哲学的高度阐述了偶然性与必然性、随机性与确定性、有序与无序的关系。维纳认为，不推翻机械决定论在思想界的统治地位，不清除人们头脑中的机械决定论观念，控制论的生存和发展空间就会受到严重的限制。

维纳回顾了物理学的发展历程，机械论统治了17—19世纪的漫长的历程。直到19世纪后期，由于玻尔兹曼和吉布斯率先在物理学中引入概率的观点，机械决定论的世界图景才受到真正的冲击。而直到20世纪初相对论和量子力学的成功建立，机械论才在微观领域被推翻。也就是说，微观领域里的统计决定论部分取代了严格决定论的世界图景。同时，维纳还认为，不同的学派在20世纪40年代分别独立进行的控制论的探索，是以相对论和量子力学这场物理学革命为科学背景和思想前提的。唯其如此，"目的性"和"能动性"才在科学界和哲学界有了栖身的地盘。[1]

控制论的历史贡献，还在于打开了复杂性研究的新视野，英国系统科学家切克兰德说，控制论原理是系统科学的重要原理。控制论提供了一整套意义深远的概念，如目的性、因果性、回路、调节、反馈、正反馈、负反馈等。这些概念今天已是耳熟能详，可在20世纪40—60年代，则是在全世界的科学界和哲学界刮起了思想飓风。"当我开始写'控制论'的时候，我发现说明我的观点的主要困难在于：统计信息和控制理论的概念，对当时的传统思想来说，不但是新奇的，也许甚至是对传统思想本身的一种冲击。"[2]这是维纳自己披露的当时真实心情的写照。

总而言之，维纳的控制论从通信入手，以信息为核心，依托"反馈"环节，将控制的概念与通信的概念牢牢绑定在一起，创造出"控制"与"通信"的同盟。于是，生命有机体与无机界实现了互通，生物学与物

---

① 高剑平，仇小敏. 凸显"关系"与"目的"：控制论对系统科学思想史的贡献[J]. 学术论坛，2008，(3)：13-17.

② 维纳. 控制论（或关于在动物和机器中控制和通信的科学）[M]. 2版. 郝季仁，译. 北京：科学出版社，1963：xiii.

理学达成了联姻。就空间层面而言，"目的"与"关系"在控制系统里无处不在；就时间层面而言，"目的"与"关系"无时不有。这不仅是维纳控制论给科学思想和哲学思想的新贡献，而且也是控制论所引发的世界图景的新变革。

## 第三节　信息论的系统哲学思想

继控制论之后，信息论横空出世。随着信息论的推广，又出现了经济信息学、生物信息学等新的横断学科。从系统论到控制论，再到信息论，它们之间的一个共同的特征就是聚焦于信息。信息论尤其如此，它与传统方法截然不同，其研究对象不是着眼于物质和能量，而是着眼于信息。信息论撇开物质和能量的具体形态，不仅把研究的对象视为复杂的系统，而且视其为一个信息的接受、处理、加工、输出、反馈等环节的信息系统。信息论认为，由于系统内部吸纳稳定"关系"的信息流，才使得系统"整体"存在着趋达"目的"的运动。反过来，通过对系统"信息流"的分析和研究，就可以掌握系统的特性和规律。

信息论是研究信息的基本性质以及度量信息的方法，是一门应用数理统计方法来研究信息的获取、甄别、传输、存储和转换的一般规律的科学。最早仅仅局限于通信领域，又叫狭义信息论，是系统科学领域中的一门技术科学。它的成果为人们广泛而有效地利用信息提供了基本的技术方法和必要的理论基础。信息论的主要创立者是美国数学家香农，重要代表人物还有维纳、魏沃尔等。信息论的诞生，以 1948 年香农发表其著名论文《通信的数学理论》为标志。经过 30 年的发展，由于科学的整体化趋势，各门学科的相互联系、相互渗透，信息的概念以及信息的一些基本理论已经超越通信领域，推广到其他学科。在此基础上，20 世纪 70 年代在控制论、信息论、电子计算机、仿生学、系统工程等学科的基础上发展出了信息科学，它与材料科学、能源科学一起，被称为当代自然科学技术的三大支柱。

信息论的诞生，不仅为通信科学提供了定量化描述的理论基础，回应了呼啸而来的信息时代对通信及一般信息技术的强烈需求；而且还表现出了深刻的哲学意义，对描述科学世界图景、建构科学观和科学方法论有着重要的突破和创新。本节将详细讨论信息论所蕴含的系统哲学思想。

## 一、问题的提出与信息论的形成

### （一）信息论的三个前提：理论前提、技术前提与思想前提

科学来源于实践，信息论作为一门科学，其形成与产生当然也不例外。信息论之所以适时出现，并极大地改变了人们的生产生活方式，变革着人们的思想观念，是因为信息论的理论前提、技术前提和思想前提在当时都已经具备。也就是万事俱备，只欠东风了。

如果要追溯信息论的理论源头，则要溯源到统计物理学。奥地利物理学家玻尔兹曼和美国物理学家吉布斯二人，于 19 世纪中叶开始，便将统计学引入了物理学，开辟了一个物理学分支——统计力学。随之而来的是：概率是他们不得不面对的问题。于是统计力学所面临的概率就是一种客观存在，而偶然性这个哲学范畴也就随着玻尔兹曼的统计学，成为是一种事实上的客观存在，而不是像以往的传统科学那样，认为偶然性可以忽略，或者将偶然性视为必然性的发展不足所致。"早在吉布斯所需要的几率[①]论产生之前，他就把几率引进物理学了……"[②] "于是，机遇，就不仅作为物理学的数学工具，而且作为物理学的部分经纬，被人们接受下来了。"[③]这是维纳对统计力学所作贡献的肯定。因此，统计物理学是信息论的方法论基础和理论前提。

如果追溯技术前提，那就更远了。1838 年，美国人莫尔斯发明了电报机的莫尔斯码，1876 年，美国人贝尔则发明了电话。电报和电话的发明，标志着通信已经成为一种专门的工程技术，并与数学、物理学等科学理论发生了联系。通信技术一经产生，就暴露出了两个基本矛盾。第一个矛盾是快速性与准确性的矛盾。通信的本意是准确而迅速地传递信息，工程实践又要求这种传送是简明而无浪费的。简明与准确、迅速与可靠、有效性与经济性是三对内涵相反蕴含矛盾的范畴。第二个基本矛盾是信息与噪声的基本矛盾。噪声可能来自系统本身，也可能来自环境。噪声的存在

---

① 几率，概率的旧称。
② 维纳. 人有人的用处：控制论和社会[M]. 陈步，译. 北京：商务印书馆，1978：4.
③ 孔维民，杨维约. 现代思维[M]. 成都：四川教育出版社，1992：38.

使所传输的信息受到干扰、淹没、发生畸变、损失等。它使第一个基本矛盾更趋尖锐，但又无法避免。因此，对信息的研究便提上了日程，这是信息论产生的第二个前提，即技术前提。

第三个前提，是信息论产生的思想前提。熵是一个用来度量热扩散不可逆的状态变量，熵无限增大最终导致系统寂灭。1872 年，在研究气体分子的运动中，玻尔兹曼首次对熵作了微观层面的解释。玻尔兹曼指出，熵表明分子运动的混乱度，熵是热力学系统中分子运动状态的物理量。在这里，玻尔兹曼破天荒地把信息和熵联系到了一起，他说："熵是一个系统失去了'信息'的度量。"[①]哪怕是到了今天，我们也能感受到玻尔兹曼这句话的天才含量和它带给我们的冲击力！熵函数竟然进了物理学！熵竟然跟信息有着紧密的内在联系！熵函数和热寂说为信息论的产生提供了第三个前提：思想前提。

（二）信息论诞生的社会土壤

如前所述，通信系统面临着两个矛盾：第一个矛盾是快速性与准确性的矛盾，第二个矛盾是信息与噪声即准确性与经济性的矛盾。随着通信技术的发展，对传输信息的要求越来越高，解决这两个矛盾是必要之举。技术上，提高通信系统传输信息的能力即提高通信系统的效率，就是尽可能使用最窄的频带，尽可能快地传送信息并尽可能减少能量的消耗，也就是提高通信的经济性。而提高信息传输的可靠性，就是在信息传输的过程中，力图减少噪声的干扰，以提高通信的质量。但是在实践中，在给定的条件下，要同时达到这两个要求存在着客观上的困难。

那么，在限定的情况下，要同时提高通信系统的效率和可靠性，是否存在着理论上的界限？如何去度量这种界限？这就需要应用数学理论来加以指导和解决。

20 世纪 20 年代，根据通信实践的需要，哈特莱（Hartley）与奈奎斯特（Nyquist）最早研究了通信系统的传输效率问题。哈特莱提出，用对

---

① 转引自：陈润生. 熵[J]. 百科知识，1981，（10）.

数作为信息量的测度，这样，信息就可以用数学方法从数量上加以测度。奈奎斯特则提出，电信信号的传输速率与信道频带宽度之间存在着比例关系。1924 年，奈奎斯特发表了题为《影响电报速度的某些因素》（"*Certain Factors Affecting Telegraph Speed*"）一文。四年后，哈特莱于 1928 年又发表了题为《信息传输》（"*Transmission of Information*"）一文。哈特莱首次提出：消息是代码、符号序列，而不是内容本身，它与信息有区别。消息是信息的载体，而信息是指包含在各种具体消息中的抽象量，并提出用消息出现的概率的对数来度量其中所包含的信息，从而为香农的信息理论奠定了数学和理论基础。

到了 20 世纪 40 年代，随着雷达、无线电通信和电子计算机、自动控制的相继出现和发展，以及防空系统的需要，许多科学家和科技工作者同时在不同的领域对信息问题进行了大量的研究。科学家和工程师从不同的角度，对信息论中的一些概念和理论问题得出了一致的结论。维纳在《控制论》一书中就指出："单位信息量就是对具有相等概念的二中择一的事物作单一选择时所传递出去的信息。这个思想差不多在同一个时候由好几位科学家提了出来，其中有统计学家费希尔，贝尔电话实验室的香农博士和作者自己。"[①]

（三）香农的突出贡献与信息论的建立

1948 年，一篇题为 *A Mathematical Theory of Communication* 的论文发表，它的作者是美国人香农。论文的题目，翻译成中文就是《通信的数学理论》。1949 年，香农又发表了题为 *Communication in the Presence of Noise* 的论文，翻译成中文就是《在噪声中的通信》。正是香农的这两篇关于 Communication 的论文，奠定了现代信息论的基础。香农在他的研究中，舍弃了通信系统中消息的具体内容，并把信源发出的信息视为是一个随机序列。第一次从理论上阐明了通信的基本问题，建立起通信系统的模型。香农确立了信息熵的概念。由于通信系统的对象——信息，具有随机性的

---

① 维纳. 控制论（或关于在动物和机器中控制和通信的科学）[M]. 2 版. 郝季仁，译. 北京：科学出版社，1963：10.

特点，统计物理学中的统计方法便被香农移植到了通信领域。并借统计力学的方法建立起信息熵的数学公式，信息的传输和提取等问题转化为信息量的描述和度的问题，信息量的概念因此而确立。

几乎与此同时，维纳从控制和通信的角度研究了信息问题，主要是从自动控制的角度研究信号被噪声干扰时的信号处理问题，建立了著名的"维纳滤波理论"。他从统计观点出发，将信息看作是可测事件的时间序列，提出了信息量的概念和测量信息量的数学公式，认为信息实际上就是负熵，因此他也就在更为一般的基础上提出了信息的概念，甚至还提出了具有哲学意义的信息实质问题。由于维纳把信息的理论进一步推广到控制论领域，于是，信息论便成为控制论的一个基础理论。

除了香农和维纳，苏联数学家柯尔莫哥洛夫和英国统计学家费希尔也从不同角度研究了信息的理论问题，得到了同样的认识。但是由于香农的著作涉及面最广，得出了许多重要定理，因此香农被认为是信息论的创始人和奠基人。

## 二、信息论的主要内容

### （一）信息的定义

"信息"一词来源于拉丁文"informatio"，意思是指解释、陈述、表达等。通常，人们把信息看成是能够带来新内容、新知识的消息，它是通过符号（如文字、图像等）、信号（如语言、手势、电磁波）等具体形式表现出来。许多权威性的词典如牛津词典、韦氏词典、辞海等都是这样来定义信息的。

信息作为一个科学概念，最早出现于科学领域。20世纪40年代，香农和维纳从通信和控制的角度首次提出了信息的概念。此后，信息概念便广泛地渗透到其他各门学科领域，内涵越来越丰富。但是目前学术界尚无统一的"信息"定义，世界上公开发表的有关信息的概念与定义多达39种。下面介绍几种比较典型的定义。

1. 香农的定义：信息是不确定性的减少或消除[①]

得益于玻尔兹曼的统计熵理论，香农建立起信息论。玻尔兹曼统计熵理论里面有两样宝贵的东西：统计方法与熵公式。在此基础上，香农建立起一个新的数学公式，并以"信息源的熵"[②]来命名。香农认为，信源是一个能够产生随机消息的集合系统，可以用统计概率来度量。在此基础上，香农借助玻尔兹曼的统计熵理论建立起"信息源的熵"公式。

$$\text{信息源的熵：} \quad H = -\sum_{i=1}^{n} P_i \log P_i$$

其中 $n$ 是消息集合中的总数，$P_i$ 是第 $i$ 个消息出现的概率，$H$ 则是平均熵。"$H$ 的公式与统计力学中所谓熵的公式是一样的，式中 $P_i$ 表示一个系统处在它相空间中第 $i$ 个元的概率。因此，这里的 $H$ 就是玻尔兹曼著名的 $H$ 定理中的 $H$。我们将把 $H = -\sum_{i=1}^{n} P_i \log P_i$ 称为概率集 $P_1, \cdots, P_n$ 的熵。"[③]这就是香农对"信息源的熵"这个公式的解释。

观察这个公式，香农所要描述并表达的是：信息，是一种不确定性的减少或者说是不确定性的消除。香农通过描述宏观通信系统中信源的宏观特性，即信源的不确定性来描述并表达信息。如果说，信源是系统所能发出全部消息的宏观总集，那么任何单个的消息就构成了信源的微观状态。如此，则通信系统中全部微观消息所起的综合作用的总集，便构成了系统信源的宏观特性。在这里，香农的"信息源的熵"就是通信系统中宏观状态下不确定性的度量，它是系统微观状态下的概率所规定的宏观状态函数。

"量 $H = -\sum_{i=1}^{n} P_i \log P_i$ 在信息论中起着非常的重要作用，它作为信息、选择和不确定的度量。"[④]这就是香农所给出的信息的定义，出自香农《通信的数学理论》这篇论文。

---

① 高剑平，仇小敏. 整体与关系：信息论对系统科学思想史的贡献[J]. 求索，2008，（3）：40-42.

② 上海市科学技术编译馆. 信息论理论基础[M]. 上海：上海市科学技术编译馆，1965：8.

③ 上海市科学技术编译馆. 信息论理论基础[M]. 上海：上海市科学技术编译馆，1965：7.

④ 同②。

2. 维纳的定义：信息是与外界相互交换的新的消息量[①]

1948 年，维纳的《控制论》出版发行。在这本著作中，维纳不仅详细推导了信息量的数学公式，而且把信息问题直接认定是唯物主义的哲学问题。维纳是这样说的：信息既不是物质，也不是能量，信息就是信息，不懂得它，就不懂得唯物主义。[②]

在《控制论》这本书中，维纳告诉我们：[③]

"我们事前的知识是已知某个量应落在 $x$ 到 $x+dx$ 之间的几率为 $f_1(x)dx$，事后的知识是得知这几率为 $f_2(x)dx$。试问，事后的知识给了我们多少新的信息？

"这个问题实质上是把曲线 $y=f_1(x)$ 和 $y=f_2(x)$ 下的区域的大小用某种宽度来表示。应当注意，我们这里要假定变数 $x$ 具有基本均匀分布，就是说，如果用 $x^3$ 或任何 $x$ 的其他函数来代替 $x$，我们的结果一般不会相同。由于 $f_1(x)$ 是几率密度，我们有：

$$\int_{-\infty}^{\infty} f_1(x)dx = 1 ,$$

"因而，$f_1(x)$ 下区域宽度的平均对数可以看成 $f_1(x)$ 倒数的对数之高度的某种平均。因此，相应于曲线 $f_1(x)$ 的信息量的合理测度为：

$$\int_{-\infty}^{\infty} [\log_2 f_1(x)] f_1(x)dx .$$

"这个我们把它定义为信息的量。"

用加和式表达维纳的这个积分公式，则维纳的信息量可以表达如下：

$$维纳的信息量 = \sum_{i=1}^{n} P_i \log P_i$$

从这一数学的推导过程中，我们可以清晰地知道，维纳所推导出来的这个数学公式，并不是某个消息（即某个量）本身所蕴含的信息量，而是这个消息能够给接收者带来多少新的信息量。

到底什么是信息？"信息这个名称的内容就是我们对外界进行调节并

① 高剑平. 信息哲学研究述评[J]. 广东社会科学，2007，(6)：84-89.

② 同①。

③ 维纳. 控制论（或关于在动物和机器中控制和通信的科学）[M]. 2 版. 郝季仁，译. 北京：科学出版社，1963：62-63.

使我们的调节为外界所了解时而与外界交换的东西"①这就是维纳所给出的关于信息的定义。这个定义被维纳写在了《人有人的用处：控制论和社会》这本著作中，此书于1950年在美国出版。我国于1978年在商务印书馆译介并出版发行。

### 3. 艾什比的定义：信息就是变异度②

"变异度"概念是美国学者艾什比提出的，艾什比于1956年出版《控制论导论》一书，正是在此书中他首次提出了"变异度"这一概念。艾什比认为"变异度"指的就是信息。当某一系统内不同元素的个数越多，那么系统的差异度就越大；当某一系统内不同元素的越来越多时，系统的差异度就会越来越大；而当系统内含有同一类元素时，系统的差异度为零。用哲学的语言概括就是，所谓变异度是指某一系统中元素的差异程度。

世界上的任何事物都是处于相互作用，相互联系，相互影响之中的。一句话，世界处于永恒的运动变化之中，而表现这种运动变化的就是信息的变异度即差异程度。

### 4. 我国学者沙莲香的定义：信息就是物理载体与语义构成的统一体③

上述几位信息论的开山者，他们都是从数学、技术或者从物理学的层面来定义信息的。我国学者则另辟蹊径，他们是从自然科学与哲学社会科学相结合及其相一致的层面来考量并界定信息的定义。

众所周知，在我国，自从钱学森首倡系统学以来，哲学社会科学界的学者们便从不同的角度来界定信息的概念，我国学者给出的有关信息的定义不下几十种之多。但是比较典型的有代表性的从自然科学与哲学社会科学相结合的角度且能够给出信息清晰的内涵和外延的，我们认为是沙莲香所界定的信息的概念。在1990年，沙莲香出版了一本题名《传播学》的著作，在这本著作中，沙莲香给出的关于信息的定义是："信息是物质和能量在时间、空间上具有一定意义的图象集合或符号序列。"④

---

① 维纳. 人有人的用处：控制论和社会[M]. 陈步，译. 北京：商务印书馆，1978：9.
② 高剑平. 信息哲学研究述评[J]. 广东社会科学，2007，（6）：84-89.
③ 同②.
④ 沙莲香. 传播学：以人为主体的图象世界之谜[M]. 北京：中国人民大学出版社，1990：19.

这个定义有三个优点：第一个优点是信息的内涵问题，信息是物质和能量在时间、空间上具有一定意义的事物。尽管维纳曾经有一个经典命题：信息既不是物质，也不是能量，信息就是信息。但他毕竟没有阐明信息与物质和能量的关系问题。物质、能量和信息三者之间的关系被沙莲香在她的定义里诠释得非常明确：相对于物质和能量，信息是独立的；然而，信息又必须依存于物质和能量，否则，既无法存在，又无法传播。物质的普遍存在特征决定了信息的普遍存在。物质是信息的载体，而信息则决定了物质存在形式。能量则决定了信息的强弱，能量的强弱规定了信息在复制、传播等方面的限度。

第二个优点，是信息的外延，即信息的表现形式问题。信息是在"时间"和"空间"里的"图象集合"或"符号序列"。我们知道，所有的影像声音信息都可以归结于"图象集合"，所有的文字信息，包括病毒信息、生命体 DNA 信息等，都可以归结为"符号序列"的编码信息。

第三个优点，是信息的哲学定位问题。它说明信息是非物质的，是物质的属性但又高于一般意义上的物质属性。信息既不是物质，又不是能量，信息就是信息。这说明，宇宙终极存在就是三种形式：物质、能量、信息。信息是可以与物质、能量并列的第三种特殊物质。

## （二）香农的通信系统模型

信息论最初是在研究通信系统的过程中产生的。所谓通信就是两个系统之间传递信息的过程。通信方式多种多样，例如听课、听广播、谈话、看电视、打电话、拍电报、做手势、打旗语等都是通信活动。香农撇开这些通信方式的具体内容，而把通信过程概括为信息在系统中传递、变换、存储、处理、接收的过程，并提出了通信系统的一般模型。如图 2-8 所示。

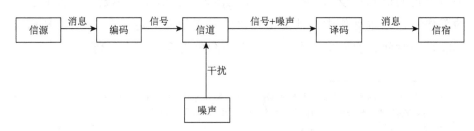

图 2-8　香农通信系统模型

### 1. 信源与消息

信源就是信息源，即信息的发源地。信源既可以是人、机器，又可以是自然界中的各种物体。在通信过程中，信息是由信源以某种符号（如文字、图像）或某种信号（如语言、电磁波）发送出来的，这些载有信息的符号或信号统称为消息。

信源所发出的消息总是随机的，具有不确定性，这样就可以把信源发出的消息序列作为随机变量加以处理。相反，如果消息总是确定的，而且预先知道，那么对于信宿来说，就无消息可言。

按随机变量的数字特性，可以把信源分为两类：如果信源发出的消息序列在时间上是互相分立的，而且这些符号和信号的取值是有限的、可数的，那么消息序列就可以用离散性随机变量加以描述，这样的信源就称为离散信源，例如电报、书信等。如果信源发送的消息序列的取值是连续的，那么它们可以用连续随机变量来描述，这样的信源叫连续信源。例如声源、热源等都是连续信源。由于离散信源易于分析，所以往往把连续的信源分割成离散信源来处理。

### 2. 编码

由信源发出的信息并不能直接在信道中传送，必须把信息变换成适合于在信道中传递的信号，这种变换的过程就叫编码。所谓码，就是按照一定规则排列起来的符号序列。这些符号的编排过程就是编码过程。一般说来，编码过程分为两部分：信源编码和信道编码。何为信源编码？就是把信源输出的符号序列，用某个给定的字母表中的字母编排成最佳字母（即码字）序列。何为信道编码？就是把信源编码后的字母序列转换成适合于信道传输的最佳信号序列。信号是多种多样的，如声音信号、光信号、电信号等。信道编码往往要经过多次变换，才能变换成适合于信道传输的最佳信号序列。例如在电报通信系统中，首先要把发送的消息变成电文，然后把电文编成四位数的数据，接着再编成用点、划、空白表示的莫尔斯码，最后通过发报机把莫尔斯码转换成电信号，在信道中进行传输。

### 3. 信道

信道就是传输信息的通道，是传输信息的媒质。信息要从信源传递到信宿，必须经过一定的信道。信道不仅具有传输信息的功能，而且还具有信息的存储功能。由于信息在信道中的传输需要花费一定的时间，所以信息的传输过程从一定意义上讲也是信息的存储过程。在现代通信系统中，随着电子计算机的应用，信道的存储作用更为明显。

由于传输信号的物理性质不同，信道是多种多样的：有线信道如电缆、光导纤维等；无线信道如自由空间、电离层等。两个用户的信道可以称为双用户信道，三个以上的则成为多用户信道。信道还可以通过输入和输出信号以及它们之间的关系来分类。输入和输出的随机变量都是离散的信道叫作离散信道。输入和输出的随机变量都是连续的叫作连续信道。输入和输出的随机变量中有一个是离散的，一个是连续的，这样的信道称为混合信道，或半离散半连续信道。

4. 噪声

通信系统中预定传送的信号之外的一切其他信号统称为噪声。信道常常要受到噪声的干扰，使信宿收到的信号与发送端发出的信号出现差别。如电视屏幕上的"雪花"现象，打电话时的嘶嘶声，收音机中的杂音等，这些噪声常常干扰通信效果，造成信息失真。

噪声的来源各种各样。通常把通信系统中所遇到的噪声分为两类：系统外的噪声，如雷电、宇宙辐射、海浪声等；系统内的噪声，如由电子的随机热运动、三极管或其他零部件的性能变化等产生的噪声。

5. 译码

译码就是把信号变成消息的过程。当信号从信道输出后，必须变换成编码前的形式，复制成消息，信息才能被信宿接收。所以译码刚好是编码的相反过程。

6. 信宿

信宿即信息的接收者。信宿可以是人，也可以是装置，即机器，如收音机、电视机等。

（三）信息的数学度量

信息就是不确定性的减少，通信的目的就是增加确定性，减少不确定性。用学术术语来表达：通信的目的就在于通过信息的传输解除信宿对信源的不确定性。

那么信息如何度量呢？这是一个比较复杂的问题。因为它不仅与客观内容有关，如时间、长度、重量等；而且它还受主观因素的影响，同是一幅名画，不同的人得到的信息量是不同的。

由于信息是消除了的不定性，那么，信息的度量就归结为对不定性的度量，不定性消除的多少就决定了信息量的大小。也就是说，信息是两次不定性之差。如果用 $I$ 代表信息量，$S_1$ 和 $S_2$ 分别代表通信前后的不定度，则有：

$$I = S_1 - S_2$$

香农排除了信息的语义因素和语用因素，单就信息发出消息的统计不定性来研究信息，以概率论为工具来解决信息的定量化问题。

设 $x$ 代表某一事件，$P(x)$ 为该事件 $x$ 发生的概率，底数 $a$ 代表信宿，则事件 $x$ 所包含的熵为：

$$S(x) = \log_a \frac{1}{P(x)} = -\log_a P(x)$$

此公式换句话表述，即信宿对信源的了解程度。用对数表示信息量不仅是为了计算方便，而且还描述了信息的内在特征。因为事件 $X_1$ 和事件 $X_2$ 同时发生的熵等于事件独立发生的熵之和，即：

$$S(X_1 X_2) = I(X_1) + I(X_2)$$

而对数可以把乘运算变为求和运算，即：

$$S(X_1 X_2) = \log_a \frac{1}{P(X_1)(X_2)} = \log_a \frac{1}{P(X_1)} + \log_a \frac{1}{P(X_2)} = S(X_1) + S(X_2)$$

这刚好反映了熵和信息的可加和性。

由于对数的底数不同，信息量可以有不同的单位。因为数字通信系统一般都采用二进制数据串，所以为了方便，对数的底数常取为 2。这时信息量的单位为比特（bit）。

当 $P(x) = \frac{1}{2}$ 时，$S(x) = -\log_2 \frac{1}{2} = 1$。所以，1 比特的熵为两个互补相容的等概率事件之一发生时的熵。

若采用自然对数，则熵和信息量的单位为奈特（nat）；若采用以 10 为底的对数，则信息量的单位为哈特（hart）。

一般来说，消息在传送端的发生概率为先验概率，在接收端出现的概率为后验概率。实际通信中，某个消息传送到接收端后，仍可能是随机事件，没有完全消除不确定性。

按照

$$I = S_1 - S_2$$

$$I = \log_a \frac{1}{先验概率} - \log_a \frac{1}{后验概率} = \log_a \frac{后验概率}{先验概率}$$

即如果我们事先知道某事件发生的后验概率为 $P_1$，在获得一定的信息后又知道该事件发生的后验概率为 $P_2$，则实际获得信息量为：

$$I = \log_a \frac{1}{P_1} - \log_a \frac{1}{P_2} = -\log_a \frac{P_1}{P_2}$$

当后验概率为 1 时，表示传送过程无信息损失，先验不确定性全部消除。后验概率与先验概率相等时，表示信息在传送过程中全部损失掉，没有消除任何不确定性。一般情形处于二者之间，经过通信消除了部分不确定性，又未全部消除。

因此，用对数描述信息量是有其合理性的。当然，信息量的相加法则只适合于相互独立的消息。

（四）信息熵

何为信息熵？在香农这里，信息是不确定性的减少或消除。在维纳那里，信息是与外界相互交换的新的消息量。熵概念所表达的是混乱和无序的度量。信息量所表达的恰恰是有序度，熵值越小系统中的信息含量就越多；反之，熵值越大，无序度就越大，信息含量就越少。所以，信息熵就是系统获得信息之后，系统内部无序状态的减少或者消除。

然而在实际的操作过程中，系统的输出端口具备输出多种消息的能力，仅依靠计算单个可能的消息所含有的信息量是不具备可行性的。这是因为，信息首先指向整体，一鳞半爪的不能叫作信息。譬如，从影像角度，像素不构成画面；从声音的角度，音素不构成音乐；从文字的角度，单个的字母单个的文字不构成文章，因而不是信息。人们所关注的是消息的完备序列，因此需要对整个过程中的所有消息序列进行完整的度量，其结果才是信息熵。在这里，需要强调的是，对于输出端的互斥消息完备序列的完整度量，才是计算信息熵的正确路径。那么，这就带来另外一个问题：怎么计算信息熵？

解决的办法是：用先验熵减去后验熵。怎样计算先验熵？如上述"信息的数学度量"所示，先验熵是由信宿的先验概率决定的。怎样计算后验熵？后验熵是由信源发出的互斥消息的完备序列概率来决定的。如此，则信息熵转变为数学问题。故而，求出信源发出的互斥消息的完备序列熵的数学办法是：在互斥消息的完备序列中，求出各个消息所包含的信息量，在此基础上及求出完备序列信息量的统计平均值。

令：信源的消息总数为 $n$；组成互斥消息的完备序列为 $X(X_1, X_2, X_3, \cdots, X_n)$；每条消息所对应的概率为 $P(P_1, P_2, P_3, \cdots, P_n)$。

那么，完备的 $n$ 条互斥消息概率之和则为 1；即：$(P_1 + P_2 + P_3 + \cdots + P_n) = 1$。

推论：第 $i$ 个可能消息 $X_i$ 的熵为 $-\log_a P_i$[①]；在整个消息序列中，$X_i$ 出现的概率是 $P_i$；

结论：存在着 $n$ 个互斥消息所组成的消息序列的平均熵为

$$H = \frac{I_{\text{总}}}{n} = -P_1 \log_a P_1 - nP_2 \log_a P_2 - nP_3 \log_a P_3 - \cdots - nP_n \log_a P_n$$

$$= -\sum_{i=1}^{n} P_i \log_a P_i$$

这个 $H$ 值，即加权平均计算出来的熵值，就是信息熵。对于开放系统，熵值就是对信息的度量；对于封闭系统，熵值也是维持系统存在的必不可少的信息量；对于孤立系统，熵值总是朝着增加的方向演化，直到值最大为止，即热寂，也就是说系统最终消亡。

正因为孤立系统中，熵值最大即系统消亡，那么，与之相对应，信息量是以负熵值来表征。也就是说，信息量等于信宿的先验熵减去信息熵，信息熵必然会在信息量中以负值出现。

由于信息量与熵值只差一个负号，这就说明信息量与熵值大小相等，

---

① 底数 $a$ 代表信宿，在公式中一般可省略。本处展示详细推演过程，故不省略。

但是各自所表征的意义则刚好相反。因此，南京大学沈骊天教授说，信息量是消除系统无序性的度量，即信息消除的熵①。也正是在此意义上，维纳才把信息量称之为负熵。②

系统的有序程度用信息来表示就是信息量，其内在的意义则是：系统获取了信息，并借此消除或者减少系统的不确定性，系统的无序状态因信息的吸纳而消除或者减少。或者用系统科学的语言表述：系统的有序度越高，系统所蕴含的信息量就越大，系统的熵值就越低。反之，系统的熵值越大，系统所蕴含的信息量就越低，系统的无序度就越高。

那么，对于等概率的系统事件，信息熵怎么表达呢？

系统等概率事件，只有一种表达：即信息熵 $H = \log_a n$。

等概率事件在现实过程中，无论是自然系统，还是技术系统，抑或是社会系统，都是很少发生的，但至少理论上是存在的。当系统等概率事件发生时，信息熵具有最大值；而当系统之中任何一个事件概率为 1 时，熵只能为 0。当然这只是特殊情况，即当系统中某事物运动的各种可能状态发生的概率相等时，那么，系统的平均信息量只能取决于各种可能状态的个数。然而在现实过程中，无论是自然系统，还是技术系统，抑或是社会系统，大量事件的结果的概率分布必然是不均匀的，如此，则信息熵的计算值就不仅仅取决于系统各种可能发生状态的个数，而且还要取决于系统中这些状态所能发生的概率。

## 三、信息论所蕴含的系统哲学思想

### （一）信息的本质与哲学基本问题

信息的本质究竟是什么？它是属于物质范畴，还是属于精神范畴，抑或是属于非物质、非精神的范畴？这几个问题关涉到信息的哲学定位，是必须在哲学上厘清的问题。维纳说，信息既不属于物质，也不属于能量，信息就是信息。不懂这个问题，就不懂得辩证唯物主义。尽管维纳认为，

---

① 信息消除的熵并非本文的信息熵。参见：沈骊天. 关于熵、信息、序的五个佯谬[J]. 系统辩证学学报，2005，（3）.

② 高剑平，仇小敏. 整体与关系：信息论对系统科学思想史的贡献[J]. 求索，2008，（3）：40-42.

信息概念超出了机械论形而上学所能容纳的限度，但是维纳自始至终都没有在哲学上说清楚信息的哲学定位问题。香农虽然建立了通信系统的信息模型，创立了信源与消息、编码、信道、噪声、译码、信宿等信息论的科学范畴，也建立起信息的数学度量，创造出信息熵的计算公式等，但香农同样没有在哲学上说清楚信息的哲学定位问题。

从物理学出发，世界上有三种终极存在：物质、能量和信息。对于前两种，即对于物质和能量，遵循质量守恒定律和能量守恒定律。但对于信息，则恪守着信息增殖的规律。信息广泛存在于自然界、人类社会以及人的思维当中。科学发现、技术发明是信息；法律法规、管理章程是信息；影像传输、电脑病毒是信息；物种基因、DNA 双螺旋体还是信息。信息是对客观世界中各种事物的运动状态和变化的反映，是客观事物之间相互联系和相互作用的表征。信息所表现的是客观事物运动状态和变化的内在实质。

从物理学上来讲，信息与物质和能量是不同的概念，信息不是物质，但是信息的存在需要物质载体。信息不是能量也不具备能量，但是信息的传输则需要依托能量。信息最显著的特点是不能独立存在。也就是说，信息来源于物质，来源于物质的运动，但信息不是物质运动本身；信息也可以来源于精神领域，但又不限于精神领域。

现代信息科学揭示出：宇宙中所有的信息，必然是由信源所发送，没有信源，便没有信息。而所有的信源都属于物质范畴。换句话说，没有物质载体，信息便无法存在。脱离物质载体的信息是不存在的。这就是物质与信息两者之间的关系。至于能量，现代信息科学同样揭示出：信息的传输离不开能量。输出信息需要能量，输入信息与接收信息同样需要能量，而且输入输出的过程中还要消耗能量。系统接收到信息之后，驾驭信息还是需要能量。但是信息本身，它不是能量。这就是能量与信息两者之间的关系。因此，信息对于物质乃至对于能量的依赖性，表明信息并不是宇宙中超物质的存在，这种依赖性表明了信息与物质能量的共生性，归根结底信息还是摆脱不了物质的属性。

那么，信息究竟是属于物质的何种属性呢？物质有两种属性：一种是物质的质料属性，另一种则是物质的能量属性。质料属性用物质量来度量，能量属性用运动量来度量。信息既不是质料，又不是能量，因而就只能是属于物质质、运动质的属性。自然科学告诉我们：物质质的区别，是由物质最基本微粒的运动秩序来决定，即由比较基本的物质微粒的动态结合方式来决定。而运动质的区别，则是由运动的轨道、运动的形式、运动的波形以及运动的能量的时空分布等运动的秩序和运动的方式来决定，即由运动本身所包含的信息来决定。这就是说，信息具有两种属性，物质质属性和运动质属性。①

基于此，南京大学哲学系教授沈骊天主张把哲学范畴的"信息"或者把信息的哲学本质界定为"运动的质"。沈骊天的"运动的质"即信息"并不等同于有序性，而是产生有序之能力"②。沈骊天的这个界定，与恩格斯在《自然辩证法》中对运动质的理解的观点"运动的不灭不能仅仅从数量上去把握，而且还必须从质量上去理解"③基本吻合。

由于信息具备物质质和运动质这两种属性，导致了信息存在两种趋势：只要条件具备，信息可以与物质、能量随时剥离；同样的，只要条件具备，信息又可以随时加载于新的物质能量之上。信息的这个哲学结论已经被现代信息科学所证实。这就是说，作为物质质的客体属性的信息，是可以从原来物质质客体中分离出来，然后运用信息的运动质的属性，加载于新的物质质客体之上，继续保留着原来物质质客体属性的信息而不发生衰减或者变异。换句话说，从原来物质质剥离出来的信息，借助于能量加载于新的物质质客体之上，仍然表征着原来物质质客体的相应属性。这就是信息的两种属性：一是信息与物质能量的共生性，二是信息与物质能量的可分离性。信息的这两种属性有着极为重要的哲学意义。

信息与物质能量共生，信息又可与物质能量分离。尤其是后者，不仅有着重大的科学意义，而且有着重大的哲学意义。今天的考古发现，如何提取古人的文明信息，基本上是依靠信息的可分离性来还原古代文明所达到的科学和技术的高度。信息与物质质的可分离性，使得主体可以跨越时空，在不直接接触物质质的条件下而能够提取原物质客体原来所蕴含的信息，此其一；可以在不改变物质质客体对象的前提下，而对的信息进行提

① 沈骊天. 哲学信息范畴与信息进化论[J]. 自然辩证法研究, 1993, (6): 41-46, 50.

② 沈骊天. 当代自然辩证法[M]. 南京: 南京大学出版社, 1997: 78.

③ 恩格斯. 自然辩证法[M]. 中共中央马克思恩格斯列宁斯大林著作编译局, 译. 北京: 人民出版社, 1971: 22.

取、存贮、运用、加工、变换、传输等，甚至是跨越时间与空间对信息进行这六个环节的操作，此其二；同一个信息可以用不同的物质质客体固定，可以用不同的信息系统进行提取、甄别、存储、传输、转换等，此其三；不同的信息，可以用相同属性的物质质客体固定，而后进行提取、存储、传输、转换等，此其四；又由于信息与物质能量的可分离性，可以使得主体在面对客体早已经消亡时，借助技术手段提取其信息，不仅可以长期保存该信息，而且还可以将该信息大规模复制，此其五；又或者一个新的物质质客体尚未产生，而人们则可以用符号系统先行将该信息形态构建出来，并借助技术手段将其建构出来。今天的影像模拟就是如此，无论是模拟已经故去的人物，还是建构现实中还没有的事物形态，都是秉持此技术，此其六……。信息与物质能量的共生和分离的特征，引发的所有这一切，是牛顿机械论和经典科学观所无法揭示也无法容纳的。

由于信息与它所表征的物质客体的可分离性，人们就必须承认波普尔的"世界3"同物质世界的相对独立性。人类一旦创造了符号这种特殊的信息载体，那么这种特殊的载体便因之获得了现实的意义和价值，成为一种特殊的客观存在。利用符号系统，人类创造了语言、科学、文化等，形成了波普尔所说的"世界3"。

全方位考察自然系统、人类社会系统以及人类的思维系统，无不存在着物质、能量、信息的交换。这种交换可以分为如下三个层次。

第一个层次，是自然界的无机界系统，即土地、沙漠、矿藏等无生命系统。在这个层次的系统里，物质与能量的交换居绝对主导的地位，信息的交换则是极小规模的伴生现象。在这个层次里没有信息交换，或者说信息的交换量极小极小。这是物质、能量、信息交换的第一个层次，同时也是低级的层次。

第二个层次，是自然界的植物、动物等有机界系统。在这个层次里，进化出了动植物的细胞甚至也进化出了动物的器官。通过动植物有机体的细胞，以及通过动物的器官，自然界的植物、动物等有机界系统，不仅能够与周遭环境交换物质和能量，而且还能以较少的物质和能量交换到较多的对自身有益的信息。这是物质、能量、信息交换的第二个层次，同时也是较高级的层次。

第三个层次，是生命有机界的人类社会系统以及人类的思维系统。在这个层次里，人类不仅进化出细胞、器官等人体组织，而且进化出人脑这个超级复杂的信息器官，更令人惊异的还在于，人类通过提升科学和技术水平，建构各种系统，进行各种层次的大规模的信息交换。不仅如此，人类还可以升华和存贮最高层次的思想。这是物质、能量、信息交换的第三个层次，是最高级的层次。同时，也是人类特有的信息过程。

换一个角度考察，为什么自然界会存在着进化？为什么这个世界千姿百态、美轮美奂？为什么自然界能够从物质、能量、信息交换的第一个层次进化到第二个层次，然后又从第二个层次再进化到第三个层次？答案在于：信息既可以与物质能量相共生，同时信息又可以与物质能量相分离。也就是说，信息与它所表征的物质客体的可分离属性，是自然界发生进化的必要条件之一。

据此，我们可以从信息论的上述论证中，引出如下三个哲学推论：①

第一个哲学推论是：信息与物质能量共生同时信息又可与物质能量分离的属性，是自然界物质客体的基本属性。这种属性是一种辩证属性。正是有了这一辩证属性的存在，自然界据此发生进化，客观世界据此存在着普遍的内在联系，同时也是理解这个客观世界的多样性、复杂性的关键所在。信息所揭示出的这第一个哲学推论，不得不说是对辩证唯物论物质观的一大贡献。

第二个哲学推论是：信息与物质能量共生同时信息又可与物质能量分离的属性，描绘了世界新图景。因为，按照牛顿经典力学和麦克斯韦经典电动力学所描绘的世界图景，我们周围的世界是两种质料构成的：那就是物质质和运动质，即仅仅是由物质和能量所构成。然而，信息的发现，以及信息与物质能量共生同时信息又可与物质能量分离的属性，告诉我们：客观世界，原来是由质料、能量、信息这三者构成的。而不仅仅是牛顿和麦克斯韦所定义的客观世界只有物质和能量这两者。从物理学的角度考察，物质、能量、信息是宇宙的终极存在。但是换一个角度，从哲学的角度考察，质料、能量、信息此三者则统一于哲学上的物质。即信息同样属于物质，相对于信息而言，质料和能量它就是信息的载体，三者同属于物质范畴。

---

① 高剑平，仇小敏. 整体与关系：信息论对系统科学思想史的贡献[J]. 求索，2008，（3）：40-42.

第三个哲学推论是：信息与物质能量共生同时信息又可与物质能量分离的属性，为"物质变精神，精神变物质"这一辩证唯物论原理提供了扎实的科学支撑。由于信息与物质能量共生同时信息又可与物质能量分离的属性，人类所面临的客观物质世界，经过人的大脑加工，可以抽象、提升并转化为人的精神产品；而关于人类精神产品的各种信息，譬如自然界的规律，科学的发现，技术的发明，人类的方案、计划、法律、规章等，则可以通过人类的实践而转化为客观世界的物质和能量。

最为典型的例证，就是遍布全球的人类水力、风力、火力、核能、太阳能等各种形态的发电站。这就是说，信息与物质能量共生同时信息又可与物质能量分离的属性，为唯物论的认识论提供了现代科学尤其是信息科学的客观根据。

## （二）注重"整体"与"关系"的信息方法

信息的哲学基础就是"整体"与"关系"，而不是传统经典科学的"局部"与"实体"。这不仅体现在具体通信装置中——具体通信装置中信息就是沟通信源与信宿之间的特殊"关系"；而且体现在信息熵的数学度量中——信息熵的计算值就不仅仅取决于系统各种可能发生状态的个数——而且还要取决于系统"整体"中这些状态所能发生的概率。

"整体"范畴和"关系"范畴，贯穿于所有的通信系统之中。

首先，世界上所有的通信系统，均可以在理论上抽象为香农的通信系统模型，即信源与信宿之间的"关系"模型。我们可以沿着从简单到复杂的方向来举证。

譬如两个亲密的朋友交谈，可以视为一个简单的通信系统。朋友既可视为两端的信源，又可视为两端的信宿。隔断两人的空间可以视为信道。不管是语言也好，还是姿态也好，抑或是手势也好，这些就是信源发出的信号。信号通过信道被信宿接收，获取各自所需的信息。当然这中间可能有周围的噪声，又或者有其他闲杂人等，即存在着对信道的干扰，但是两个老朋友可以采取提高音量，重复手势，避开旁人等措施维持着这个最简单的通信系统的运行。一句话，老朋友之间的交谈，从信息论的角度，不仅是信源与信宿之间的"关系"，而且是"整体"的谈话过程，还可以反映两者"关系"的程度。

又譬如，一个集团公司召开中层干部会议，可以视为一个较为复杂的通信系统。来自各个部门的负责人，既可视为复杂通信系统多端点的信源，又可视为复杂通信系统多端点之间的信宿。隔断负责人的空间可以视为信道。不管是语言也好，还是姿态也好，抑或是手势也好，或是凭借各自的部门信息也好，这些就是多端点信源发出的信号。信号通过信道被信宿接收，获取负责人各自所需的信息。这中间可能存在各部门负责人的争吵，抑或是电话的烦扰，或外部人员的来访等，但公司可以采取措施，将这次会议开完。并以此为基础，达成集团公司的共识并做出决策。总而言之，集团公司的中层干部会议，从信息论的角度，不仅是信源与信宿之间的"关系"，而且是中层干部"整体"的谈话过程，还可以反映集团内部的"关系"程度。

再譬如，在收音机的发送接收通信系统中，广播电台所发送消息的无线电装置是信源，信源要把广播电台播出的消息转换成电信号，天空中的电离层可以视为信道，信道要将信号传入收音机，收音机则是信宿，收音机再把接收到的电信号转换成消息，最后被广大听众所接收。在这里，不仅信源与信宿之间属于"关系"范畴，而且信息在信源与信宿以及人之间构成一个信息传播的"整体"过程。诸如此类的例子举不胜举，比如今天广泛存在的 QQ 群、微信群、腾讯会议系统等，均可纳入信源与信宿之间的"关系"范畴。

不仅如此，香农的通信系统模型，还可以做更大范围的推广。无论是自然界，还是人类社会或人类的思维领域，抑或是人的技术领域，存在着难以统计的数量极多的复杂系统。譬如人类的生产生活系统，譬如人的生理系统和心理系统，譬如自然生态系统，又譬如世界各国的产业系统，世界各国军事领域里的导弹控制系统，等等。这些系统领域不同，种类各异，其各自系统内部的物质构成和运动形态千差万别，如果用传统的经典科学方法根本无法发现其内在联系。但如果用信息科学的方法，则可以揭示出这些系统之间内在的信息联系。在信息论和控制论的方法下，这些不同的系统，统统可以视为信息的"通信和控制系统"。这样一来，系统的运动过程，就可以视为系统之信息的输出、输入、存储、处理乃至传输、整合的运动过程，从而揭示出不同系统之间内在的紧密的信息联系。

其次，信息论加速了科学的整体化趋势，成为当今科学研究的重要手段。

信息论把信息从载体的物理性质中剥离出来，不再着眼于物质和能量，而是着眼于信息。信息论撇开了物质和能量的具体形态，把自然界、人类社会、思维系统等复杂的系统视为一个关于信息的整体，由于系统中持续的信息流，必须通过整体方法才可以窥得系统全貌。于是，原来经典科学的"因素分析—线性还原"的认识过程，转变成了信息论中的"信息综合—整体分析—系统协调"的认识过程，从而加深了人们对于自然界、人类社会以及思维系统中的各种复杂系统的整体认识。

不仅如此，对于科学成果的评价也转到了整体和综合的大方向上来了。今天对于科技成果，要求人们将其放到"自然-技术-经济-社会"这个大系统中来进行评价，接受来自政治、经济、文化等多方面的诘问和质询，而不仅仅是原来的按照科学标准和技术标准来评价。信息论的出现，大大推动了科学的整体化。信息论的出现，使科学开辟了新的疆域。这是法国物理学家 L. 布里渊（L. Beillouin）对信息论的评价。[①]

最后，信息论促进了自然科学与社会科学的融汇与合流。

我们考察从信息论诞生以来，一个明显的趋势就是，在现代科学知识整体化的时代大潮中，自然科学与社会科学日益融汇并趋于合流，并表现出两个特点，自然科学日益"社会科学化"，而社会科学则日益"自然科学化"。

## （三）确立信息概念与清算机械论

从哲学观念来看，信息论在哲学思想史上的一大贡献，是香农对牛顿机械论观念的突破。这种思想观念的突破，主要体现在香农的信息论之信息熵的度量，是建立在对数学中概率思想的应用上的。考察香农信息论的建立过程，我们可以发现，信源的可能消息被香农视为随机事件，而发送消息的过程则被香农视为随机过程，而信息这个香农最为关心的概念，同时也是信息论最为核心最为基础的概念，则被香农定义为消息所发生的概率的函数。如此一来，就使得信息论的整个概念框架，是建立在数理统计

---

① 高剑平，仇小敏. 整体与关系：信息论对系统科学思想史的贡献[J]. 求索，2008，（3）：40-42.

的数学思想之上的。也就是说，信息论的方法论体系，完全建立在概率论描述的基础之上。"不确定性"进入科学的殿堂，"偶然性"与"或然性"则进入哲学的殿堂。而这与牛顿的机械论不仅是恰恰相反的，而且是格格不入的。牛顿的机械决定论宣称，这个世界的现在，是由它的过去决定的；而这个世界的未来，则是由它的现在决定的。只要知道了这个世界运转的初始条件，无论是它的过去，还是它的未来，一切均在掌握之中。这就是说，世界上只存在着"必然性"，没有"偶然性"的哲学空间。信息论的"不确定性"的科学结论，以及"偶然性"与"或然性"的哲学范畴，不仅清算了机械论；而且在学科林立的现代科学体系中，像信息论这样彻底贯彻统计思想和概率方法的统计因果观并不多见。

考察信息论的诞生过程，可以发现：从20世纪20年代起，哈特莱就已经初步发现了信息与概率之间的某种联系，哈特莱的发现为后继者打开一条崭新的思路。而玻尔兹曼把统计思想引入进了物理学，建立统计力学，其用概率观点来解释熵，不愧为天才的洞见。香农和维纳几乎是同时提出，必须用概率来定义信息，用信息熵来计算并测量信息。香农不仅先是受到玻尔兹曼的天才启发，而后又接受了冯·诺依曼的合理建议，把信息称之为信息熵。维纳则继承和发展了薛定谔的观点，提出了信息就是负熵的科学命题。此外，对于信息论的建立，还有着一大批卓越贡献的学者，比如费歇尔、魏沃尔、布里渊等。他们都毕生坚持着用统计的观点来定义信息，以及用信息熵的方法来解决信息测量与计算等问题。总之，经过上述一批卓越学者的努力，在20世纪中叶，关于信息的统计理论，终于建立起来了。相应地，机械论的决定论被逐出了信息论领域。

当然，把视线拉长，把目光放远，我们还可以发现：信息论对机械论的这种突破，是以19世纪中叶到20世纪中叶的世界哲学、物理学等领域的革命性变革作为其前提的。第一个前提是马克思和恩格斯，是他们率先从哲学上对机械论展开系统性的批判，提出了辩证唯物主义的辩证决定论。第二个前提则是玻尔兹曼把数学的统计思想，引入了物理学的统计力学领域，并用概率论观点来解释熵的微观机制。第三个前提是进入20世纪以后，由于量子力学的顺利建立，无论是薛定谔的波函数，还是海森伯的矩阵力学，都使得统计规律被科学界确认为客观世界的基本规律，量子力学的概率论描述则被科学界确认为与牛顿确定论描述并驾齐驱的科学方法，其结果是引发了一场空前巨大的科学革命。牛顿的机械决定论退回到宏观低速领域，而宇观高速领域和微观高速领域，则被量子力学所占领。这就使得牛顿机械论的科学观的领地大为缩小，其在科学中的支配地位被颠覆。而信息论的产生，则是这场巨大的科学革命的必然成果，这也是在这场革命中所产生的革命性的科学思想观念和哲学思想观念。

# 第三章　自组织理论阶段的系统哲学思想：从存在的"实体"到演化的"关系"

　　自然界和人类社会有很多令人费解的现象：单条的鱼，在没有任何指挥的条件下，自动聚集并自发编队，从而成为鱼群；单个的原子，相互之间通过形成化学键的方式，寻找最少的能量结合形式，从而形成分子；单个的人，相互之间通过买卖的形式，满足各自的物质需要，并从而形成了市场；从满足人自身各种欲望的起点，衍生出婚姻、家庭、氏族、部落、宗教和文化等。这些现象是如何产生、如何演化的？有无支配它们的一般原理？回答此类问题，自古至今都是对人类智力的巨大挑战。历史上先进的哲学家及其学说，往往把上述现象，判定为事物"自己运动"的产物。这种回答，无疑是正确的。但这仅仅是一种思辨的回答，没有能够揭示出事物"自己运动"的内部机制。

　　在系统哲学思想史上，一般系统论、控制论、信息论等理论，主要是确立"整体"的科学研究对象与研究视野。这三个早期主要的系统科学理论对于"关系"对象的确立，以及对机械论形而上学"实体"论的破除，标志着系统科学的"整体"转向和"关系"转向。但是"关系"范畴在这三种理论里面是静态的。也就是说，一般系统论、控制论、信息论这三种理论对系统"关系"的研究是建立在静态的基础之上的。系统之要素、部分、整体、关系等，仅仅存在于空间里，时间则可有可无。因而，这三种理论都带有明显的构成论痕迹。尽管早期的系统科学家从系统与要素之间的"关系"出发，揭示了系统的非加和性的特征，但他们对系统变化和发展的规律并没有做出深入具体的论证，没有提出系统内部矛盾运动的重要原理，更没有揭示系统内部矛盾过程及其演化的重要机制。因而，早期的一般系统论、控制论、信息论等这些理论，对客观事物的解释还没有深入到演化的"关系"层面，还不是特别的有说服力。

　　科学是回到以前关于存在的"实体"的研究道路，还是继续沿着贝塔朗菲开辟的"关系"方向前进？是否有把科学研究推进到"关系"演化层面的必要？

显然，答案是肯定的。因为要想给出对事物清楚的解释和有力的说明，那就必须将"关系"从事物的外部推进到事物的内部，就必然面临着揭示事物内在的演化机制层面的"关系"，而不仅仅是停留在静止的构成性"关系"上。自然界内在的演化及其机制到底是什么？有无支配这些自然现象发生的一般原理？系统里面是否有时间？如果有，是对称的，还是不可逆的？

对这类问题提供正确答案的，是系统科学的自组织理论。自组织理论揭示了世界从无序到有序的自组织机制，并在那里重新发现了时间。严格地讲，自组织理论不是一个独立的理论体系，它是系统科学的一个学科群——是对系统的自组织现象进行研究的学科群的总称，包括耗散结构论、协同学、超循环理论、突变论、混沌理论、分形理论、复杂性科学等。

系统哲学思想史上，正是耗散结构论、协同学、超循环理论等这些自组织理论，将科学研究从存在的"实体"推进到了演化的"关系"。这样，自组织理论在系统哲学思想史上书写了浓墨重彩的一页。本章将以耗散结构论、协同学、超循环理论为代表详细讨论自组织理论的系统哲学思想。

## 第一节　耗散结构论的系统哲学思想

自组织作为一个概念，是 20 世纪 50 年代末，由艾什比首先提出的。但自组织理论能够形成，并在全世界产生广泛的影响，则是 20 世纪 60 年代以后的事情。当时世界上出现了一批以揭示自组织规律为目标的系统科学学派，最著名的当属比利时的布鲁塞尔学派，代表人物有普里高津、哈肯、艾根等。他们以现代科学的前沿成果为依据，建构描述自组织现象的概念框架。普里高津提出并建立耗散结构论。哈肯提出并建立协同学。艾根提出并建立超循环理论。这些理论的相继提出和建立，通过对自组织形成的机制进行深入研究，取得了理论上的重大进展。这些理论从不同的维度诠释和证明了各种物质系统是如何从无序变为有序，从简单有序变为更高级有序的演化规律。20 世纪 70 年代以后，自组织理论在生物学、生态学、社会经济系统的研究中得到了广泛的应用，并取得了许多有意义的成果。然而，自组织理论之所以能在 20 世纪 60 年代广泛传播，则是有着深厚的历史渊源的。

## 一、自组织理论的历史考察

第一批自组织理论出现于 19 世纪中叶。达尔文的进化论，就是属于生物学的自组织理论。自然选择，适者生存（或物竞天择）的原理就是一种自组织原理。马克思五种社会形态的演进理论，则是关于社会历史的自组织理论。生产力决定生产关系，经济基础决定上层建筑的原理，是对社会历史系统自组织机制的一种理论阐述。相变理论，是物理学的自组织理论。相变理论系统地解释了物质三态转变的机理。然而，上述三种自组织理论，都是某个特定领域的自组织理论，都未曾提出和使用"自组织概念"。伯格森就曾经认为，达尔文的进化论中有一个关键的概念——适应。达尔文的适应概念虽说是一个简单明晰的概念，但是他将适应现象完全归功于一种外在的原因，即是环境对不能适应者的淘汰，而没有考虑到生物有机体的内在主动性。马克思也曾表达过关于自然的组织、生成、发展的观点，并批判机械论："在希腊哲学家看来，世界在本质上是某种从混沌中产生出来的东西，是某种发展起来的东西、某种生成着的东西。在我们所探讨的这个时期的自然研究家看来，它却是某种僵化的东西、某种不变的东西……"①不过，马克思的五种社会形态演进理论，也还只是停留在对自组织现象的定性描述，尚不能满足现代科学的规范要求。相变理论是关于自组织现象的定量描述，但也仅限于物理学范围，且只能描述平衡过程中的自组织现象。

1864 年，克劳修斯出版《热之唯动说》，他在这本著作中提出了著名的"熵"概念，并发现了熵增定律。这个定律可以简单地表述为：在一个理想的封闭系统中，系统内部的状态总是向着熵值最大的平衡态变化方向发展。熵增定律打开了演化的大门，但这个大门只有一个出口：热寂。玻尔兹曼等人对熵这个概念进行了推广：用统计热力学解释了熵，把熵定义

---

① 马克思，恩格斯. 马克思恩格斯选集：第四卷[M]. 2 版. 中共中央马克思恩格斯列宁斯大林著作编译局，编. 北京：人民出版社，1995：265.

为热力学系统中分子运动的混乱程度。玻尔兹曼认为，在由大量粒子构成的系统中，熵就表示粒子之间无规则的排列程度，或者说熵表明系统的混乱程度。这似乎表明，自组织运动和有序的发展是不可能的。但是，自然界又明显地存在着进化和发展的过程，比如生命系统、社会系统、文化系统等，这就使得许多科学家和哲学家不得不思考：是否存在着克服熵增的自组织运动？

著名物理学家薛定谔在《生命是什么》一书中说："一句话，自然界正在进行着的每一件事都意味着它在其中进行的那部分世界的熵的增加。因此，一个生命有机体在不断地增加它的熵——你或者可以说是在增加正熵——并趋于接近最大值的熵的危险状态，那就是死亡。要摆脱死亡，就是说要活着，唯一的办法就是从环境里不断地吸取负熵，……或者，更确切地说，新陈代谢中的本质中的东西，乃是使有机体成功地消除了当它自身活着的时候不得不产生的全部的熵。"[①]薛定谔的研究给人的启发是，自组织运动的重要条件和途径就是"从环境里"和从"新陈代谢"过程中去解决问题。

薛定谔的这一思想给予普里高津以极大的启发，普里高津正是沿着这一路径创立了耗散结构论。在系统理论的发展史上，普里高津的耗散结构论是一个分水岭，它将系统由静态结构发展为动态结构，并首先建立起一种关于演化的"过程观"，而不是采取传统的"静止观"来看待和处理问题。

乔瑞金在他的《现代整体论》中指出："早期的系统研究主要在于确立对待系统的整体科学态度，在于把握系统存在的某些一般的属性；而耗散结构论以来的系统研究主要着眼于揭示系统演变和发展过程中所表现的整体属性和规律，并产生了以自组织理论为标志的新的科学理论。"[②]耗散结构论，是讨论系统从混沌到有序的内在演化过程，它对于自然科学和社会科学，甚至对于人文科学都有着重要的意义。

## 二、普里高津与耗散结构论的建立

那么，普里高津是如何建构他的耗散结构论的呢？我们先来回顾一下科学史。

---

① 转引自：庞元正，李建华. 系统论控制论信息论经典文献选编[M]. 北京：求实出版社，1989：622.
② 乔瑞金. 现代整体论[M]. 北京：中国经济出版社，1996：34.

1859 年，达尔文出版《物种起源》，《物种起源》告诉人们自然物种可以不断进化，进化的方向是从低级走向高级，从低有序度走向高有序度。1867 年，在德国第 41 届自然科学家和医生的代表大会上，克劳修斯发表了题为《关于机械的热理论的第二定律》的演讲，提出了他的著名的"热寂说"。"热寂说"告诉人们：世界可以有运动和发展，但他具有方向性，最终的方向是宇宙趋于死寂。至此，达尔文的进化理论与克劳修斯的热寂说，产生了无法调和的矛盾。

达尔文与克劳修斯的矛盾，对 19 世纪的以生物进化论和平衡态热力学为代表的常规科学来说，一直就是一个演化方向的矛盾。到普里高津的时代，这个矛盾困扰了自然科学界达 100 年之久，一直都没有得到很好的解决。与此同时，一些科学实验当中的新的现象、新的问题则不断出现，如 1900 年发现的"贝纳尔对流元胞"；1958—1960 年化学上的 B-Z 反应的化学波和化学钟现象，以及后来生物学上的种群竞争现象等。这些科学与自然现象，引起了包括普里高津在内的相当一些科学家们对平衡态与非平衡状态、可逆与不可逆现象的关注。这说明演化的思想观念，非线性的思想观念，开始占据当时第一流的科学家的头脑。科学家们意识到，这些现象可能是新科学革命的重要突破口。在当时各种各样观点的激烈论争中，普里高津感受最为强烈的是如下三个思想观念：时间的"单向性"，事件的"过程性"，以及"不可逆性"。

于是，普里高津首先建立起一种关于揭示演化机制的"过程观"。"过程观"对于耗散结构论有非常重要的哲学意义，它是进入关于演化研究领域的形而上学规则。

确立了"过程观"的形而上学规则，接下来就是解决具体的"过程"的"不可逆"问题。

可逆和不可逆问题是科学研究中出现的科学问题，科学问题必须用科学的方法来解决。普里高津发现：化学热力学的最小熵产生原理，只适用于不可逆的线性范围。于是，普里高津提出一个问题：线性范围以外，远离平衡态的稳定状态又将是个什么样子呢？如何才能够从平衡态过渡到非平衡态的非线性呢？进一步地研究，以普里高津为代表的科学家们发现：线性关系，不能应用于化学动力学的研究。那么，远离平衡态的非线性区域，究竟怎么样呢？普里高津和他的同事们又发现：远离平衡态的非线性区域的演化，与平衡态或近平衡态区域的演化，它们两者最大不同就在于：并不存在一个适用于非线性范围内系统演化的一般准则。系统演化时广泛存在的现象就是，系统中存在着分岔或分支点现象。换句话说，就是系统存在着发展演化的多种可能性。

### 三、耗散结构论的主要理论概念

普里高津认真研究了科学实验中出现的"贝纳尔湍流"、B-Z 化学钟、生物学上的种群竞争等现象。普里高津发现，有些体系可以自发出现有序结构。基于系统的这个特征，普里高津建立起描述系统出现有序结构的四个一般概念："活"的有序性结构、对称性破缺、自组织的非线性作用、分叉。下面，我们一一介绍。

#### （一）"活"的有序性结构

首先，普里高津判定，贝纳尔元胞流体中的六角形花样，化学振荡的 B-Z 反应中的生成物浓度等，是随时间振荡和空间周期分布的，都是有序结构。但是这种有序结构，与晶体结晶过程形成的平衡结构，有着本质的不同。首先，宏观不变的平衡结构，是由微观粒子的规则排列形成的，本质上是热寂说的最终趋于平衡分布的死结构。然而这种结构，又是由微观粒子不停地运动形成的，因此是活的结构。其次，普里高津说，由微观粒子的不停运动构成的宏观稳定结构，需要外界不断供给物质和能量来维持和发展。

#### （二）对称性破缺

所有从无序到有序的演化，都出现了对称性破缺。这样不仅对体系有序演化的概括和描述有了共同的概念，而且也可以比较不同体系演化的有序程度。后来，哈肯就是沿着这条道路，找到了"序参量"。"序参量"是一个更为准确的科学概念，用来描述和比较不同体系演化的有序程度。

（三）自组织的非线性作用

自然界和人类社会一切有序结构的形成，外界的物质与能量供给只是一种条件。普里高津发现，尽管这种条件是必须的，但却不是针对体系特定部分的。由于外部的物质和能量是平均供给体系的，然而体系却出现了方向各异的对称性破缺，这就反映了体系内部存在着自组织的非线性相互作用。也就是说，自组织的非线性作用，是体系演化出现有序结构的根本原因的特性。自组织的非线性作用也是系统的特性之一。

（四）分叉

远离平衡态的非线性区的演化，与平衡态或近平衡态区的演化，它们之间的最大不同就在于：并不存在一个适用于非线性范围内体系演化的一般准则。换句话说，就是存在着发展演化的多种可能性。其表现就是体系存在着分叉或分支点现象。例如，存在着按原来演化方向进行的线性稳定分支，也在某一点存在新的有序演化的非线性稳定分支。即在某点存在两个或两个以上的演化分支。这就为后来系统稳定性分析的数学描述——微分稳定方程奠定了概念基础。更有意义的是，分叉和分支把"时间"和"历史"引入到了自然科学的各个学科之中。而过去，"时间"和"历史"仅仅是社会科学的专利。普里高津把这种浮现在热力学分支不稳定性之上的有序结构称为"耗散结构"。

## 四、耗散结构论的理论要点

耗散结构的概念用数学形式表达出来之后，系统科学自组织理论的研究阶段就开始了。按照传统观点，有序是与平衡相联系的，而无序是与非平衡相联系的。然而，普里高津告诉世人：有序与非平衡相联系，且系统只有在远离平衡的条件下，才有可能朝着有秩序、有组织、多功能的方向进化。由此，普里高津提出了"非平衡是有序之源"的著名论断。

普里高津给出耗散结构的定义是：在开放和远离平衡态的条件下，在与外界环境交换物质能量的过程中，通过能量耗散和系统内部的非线性动力学机制而形成和维持的宏观有序结构。此定义已隐含地说明：开放性、非平衡性和非线性是系统向有序方向演化的条件和根据。耗散结构论作为最早形成的自组织理论，它主要是对自组织的产生、形成和发展所必需的环境和条件进行阐释的理论。它主要包括以下几个理论要点。[①]

## （一）开放是耗散结构形成的必要条件

耗散结构论撇开了孤立系统，将科学研究的对象呈现在丰富多彩的开放世界中。支撑起"开放是耗散结构形成的必要条件"这一原理有两块基石：一是生命经验，二是克劳修斯的热力学第二定律。就生命经验而言，一切生命系统的有序演化，系统都必须以与环境不断交换物质能量为先决条件。正是在这个意义上，薛定谔说，生命赖负熵为食。克劳修斯的热力学第二定律则断言：孤立系统必然走向无序的平衡态，不可能导致有序结构的生成。

开放系统虽然是系统有序演化的必要条件，但是它却不是系统有序演化的充分条件。因为只有当系统具有适当类型的开放性，即满足上述关系时，系统才会发生有序演化过程。这就意味着，系统的有序演化还需要其他一些相关条件。

## （二）非平衡是有序之源

普里高津明确指出：远离平衡和非线性是推进系统产生有序结构的有序之源。有序、稳定性和耗散之间存在着高度的非平衡的联系。由于系统的平衡态是一种稳定结构，因而不会出现波动。无论是孤立系统还是开放系统，当系统处于平衡态或近平衡态时，即使给它一个扰动，也会因为系统自身的力量而使系统消除这种扰动，重新回到稳定的平衡状态，而不会产生任何新的组织和结构。只有当系统状态被推到远离平衡区域时，由于系统与外界环境的相互作用，其内部的不均匀状态逐渐变得不稳定，这时，在系统内部的涨落作用下，不稳定的系统发生突变，在若干个可能演化的

---

① 高剑平. 民营企业与社会主义市场经济——历史唯物主义及系统科学视野下的中国特色社会主义[J]. 学术论坛，2011，（10）：117-121.

分岔或分支上选择某一分支，由原来的无序、混乱状态转变到一种时空或功能有序的新状态。所以普里高津说："非平衡是有序之源。"

## （三）系统内部各个要素之间存在非线性的相互作用，是新的有序结构形成并得以保持的内在根据

在这第三个理论要点里，我们看到了非线性占据着系统的统治地位。系统要形成新的结构，构成系统的各要素之间既不能是各自孤立的，也不能仅仅是简单的线性联系，只有当它们之间存在非线性的相互联系和相互作用时，才能使它们产生复杂的相干效应和协同动作，进而形成区别原有系统结构的新的有序结构，并得以维持和发展。当人们把这种得自远离平衡态的研究所取得的新见解与非线性过程结合起来，并考虑到这些复杂的反馈系统时，人们对整个自然界的看法便改变了。

## （四）"涨落"是耗散结构形成的"种子"和动力学因素

"涨落"是指系统中某个变量或行为对平均值所发生的偏离。对于任何一个多自由的复杂体系，这种偏离是不可避免的。对于原本稳定的系统，由于该系统本身具有较大的抗干扰的能力，涨落并不总能对它构成严重威胁；而对于已达临界状态的系统，即使较小的涨落，也可能使它失去稳定性，导致从一种状态演化为另一种形态。按照耗散结构论，任何一种有序状态的出现都可以看作是某种无序的参考系失去稳定性的结果，因而系统就可以"通过涨落达到有序"。在系统的演化过程中，系统中那些不随时间而衰减，相反却增大的涨落，便成为新的有序结构的"种子"。

## （五）"涨落"达到或超过一定的阈值，是使系统形成新结构或系统结构遭到破坏的关键

任何事物都有其质的规定性的临界度。"度"即保持自身特质并可与它质相区别的阈值。当系统中的涨落所引起的扰动和震荡达到或超过一定的阈值，就会使原有系统的结构遭到破坏，为出现新的有序结构提供可能；相反，新的系统要想保持自身稳定，就必须将系统的涨落控制在一定的阈

值（即临界度）以内，否则，有序结构就会转化为无序。在系统所有的情况中，一种代表新的秩序分子会自发地产生出来，它相当于通过与外部世界交换物质与能量而达到稳定的一种巨型涨落。布鲁塞尔学派把它概括为："通过涨落达到有序。"任何事物都有其质的规定性的临界度。"度"即保持自身特质并可与它质相区别的阈值。

## 五、耗散结构论的系统科学思想

### （一）科学研究的切入点："重新发现时间"

对时间本质的再次认识是普里高津对系统整体性认识的切入点，正是解决了这个问题，使得自组织系统理论向前跨进了一大步，系统是动态的系统。每一系统都是独一无二的。在这里，"独一无二"是蕴含了自相似性、无标度性的思想萌芽。

普里高津认为，科学的更新在很大程度上就是重新发现时间。在经典力学中，对任何事物的描述都是无所谓历史的，即没有时间的方向性，没有演化。过去如是，现在如是，将来依然如是。由于克劳修斯等人将熵引进到经典热力学中，并完善了热力学第二定律，使热力学得到了新的发展，从而使人们发现并认识到孤立系统内部的分子热运动，会随着时间的推移，熵增而不可逆。也就是说，物质运动本身存在着不可逆性的时间。但是熵增定律所表征的时间内涵，依然没有摆脱机械决定论的色彩。爱因斯坦的狭义相对论指出：同时性是相对的。但相对论并未把时间与物质世界的复杂演化以及发展的进程联系起来。

在经典热力学中，"时间之矢"通向死亡，世界趋于混乱和随机。比如在里夫金、霍华德看来，人类的历史就是受热力学第二定律支配的江河日下的倒退的历史，人类的任何努力都是徒劳。他们在《熵：一种新的世界观》中说："每一个由加快能量流通的新技术所体现的所谓效率的提高，实际上只是加快了能量的耗散过程，增加了世界的混乱程度。"①然而，在达尔文的进化论看来，"时间之矢"通向发展，世界趋向于在一定结构和

---

① 里夫金，霍华德. 熵：一种新的世界观[M]. 吕明，袁舟，译. 上海：上海译文出版社，1987：59.

功能方面的组织性的更高层次，随着时间的累积，进化会趋于完善。如何化解克劳修斯热力学第二定律与达尔文生物进化论之间的矛盾，有赖于重新发现时间。

按照传统的自然观，自然的基本过程是决定论的和可逆的。但是"我们正越来越多地觉察到这样的事实，即在所有的层次上，从基本粒子到宇宙学，随机性和不可逆性起着越来越大的作用。"[①]而这，正是重新发现时间的关键——在远离平衡态时，系统的热力学性质与平衡态及近平衡态有本质的区别，在这个区域可以实现从简单到复杂的演化，出现以耗散结构为特征的有序性。这就对时间观念做了重大修正。自然界不再是僵死的、被动的。可逆和决定论只适用于有限情况，不可逆性与随机性则起着根本作用。科学正在重新发现时间，自然界是一个进化的自然界，"进化的概念好像成了我们物质世界的核心"[②]。

普里高津通过自组织理论告诉人们，两种"时间之矢"的冲突只是表面现象。进化的系统不是封闭的系统，整个宇宙也不是机械性的。宇宙的过程并不将时间箭头指向热寂，也不是仅仅指向适应。这就是说，生命不仅仅是宇宙偶然失常的产物，也不是神秘的形而上学力量的显现。生命有机体"通过涨落达到有序"，这就使得有机生命体在地球的出现，具备了一定的必然成分，而不再是达尔文之被动适应的、随机的、偶然的产物。

（二）科学研究的本质："人与自然的同盟"

普里高津认为，科学不是独白，而是人与自然的对话。

随着科学实验方法的发明，近代科学开创了人与自然之间成功的对话。然而，近代科学严格的主客二分，排除主观成见以追求绝对的客观性，导致了两者的相互分离，从而人与自然不再是一个整体。研究者变成了"旁观者"，其任务是公正地描述自然界中发生的一切。因而这种对话，是把人从自然界中孤立出来的对话。人与自然界，相互都显得陌生。

① 普里戈金，斯唐热. 从混沌到有序：人与自然的新对话[M]. 曾庆宏，沈小峰，译. 上海：上海译文出版社，1987：27.
② 普里戈津. 从存在到演化：自然科学中的时间及复杂性[M]. 曾庆宏，严士健，马本堃，等，译. 上海：上海科学技术出版社，1986：2.

从这个角度评价，经典自然观，"试图把物质世界描述成一个我们不属于其中的分析对象，按照这种观点，世界成了一个好像是被从世界之外看到的对象①"。然而，普里高津却坚定地认为，现代科学发展为我们带来某种更加普适的信息，这种信息关系到人与自然及人与人之间的相互作用。

耗散结构论表明：自然的演化是一种不可逆过程，人类不可能脱离这个不可逆过程去研究不可逆过程的问题。"虽然可逆过程与不可逆过程的区别是一个动力学问题而且不涉及宇宙学论据，生命的可能性、观察者的活动却不能从我们恰好身在其中的宇宙环境中分离出来。"②不可逆的发现使我们对玻尔的著名论断有了新的认识：在这个世界上我们既是演员又是观众。我们对世界的描述，"是一种对话，是一种通信，而这种通信所受到的约束表明我们是被嵌入在物理世界中的宏观存在物③"。

因此，耗散结构论的一个重要运用在于，它重建了人与自然的同盟，人从"旁观者"变成"参与者"，这是耗散结构论对系统科学思想的第二个重大贡献。

（三）科学研究的重心：从存在的"实体"到演化的"关系"

考察整个科学发展的历程，普里高津的第三个贡献在于：从有关开放系统的研究入手，讨论了自然界的发展方向问题，使得科学研究的重心，实现了从存在的"实体"到演化的"关系"的转移。在系统科学的发展史上，以耗散结构论的建立为标志，对系统研究的着眼点发生了根本性的转移。这就是说，科学研究实现了从原来的以存在和他组织为研究重心，到耗散结构论之后的以演化和自组织为研究重心的转移。

早在19世纪，关于自然界的发展方向问题，就存在着两种截然对立的观点。克劳修斯认为，自然界的发展是从有序到无序，从复杂到简单，最后达到"热寂"的退化过程。达尔文则认为，生命是从单细胞到多细

---

① 普里戈金. 从存在到演化：自然科学中的时间及复杂性[M]. 曾庆宏，严士健，马本堃，等，译. 上海：上海科学技术出版社，1986：5.
② 普里戈金. 从存在到演化：自然科学中的时间及复杂性[M]. 曾庆宏，严士健，马本堃，等，译. 上海：上海科学技术出版社，1986：183.
③ 普里戈金，斯唐热. 从混沌到有序：人与自然的新对话[M]. 曾庆宏，沈小峰，译. 上海：上海译文出版社，1987：357.

胞；从低级物种到高级物种，进化而来的。人类的发展也是从无序到有序、从简单到复杂的进化过程。从现象看，生命世界似乎与物理世界有着完全不同的规律和发展方向，这就产生了热力学和进化论的矛盾。两者的矛盾如何协调？好长一段时间，科学界对此束手无策，直到耗散结构论的出现。耗散结构论指出，一个开放系统通过与外界交换物质和能量，可以从外界吸收负熵流抵消自身的熵增，并使系统的总熵不变或逐步减少，实现从无序到有序的转化，形成并维持一个低熵的非平衡有序结构。反之，系统就会向无序方向发展。这就表明，自然界中两种截然相反的发展方向均可在不同的条件下存在于同一总过程之中。这样，耗散结构理论，便把物理学推进到非平衡热力学的发展阶段，实现了知识从动力学向热力学，从热力学向生物学的过渡。

从系统科学的发展历程来看，耗散结构论的创立，标志着系统科学研究重心的根本转移。早期的系统科学的历史使命，在于确立对待系统整体的科学态度，在于把握系统存在的某些最一般的属性。比如，贝塔朗菲主要描述了开放系统的一些基本特征，维纳的着眼点则是系统中信息的转换，以及伴随这一过程而显示出的通讯和控制。普里高津则特别关心系统内部的演化机制及熵变的作用，着眼于描述系统演变和发展过程中所表现出的整体性，并形成了以自组织理论为标志的新的科学理论。耗散结构论揭示出：演化的单元并不是孤立的"实体"，而恰恰是由"实体"与其周围的环境要素"关系"所组成的一种自组织模式。从而，使得人们在很多情况下必须用一种动态的、演化的"关系"思维，来进行分析和考察。

## 六、耗散结构论所蕴含的系统哲学思想

耗散结构论的创立，不仅能够更好地诠释宏观世界自组织演化的新的现象，而且从根本上变革了近代以来已经形成的笛卡儿-牛顿机械自然观的传统观念，使我们在不违背基本科学定律的基础上，能够对自然界的各种迥异的现象进行统一的说明。耗散结构论不仅深化了对于科学和自然本质的理解，而且成为新的哲学观念，为系统哲学思想作出了新的贡献。

（一）批判"实体"的机械论："关系"科学图景从世界外部走进内部

科学图景，是关于世界的反映模型。它是科学在揭示客观世界本质的基础上对世界总体面貌的描述以及对其基本问题的回答，它是一个时代或一个时期科学认识的凝结。科学图景包括两个层面的内容：一个是在具体科学成果的基础上，勾画出的自然界的总体面貌或大致轮廓，提供一幅关于自然界的生动可感的画面；另一个则是在提升和概括具体科学知识和方法中形成的一些基本观念，使之成为构成科学图景的主体观念或观念支柱，并赖以说明科学图景表象层面之下的深层结构。科学图景既是一个时代科学认识水平的集中体现，又是勾画一个时代之哲学基础的出发点。

近代以来在科学上影响最大、最为成熟的科学图景就是以牛顿力学为基础的关于世界"存在"的科学图景。它不仅为我们提供了"照本来样子"摹绘的客观世界的知识，为我们勾画了一幅机械决定论的宇宙图，而且还为近代科学的发展提供了具有长远影响的一些基本思想观念。其中包括五个基本观点：一是原子实在论。原子是一切物体的最小单位粒子，它具有不变、不可分的实体性，其他一切物体的质量和性质都可以还原为原子的质量和性质。二是机械运动观。运动是物质的固有属性，机械运动是自然界的最基本的运动形式，其他各种运动形式（声、光、电、热、磁等）都可以用机械运动来解释和说明。三是绝对时空观。时间和空间是绝对存在的，不和物体相联系。绝对时间是与物质运动无关的均匀的一维延续性，绝对空间则是一种与任何物质运动无关的空间容器。四是严格因果决定论。客观事物之间的联系是遵循因果律的，原因和结果是一一对应的。拉普拉斯认为，只要掌握了宇宙微粒的初始状态和边界条件，就能依据牛顿运动方程准确推知其在过去和未来任意时刻的状态。五是可逆性和简单性。牛顿方程中的时间没有方向性，事物向前运动和向后运动没有本质的不同。简单性是客观事物的本质，无论多么复杂的现象都可以归结为简单的规律。上述五个基本观点，使得牛顿力学的机械图景产生了极其深远的影响，至今还在发挥着巨大的作用。

但是，客观世界不仅存在着，而且演化着；不仅运动着，而且还在发展着。宇宙中除了有像单摆、行星绕日这样的可逆运动之外，更多的运动则是表现出方向性的不可逆的运动过程，即时时刻刻都在发生着的演化的运动过程。即便像摩擦生热、液体的混合过程等简单运动都是如此，更不用说生物的进化等高级运动过程了。它们的结果不能回到初始时刻，运动的全程自始至终都是一个一去不复返的单向的不可逆的过程。这种现象，在客观世界中是更加普遍地存在着的，是自然界一道更加美丽的风景线。但是牛顿力学的机械图景，却没有这么一道美丽的风景线。这对于想看到大自然更多更美丽图画的人类来说——看不到"发展演化"的美丽容颜，不能不说是一个不小的遗憾。

令人欣慰的是，将这种发展演化的过程作为研究的重点，一直是热力学所关注的研究热点与研究重心。此后，延伸到了系统科学领域，系统科学从登台亮相到各分支学科的齐头并进，对于事物的发展演化及其过程的研究，一直是系统科学的重点研究领域。

热力学最先向机械论的宇宙图景提出了挑战，焦点问题就是时间方向的可逆性问题。这就是克劳修斯的熵增原理。熵增原理第一次在科学上说明了时间的不可逆过程，即时间的方向性，"时间箭头"指向熵增的方向。这样就把演化和历史的观念带进了物理学。但是熵增原理所描绘的是一幅宇宙退化的演化图景，这种图景的极端外推就是宇宙的"热寂"。热寂说虽然相对于机械论的宇宙图景，有了一定的进步，在那里时间有了栖身之所，演化发展也成为可能。但是，"热寂说"没有认识到宇宙本身具有多种演变的可能性，看到的仅仅是一种趋向热平衡态的宇宙走向死寂的可怕结局。

一方面，人们在感情上不能接受这种可怕的结局，因为它没有给人类带来本体论的家园感和安全感，另一方面，人们质疑这种理论的热寂一维性，难道就没有更多的演化方向吗？

对此，耗散结构论作出了它应有的贡献。耗散结构论的创立过程，一方面不断地清算机械论，另一方面为我们清晰地勾画了一幅系统演化的世界新图景。

尽管爱因斯坦的相对论沉重打击了机械论，但爱因斯坦本人仍然坚持完全的确定论。量子力学局限于研究可逆过程，但事件的演化仍然是一个没有方向的几何参数。牛顿的"实体"自然观还被他们所继承。此后的量子力学、贝塔朗菲的系统论、维纳的控制论、香农的信息论都批判并沉重打击了机械论。但在今天看来，上述这些理论对机械论的清算，都没有普里高津的耗散结构论来得坚决和彻底。

普里高津对机械论的批判，在深度和广度上都取得了极为重要的进展。普里高津把物理学划分为"存在"的物理学和"演化"的物理学两类。普里高津致力于探讨"存在"与"演化"之间的联系和过渡，从自然观、物质观、时空观、规律观、科学观等方面深入清算机械论。而相对于早期的系统理论家，贝塔朗菲的批判主要属于系统存在的范畴，旨在树立系统整体观。但在系统演化方面，即对于用静止的观点观察世界的形而上学等方面的批判，贝塔朗菲在深度和力度上都是不够的。维纳虽然明确提出时间的方向、熵与进步、混沌等问题，但控制论的概念容易引导人们用新的机器模型（控制论机器）解释生命和社会现象。维纳所讲的自组织，是包含了某些自组织因素的他组织系统，而不是自然界普遍产生的自组织。他的有关论述，还是建立在经典的平衡统计力学基础之上的。如果说贝塔朗菲和维纳等人是从外部确立了世界的"关系"图景的话，那么普里高津则把"关系"推进到了系统的内部，揭示出由"关系"衍生的源源不断的世界新图景，及其新图景所赖以生成、存在并不断发展的动力机制。普里高津以新兴的非平衡统计物理学和现代动力学为依据去批判机械论，克服了上述科学家和系统理论家的不足，建立起一种真正摆脱机械论桎梏的自组织理论，从而为我们勾画出一幅系统演化的世界新图景。

实际上，自从达尔文的生物进化论发展起来之后，系统演化就出现了一个与熵增方向相反的演化方向，这就是从简单到复杂，从低级到高级、从无序到有序的自组织的进化过程。耗散结构论的创立，解决了长期以来热力学与生物进化论之间的矛盾，为以物理学和化学的研究方法去研究生物学领域开辟了道路，使物理世界的规律与生物有机体规律得到了统一。更加难能可贵的是，耗散结构论能够对进化和退化现象做统一的解释。在耗散结构的理论框架里，我们所看到的客观世界不仅存在着，而且演化着。客观世界的演化方向，不仅有熵增的退化现象，而且更多的是从无序到有序的进化过程。耗散结构论，不仅为揭示生物界和社会组织现象，提供了有益的方法论启示，而且也提供了有益的价值论启示。

## （二）耗散结构论的哲学意义

耗散结构论不仅为我们描绘了一幅从无序到有序、从简单到复杂的自组织的生动画卷，其中的基本观念如非平衡态、不可逆性、非线性、涨落、复杂性、随机性等，也成为科学演化和科学发展的主要观念基础；而且这些观念具有重要的哲学意义。下面，我们着重分析不可逆性、复杂性和随机性的哲学意义。

### 1. 从可逆到不可逆性

普里高津认为，过去几十年科学的进展"使我们正越来越多地觉察到这样的事实，即在所有层次上，从基本粒子到宇宙学，随机性和不可逆性起着越来越大的作用。科学正在重新发现时间"①。"时间不仅贯穿到生物学、地质学和社会科学之中，而且贯穿到传统上一直把它排除在外的两个层次，即微观层次和宏观层次之中。不但生命有历史，而且整个宇宙也有一个历史，这一点具有深远意义。"②

在耗散结构论里，时间远比我们想象的要复杂。首先，时间可以分为"第一时间"／"外部时间"和"第二时间"／"内部时间"。经典科学的时间是外部时间，是第一时间，是动力学时间和运动时间，它是均匀流逝的和可逆的。内部时间是热力学时间和演化时间，是第二时间，它是不均匀的、随机的和不可逆的。外部时间适用于简单的他组织系统，演化时间则适用于复杂的自组织系统。其次，不同的时间既相互区别又相互统一。一方面，对立行动的实体可能由某个单个的内部时间来表征；另一方面，实体属于它所参与的内部时间的层次结构的一部分。最后，时间与空间是不可分离的，与内部时间相对应的是系统的空间。时间是系统演化的量度，空间是系统演化的状态。系统不同，时空不同，系统的差异性决定了时空的相对性和多元性，但是系统的演化和不可逆性是绝对的。时间和不可逆问题架设了从存在到演化的桥梁。时间，尤其内部时间的引入，使得科学

---

① 普里戈金，斯唐热. 从混沌到有序：人与自然的新对话[M]. 曾庆宏，沈小峰，译. 上海：上海译文出版社，1987：27.

② 普里戈金，斯唐热. 从混沌到有序：人与自然的新对话[M]. 曾庆宏，沈小峰，译. 上海：上海译文出版社，1987：263.

重新发现了时间的实在性，而时间的发现，又是我们进一步讨论复杂性和不确定性的前提。

因此，不可逆性是耗散结构论的核心概念，是演化世界图景不同于传统世界图景的基本观念之一。普里高津在其几乎所有的著作中都反复强调了不可逆性的客观意义，强调它对于我们认识世界的重要性，以及它在与传统世界图景对立中的根本意义。

什么是不可逆呢？简言之，不可逆性是物质世界变化的反向过程的不可还原性。肯定不可逆性，就意味着在系统动力学中与运动变化相联系的时间再也不是"几何参量"，而是具有了方向性，变成和系统的演化紧密相联系在一起的"时间之矢"，成为非平衡世界内部的要素。不可逆性是客观事物普遍存在的属性，客观世界几乎处处都存在着这种变化的反向过程的不可还原性；而可逆过程常常只在周期性运动中表现出来，它相对不可逆性过程而言具有近似性、相对性和暂时性。在现实世界中，我们既要肯定热传导、扩散流和生物进化的客观性，也要看到像理想单摆和行星轨道系统可逆性的真实性。

不可逆性，不仅在耗散结构论中处于核心地位，而且由于它体现出系统发展的根本属性，所以又具有强烈的哲学意味，成为演化世界图景的基本观念。近代自然观形成的一个突出优点就是将其置于自然科学基础之上，对客观世界的说明是以科学事实为依据。近代形而上学自然观的基础是牛顿力学。它研究的是质点的可逆运动，循环往复，形而上学自然观"不承认自然界有任何时间上的发展，不承认任何'前后'，只承认'同时'"。①因而经典力学，为我们描述的是一幅可逆的世界"存在"图景。

19世纪的三大发现，尤其是达尔文的生物进化论为建立世界的演化图景创造了条件，但要完全摒弃机械论世界图景，关键在于物理学——这个自然科学的带头学科，能否体现出一种自然界历史发展的思想。正是在这个意义上，热力学第二定律，才有着巨大的意义。但是，热力学第二定律所描述的熵增方向，是一种从有序到无序、从复杂到简单的退化方向，它无法概括出像生物进化等这样有着积极意义的进化现象。

---

① 马克思，恩格斯. 马克思恩格斯全集：第二十六卷[M]. 中共中央马克思恩格斯列宁斯大林著作编译局，译. 北京：人民出版社，2014：15.

耗散结构论的重大贡献,就是在不违背热力学第二定律的基础上,进一步找到了系统如何从稳态、失稳到新的稳态的自组织进化的内部机制和外部条件。说明了事物的发展更多的是从无序到有序的进化方向。耗散结构论,不仅从科学的角度揭示了不可逆性——这是发展观念的前提或基础,而且使人们可以在新的基础上对哲学的运动、变化、发展等范畴及其关系,做出更加明晰的说明。

运动和变化是关于事物状态和性质的最一般范畴,运动和变化无所谓可逆与否,其科学形式就是能量守恒和转化定律,该定律保证了运动和变化的等值性。而发展则意味着演化,意味着时间有方向性即不可逆性,它包括有序的生成和瓦解,热力学第二定律是发展演化的自然科学表述。因而,科学中的演化概念必然对应着哲学中的发展概念。而演化又分为"向前"和"向后"的演化,前者指有序性的提高、组织性的加强、复杂性的增加的演化,这就是进化,有时也称之为发展,这是狭义的发展概念;后者则是从有序到无序、组织瓦解的演化,这就是退化。其在社会上的表现,就是反动与退步。不可逆性实际上包括这两个不同的方向:自组织方向和熵增方向,它们所体现的演化或发展是和运动、变化范畴的含义有着根本的区别的。因此,我们说,耗散结构论是从基础理论方面进一步揭示了自然界的客观辩证法,为建立唯物主义自然观提供了新的客观基础。它所揭示的不可逆性实际上就是哲学发展观的科学释义。

2. 放弃简单性观念建立复杂性观念:无论是科学还是哲学都从"实体"走向"关系"

耗散结构论给出一个独特的视角,使我们重新审视复杂性问题,包括什么是复杂性、复杂性的来源、复杂性与简单性的关系、复杂性的进化等。

普里高津说,演化的过程,就是不断增加复杂性的过程。

复杂性是演化科学图景中又一个起着支柱作用的基本观念。在演化科学图景确立之前,人们对世界的认识是建立在简单性观念之上的。历史上各个时期的哲学家和科学家都把寻找复杂现象背后的简单始基和规律作为自己的追求目标。简单性观念是与分析、还原方法分不开的。而分析还原方法是把世界上万事万物、形形色色的现象都归结为某些"实体"或基本规律的作用。然而事实上,演化的单元并不是孤立的"实体",而恰恰是由"实体"与其周围的环境要素所组成的一种组织模式，从而使得我们在很多情况下必须以一种"关系"思维来进行分析与考察。普里高津尖锐地指出，这种简单性的概念尽管在历史上曾经是科学的一个推动力，然而今天却很难再维持下去。通过对"贝纳尔对流花纹"等一些非生物和生物现象的分析，自组织科学揭示了复杂性的产生及其一些基本特征。

其一，从静态角度看，复杂性并不是由系统元素的多少决定，它是一种在系统元素之间以及系统不同层次之间呈现相互联系、相互作用的非线性"关系"时的一种性质。当系统的元素较少或元素虽多但相互之间的"关系"是短程相关即呈现出线性关系，系统就是简单的可积保守系统。但是，客观现实系统大多是耗散系统，这些系统具有非线性的特点，系统内部出现因果相互缠绕，要素相互耦合的现象，处处都是不稳定性，从而出现复杂的混沌行为。这样的系统，就表现出复杂性来。

其二，从系统的动态演化来看，复杂性就是不断增加组织性和不断增加质的多样性。复杂性和不可逆性、非线性和随机性等，有着十分密切的内在联系。系统要向更加复杂的形态演化，首要的条件就是要失稳。并且要在不稳定的状态下，由对称破缺机制选择系统演化的路径。复杂系统演化，如果没有这一不可逆的过程，就不可能有组织性的增加和多样性的增加。而在组织性的增加和多样性的增加的系统复杂演变的过程中，"最引人注目的重要性质大概是这个体系的秩序和相干性"。①在这里，普里高津所说的"相干性"就是一种"关系"，就是系统非线性的一种表现形式。非线性的本质是相互作用，也就是"关系"。当系统内部的各元素之间在一定约束条件下相互关联起来，它们之间就会适应不同的情况，产生各种不同的组织行为。而系统质的多样性的形成，则取决于系统在分叉点上如何选择。这样，系统的"关系"就变得复杂了。

最后，普里高津确立了复杂性在客观世界中的应有地位。他实际上是把复杂性和简单性看作同一世界的两种不同属性，并在具体的科学实证的分析基础上，完成了对复杂性和简单性两者的统一。

3. 从确定性到随机性

随机性是第三个与传统世界图景根本不同的一个基本概念。

_____

① 尼科里斯，普利高津. 探索复杂性[M]. 罗久里，陈奎宁，译. 成都：四川教育出版社，1986：10.

众所周知，严格的因果决定论是传统科学图景的一大支柱。严格决定论观点认为，人们只要知道了系统的初始条件和动力学方程，系统的一切状态都可以确定地推演出来。一切都是给定的，未来包含在现在之中，而现在则包含在过去之中，世界上没有什么新的东西出现。拉普拉斯为了强调这一点，曾经设想了一个无所不在的"精灵"。爱因斯坦则坚持认为"上帝不掷骰子"。因而，在传统的科学图景中没有随机性的位置。

然而，19世纪以来的科学发展，不断地冲击着严格决定论的观念，进而形成了关于随机性的三种不同的含义。热力学和统计物理学的建立，可以说是对严格决定论的第一次冲击。热力学第二定律的提出，说明了系统自发演化包含着熵增的不可逆过程。这就说明：过去和未来并不等价。为了给熵增加做出动力学解释，玻尔兹曼在分子运动观念的基础上，引进了概率概念，给不可逆过程以统计解释。吉布斯进一步建立了系统的统计力学。热力学和统计力学把分子的运动，作为随机现象处理，但他们认为单个分子仍然遵循牛顿运动规律，他们对概率的考虑，还是叠加在决定论的规律之上。

20世纪的量子力学，揭示并论证了微观世界的认识具有不可避免的随机性，这是对严格决定论的第二次冲击，也是更加有力的一次冲击。海森伯测不准关系的确立，表明微观客体由于受到宏观观测仪器不可避免的"干扰"，对其建立起关于微观客体本身的严格决定论的理论是不可能的。如果说经典统计物理学，承认随机性是由于主观认识能力局限所致，并非不可避免，那么，量子力学中的随机性就不能归之于主观认识能力的局限了。随机性是同微观认识本身相联系的，由于主客体的相互作用，微观认识的观测手段必然"干扰"到观测对象，因而造成不可避免的不确定性。

普里高津耗散结构论的建立，是对严格决定论的第三次冲击。这次冲击，从根本上揭示出系统演化以及服从因果决定的事物存在着内在随机性。这就赋予了随机性以客观的性质。进而，完全改变了由严格决定论支配的传统科学的世界图景。

按照耗散结构论，远离平衡的非线性系统，在到达分叉点之前的热力学分支上，是遵循决定论规律的。而当系统处于分叉点上时，在同一控制参量作用下，却有着两条以上的道路，每一条道路在原则上都是等概率的或是平权的。系统无法确定它的下一步行动，通常意义上的大数定律也不再成立。系统分岔以后，到底最后进入到哪一条道路，则是由随机涨落来决定并实现的。系统的多样性，就是产生于系统分岔的可能多样性之中。在这个实现的过程中，系统的随机性扮演着重要角色。

如此一来，在各种可能性之间选择的不确定性，实际上是客观事物本身内禀的一种平权对称性，它与人类的认识及其主观能力和知识是不相关的。系统最终演化到哪一条道路上，完全由微观的非线性机制所引发的对称性破缺来决定。由于对称破缺及其分岔的连续放大，一个微观涨落可以发展为一个巨涨落，然后进入到宏观的决定性的发展轨道，直到下一个分叉点。客观系统，就是在内在随机性和非线性机制的作用下，实现着这种自组织的过程。

### （三）耗散结构论的理论贡献与局限

从系统演化的角度看，耗散结构论提出了一系列很有价值的理论和观点。

首先，耗散结构论发展了开放系统理论。尽管开放系统理论为贝塔朗菲在一般系统论中首创，但是在贝塔朗菲那里，开放系统理论只是一种定性的描述和论证。普里高津的贡献在于，耗散结构论是在热力学基础上提出的总熵变公式：$dS = dS_i + dS_e$，建立起区别孤立系统、封闭系统和开放系统的数学判据。这就使得开放系统理论，有了一种较为精确的数学表达，进而发展了开放系统理论，并揭示开放性是系统有序演化的必要条件。

其次，耗散结构论是一种自组织理论，并提出了一系列著名的原理。耗散结构论提出了非线性是演化的终极原因，非平衡是有序之源、涨落诱导演化等著名的原理。耗散结构论还提出了非平衡相变、分叉选择等重要概念，并从物理学的角度阐明了耗散结构的形成和转变，并以令人信服的方式诠释了自然界从低级有序到高级有序的演化过程。

最后，是耗散结构论创造性的方法的使用。普里高津在耗散结构论的研究中，创造性地提出了许多研究复杂系统及其演化的有效工具。如热力学方法与动力学方法的结合，确定论方法与概率论方法的结合等。

但是，耗散结构论也存在着不足与局限。耗散结构论对热力学，特别是非平衡热力学和非平衡态统计物理学过分依赖，严重限制了其理论和方法的普适性。例如，熵判据就难以有效地揭示出一般系统结构的演化过程。熵不便于直接观测。熵的客观度量以及熵判据的标准难以确定。况且，非平衡热力学和非平衡统计物理学本身仍是一个需要不断完善的理论，因此耗散结构论还不能成为一门普适的广义复杂系统的演化理论。

## 第二节　协同学的系统哲学思想

随着普里高津耗散结构论的建立，人们发现，热力学是有用的。在这里不断发现有决定物质演化方向的新的基本形态。但是人们又发现，这又是不够的。因为热力学只允许得到稳定或不稳定的普遍条件，这些普遍条件决定了开放系统中出现有序的可能性问题。然而要对这些有序过程进行透彻的理论研究，并不仅仅属于热力学，还必须找到动力学、热力学以及生物学三者之间的知识过渡，必须分析系统内在的具体动力学机制。于是，系统哲学思想史上，哈肯的协同学登场了。

协同学的创始人，是德国斯图加特大学理论物理学家哈肯。协同学（synergetics）一词来自希腊文，是"一门关于协作的科学"，或关于"一个系统的各个部分协同工作"的科学。哈肯在借用希腊文"synergetics"命名"协同学"的时候，其意义也就在此。哈肯就曾经明确说过，科学概念使用希腊文是常有的事。这个词的含义是指"协同工作之学"。哈肯说："我们希望这一概念会让我们发现，尽管大自然展示的结构千差万别，我们能否认定一些统一的基本规律，从而说明结构是怎样建成的。"①

协同学是继耗散结构论之后，系统科学所取得重大进展的一项标志性成果。协同学是由大量子系统构成的系统，这些系统可以是各种各样的，如电子、原子、分子、细胞、神经元、力学微元、光子、器官、动物、人、社会等。协同学是研究这些子系统如何协作进而形成宏观尺度上的空间、时间或功能的有序结构的。换句话说，协同学研究这些有序结构是如何通过自组织的方式形成的。协同学可以说是一门关于自组织的理论，它所要

① 哈肯. 协同学：大自然构成的奥秘[M]. 凌复华，译. 上海：上海译文出版社，2001：5-6.

回答的一个主要问题是：能否找到存在于各类系统中起着支配作用的自组织现象的一般原理，且这种原理与系统组分的性质无关。

## 一、哈肯与协同学的创立

哈肯是协同学的创始人，德国物理学家。1927 年生于德国，1951 年获埃朗根大学数学哲学博士学位，后转攻理论物理学，1956 年任埃朗根大学理论物理学讲师，1960 年任斯图加特大学理论物理学教授，1976 年以后，他在美国、英国、法国、日本、苏联等国的许多著名大学中获得名誉教授称号。

哈肯具有雄厚的数学和理论物理学基础，对群论、固体物理学、激光物理学、非线性光学、理论物理学和化学反应模型等领域，都有着比较深入的研究，并且都做出了贡献。他深入研究了非线性光学和激光理论，正是在对激光理论的研究中发现了协同这一现象。哈肯借助于平衡相变理论中的序参量概念和绝热消去原理，用概率论和随机过程论建立起序参量演化的主方程，以信息论和控制论为基础解决了导致有序结构的自组织理论的框架，并用突变论在有序参量存在势函数的情况下对无序—有序的转换进行归类。

1970 年，哈肯创造性地用统计学与动力学相结合的方法，建立了一套有影响的"激光理论"。在研究激光理论的基础上，于 1973 年首次提出"协同"概念。1975 年，他在《现代物理学评论》上发表论文《远离平衡系统和非平衡系统中的合作现象》，1977 年出版《协同学导论》，讨论了物理学、化学和生物学中的非平衡相变和自组织，初步形成了协同学的理论框架。1983 年，他又出版了 *Advanced Synergetics: Instability Hierarchies of Self-organizing Systems and Devices* 一书，书名译成中文为《高等协同学：自组织系统和组件的不稳定体系》，总结了自 1977 年以来协同学在理论和应用方面的新进展，标志着这门学科的日臻成熟和完善。1981 年，哈肯在他的题为《20 世纪 80 年代的物理学思想》的论文中指出：在宇宙系统中也呈现出有序结构，因而在宇宙学中也可以应用协同学。

哈肯领导的德国斯图加特理论物理研究所，是知名的协同学的研究中心。这个研究中心的许多教授，与前去进修以及前往参加研究工作的外国学者，形成了哈肯学派，成为世界上非平衡统计物理学中主要学派之一。哈肯学派倡导的协同学，主要研究系统从无序到有序转变的规律和特征，它适用于非平衡态中发生的有序结构或功能的形成，也适合于平衡态中发生的相变过程。哈肯编写过几十部著作，主要有《激光理论》《协同学导论》《高等协同学》等。由于在激光理论和协同学方面的突出贡献，哈肯1976年获得德国物理学会和英国物理学协会的玻恩奖金和奖章。1981年，哈肯获美国富兰克林学会迈克耳孙奖章。1982年与1985年，哈肯曾先后两次来到中国，在西安、上海等地讲学。哈肯在我国的讲学，促进了非平衡系统自组织理论在我国的传播和研究。

## 二、协同学的主要内容

### （一）协同学：激光现象及其类比

哈肯在固体物理学、激光物理学、非线性光学、理论物理学、化学反应模型等领域的研究都取得了丰硕的成果。特别是在激光理论研究中，他采用了与当时流行的朗道理论不同的方法。哈肯把动力学与统计学结合起来，创立了新颖的激光理论。协同学就来源于哈肯对激光现象的研究，激光系统模型在协同学的建立和发展中，一直被作为典型的范例。

激光是一个典型的远离平衡的物质系统，如图3-1所示。

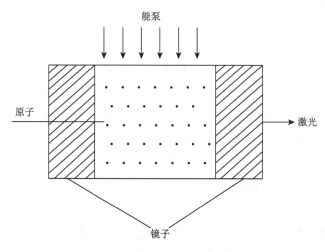

图 3-1　激光发生装置示意图

激光发生装置是一个玻璃空腔，空腔两端装有两面平行的镜子，形成一个光学谐振腔。光学谐振腔的作用，在于使通过管轴的光波尽可能在管中逗留久一些，这就为激光产生设定了一个特定的环境。

在这个特定的环境中，被延留的光波能迫使一个受激电子以其相同的节奏一起振荡起舞，直至把电子的全部能量输送传递给光波。当能量流在光学谐振腔里面通过时，激光器可以连续不断地工作。当外界供给的能量流很小时，激光器的作用就像一盏普通灯，激活原子彼此独立地发出非相干波列。由于存在着不同光波，这些光波彼此之间展开竞争，相互争夺受激电子，以使自己的能量得到加强。而电子也不是完全消极被动的，它选择那些节奏上最符合电子振荡节拍的光波，先给予能量。

然而，当输入功率超过一定阈值，那些先得到能量的光波虽然仅领先半部，但它们的能量却急剧得到了加强，尔后势如破竹，最终战胜所有的竞争对手，迫使所有受激电子将能量传给光波，使所有的光波以同样的波长、频率共同振荡，并发出很长的相干波列，比如说长达几百公里。于是，激光就这样产生了。

这表明激光器的内部状态，完全改变了。原来是无规则的原子发射系统，现在完全以自组织方式发生相同振荡。由此可见，正是在竞争当中涌现了占优势的光波，也正是在这一过程中产生了光电子与光波的相互协同作用，最终使光波的无序状态转向有序状态。

只要将激光与贝纳尔对流以及与化学钟作一个比较，就会发现三者有惊人的相似性。在所有这类情况中，就像有一个麦克斯韦式的"精灵"在起作用，指示着系统以怎样的有组织的方式去行动。①

如何解释这种麦克斯韦式的"精灵"激光现象，不仅是哈肯面临的科学实验问题，更是一个理论问题。尽管当时普里高津的耗散结构论已经问世，但是将耗散结构论用于研究激光现象却是有困难的。因为在耗散结构论里，熵的概念只能在远离平衡的一个特定区域——即满足"局域平衡"条件的区域内适用。很显然，激光已经超出了这个范围。

在物理学方面，激光是一种典型的非平衡相变。所谓相，是物理和化

---

① 沈骊天将不同运动形式所表现的"麦克斯韦式的'精灵'作用"一般地概括为信息进化，即微弱信息通过谐振被无序物质能量放大的机制。参见：沈骊天. 系统信息控制科学原理[M]. 南京：南京大学出版社，1987：182-211.

学性质完全相同且成分相同的均匀物质的聚集态；相变则是物质系统在不同相之间的相互转变，最寻常的例子是水的液态气态相变。

关于平衡相变本质的著名理论解释，是由苏联物理学家朗道提出的。而一般来讲，非平衡相变的内容要比平衡相变的内容丰富得多。哈肯将非平衡相变与平衡相变进行类比，发现它们中的一些性质严格地对应着：与一级相变相对应的非平衡过程，同样具有潜热、滞后等现象；与二级相变相对应的非平衡过程，同样具有对称性破缺、不稳定性、软模、临界涨落、临界慢化等现象发生。类比的方法，在协同学的研究中十分重要。"令人奇异的是，最近几年里发现，尽管所涉及的物质和现象的性质各异，但它们的相变过程却都遵循相同的规律，而且总是不断地出现相同的基本现象，诸如临界涨落和对称的打破一再出现。"①正是通过类比，哈肯发现了"完全不同的系统之间的深刻的相似"。这种类似麦克斯韦式的"精灵"的"深刻的相似"，哈肯取名为"协同"——从此"协同学"诞生了。

（二）演化方程：哈肯对"关系"的数学描述

激光的自组织过程，是光波在竞争中达成的系统的协同。而这种协同作用，则是在对立和竞争的"关系"中产生的。可见竞争和协同是不可分割、相互依存的。事实上，我们经常看到的许多系统的行为，都是如此。这种系统，就是一种竞争与协同不可分割、相互依存的协同自组织系统。比如原子、分子、质子等，又如生物中的细胞、器官，自然界的动植物等，再如人类社会。基于此，哈肯反复思考着的一个问题是，在这种协同自组织系统里，是否存在着一个具有普遍意义的法则？是否是这个法则支配着这些彼此协同作用着的"关系"系统？如果有，怎么用数学形式去表达这种种的"关系"系统？如果能找到恰当的数学形式表达，人类就可以把已知系统的规律推广到未知领域。特别是，可以把无生命世界中简单得多的系统的组织过程，作为研究起点，尔后用发现的具有普遍意义的法则来阐明和理解极端复杂的生物系统，并最终引向生命起源问题。

---

① 哈肯. 协同学：大自然构成的奥秘[M]. 凌复华，译. 上海：上海译文出版社，2001：29.

哈肯用数学形式表达了这个具有普遍意义的法则，形成了独具一格的数学模型和处理方案，即"演化方程"。哈肯是这样建立他的演化方程的：

协同学所研究的系统是由大量子系统组成的，描述这样的系统就需要用多个状态变量。

这些变量可以设为 $q_1, q_2, q_3, \cdots, q_n$。描述这个系统的自由度越多，状态变量也就越多。

由于系统演化的数学模型必须为动力学方程，所以状态变量 $q$ 应是空间坐标： $x = (x, y, z)$ 和时间 $t$ 的函数，即 $q_i = q_i(x, t)$。

状态变量通常用状态向量来表示，即 $q(x, t) = (q_1, q_2, \cdots, q_n)$。

状态变量可以是微观变量，如粒子位置、速度等；也可以是中观变量，如密度、平均局部速度等；还可以是宏观变量，如浓度、种群、数量等。

协同学所研究的系统演化方程的一般形式为： $q = N(q, \alpha) + F(t)$。

其中， $N(q, \alpha)$ 为非线性函数，它反映了系统内部不同子系统之间的相互作用，协同学的所有方程都是非线性的。 $\alpha$ 是外界作用于系统的控制参量，如激光中的泵源功率，贝纳尔对流中的温差等。控制参量是使系统发生自组织现象的外部条件。 $F(t)$ 是涨落力，它在系统的演化中起着非常重要的作用。在这里可以再次看到线性和非线性的区别：运动方程如果是线性的，它的解的任意叠加仍是这些方程的解。但控制自组织的方程是非线性的，于是众多"模式"之间发生竞争，最终只有一个"生存"下来，或者由于互相稳定而共存。

（三）不稳定性原理、序参量原理和支配原理：哈肯对"关系"的新表征

哈肯不但发现了这个具有普遍意义的法则，而且找到了它的数学描述。在《高等协同学》前言中，哈肯把协同学基本原理概括为三个：不稳定性原理、序参量原理和支配原理。哈肯认为，这三个原理构成协同学的硬核。在《高等协同学》的导论中，他进一步指出，研究稳定性的丧失、导出支配原理、建立和求解序参量方程，这三个步骤构成协同学处理问题的程序的主线。特别需要指出的是，这三个原理还是非生命的物质自然界通向有生命的生物界的三座桥梁，更是哈肯对系统"关系"的表征。

### 1. 不稳定性原理：系统新质"关系"的出发点

在一定意义上讲，协同学是研究不稳定性的理论。什么是不稳定性？决定不稳定的因素是什么？如何找出失稳点？在失稳点附近系统的行为如何？系统怎样离开旧状态而到达新的稳定状态？这些是哈肯当时经常思考的问题。正是哈肯的深入研究和他后面的正确回答，构成了不稳定点附近系统的动力学理论，它是协同学内容中非常重要的一部分。"不稳定性概念"是协同学的第一块理论基石。

对于控制论和协同学，两者对系统稳定性研究都是主要课题，两者赖以使用的工具都是动力学的稳定性理论。然而两个学科，却有着明显的区别。控制论以维持预定功能态为出发点，研究的目的是试图避免不稳定这个消极因素。而协同学则以探寻结构有序演化规律为出发点，从相变机制中找到并界定不稳定性概念，承认不稳定性对系统新质"关系"的形成具有积极的意义。

协同学研究的对象，涉及物理学、化学、工程学、计算机科学、生物学、生态学、经济学、社会科学等广泛领域。各种有序演化现象，都与不稳定性联系到了一起。比如贝纳尔不稳定性、激光不稳定性、化学反应不稳定性、经济、政治等社会现象不稳定性等，然而撇开所有这些现象的具体内容，可以看到它们的背后都联系着旧结构"关系"系统的瓦解与新结构"关系"系统的诞生这两个方面。所以，不稳定性充当了新旧结构演替的媒介。

协同学描述不稳定性原理的简单模式如图 3-2 所示。

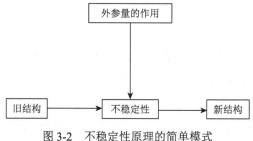

图 3-2　不稳定性原理的简单模式

一定的结构是否失稳，由系统的外部参量来控制。随着控制参量的连续变化，系统将经历一系列的不稳定性，导致一系列性质不同的新旧模式的演替。在这里，抽象的演化就变成了具体的不同模式的演替。这样，控制参量的连续变化，造成的将是一个不稳定的谱系。系统结构，也将相应经历一个从简单到复杂的演化过程。不稳定的谱系如图 3-3 所示。

均匀无　第一次不稳定性　有序　第二次不稳定性　更有序
序结构　　　　　　　　　结构　　　　　　　　的结构　　······

图 3-3　协同学不稳定的谱系图

### 2. 序参量原理：系统有序结构"关系"的形成

当系统出现自组织时，系统表现出有序的宏观运动，系统宏观上的这种有序运动形式称为模式。如何描述这种有序度的变化呢？普里高津的耗散结构论，曾经用熵来描述系统的有序度。哈肯认为，用熵这个工具来处理自组织结构太粗糙。因为在一般情况下，自组织结构中的熵值变化不大，难以有效刻画系统结构"关系"的变化，且熵不便直接观测。为此，哈肯创造性地从相变理论中引进一个新的概念——序参量，来描述系统的有序性。

当描述一个复杂系统非平衡相变的有序化过程的时候，不可能对构成系统的每一个子系统内的"关系"、子系统之间每一种"关系"、子系统和外界的各种"关系"以及系统整体与外部的"关系"等全部状况都做出详尽的论证。为了"减少复杂性"①，只需识别影响系统有序化进程的基本参量，以便把握系统演化进程的共同特征和基本法则。因而哈肯用"序参量"这个概念来描述复杂系统的非平衡相变过程。

序参量这一概念是朗道在平衡相变研究中提出的。哈肯吸取了他的序参量概念和绝热消去原理，用来描述系统的自组织过程。哈肯说，"有意义的信息"，总的场景将由序参量向我们提供。②这就是说，只要把握一个或几个能够有效描述系统宏观状态的序参量，就能够了解它的整体运动方式和基本的演进模式。序参量来源于系统内部各自系统之间"关系"的协同作用。不论是什么系统，只要是某个参量在系统演化中从无到有地发生着变化，并能指示出有序度结构"关系"的形成，它就是序参量。也就是

---

① 哈肯. 协同学：大自然构成的奥秘[M]. 凌复华，译. 上海：上海译文出版社，2001：11.
② 同①。

说，当系统完全处于无序状态时，其序参量为 0，随着系统结构和功能有序度的增加，序参量也不断增大。当接近临界点时，序参量增大很快。最后在临界区域，序参量突变到最大值。序参量的突变意味着在宏观结构"关系"上发生了质变。根据具体条件列出序参量所遵守的演化方程，原则上就可以描写从无序到有序的变化过程及其所形成的新质"关系"的结构。只含少数慢变量的动力学方程，就是序参量方程。序参量一旦形成，就成为支配一切子系统的决定性因素，并主宰系统进入有序化过程，这一过程也就是诞生新质"关系"结构的系统自组织过程。

哈肯协同学的一个重要观点，就是认为系统自组织一般只由很少几个序参量来决定。如果序参量很多，则意味着大量的运动模在临界点上发挥着显著的影响，则系统仍可能是杂乱无章的，这就行不成稳定的新结构。序参量间的"关系"可能是合作的，也可能是竞争的。不同的"关系"，会分别造成不同类型的系统结构演化过程及其结果。

序参量是贯穿协同学的一个关键概念。在一个非平衡态的复杂系统，序参量等于给了我们一个观测点，利用这个观测点，我们不但可以从宏观上描述系统运行的整体状况和基本特征，而且还可以具体研究系统是如何从无序走向有序的内在运行机制和基本规律。

3. 协同"关系"的支配原理：慢变量支配快变量

慢变量和快变量是协同学的一对重要概念，与序参量的意义相互贯通，是描述系统在两种不同状态下不同性质的参量。慢变量和快变量形成的内在原因是不一样的。快变量是由于外部因素作用于系统，并在系统内部经耗散作用很快衰减的一些变量。快变量进入系统后，使系统产生非平衡的涨落，但自身却很快衰减而达到热平衡。慢变量则是系统自组织过程中所产生的一些参量，慢变量在系统耗散作用中能保持相对的稳定，衰减极慢。

协同学认为，一个系统在其变动过程中受到两类基本参变量的影响：一类是长寿命的子系统和慢变量，另一类是短寿命的子系统和快变量。慢变量的变化很慢，阻尼很小，因而达到稳定态的固有弛豫时间很长，甚至趋于无穷。快变量的变化迅速，阻尼很大，因而固有的弛豫时间很短。慢变量由于它并不随指数衰减，而趋于一个稳定态。然而，当慢变量达到临界点时能够迅速增长，从而加剧系统的不稳定，因此又称为不稳定变量。与之相反的是，快变量能迅速地随时间指数衰减而趋于一个稳定态，因此又称为稳定变量。

慢变量和快变量的作用是相互联系、相互影响和相互补充的。当系统的变动达不到临界点时，快变量起着主要的作用，推动系统逐渐接近临界点。当系统的变动达到临界点后，慢变量开始取代快变量在系统中起着主导作用，它促使系统发生突变，由无序状态跃入到新的有序状态。可见快变量是慢变量的基础和准备，而慢变量则是快变量作用的必然结果。

描述这两类变量在系统自组织过程中各自的地位和作用及其相互之间的"关系"，构成了协同学支配原理的主要内容。通俗地说，协同学支配原理的含义是：当系统达到临界点时，慢变量决定和控制着快变量，快变量受慢变量的支配和役使，从而导致系统从旧的结构向新的结构转变。这表明慢变量决定着整个系统突变和有序态的形成，决定着系统"关系"的最终结构，它的大小幅度就是我们所说的序参量。

慢变量和快变量，是与序参量和非序参量相互对应的量。慢变量对应于序参量，快变量对应于非序参量。"快""慢"是以作用时间长短来分辨的。而"序""非序"是以有序程度来分辨的。尽管描述和考察的角度不同，但本质是一样的。慢变量与序参量，以及快变量与非序参量，它们从两个层面描述了决定系统"关系"变化的支配原理。

## 三、协同学所蕴含的系统哲学思想

系统科学是一门新兴科学，以研究开放系统为目的。协同学是在吸收以往系统科学的理论成果之后产生的，然而，协同学的建立有力地推进了系统科学的发展。

我们不妨听听哈肯本人对他自己所创立的协同学的评价。哈肯在对激光理论、分叉理论、非平衡相变理论、非平衡线性统计学理论、不可逆热力学、突变论等进行比较之后，肯定了这些学科对于理解宏观结构的自组织形成都是重要的。但他也指出，每一学科同时都遗漏了一些重要方面。世界不是激光；在分叉点上，随机因素起着决定性作用；非平衡相变的有些重要特点不同于平衡相变；在平衡统计力学中并不出现自组织振荡；不可逆热力学大量使用熵、焓等概念，它们很不适合于研究非平衡相转变；突变论基于某些势函数的存在，而在一些被推离热平衡的系统中，则并不存在这些函数。协同学综合了这些学科所贡献的思想，避免了上述不足之处，对分属全然不同的学科领域的各类系统给出了统一描述。①这些评价大体上还是客观和公允的。

概括起来，协同学的系统哲学思想主要体现在六个方面。

（一）协同学：从静态的系统"关系"到动态的系统"关系"

哈肯指出，他的协同学是建立在贝塔朗菲一般系统论研究成果之上的。也就是说，协同学离不开系统科学的大背景。但是，协同学从一个新的研究视角出发，推进了系统科学与系统哲学的发展。一般系统论，主要是从静态的角度考察系统，因而带有明显的构成论性质。从系统与要素之间的"关系"角度，揭示了系统的非加和性的特征。然而，贝塔朗菲的一般系统论，对系统的变化和发展及其内在规律，并没有做出具体的论证。哈肯在推进的过程中，所表现出来的过人之处，就在于建构了一个新的研究视角。也就是说，哈肯的协同学是在继普里高津之后，把原来聚焦静态的系统"关系"研究，转向了动态的系统"关系"研究的第二人。普里高津是从静止的"关系"推进到动态的"关系"研究。哈肯则是直接从变动和发展的角度，去研究系统从一种状态转向另一种状态的规律性的。哈肯深化和拓展了系统科学与系统哲学的研究范围，把相关研究带入一片崭新的天地。如果说在协同学产生之前，人们更多的是从"静"的意义上界定系统"关系"的话，那么协同学产生之后，人们更多的是从"动"的意义上去理解系统的"关系"。

（二）协同的系统动力学：揭示了系统"关系"变化和发展的内在机制

系统变化和发展的本质根源和内在机制究竟是什么？这是协同学要解决的根本问题。普里高津的耗散结构论，也研究了非平衡系统在远离平

---

① 转引自：苗东升. 系统科学原理[M]. 北京：中国人民大学出版社，1990：574.

衡态之后，由旧的无序状态到新的有序状态的变化问题。在解答这一问题的过程中，耗散结构论提出了系统自组织及其过程中的重要作用。但是，耗散结构论主要是从能量耗散的角度，来研究系统的变化和发展的。耗散结构论所强调的是导致系统变化的条件。即耗散结构论具体探讨，系统在某种特定条件下，如何通过吸收负熵流来提高系统的有序度，并没有深入地考察系统内部复杂的自组织过程。哈肯的协同学则专注于系统内部的自组织行为，集中而深入地研究了系统在自组织过程中，是如何通过子系统之间的竞争和协同作用，来改变系统的结构状况的。协同学在强调协同作用的时候，并没有忽视竞争的作用。协同是在竞争中产生的协同；而竞争则是协同中的竞争，是以达到协同为最终目的的竞争。在这里，哈肯的协同学发展和丰富了系统哲学思想：对于局部与整体、宏观与微观、合作与竞争、支配与伺服、组织与被组织、稳定性与不稳定性、确定性与不确定性等，都给予许多富有启发性的论述，协同学的种种观点带有浓厚的辩证法色彩。正因为如此，协同学通过这些富有独创性的研究，从系统动力学的维度给我们提供了一把初步打开系统内部变化和发展奥秘的钥匙。

（三）协同学在无机界和有机生命界、在微观和宏观之间架设了一座"关系"桥梁

协同学的建立，不仅弥补了物理学的空白，而且在科学的园地又增添了一门新兴横断学科。物理学，特别是现代物理学的触角已经深入到宇观、宏观和微观的广阔世界，对非生命物质运动及其规律从不同的角度进行了卓有成效的研究，物质世界的奥秘逐一被打开。然而哈肯却认为，这个世界中还隐藏着一个物理学未曾接触到的世界：这就是发展的世界或生命之谜。比如，所有的生命现象都由原子、分子所构成，它们虽然也服从物理学规律，但是物理学却无法对此作出充分的说明。物理学所给出的一些解释恰恰与生命现象相矛盾。热力学考察了封闭系统的演化，这个演化所表明的情形与生命的演化正好相反：生命的演化不断有新结构产生，而热力学却预言这个世界将最终"热寂"。哈肯在意识到这种矛盾之后，就有意识地力图在无机界和有机界中找到一座能够连接起来的桥梁。在长久的探索之后，哈肯终于在激光实验和激光理论中找到了这座

桥梁。他的协同学的创立，为物理学通向有机界铺平了道路。同时，协同学在创立之后，积极地向其他多种学科渗透，取得了显著的成果，终于奠定了其在系统科学和系统哲学中的坚固地位。

钱学森在评价不同系统理论的贡献时，每每将其与物理学中的从热力学到统计物理学的发展进行比较。他认为，只从热力学考虑问题，只从宏观研究问题，虽然可信，但不透彻。应当深入到微观层次，揭示系统宏观行为的微观基础，不仅做到既知其然，而且要做到知其所以然。但直接从微观来考察系统又不现实，宏观知识也并不需要知道那么多细节，我们需要的是一个微观过渡到宏观的理论。沟通无机界与有机界，沟通微观与宏观，这或许是协同学对系统科学和系统哲学的最重要的贡献。

（四）协同学的理论基础扎实而严谨

在被列为对构筑系统学有重要贡献的诸学科中，钱学森给协同学作了最好的评价：其他学科并未解决大问题，到协同学才算解决问题，是真正的科学。钱学森还表示："协同学实际上就是系统学。"[①]就建立系统科学的基础这一点来看，钱学森的评价基本上是合理的。

系统科学的几种理论中，只有一般系统论和协同学是从一般形式的微分方程定义的系统出发，来阐述关于系统的普遍原理的。但一般系统论知识，只是象征性地给出系统的微分方程模型，对于如何建立这种方程，如何分析处理系统的演化行为，一般系统论都没有作实质性的工作，也没有引出深刻的科学和哲学结论。协同学则不同，对于建立基本方程、进行稳定性分析、简化数学模型、描述系统演化行为、阐明自组织机制、都有相当严格的分析论证，得出关于科学和哲学的许多深刻的结论。协同学称得上是关于整体性的定量化理论，协同学对于系统科学的基础研究，对于系统哲学的推进，贡献是巨大的。

（五）协同学采用和提供了比较普适的概念和方法

协同学突破了平衡相变和非平衡相变的界限，提出对两类相变作统

---

① 钱学森. 关于思维科学[M]. 上海：上海人民出版社，1986：149.

一的研究。哈肯把相变理论中的序参量概念推广到非平衡过程，作为描述一切有序相变过程中系统宏观状态发生质变的普适性概念。哈肯的序参量不但参与变化，而且主宰变化过程，引入序参量作为系统的一般判据，为系统质变的标志，在实践中具有更高的普适性和更可靠的操作性。

与耗散结构论相比，协同学的显著优点是摆脱了热力学概念的束缚，采用比较普适的概念和方法。协同学的定量化程度高于耗散结构论。有关动力学方法、概率论方法等数学工具，在协同学中得到系统的、连贯的、严格的应用。这些方法，在描述系统时间演化行为或自组织过程中的可行性和有效性时，提供了富有说服力的验证，并在定量化方法上对系统科学做了重要的准备。协同学与耗散结构论相比，其物理学的背景淡化了，但是其系统哲学的成分更浓了。尤其是高等协同学，基本上摆脱了对物理学的依赖，不仅成为系统科学的重要组成部分，而且成为系统哲学的重要组成部分。

## （六）协同学的哲学方法论思想

哲学方法论抽象度大、距离实际较远，不便于直接应用而解决具体的操作问题，但它提供一种思维方式，并从而改变人们的认识方式。哲学方法论的形成较之科学思想对人类的影响，要来得更为深刻和根本。之所以专门总结协同学的哲学方法论思想，是因为协同学的某些思想已经超越了系统科学的领域而进入了哲学领域。

科学理论要在科学界得到认同和推广，必然要转化为实践，并在实践中得到检验。只有得到实践检验并证实的理论，才是科学理论。协同学也不例外。协同学的方法论可以广泛地在实践中加以运用，因而具有极其重要的哲学方法论意义，可以指导各个领域的实践活动。

**1. 协同学关于自组织过程中各子系统内在协同的思想，为我们解决社会实践中的各种问题提供了正确的方法**

协同学把注意力转移到系统内部，为解决系统内部的矛盾提供了新的方法和新的启示。协同学强调自组织过程中各子系统之间的相互协作和相互竞争的关系，协同是最终目的。[①]因而协同也是解决系统内部矛盾的根

---

① 沈骊天. 社会系统学初探[J]. 南京大学学报（哲学专辑），1987：95-100.

本方法，化解矛盾和冲突，使系统归于协同与有序。可以说，推动系统发展的最重要的途径，就是自组织的协同作用。他组织的外部控制，毕竟是很难持久的。因此，在实践活动中，在处理各种系统的矛盾和问题时，应着眼于系统自身的自组织过程，从系统自身的发展中去寻找解决矛盾问题的方法与对策。这对于我们今天现代化建设来说，无论是社会主义市场经济建设、社会主义政治文明建设，还是中国特色社会主义的建设，抑或是人类命运共同体建设等，都有着特别重要的意义。因而，协同是解决当前各种社会内部矛盾的根本方法：化解矛盾和冲突，使社会归于协同、和谐与有序，使国家之间归于协同、和谐与有序。因此在这类实践活动中，在处理国内各种社会矛盾和问题时，应着眼于社会自身乃至各社会成员，在社会主义价值观自我认同基础上的自觉趋同过程；在处理国际各种社会矛盾和问题时，应着眼于国际社会本身乃至大小各国，在人类命运共同体价值观的认同基础上自觉趋同的过程。一句话，从系统自身的发展中去寻找解决矛盾和问题的方法与对策。

2. 协同学关于序参量的概念，为解决复杂系统的问题提供了关键抓手

协同学从方法论角度把复杂性与简单性加以综合，提出新型的简化方法。它既不忽视事物演变的复杂性，又不被淹没在纷繁杂乱的头绪之中。哈肯认为，系统各个参量在临界点附近的变化有着快慢之分，一类为快变量，另一类为慢变量。而慢变量是最后决定系统演化的序参量，慢变量在数量上明显少于快变量，因此，这种简化方法有着重要的方法论意义。

对于一个大的系统来说，其内部参量众多，错综复杂，如果陷入细节之中，必然难以把握其宏观的整体运动，更难以识别它的发展和运动变化的趋势。序参量的概念，给了一个认识复杂问题的观测坐标，从而能够在复杂关系中抓住其决定性要素，为解决复杂系统的问题提供了关键抓手，或者说提供了指导性概念。

3. 协同学是关于硬控制和软控制的方法，为有效进行经济活动中的宏观调控提供了科学的指导原则

哈肯认为，对系统的控制必不可少，但这种控制可分为硬控制和软控

制。所谓硬控制，就是外界以一种特定的指令方式对系统施加控制，通过这种控制使系统实现它的既定目的，它又叫作直接控制和确定控制。所谓软控制，是相对于自组织系统而言的，外界对于一个自组织系统的控制也必不可少，但这种控制却是一种间接控制，或者为不确定控制。协同学告诉我们，软控制是系统自我发展的形式，通过软控制，系统可以演化出新的结构。后来切克兰德沿着这条思路创立了他的软系统方法论。

协同学主要是研究非平衡态的开放系统，它所强调的是系统的自组织过程中的软控制。这对于我们在发展社会主义市场经济的过程中，如何实施宏观调控具有重要的启发意义。

## 第三节　超循环理论的系统哲学思想

生物有机体系统中最重要最普遍的问题，就是物种的演化问题。达尔文所提出的进化论，已经揭示出生物进化问题的过程性，因而进化论是把生物学建立在完全科学的基础上的关键性理论。但达尔文的进化理论同物理学并无多大的关系。直到20世纪70年代，耗散结构论和协同学这两个理论的出现，情况才开始发生变化。耗散结构论和协同学这两个理论，使得人们发现序的产生是从远离平衡的开放系统开始的，是从一个不稳定状态转变到稳定状态时所发生的。这就是说，在物理学领域也存在着演化问题。

无可否认，耗散结构论和协同学所揭示的有序结构，只是在宏观尺度上出现的有序结构。这就给科学界带来新的困惑：事物在微观尺度上会怎么表现？科学界能否在微观层面揭示出诞生有序结构的内在机理？这两个问题是科学界亟待解决的新问题。

著名的生物化学家艾根及其同事们，适时提出并建立起来的超循环理论，解决了上述两个问题。超循环理论证明：有序结构在生物大分子这样的微观系统中同样存在。在超循环理论创立之前，科学界一直认为，从无机界进化到有机界要经过两个大的阶段：化学进化和生命进化。超循环理论的建立，则表明在这两个阶段中间还存在着一个由大分子集团借助超循环形式形成稳定性结构的中间过渡阶段。这是一个大分子集团运用突变、分叉、选择等机制进行进化变异的过渡阶段。这个过渡阶段的提出，证实并填补了化学进化与生物进化之间还存在着的空白地带。

## 一、艾根与超循环理论的创立

艾根，1927 年 5 月 9 日生于德国西部鲁尔区的波鸿。1943 年，艾根入伍。第二次世界大战后艾根在哥廷根大学学习物理和化学，1951 年获自然科学博士学位。1951—1953 年，艾根在物理化学研究所工作。1953 年，他进入马克斯-普朗克物理化学研究所（现称马克斯-普朗克生物物理化学研究所），1958 年成为该所的研究员。1962 年，艾根任该所化学动力学研究室主任。1954 年艾根成功地把分子弛豫技术引入到快速化学反应研究中，为科学研究提供了一种新的方法，从而得到了一系列重要的科学成果。由于在快速化学反应中的出色成就，艾根与诺里什和波特三人，荣获了1967 年诺贝尔化学奖。艾根成为德国第 24 位诺贝尔化学奖得主。

艾根在快速化学反应研究中，特别注意到生物体内发生的快速生物化学反应，并从生物分子演化的角度对它进行考察。最终引起了他对生命起源的一个关键问题的探讨——生物信息起源的开创性探讨。1970 年他在讲演中提出了超循环思想。此后，艾根吸收了进化论、分子生物学、信息论、博弈论、非平衡组织理论，以及现代数学的有关成果，把生命的起源作为自发自组织现象来加以描述。1971 年，艾根在德国的《自然》杂志上发表《物质的自组织和生物大分子的进化》一文，标志着超循环理论的建立。1973 年，他又发表了《生物信息的起源》一文，阐述和发展了超循环理论的思想。他与温克勒合作于 1975 年出版的《博弈论——偶然性的自然选择》一书，也以探讨生物大分子自组织为主题。他与理论化学家舒斯特合作，于 1977—1978 年在《自然》杂志上连续发表三篇系列论文。1979 年他们整理出版了《超循环：一个自然的自组织原理》一书。系统地阐明了超循环理论。

艾根的超循环理论，是指由自催化或自我复制的单元组织起来的超级循环系统。这个超级循环系统，由于能够自我复制而能保持和积累遗传信息，又由于复制中可能出现错误而产生变异。超循环系统可以通过其内在的选择与调节体系将错误缩小或放大，改变或保持系统性状。由于超循环系统具备原始生命的最基本特征：代谢、遗传和变异，能够依靠遗传、变异和选择实现最优化，达到生物学演化水平。所以，超循环系统可以称为分子达尔文系统，进化原理则可以理解为分子水平上的自组织。

## 二、超循环理论的主要内容

循环是自然界中普遍存在的现象，循环也是各门学科普遍关心的问题。究其根底，循环实际上是自然界内在规律的外在表现。数学中有循环小数，物理学中有谐振单摆，热力学中有热机循环，化学有元素周期表、化学振荡，生物学有生化循环与生物节律，生理医学中有血液循环，天文学中有周期性的月食、日食等，农作物栽培中有周期性的大年小年，等等。这些都是自然现象和科学研究中客观存在的循环。

生命起源是一个宇宙之谜。生命起源问题实际上就是一个关于"因"和"果"的问题。把生命起源看作一种"多步进化过程"的观点，使得艾根创立了超循环理论。从而在对待生命起源这一问题上，艾根作出了独特性的贡献。

### （一）蛋白质与核酸：生命起源的"因""果"循环

达尔文的进化论，成功地解释了从原始单细胞生物开始的进化历程，但是其前提是世界上已经有了细胞。那么，地球上第一个活的细胞究竟从何而来？这是一个必须回答的问题。然而，达尔文却回避了这个问题。

20世纪20年代以来，奥巴林等学者把生命起源，作为化学进化来研究，并取得重要进展，很好地解释了从化学过程中如何产生出核苷酸、氨基酸等化学分子，进而对生物大分子核酸和蛋白质的起源问题，做出了一些很有价值的说明。但是，同样的问题依然存在。奥巴林的学说并未解决细胞的起源问题。

一方面，地球上的有机物是由植物的光合作用从二氧化碳中制造而来。另一方面，生物体又来自有机体，没有有机体就不能构成生物体。但是反过来同样成立：没有生物体也就不能构成有机物。这就回到了千百年来妇孺皆知的悖论循环："究竟是先有蛋还是先有鸡？"在分子生物学的水平上，则演变成了"究竟是先有核酸还是先有蛋白质"之争。或者更抽象地说，演变成"先有信息还是先有功能"之争。"先"这个字一般侧重表示的是因果关系，而不仅仅是时间上的先后。

分子生物学告诉我们，蛋白质的高度有序的"功能"是由核酸编码来完成的。但是核酸的复制和翻译，又是蛋白质来催化和表达的。换言之，只有先存在着"信息"，即先存在着"关系"，而后才有由"信息"（"关系"）编码出高度有序的"功能"。没有"信息"（"关系"）就没有"功能"，而"信息"也即"关系"又只有通过"功能"才能获得其意义。如果没有了"功能"，"信息"（"关系"）也就失去了存在的价值，成为一种空洞的存在。因此，在这里它们两者是一种相互作用和相互依赖的关系。或者说，这是一种双向的因果关系：一方面，信息是功能的原因，功能是信息的结果；另一方面，功能是信息的原因，信息是功能的结果。

这就好比一个封闭的环。虽然形成环的线段总有一个开端，但是这个环一旦形成，开端也就失去了意义。现代的核酸和蛋白质的相互作用，相当于"封闭环"的一个复杂的等级组织。直观地说，相互作用、因果关系、相互转化、互为因果，并以此构成循环。这是超循环理论的一个基本出发点，这也是我们理解艾根超循环理论思想的一个关键所在。

关于生命的起源和发展，人们常常把它分为化学进化阶段和生物进化阶段。在化学进化阶段，地球上形成了生命体的主要化学建筑砖块，亦即核酸和蛋白质。在生物学进化阶段，原核生物逐渐发展为真核生物，单细胞生物，而后逐渐发展为多细胞生物；简单低级的生物逐渐发展为高级的生物。生物学进化长期以来一直是生物学家研究的重点。科学家依靠化石的帮忙，确定了进化的路线。但是关于生物起点问题，主要是遗传密码和它翻译机制的起源问题，却很难解决。

如何解决这个起源的问题，就成了艾根的关注点。为了解决因果之间的相互作用问题，就需要引进"自组织理论"。艾根将这个"自组织理论"引进并应用于分子体系。或者更确切地说，艾根将这个"自组织理论"引进并应用于特定环境条件下的特定的分子体系。

正是基于上述考量，艾根认为从"非生命"到"生命"的转化不是非此即彼的。在地球漫长的进化史上，在化学阶段和生物学阶段之间存在着一个"生物大分子自组织阶段"。正是在这个"生物大分子自组织阶段"，在大分子的形成和组织过程中，存在着一个同达尔文等人提出的生物学进化类似的逐步发展过程。

在这个过程中，既存在着生物大分子潜在排列序列几乎是无限的、复杂的前提，而实际上能够进化成功的序列是为数不多的几乎是唯一择定的。因此，在"生物大分子自组织阶段"，既有协同又有竞争；既有稳定又有选择；既有保持又有进化；既要保持和积累信息，又要能够进行选择性的进化，最终进化出了今天生物界所存在的普适密码的统一的细胞结构。

那么，在"生物大分子自组织阶段"的自组织过程，只有选择艾根所建立的超循环的组织形式的进化进路，才能够进化出今天普遍存在的普适密码的统一的细胞结构的结果。也就是说，艾根的超循环理论，不仅填补了化学进化与生物进化之间所存在的空白地带，而且较好地解释并揭示了今天生物界通过进化而来的普适密码的统一的细胞结构。

按照艾根超循环理论的见解，从反应循环、催化循环到超循环就是一个从低级到高级的三个循环等级，而在不同层次的循环组织，则有着不同的特性。

## （二）反应循环

普通化学反应中催化反应物转变为产物的反应，或普通生化反应中酶作为催化剂催化底物变为产物的反应：

$$S \xrightarrow{E} P$$

其中酶的催化作用等价于中间物的循环复原，酶 E 和底物 S 首先结合生成中间复合物 ES，ES 逐渐转变为 EP，EP 最后释放出产物 P 和 E，继而 E 又参加下一轮循环。这是一个简单的反应循环，其形式机制是一个三元循环。这种循环在整体上相当于一个催化剂。催化剂在循环中再生出自己，可以说是自维生的。

在生物化学中，有许多这样的反应循环，如表面上看起来非常复杂的光合作用循环——三羧酸循环，它们在整体上都相当于一个自维生的催化剂，都是反应循环。

在反应循环中，中间物单向地向循环复原，表明系统是远离平衡态的，并且是伴随着有能量耗散的开放系统。反应循环的生长曲线是线性的。反应循环是一种相互关联的反应，其中某一步反应的产物中正好有先前一步的反应物。例如在太阳中氢核聚变为氦的碳氮循环中碳原子既是反应物，又是生成物。它在整个反应循环所构成的有序活动结构中相当于一种催化剂，反应发生的前后自身的质与量均不发生改变。

### （三）催化循环

如果以反应循环作为亚单元，这些亚单元循环地联系起来，构成了反应循环的循环，这就叫作催化循环。或者通俗地说，在反应循环中，如果存在一种能对反应循环本身进行催化作用的中间产物，那么这种循环就称为催化循环。可见催化循环是比反应循环高一级的循环，其产物生长曲线是指数的。

自催化反应：

$$X \xrightarrow{E} E \quad 或 \quad X + E \longrightarrow 2E$$

就是一个简单的催化循环。

催化循环在整体上可以看作一个自催化剂，自催化剂在整个循环过程中产生出自身，也即是一种自复制单元。也可以说，催化循环具有自复制能力。生化反应中亦有许多自复制的催化循环，DNA 分子的半保留复制就是如此。在 DNA 分子的半保留复制中，其中一支单链起着模板作用，反应物按照特定要求结合成另一支互补的单链。整个催化循环所构成的有序活动结构相当于一个自复制单元。

普通催化过程（等价于一个普遍的反应循环）和自催化系统（最简单的催化循环），具有不同的动力学性质。如果底物的浓度受到缓冲，那么普通催化过程的产物，随时间线性地增大，而自催化系统则显示指数地增大。

### （四）超循环

所谓超循环，就是较高等级的循环，或者说是由循环组成的循环。超循环是由若干自复制单元耦合成新的复杂的循环体。即经过循环联系把催化或自复制单元链接起来的系统，其中每一个自复制单元既能指导自己复制，又对下一个中间物的产生提供催化帮助。自复制循环之间的耦联，必然形成一个更高层次的循环，而只有这种完整的系统才称得上是超循环。艾根明确指出："超循环是通过循环关系联结多个自催化和自我复制单元构成的系统。"①

艾根认为，只有"超循环"的作用，才能使大分子系统逐渐复制信息、积累信息和选择信息，使系统趋于复杂化和统一化。

超循环不仅是一种形式上的循环系统的整合，而且是一种功能性的综合。超循环就意味着存在非线性作用，意味着具有自复制、自适应和自进化的功能。超循环组织是保持信息稳定性，并促使其继续进化的一个必要前提。②超循环概念不仅提供了一种关于自组织形式的概念和思想，而且也提供了一种演化的思想和方法。

## （五）超循环进化原理

那么，超循环的内在机制，在分子进化中是如何发生作用的呢？在生物界中有所谓生物学种的概念，它是由特定的表现型行为所表示的个体的类。在生物学种中，并不排除由于遗传或环境所引起的某些性状的差异，即所谓多态现象。艾根指出，达尔文自然选择原理不仅是生物进化的原理，而且也是研究超循环自组织的指导性原理。

### 1. "拟种"：自然选择的目标

在生物学个体水平上，达尔文系统的选择对象是个体；而在生物大分子组织的水平上，超循环组织这种达尔文系统的选择对象则是分子"拟种"，即以一定的概率分布组织起来的一些关系比较密切的分子种的组合。这一概念与生物学种中的野生型群体有某种相似的地方。分子种是具有不同信息容量的复制单元，是某一特定的分子集合体。

按照自然选择原理，在大分子水平上的选择对象是分子种。分子种，应该具有三个基本的能力：代谢、自复制和变异。只有具备了这三种功能的大分子系统才是无限进化过程的合格信息载体。在适当的外部条件下，

---

① 艾根. 关于超循环[J]. 自然科学哲学问题，1988，（1）.
② 艾根，舒斯特尔. 超循环论[M]. 曾国屏，沈小峰，译. 上海：上海译文出版社，1990：61.

它们将证明是选择和进化行为的充分条件。而拟种，是按一定概率分布起来的一些关系比较密切的分子种的组合。由于存在着耦联，单个分子种不是独立的实体，彼此间既有竞争，又有协同，从而结成拟种。自然选择的目标，不是单个的分子种，而是"拟种"。

2. "超循环结构"：起源于随机过程

艾根认为，超循环结构与一般自组织过程相同，也起源于随机过程。由于在系统演化过程中包含大量随机事件，它们可能通过某种反馈性机制被放大，从而向高度有序的宏观组织进化。如此，则超循环组织的出现便是不可避免的。

艾根是以如下方式论证的。超循环的产生必须有某种以足够丰度存在的前体，凭借突变和选择机制，超循环从这种前体中产生出来。这种前体可以是由富含某些元素的序列分布而组成的拟种。可以这样假定：某拟种出现突变体，在超级循环系统中，每一个基因都存在与其对应的复制酶，这个突变体也有与之对应的复制酶。突变体在酶的作用下形成复制单元。这个单元由相应的酶以超循环的方式耦联。

由此可能出现四种情况：一是单元的复制都只利于自身的合成，不利于突变体的合成，超循环系统中会因突变导致激烈的竞争，最终优者胜。二是突变体的复制，既利于自身的合成，也利于循环系统的演化，其结果是突变迅速被循环接纳。三是突变体的进入不利于系统的循环过程，且在偶联中自我循环能力处处受到系统的抑制，其结果是突变体很快地被吞没。四是突变体在系统中，既能够有效地维持自身的合成，也不妨碍系统演化，其结果是这个突变体形成的超循环与原有的循环和睦相处。

在这四种情况中，第三种情况不会产生变异；第二种和第四种情况一定会产生变异；而第一种情况的结果则是不确定的。但不论哪一种情况，其最终结果都是优者胜，劣者被淘汰。正是这种起源于随机过程的选择，使系统可以不断地改善自身的循环结构和功能，并且在改善中选择了整体优势，保持着系统的相对稳定。

3. "复制错误"：导致进化

复制错误，相当于复制过程中的涨落。当复制错误导致新拟种产生时，新拟种将同原来的拟种发生竞争，在适当条件下引发并导致选择。按照达尔文的"适者生存"原理，将会有一个或几个"拟种"能以可观的数量生存。

如前所述，分子种应该具有三个基本的能力：代谢、自复制和变异。因为代谢是一个远离平衡的不可逆过程，大分子组织只有处于代谢过程的状态，才有可能进行选择。自复制是组织内在的自催化功能。也就是说，自复制是大分子组织对信息的保持、积累和选择之必不可少的功能。在大分子进化中相互竞争的分子若不指导自身的合成，那么已经积累的信息就会随着代谢分解而丧失。变异与自我复制是相互联系的，也是分子组织进化的基本要求。在循环的复制过程中，总会出现一定的误差。正是这种误差的存在，使组织不断地补充着新的信息，这样在竞争与选择中才会有性能更为优秀的信息，被循环系统所保留成为组织进化的内容。可以说，"复制错误"是分子系统新信息的主要来源。我们可以这样理解，起先是具有无意义密码的超循环结构，由于其稳定的自复制过程中偶尔也会出现复制错误，而自然选择会将"错误"，即将有"意义"的变异保留下来，最终建立起一套生命结构。在这种意义上，进化是"乘错误之机"，选择"错误"信息，并赋予"错误"以"意义"。

### 4. "选择"：进化不可避免

艾根指出，现代信息论应用到了生物学，这需要肯定，但又是不足的。信息论是一种通信理论，它所处理的是信息的加工问题，而不是信息的"产生"问题。信息论只告诉我们信息的量，而无法告诉我们信息的质，更没有告诉我们信息的来源。艾根认为，信息的来源是通过选择。也正是信息选择，引发并导致了进化，信息才获得了价值（语义）。

对于"选择"在进化中的意义，张彦和林德宏在《系统自组织概论》中曾有过精彩的比喻：进化同下棋有些类似，所不同的是没有棋手。进行游戏的人的智慧被随机事件中有利"选择"的"本能"所取代。假设在初始位置，每个棋手都可以用20种不同的走法来走。到后来，可能的走法或许增加到40种以上，但是思考之后实际可行的走法却反而减少了。直到最后阶段，即进入残局时，合理的走法的数目越来越少。棋手在动棋子之前决不会考虑一切可能的走法。每走一步，棋盘上就会出现新的情况。类似地，进化每演变到一个新的层次，不仅表示演变着的个体发生了变化，而且也表示环境的条件发生了变化。一切相互作用的物种都同时参与进化，当然各个物种的演变速率是大不相同的。这样就产生了通道，使进化的速度逐渐变大。由于"选择"，进化原则上便是不可避免的了。[①]

## 三、超循环理论对系统哲学思想史的贡献

如果说在对待生命起源问题上，奥巴林学说成功解释了第一阶段，属于化学进化论；达尔文学说则成功解释了第三阶段，属于生物进化论。那么，在第一和第三阶段之间是什么呢？这就是艾根自称为"分子进化论"的第二阶段的超循环理论。超循环理论作为现代系统理论中的一个重要分支，它在许多方面丰富和发展了现代系统演化理论。如果说协同学是从研究物理世界的自组织现象入手，然后把它推广到生物界和社会学领域中的一种自组织理论的话，那么超循环理论则是直接从生物学领域入手，来研究非平衡系统的自组织问题的。

站在哲学的高度重新审视，我们发现，尽管超循环理论的研究，肇始于生命起源这个具体的科学问题。然而，它给我们带来的成果和贡献却远远超过了这个问题。超循环理论不仅涉及物理学与生物学的关系，历史方法与逻辑方法，模型与实在，理论与实验等一系列科学方法论与哲学问题；而且它还涉及一系列科学和哲学中的普遍性问题，诸如：循环与演化，原因和结果，信息和功能，统一性和多样性，复杂性和特殊性，竞争和协同，必然和偶然，决定论规律和统计学规律等。所以超循环理论不仅引起了科学工作者的极大兴趣，它所蕴含的丰富的哲学思想，同样引起了哲学工作者的极大兴趣。超循环理论刚一提出，讨论其科学思想和哲学思想的文章就纷纷问世。詹奇在其《自组织的宇宙观》一书中，拉兹洛在其《进化：广义综合理论》一书中，都把超循环理论作为构造一幅进化的自然图景的自然科学基础之一。总结起来，超循环理论在系统哲学思想史的贡献，主要体现在以下七个方面：循环和演化

---

① 张彦，林德宏. 系统自组织概论[M]. 南京：南京大学出版社，1990：53.

思想，随机性和决定性思想，偶然性和必然性思想，统一性和多样性思想，自组织的思想，"系统综合"：新的自组织机制的思想，"拟种"与"超循环"：崭新的概念与思想观念。

## （一）循环和演化思想

大自然中存在着形形色色的超循环组织，形成了自然的联系之网。人类社会系统中也存在着形形色色的超循环组织，形成了社会联系之网。这两种网究竟有什么不同？组成这两种网的物质要素是什么？这两种网的内在结构是什么？这两种网有没有联系？循环和发展其内部的机理是什么？等等。这些是人类自古以来就渴望彻底弄清楚的问题。

黑格尔在研究人类的认识史时，曾经将人类的思想发展比作一个大圆圈，每一种思想相当于大圆圈上的小圆圈，人的认识就是通过一个圆圈一个圆圈螺旋式地向前与向上发展着。恩格斯在《自然辩证法》中说，整个自然界"在永恒的流动和循环中运动着"[①]。列宁在《谈谈辩证法问题》一文中也说，人的知识是"无限地近似于一串圆圈、近似于螺旋的曲线"[②]。

如果说上述三位辩证法大师，关于自然界与人的认识的循环发展以及演化的思想，还只是停留在定性的大致描绘的话，那么艾根的创造性工作，就在于他对循环和演化作了定量的精确的描述。艾根用数学模型描述了生物大分子信息的起源和进化。因而，艾根在分子生物学基础上，用系统观点和数学方法解释和论证了贝塔朗菲关于生物有机体有序性的观点，并使之具备了坚实的科学基础。

在艾根的超循环理论中，反应循环与物理、化学反应乃至与相对简单的生化反应相联系，其特点是自维生；催化循环则与较为复杂的生化反应乃至像 DNA 自复制这样的生化过程相联系，其特点是自复制；超循环则与生命起源、生态系统、社会组织、神经网络相联系，其特点是自选择。于是在艾根的超循环理论框架下，通过自维生、自复制、自选择这三个环

① 恩格斯. 自然辩证法[M]. 中共中央马克思恩格斯列宁斯大林著作编译局，译. 北京：人民出版社，1971：23.

② 列宁. 列宁全集：第五十五卷[M]. 北京：人民出版社，2017：311.

节，自然界和人类社会，便顺理成章地存在着从简单到复杂、从低级到高级、从无生命到有生命的发展过程。因而超循环理论，不仅是一个关于自然界的循环、演化、发展的"自然界自组织原理"。而且超循环理论，还是一个关于人类社会的循环、演化、发展的"自组织原理"。也就是说，艾根的超循环理论告诉世人：循环和演化思想，牢牢扎根于大自然和人类社会之中。至于自然的联系之网与社会联系之网的进化程度，则与循环组织的高级程度、复杂程度、进化程度相关联。

（二）随机性和决定性思想

随机性和决定性、偶然性和必然性的关系一直是科学界和哲学界激烈争论的问题。在探索生命起源的过程中，同样遇到了这一问题。法国生物学家莫诺在 1970 年出版了《偶然性和必然性》一书。在此书中，莫诺表达了这样一个观点：自然界中出现生命可能的必然性极小，概率几乎为零。因此，生命的产生是宇宙中绝无仅有的事件，是纯粹偶然性的产物。

然而耗散结构论、协同学、超循环理论等自组织理论则不认为偶然性与必然性、随机性与决定性是截然对立的。耗散结构论认为，两者是互补的。超循环理论则旗帜鲜明地认为：生命的产生绝非偶然的事件。但与此同时，在生命的起源问题上，耗散结构论和超循环理论也都坚决反对"上帝从不掷骰子"的观点。按照超循环理论，只要条件具备，一定的物质出现选择和进化是不可避免的。不仅在原则上是不可避免的，而且在现实的时间间隔内，也是完全可能的。在分子的大量随机事件中，通过自组织和超循环，可以从巨大的潜在可能性中，作出特殊的选择，从而导致并引发生命的起源和进化的发生。因而，生命的起源，生物的进化，有着不可避免的必然性。超循环理论的这些观点，不仅有助于我们从哲学上对随机性和决定性作更为深入的思考。而且超循环理论的这些观点，跨越时空，直到 50 年后的今天，还在不断地被科学实验所证实。发表在 2021 年《自然》杂志的对拟南芥（*Arabidopsis thaliana*）的研究，支持了艾根的观点。

科学家在 3 年的时间里对上百个拟南芥①品系进行了基因测序，发现了超 100 万个突变。他们发现，基因组中有部分关键区域的突变率很低，这些区域里包含许多影响细胞生长和基因表达等关键生物学过程的基因。这些区域的基因内部突变率降低了一半，而一些关键基因突变率降低了三分之二。进一步分析发现，基因突变率的分布模式与基因组上的表观遗传变化相关。研究人员认为，对生命活动起到关键作用的基因对潜在的有害突变很敏感，而拟南芥似乎演化出了一套保护机制，能十分有效地修复这些区域内的 DNA 损伤，从而降低这些基因的突变率，这种突变率上的偏差可能是演化的重要驱动力。这项研究或将改变人们对基因突变和演化的认知。这就是说，基因突变可以是非随机的。

## （三）偶然性和必然性思想

与随机性和决定性思想相对应的，是偶然性和必然性思想。艾根把"选择"的概念引入到事物的动力学机制，推进了一个深刻的综合——偶然性和必然性之间的关系。大自然有生命的万物，究竟是冥冥之中就已注定的宿命论？还是一切均按自由意志？对于这两个问题，从古到今，不知道多少哲学家耗尽脑汁，都没有得出满意的答案。

从奥古斯丁开始，偶然性和必然性就展现了激烈的冲突。古往今来，无数的哲学家和智者尝试调和它们的矛盾。企图把世界一分为二，在"月下世界"为"选择"划定一个范围，就是一个杰出的主张。诺贝尔奖获得者莫诺则坚持认为，生命在地球上出现纯属偶然，任何物种以及人类、社会的存在，都是在整个宇宙中空前绝后的一次事件。他把普里高津、艾根等人通过自组织来说明进化必然性的努力说成是"新型而微妙的泛灵论"。

尽管如此，人们还是认为艾根给出了表现生命进化基本特征的解答。在艾根的数学模型中，突变的发生是非决定的，但一旦开始，新品种群体的发展就是决定的了。选择和进化不但在"原则上"是不可避免的，而且在现实的时间间隔内也是完全可能的。于是我们看到了艾根的世界新图景：偶然性和必然性并非不可调和的对立物，而且在未来命运中作为平等

---

① 拟南芥属于一年生的细弱草本植物，它有很多名字，又被叫作阿拉伯草、鼠耳芥，主要在我国湖北、山东、甘肃、内蒙古等地生长，一般能长到 20—35cm，茎部会有一些纵槽，会开白色的花。

的伙伴，各自起着自己独特的作用。因此，艾根的超循环理论，唤醒世人：必须重新深入思考偶然性和必然性这对哲学范畴及它们之间的关系。

（四）统一性和多样性思想

对于生物多样性和统一性关系，超循环理论提出了深刻的思考。超循环理论认为，存在着一个分子自组织的进化阶段，从而把化学进化与生物进化之间的巨大空隙连接了起来，并有可能形成统一的细胞结构和功能。因而，艾根的超循环理论发展了达尔文的进化论。这主要表现在三个方面。

首先，艾根把进化机理适当地运用于分子进化的过程，描述出分子进化历程是信息不断丰富的自组织过程。其次，在艾根的超循环进化机理中，不仅强调了达尔文理论的竞争和选择作用，还发现和强调了进化中的综合与协同作用。超循环组织作为一个远离平衡的开放系统，既竞争又协同，既相对独立又相互整合，赋予系统"竞争-选择"和"综合"两方面作用机制。最后，"竞争-选择"机制，作为评价和处理系统优劣的机制，"综合"则作为信息和功能增长的机制。两者整合在了一起，各有侧重，从而更明确更完整地揭示了生命系统的进化机理，更好地说明了在细胞水平上，生命系统表现出的高度统一现象。进而，充分诠释了统一性和多样性的辩证统一。

然而，更为重要的是：艾根提出超循环理论，是想把物理学普遍原理推广到生物学，并与生物学成果相结合，对经验事实进行抽象，从现实中追踪历史的过程，从而用数学模型反映现实状况。因此，他运用了非线性微分方程、概率论、博弈论、不动点分析等数学工具对数学模型进行了定量的处理，从而得出定量的、富有规律性的研究成果。该模型与达尔文的物种进化过程较好地吻合，尤其是对分子物种的竞争与淘汰作了更为精确的描述，增强了进化论的精确性，扩展了进化论的适用范围，发展了达尔文的生命起源学说和进化理论。

（五）自组织的思想

与牛顿不同，艾根是一个坚定的唯物主义者，本能地拒斥上帝创世说。如此，在对待生命起源问题上，则必然沿着哲学先贤们关于事物"自己运动"之辩证法原理的道路，去寻找终极答案。艾根说："我们必须意识到，生命有许多层次——它最终可归结到物理学家关于'自然'的概念。"[①]艾根以自组织观点重新阐释达尔文学说，并判明自然选择原理是"一个物质自组织原理"。[②]在一定外部条件下，自然选择是活机体基本性质的结果，由有限的普通物质组成的自复制系统不可避免地呈现选择行为。能够在不存在"外部选择者"时，有选择地组织自己，这是典型的自组织行为。艾根的这种思想，是典型的自组织思想。

### （六）"系统综合"：新的自组织机制的思想

自组织是客观事物从简单到复杂，从无序到有序过程中的一种普遍存在的现象。对其内在规律的研究，从 20 世纪 40 年代以来，提出了各种重要的理论：耗散结构论、协同学、超循环理论、混沌理论等。它们从不同的角度来理解并研究自组织，探讨其规律，发现其机理。然而对于生命起源问题，达尔文原理和普里高津原理都不是充分的，需要建立新的物质自组织原理，方能妥善解决这一问题。

超循环理论提出了一种更为复杂的以综合为核心的自组织机制。一方面，组织内部的各部分相互作用、相互协同、相互支持、相互促进，形成内在的统一机制；另一方面，组织内部彼此无联系的甚至彼此对抗的部分，通过中介体综合而形成更为复杂、有序、功能更强的超系统。正是超系统的综合能力，改善了系统内的竞争所带来的进化模式，在淘汰与保留处出现共存与统一的选择结果。

超循环是一个逐渐综合的自组织过程，不仅是其规模增加和扩展的综合，而且是其性质和功能的综合，它是事物的质的逐级高级化。它强调循环过程的综合能力：即循环将有差异、有矛盾的部分组合成为一种优势兼容的自组织系统。对于循环系统，一个物种在竞争中幸存下来，必须通过某种中介体与系统联合成一个统一的综合的循环整体。

首先，超循环的综合性是一种优势的综合。进入到超循环系统，所有相对劣势和绝对劣势的准物种都因无法生存而被淘汰，只有拥有综合的优势的单元组织才能在竞争中立于不败之地。

其次，综合的全过程都存在竞争，即使在准物种进入超循环系统，中介体已经将新的单元与系统联合成一个整体，这时系统内外的竞争只是趋于缓和，并不是消失。

最后，超循环的综合是一种积累的综合。这种积累，当然是优势的积累。在进化过程中各突变体首先会进入到竞争和被选择的过程，优胜劣汰，得以保留的突变体才会进入到综合过程，形成更为复杂的、优势更为突出的统一体。正是这种积累的机理，使得超循环系统的进化，一旦拥有，便永久保留。

由超循环揭示的这种综合的自组织机制，是普遍存在的。它不仅存在于分子的进化中，而且存在于生物界和人类社会的各领域中。生物界的共生现象，以法律契约为中心的经济联合体等，都体现了这种综合的自组织机制。

（七）"拟种"与"超循环"：崭新的概念与思想观念

自组织是一种系统行为。揭示了从化学分子到生命细胞的进化机制，其主要的理论工具不能到分析科学中去寻找，必须求助于系统科学。这中间，最重要的又是系统的整体突现原理，即承认若干事物一旦联系起来并形成系统，就会产生出这些事物的总和所没有的新性质。艾根曾以他建立分子进化论为例，对系统的整体突现原理做了很好的说明：有关超循环著作中的许多思想并不新奇，但形成理论体系之后，就有了"整体比一个个思想的总和所代表的东西要多"的结果。①把这一原理运用于生命起源问题，艾根断定生命必定是物质进化过程的特定阶段上突现出来的系统整体新质。要揭示这种整体突现机制，必须坚持系统观点和方法，建立一套适当的概念框架。

在艾根的著作中，信息论方法、博弈论方法、稳定性分析、不动点技术等系统研究的一般方法，都被引入到分子进化论。系统论的基本概念都出现在艾根的著作中。更为关键的是，"分子进化理论发展了一些新的概

---

① 艾根，舒斯特尔. 超循环论[M]. 曾国屏，沈小峰，译. 上海：上海译文出版社，1990：372.

念"①。其中，最为艾根所强调的是"拟种"（quasi-species）和"超循环"（supercirculation/hypercycle）。"拟种"指的是"通过选择而出现的、有确定概率分布的物种的有组织的组合"②。"超循环"指的是"在自复制元素中的一个有组织的全体"③。有组织的组合，或有组织的全体，就是系统。"拟种"和"超循环"都是艾根为系统研究所贡献的新的自组织概念。引入这些概念，把分子进化表述为一种服从达尔文原理的群体行为，便于应用动力学和概率论方法来描述，从而使分子进化论成为一门典型的现代系统理论。对于这一点，不仅艾根本人完全自觉，也得到著名系统理论家普里高津、哈肯、拉兹洛和钱学森的一致肯定。

"超循环"是复杂系统的重要的自组织形式。一般系统论、信息论、控制论之后，人们对系统的认识不断由"静态"深入到"动态"，从"结构"深入到"过程"，从"存在"深入到"演化"，等等。系统的自组织，已成为科学在探索系统复杂性问题上的重大进展和理论抓手。

"超循环"是一个复杂的自组织系统。系统科学认为系统的复杂性主要表现为四个方面。第一个方面，复杂系统是由众多的存在差异的单元组成，各单元的联系广泛而紧密构成一个网络。该系统内各单元各司其职，互相配合，发挥系统的整体效能。第二个方面，复杂系统具有层次性。一般具有多层次、多功能的结构，这一结构的存在使系统中各单元的变化既受制于其他单元，又影响着其他单元，具有系统的整体相干性。第三个方面，系统是动态的，不断处于发展变化之中，能够在变化中改善自身。第四个方面，系统是开放的，与环境有着密切的联系，与之不断的相互作用，不断地利用和适应环境。

"超循环"既是复杂的系统，又是一个复杂的过程。"超循环"集复制、选择、综合和优化等众多功能于一体，体现着复杂性自组织系统的基本特征。在"超循环"的过程中，在艾根超循环理论的框架下，系统对自组织机制、过程等问题有形象直观的描述，有精致的数学模型，有合理的解释，因而它是复杂系统重要的自组织形式。

---

① 艾根，舒斯特尔. 超循环论[M]. 曾国屏，沈小峰，译. 上海：上海译文出版社，1990：中文版序.

② 艾根，舒斯特尔. 超循环论[M]. 曾国屏，沈小峰，译. 上海：上海译文出版社，1990：29.

③ 同①。

## 四、简短的评价

超循环理论的提出，引起了系统科学界与系统哲学界的极大关注。

同属非平衡系统自组织理论的耗散结构论学派，高度评价了超循环理论的研究，并反复援引其研究成果。还在超循环理论刚刚提出时，普里高津就曾在 1972 年评价：如果艾根的理论成立，那肯定会涉及基本研究方面，因为与遗传密码相对应的高度组织状态，将第一次成为物理学定律的具体组成部分。……因此，我们头脑的最"重要"的功能，如语言的起源问题，就可能包括在艾根的理论之中。这样，在结构学家的静力学观点（通常成为分子生物学观点）和历史观点（热力学观点）之间形成了意想不到的综合。

非平衡系统自组织理论的协同学学派的代表人物哈肯认为，他的激光方程与超循环理论的选择动力学方程，是不谋而合的。哈肯主动披露，他在创立协同学的过程中，也曾受到超循环理论的启发。

钱学森多年来倡导建立统一的系统科学。他认为超循环理论跟其他理论一道，为系统科学的基础理论——系统学的建立，提供了丰富的思想资料。他说，把运筹学、控制论和信息论同贝塔朗菲、普里高津、哈肯、艾根等人的工作融会贯通，加以整理，就可以建立起系统学。

不过，超循环理论也存在着不足，正因为超循环理论的实质，是处理生命复杂系统及其演化的理论，所以其思想的推广仍然有着许多的局限性。而且超循环理论目前仍然是一个科学假说，有待更多的超循环科学材料与科学实验加以证实。

## 第四节　自组织理论：揭示事物演化机制的系统哲学理论

克劳修斯与达尔文的关于演化方向的矛盾，原本仅限于热力学与生物学之间。随着科学的发展，这个矛盾波及更宽的领域，强调演化的思想不仅在自然科学共同体内，即便在人文哲学领域，也受到了空前的关注。法国哲学家伯格森的《创造进化论》里，有一个核心的概念"绵延"。绵延是一种既包容过去又面向未来的现时的生命冲动，是不可预测又不断创造，只能以直觉来把握的动态的、演化的、持续不断的、源源涌现新形式的存在。伯格森这种对生命的冲动、创造力和演化本身的关注，一反太阳底下无新鲜事的旧观点。怀特海在伯格森的生命哲学和 20 世纪初相对论和量子力学的影响下创立了著名的"过程哲学"。他把"事件"看作世界的基本要素，自然界的终极事实是：世界是由事件构成的，宇宙就是事件场；事件的流动一去不复返，因而每一事件都独一无二。一事件与他事件处于相互"关系"之中。有机体就是各种有关事件的综合统一体，有自己的个性、内在结构、自我创造能力等。在宇宙中，小到亚原子粒子、原子、分子，大到星球、星系、星云，一切微观、宏观、宇观的无生命和有生命物体，都可以视为有机体。有机体具有内在的联系和结构，具有生命与活动能力，并处于不断的演化和创造中。这种演化和创造，就表现为"过程"。而任何事物的过程是独一无二的，是无可替代的。

达尔文进化论学说，强调的是有序，回答并解释高级生物是如何由低级生物进化而来的。自组织理论，也是进化理论。自组织理论所关心的是：为什么在自然界中有大量系统会自发形成具有充分组织性的有序结构？要正确回答这一问题，要求自组织在一定的语境中，必然与生物进化、科学进步、社会发展等词汇等价与同义。

然而，自组织理论并不仅仅是进化理论。自组织理论，还意味着要对进化机制予以揭示。

热力学过程代表自然界存在的另外一种演化，热力学第二定律的发现及其"熵"概念的建立，表达了世界自发的无序过程。自组织理论也是演化理论，然而在远离平衡态的非平衡区域，系统可以通过与外界交换物质、能量和信息，吃进负熵流，而形成新的有序结构——耗散结构——一种动态的自组织机制。

而自组织理论的最有价值的地方，在于对时间的再发现。无论将自组织理论视同一种进化论，还是看作一种演化理论，两者里面都有时间。这种时间是活生生的时间，是带有方向性的时间。在物理学领域，一切和热现象有关的过程都具有不可逆性，时间的未来对应于熵的增加，过去与未来是不对称的。在生物学领域，一切生物组织性的增加过程与器官复杂性的提高的过程，在时间的长轴上，都不可能重演，因而所有生物物种乃至所有的生物个体，都是独一无二的。如此，则物理学和生物学被自组织理论连通了。物理学界和生物学界的矛盾，这个困扰科学界长达百年之久的问题，在自组织理论面前，已经不再是问题。

由于自组织理论所发现的时间，物理学被划分为两大块：一块是"存在的物理学"，其代表是经典力学、经典电动力学、量子力学和相对论。另一块是"演化的物理学"，其代表是热力学和自组织理论。

系统自组织理论告诉我们，充分开放是系统自组织演化的前提条件，非线性相互作用是自组织系统演化的内在动力，涨落是系统自组织演化的原初诱因，循环是系统自组织演化的组织形式，相变和分叉体现了系统自组织演化方式的多样性，混沌和分形揭示了从简单到复杂的系统自组织演化的图景。诸如开放、非平衡、负熵、分叉、涨落、相变、对称破缺等，这些科学词汇今天已经成为现代公众语言的一部分。自组织理论中的一些新的概念、思想、观点、方法，不仅丰富了唯物辩证法和唯物主义认识论，而且对自然科学、社会科学的发展，也起了极大的推动作用。对整个人类科学事业和社会发展事业产生了深远的影响。

在系统哲学思想史上，如果说系统的结构、系统要素的相互影响、相互影响所表现出的信息的反馈，就是贝塔朗菲的一般系统论、香农的信息论以及维纳的控制论所作出的贡献的话，那么，系统形成动态有序结构、系统的演化、演化的方式及其数学描述，就是普里高津的耗散结构论、哈肯的协同学、艾根的超循环理论这三个自组织理论所作出的贡献。系统理论的这种变迁，有其内在统一的逻辑即系统理论由静态的带有构成论的"关系"痕迹，走向动态"关系"的自组织系统理论。

更进一步地，自组织阶段的系统理论主旨与构成论阶段的系统理论一脉相承。自组织理论特别重视整体和部分之间的动态"关系"，重视系统和环境的动态"关系"。这可以从自组织系统的三个特征中得到充分诠释和充足的证明。首先，自组织系统是不断同环境交换物质、能量和信息的开放系统——秉承了系统的开放性；其次，自组织系统都是由大量子系统所组成的宏观系统——秉承了系统的整体性；最后，自组织系统都有自己的演变历史。低层次的子系统元素一旦形成组织，就会出现原有层次所没有的性质，像目的性、适应性、生长发育这些有机体特性——秉承了系统的层次性。如果说这些是继承以往系统哲学成果的话，那么自组织理论还有着创新，以及对未来的开拓。这主要表现在自组织理论的动态性和突变性上。自组织过程就是子系统之间"关系"升级的过程，必然会伴随着动态和系统新质的突现。

因此，自组织理论是揭示事物演化机制的动态系统理论。

在自组织系统理论中，耗散结构论开启了从无序到有序的系统演化的自组织进化的大门。协同学则把这扇大门的门框扩大了，不仅阐述了系统之间的竞争和协同，并以此推动系统从无序到有序的演化。这两个理论推动了人们对于自组织演化内部机制和动力的认识。

超循环理论告诉我们相互作用构成循环，它所提出的循环等级学说，事物是从低级循环到高级循环，不同的循环层次与一定的发展水平相联系。超循环理论对于揭示生物信息起源的开创性探索，为揭开生命起源之谜提供了一条可能性途径，揭示了系统自组织演化发展所采取的循环发展的形式，代表了科学探索生命起源的一个新方向。正是超循环理论直接探究生命发生的奥秘，解释生命自组织生成的逻辑以及由之生长起来的整体规律，终于冲破了机械论樊篱，推动了系统哲学继续向前发展，并预示着生成论阶段系统哲学的来临。

耗散结构论、协同学、超循环理论从不同的侧面揭示了在远离平衡态的情况下，开放系统能够自发进入有组织状态的可能性。沿着这条道路，紧随其后的突变论、混沌理论、分形理论蓬勃发展起来。而突变论、混沌理论、分形理论，又都是与系统自组织演化的相变理论密切联系在一起的。突变论揭示出原因的连续作用，有可能导致结果的突然变化，揭示出相变的方式和途径以及相变的多样性。混沌和分形理论的研究，则揭示出系统自组织的复杂性。而它们在系统哲学思想史上，同样有着显著的重要位置。因为，正是突变论、混沌理论、分形理论这三个理论的研究发现了：系统在远离平衡的条件下，还有可能进入一个特殊"有序"的混沌状态，系统在这个混沌状态下诞生新的事物，从而使人们对系统自组织发展的整个过程——生成过程，有了更深刻的理解。

对生成机制的深刻揭示，突变论、混沌理论、分形理论所蕴含的生成论系统哲学思想，我们将在下一章进行详细的讨论与总结。

# 第四章　生成论阶段的系统哲学思想：从"关系"的演化到"关系"的生成

随着时间在普里高津的耗散结构论里被重新发现，以及系统自组织机制被揭示，科学尤其是物理学被划分为两块：一块是存在的科学；一块是演化、发展、生成的科学。在第三章中，我们讨论了自组织系统理论中耗散结构论、协同学、超循环理论的系统哲学思想。我们已经知道，自组织理论不是一个独立的理论体系，它是系统科学的一个学科群——对系统的自组织现象进行研究的学科群的总称。不仅仅是上述这三种理论，自组织理论还包括突变论、混沌理论、分形理论、复杂性科学等。严格地讲，整个自组织理论都是属于演化论范畴的。正是普里高津的耗散结构论，打开了演化论的大门，开启了演化的物理学，并将物理学和生物学贯通起来，揭示出两者共同的演化机制——系统自组织机制。

但是，随着自组织理论的系统演化机制的继续向前推进，一个更深入的问题摆在了科学共同体面前：演化仅仅是过程，生成新的系统才是目的。复杂纷繁的大千世界，各种自组织系统其内在的复杂"关系"究竟是如何生成的？怎样揭示出这种自组织的生成机制？是系统科学界和系统哲学界必须直面的问题。演化机制向前推进的逻辑结果，必然面临着生成机制。因此，系统科学与系统哲学界需要更深入研究和寻找关于自组织的生成机制理论。

在上一章的第三节，我们详细探讨了超循环理论。艾根的超循环理论直接探究生命发生的奥秘，解释生命自组织生成的逻辑，并探索由之生长起来的整体规律。这就在很大程度上冲破了机械论的樊篱，解放了人的思想。艾根的超循环理论，不仅推动了系统哲学继续向前发展，而且在这个理论的启发之下，系统自组织理论进入一个新的历史阶段：从"关系"的演化到"关系"的生成。

根据艾根的超循环理论，只有突变才会产生新的信息，只有创生了新的信息，才会诞生新的结构。换句话说，新的结构之所以创生，有赖于新的信息被创造出来——而这正是突变论着力研究的内容。混沌理论侧重于从动力学出发，研究不可积系统轨道的不稳定性，许多的新信息正是诞生在混沌的边缘。分形理论告诉人们包括混沌在内的世界绝大部分的复杂生成，乃是通过分形元途径，分维是度量复杂世界之所以生成的数学工具。

20世纪70年代以后，系统哲学转向以复杂性生成为主要研究对象，试图建立关于复杂系统生成的一般理论。以普里高津为代表的布鲁塞尔学派，提出了"复杂性科学"的概念。法国的莫兰提出"复杂学性研究"概念，提倡建立"复杂方法""复杂思想""复杂范式"。20世纪80年代，复杂性科学开始兴起，引起了一批世界级科学大师的关注和多学科领域科学家的兴趣。从20世纪90年代开始，美国圣菲研究所致力于生成论复杂性科学的各有关方面的工作。复杂系统、系统的复杂性生成和复杂性科学就是在这样的背景之下提出来的。

因此，在耗散结构论、协同学、超循环理论等"关系"演化的自组织理论的系统哲学思想之后，系统哲学思想继续向前推进。此后，产生了突变论、混沌理论、分形理论、复杂性科学等这些关于"关系"生成的自组织理论。本章将详细总结突变论、混沌理论、分形理论、复杂性科学所蕴含的系统哲学思想。

## 第一节　突变论的系统哲学思想

自然界和人类社会广泛存在着两种基本过程，换句话说，存在着两种演化方式。一种是连续的或"光滑"的变化，或曰渐变；另一种是不连续的呈锯齿状或"跳跃"的变化，或曰质变。诸如动植物的正常生长、春夏秋冬的四季更替、太阳的东升西落、行星沿轨道绕恒星运行等，这是渐变。而像水的沸腾、火山爆发、岩石断裂、行星坠落、股票暴跌、人体休克、经济危机等，这是突变。

自从演化理论兴起之后，尤其是自组织理论兴起来之后，诸如热力学理论、耗散结构论、协同学、超循环理论等都在一定程度上触摸到了突变的内核。耗散结构论的远离平衡态会产生新的结构，协同学之慢变量支配快变量会产生新的协同，超循环理论的数学模型中突变的发生是非决定论的，等等，都一定程度上接触到了突变。

托姆的突变论，是一种拓扑数学理论。该理论的提出为现实世界的形态发生问题中的突变现象，提供了可资利用的数学框架和数学工具，较好地解决了新信息产生的数学理论问题。突变论也被普里高津和哈肯认为，是耗散结构论和协同学的数学工具和理论基础。托姆的突变论，是一种研究演化生成的自组织方法理论，尤其是在研究复杂性问题的演化和生成过程时，具有特殊的方法论意义。

## 一、突变论的科学背景与理论来源

### （一）突变论的科学内涵

突变论，是专门研究不连续现象的一个新兴数学分支。1972 年，托姆出版了数十万字的专著《结构稳定性和形态发生学》，奠定了突变论的数学基础。除托姆外，齐曼、阿诺尔德等人也作了重要贡献。

描述不连续现象的数学理论已有多种，比如离散数学。但离散数学与突变论有着原则的区别。离散数学所描述的过程本身是不连续的，是离散地起作用的力或离散的采样动作引起的不连续的结果。然而突变论研究的过程本身是连续进行的，正是连续的原因造成了不连续的结果，这种现象称作突变。突变论也不同于描述不连续现象的另一些数学理论，如用偏微分方程描写激波形式，将不连续函数展开成为傅里叶级数等。这些数学理论强调的不是过程的不连续性，而是企图用连续方法近似地描述它们，目的不是揭示连续变化引起的突然跃变现象的内在机制，仅仅是提供一种处理问题的数学技术。

托姆的突变论则不同，它所强调的是过程结果的不连续性，目的是揭示出造成这种不连续现象的内在一般机制。需要强调的是，托姆的突变论不研究一切突变现象，只研究连续作用的原因所导致的不连续的结果。这就是托姆讲的突变概念。从系统演化的角度看，突变论具有非常重要的作用，在系统哲学思想史上具有重要地位。作为一种新的数学理论，它对数学，对科学，乃至对哲学，都有着相当大的贡献。其中，最重要的当是思想上的创新。

（二）突变论的理论来源

突变论之所以能够建立，有着两个理论来源。

首先，突变论的数学渊源可以追溯到法国数学家庞加莱。他在 19 世纪末期就指出常微分方程的解有三个要素：结构稳定性、动态稳定性和临界值。然而庞加莱的思想，远远地超越了他的时代，以至于不能为当时的数学界所接受。此后直到 1937 年，安德罗诺夫和庞特里亚金才提出"粗"系统而确立了结构稳定性概念。1955 年美国数学家惠特尼发表题为《曲面到平面的映射》的论文，奠定了光滑映射的奇异性——这种新的数学理论的基础。惠特尼指出，空间曲面到平面的投影只可能有两种奇异性：那就是折叠和尖点。这正是突变论创始人托姆的著名的分类表中，最低阶两种突变的理论来源。

其次，突变论的另一个理论来源是拓扑学。拓扑学就是研究图形在一对一的连续变化下（即拓扑变换）而保持不变的性质的一个几何学分支。与几何图形相比，拓扑关系对于在演化过程中的改变是较为敏感的。为了对包含复杂的多变因素的情况进行分析，拓扑学家就利用了图形。数学家斯蒂恩就曾经指出，如果一个特定的问题可以被转化为一个图形，那么思想就从整体把握了问题，并且能创造性地思考问题的解决方法。拓扑关系表达的是不同对象之间的一种"相同关系"。如果两个几何对象之一可以连续地变形到另一个而没有任何撕裂或黏合，则把它们近似地看作是"拓扑等价"。拓扑学的"拓扑等价"这个能力在生物分类学者身上表现得极为突出。1961 年生物学家研究形态发生学的成果之一表明，几种鱼之间的亲缘关系就相当于一块橡皮上得到的各种变形。而突变论研究的是系统的定性性质，许多现象涉及拓扑不变性，拓扑学是突变论的重要基础。借用"拓扑等价"这种方法，突变论显示了把几乎完全不同的领域的现象联系起来的吸引力。

## 二、突变论的四个基本概念

（一）"势"：系统内外的相对"关系"

初等突变论研究的是有势系统。严格力学意义上的"势"，是一种相

对的保守力场的位置能。在热力学系统中，热力学"势"是自由能，这种
自由能决定系统演化的方向。"势"的概念也可以适当推广到其他领域，
如社会领域。"势"可看作是，系统具有采取某种趋向的能力。"势"是由
系统各个组成部分的相互作用、相对"关系"乃至系统与环境的相对"关
系"来决定。因此，系统"势"，可以通过系统行为变量（状态变量）和
外部控制参量来描述系统的行为。这样，通过"势"，也就是说，在各种
可能变化的外部控制参量和内部行为变量的集合条件下，可以构成行为空
间和控制空间。给定控制参量变化范围，即在给定控制空间中，看系统的
行为参量如何变化，在数学上就称为把系统的行为投影到控制空间上，如
此则研究势函数变得非常方便和容易，并且具有明显的几何意义。

## （二）"平凡点"：稳态"关系"

在 $R^n$ 的空间超曲面上，并非所有的点，都同等重要或有相同的价值。
从数学上看，超曲面上某些点的势函数的一阶导数不为零时，系统行为是
平凡的，即原来变化趋势怎么样，现在还会怎么样，并且一直会持续下去。
这些点就是"平凡点"。"平凡点"所反映的是系统的稳态"关系"。

## （三）"奇点"：突变"关系"

超曲面上某些点的势函数一阶导数为零时，系统的行为则可能是不平
凡的，即原来的变化趋势现在可能发生突变，这些点就是"奇点"。换句
话说，导致系统发生突变的点，就是"奇点"。

"奇点"，某种条件下又被称为定态点。何谓定态点？突变论把满足一
个光滑函数的位势导数为零条件的点，称为定态点。定态点在不同的条件
下有不同的分类。如当 $n=1$ 时，定态点有三种类型：极大、极小和拐点。
而当 $n \geq 2$ 时，对不同的势函数，定态点有更多的类型。更深刻的差异反
映在定态点的退化或非退化上。退化定态点称为"奇点"，因为在该点附
近系统往往出现许多奇异行为。连续变化的原因引起的不连续结果，就发
生在奇点上。奇点研究是突变论的重要方法，是突变论的一种从整体到局
部的基本方法。

### （四）"吸引子"：系统"关系"的趋向

"吸引子"（attractor）是系统趋向的一个极限状态。作为一般规则，系统将逐步趋向于唯一的极限状态。不过，也有可能存在多个极限点的情况：可能是闭轨线，也可能是更复杂的图形。如一曲面或维数很大的一流形。这些极限点的连通集，就被称为系统的一个"吸引子"。"吸引子"的本质是系统"关系"的内在趋向性。

## 三、突变论的基本内容

### （一）稳定性与非稳定性

突变论认为，宇宙中任何事物都处在一定的状态之中：稳定态、非稳定态或者中间状态（即其构成要素的一部分处于稳定态，而另一部分则处于非稳定态）。

所谓稳定态，就是指事物在内外环境因素干扰下，仍然能够保持不变的存在状态或发展趋势。这种例子在大自然或人类社会中比比皆是。以水为例，在标准大气压下，当温度在 0—99℃时，水的液态性质不变，液态就是水的稳定态。而当温度在 0℃ 以下时，水就变成固态；或者当温度在 100℃ 以上时，水就变成气态。而在海拔 5000 米的青藏高原，要保持水的液态性质不变，就只能在 0—70℃，超出此范围，如在 0℃ 之下，则水为固态，如在 70℃ 之上，则液态水突变为气态。

再以人类社会为例，当人类社会生产力水平处在一定的发展阶段时，与之相适应并且稳定的是当时的社会生产关系。与石器时代对应的是氏族公有制，与青铜时代对应的是奴隶主所有制，与铁器时代对应的是封建主所有制，与大机器时代对应的是资本家所有制，等等。这些不变的生产关系是人类社会发展中的一种稳定态。在当今，与生产资料公有制对应的则是社会主义经济制度。

所谓非稳定态，则是指事物在内外环境因素的干扰下，容易发生变化的存在状态或发展趋势。例如沸腾时的水，处于社会变革时期的生产关系，即是属于事物的非稳定态。

突变论认为,在存在干扰的情况下,唯有稳定态能够存在下去,而非稳定态是不能维持的。由非稳定态转向稳定态是客观事物运动变化的普遍趋势。事物的性质主要是由其处于稳定态时的性质决定的。

## (二)突变过程的本质及其特征

突变论认为,突变的过程是系统由一种稳定态,经过非稳定态向新的稳定态跃迁的过程。其数学上的标志是系统状态的各组参数及其函数值变化的过程。当系统状态可用一组函数取唯一值(如能量取极小,熵取极大)的参数来描述时,系统是稳定的。而当参数在某个范围内变化,使得该函数值有不止一个极值时,系统必处于不稳定态。这时,如果参数再有微小的变化,函数又可取新的唯一值,系统便进入新的稳定态(超稳态),与此同时,突变也就发生了。这就是托姆对突变过程的基本数学描述。

托姆的突变过程系统,有着如下四个基本特征。

第一个特征,是多稳态性。除个别系统的突变形式以外(如个体由生到死——折叠式突变),绝大多数系统都存在着两种以上的稳定态,并可发生多种可逆的突变过程。例如在水分子系统,固态、液态、气态是三种稳定态。在特定条件下,固态和液态可以相互转化即发生突变,液态和气态亦可相互转化而发生突变。所以,一般而言,系统突变建立在多稳态的基础上。

第二个特征,是中间非稳态性。突变与渐变不同,渐变是一个稳态→新稳态→新稳态的连续变化过程,而突变则要经历一个中间状态的不稳定阶段,即稳态→非稳态→新稳态的过程。例如水在沸腾时就进入非稳态——水和气的混合状态了。液态的水正是经历了这一非稳态之后就变成了气,从而实现突变的。所以,是否经历非稳态阶段,乃是突变与渐变的根本区别。

第三个特征,突变点是一个范围。过去认为,突变的关节点是一个固定不变的点。托姆的突变论则认为,两种质态相互转化的关节点是一个随条件变化而有规律分布的区域(非稳态区),在这一区域内的任何一点都有可能发生突变,而突变究竟在哪一点上发生,则取决于干扰的大小。干扰越大,突变发生越早,干扰越小,突变发生越迟。

第四个特征，突变结果带有随机性。突变论揭示，即使是同一个历史过程，对应于同一控制因素的临界值，突变仍会产生不同结果，即可能达到若干个不同的新稳定态，每个状态都呈现一定的概率。这在自然界或人类社会都存在着广泛的例征。如自然界一场暴风雨过后，可能带来不同的后果，究竟出现哪种后果，则无法预知。又如，一次较大的社会事件之后，社会则可能走向不同的结局，究竟会出现哪种社会结局，则带有随机性。

### （三）突变形式具有多样性

所谓突变形式，指的是不同质态的系统在相互转化（突变）时，其在关节点分布的几何形状。托姆经过严格的数学推导发现：在控制参量的个数小于等于 4 时，突变过程不超过 7 种类型；而当控制参量的个数小于等于 5 时，突变过程不超过 11 种类型；如果控制参量的个数超过 5 个时，则突变过程趋于无限多个。托姆对突变形式的数学推导及其结果，有着非常深刻的科学意义和哲学意义。这不仅深刻说明了物质世界突变形式的丰富多样性，而且说明了人类社会各种变化的纷繁复杂与丰富多彩。

突变过程的七种基本类型是：

①尖点型突变（控制参数为 2）；

②折叠型突变（控制参数为 1）；

③燕尾型突变（控制参数为 3）；

④蝴蝶型突变（控制参数为 4）；

⑤双曲型突变（控制参数为 3）；

⑥椭圆型突变（控制参数为 3）；

⑦抛物型突变（控制参数为 4）。

由于这七种突变类型都是用拓扑数学图形来表示的，比较抽象乃至比较深奥，故不做详细展开。总之，突变论的创立，使得人们对突变这种无论是在自然界还是在人类社会都普遍存在的现象，认识得更为深刻和更为全面。

### 四、突变论所蕴含的系统哲学思想

托姆的突变论的创立与贝塔朗菲的一般系统论、维纳的控制论、香农的信息论等系统理论的兴起有着密切的关系，是系统科学理论蓬勃发展大背景下的产物。与此同时，托姆的突变论又与耗散结构论、协同学等物理学理论不同。突变论首先是一门数学学科，科学界有时也称之为突变数学。它的一系列基本概念：势、状态变量、控制变量、结构的稳定性、奇异性、行为曲面、滞后、突跳、分叉等，首先是数学名词，其次又带有明显的系统研究背景。突变论是数学与系统理论交叉的产物，可以看作是一种数学系统理论，蕴涵着丰富的系统哲学思想。

### （一）"整体"与"局部"的辩证"关系"：坚定地反对还原论

20世纪生物学的最大进展是把生命现象追踪到分子层次，创立了分子生物学。这使许多人产生了一种强烈愿望，希望能用分子生物学原理揭示并解释形态发生现象。而在物理学领域，理想方法是还原论方法。还原论方法之所以有效，是因为在其适用范围内，还原论模型可以进行实验控制，其结论可以通过实验来检验和证明。然而，生命不能无限细分，生物学的使命是构造出生命的整体结构，这在本质上是与还原论不相容的。

托姆反对还原论，坚定地站到系统论一边。托姆充分肯定20世纪中叶兴起的系统论思潮，声称"我们采用的正是这种系统论方法"，赞赏"齐曼干脆将突变论纳入'系统论'的范畴，从而大大拓宽了突变论可能应用的范围"。[①]托姆用开放的、动态的、历史的观点看系统，把形态的发生归结为系统的演化，成功地用拓扑动力学和微分动力学，找到了生物学和数学的一个汇聚点，创立了突变论。

从方法论的角度，还原论与系统的对立集中体现在"整体"与"局部"的关系上。还原论的做法是用简单的局部构造复杂的整体；系统论则要求整体的把握建立在对局部的精准了解之上。托姆不但对"整体"与"局部"的关系进行了哲学探讨，还用几何化的办法，给出了数学描述。托姆说："几何化往往会提供一种整体的看法。"[②]在方法论上，突变论把研究对象明确限制于连续过程引起的不连续的结果。用控制参量的连续变化刻画基本过程，即状态参量几乎处处连续变化，但在少数临界点上发生突变来刻

---

① 托姆. 突变论：思想和应用[M]. 周仲良，译. 上海：上海译文出版社，1989：99.

② 托姆. 突变论：思想和应用[M]. 周仲良，译. 上海：上海译文出版社，1989：152.

画系统的演化行为，这种处理方法具有普遍意义。也就是说，突变论撇开具体的现象，完全抽象为数学形式。既从"局部"走向"整体"，又从"整体"走向"局部"。对于从"局部"走向"整体"，数学中的解释性工具是有用的工具。对于从"整体"走向"局部"，数学中的奇点概念是有力武器。一切动态系统理论，都需要交替使用从"局部"到"整体"和从"整体"走向"局部"两种描述方法。这样，托姆就试图用统一的手段，给系统演化的突变行为以精确的刻画。对于数学家来说，长期以来没有什么比描述非连续性更令人棘手的了。一直以来就没有什么好的方法，而托姆的突变论，恰恰就提供了这样一种方法。因此，突变论受到普里高津的耗散结构论、哈肯的协同学等理论的欢迎，就不难理解了。

（二）渐变生成突变：一种新的事物演化机制

达尔文进化论所描绘的是一幅渐进演化的世界图景，在他那里没有突变的位置。但是无论在自然界还是人类社会，突变的现象又比比皆是。居维叶研究了突变现象，但在他那里突变被视为灾难性现象，突变与灾变几乎成了同义词。并且，居维叶断言，没有缓慢作用的原因能够产生突然作用的结果。达尔文和居维叶虽然各执一端，但是他们的理论有一个共同的内核：将渐变与突变对立。

从哲学上考察：突变是否有普遍性？稳定性与非稳定性的关系怎样？连续性与间断性的关系怎样？渐变与突变又有着什么样的辩证关系？这些是托姆所面临的问题。对此，托姆充满了使命感，他说："我们必须承认宇宙处于不断地创造、进化和形态的破坏之中，科学的目的就是预见这种形态的改变并尽可能解释它。"[①]

托姆认为，突变与渐变是一对矛盾，它们既是对立的，又是同一的，在一定条件下可以相互转化。基于这样的一种哲学信念，托姆把突变划分为普通意义上的突变和突变意义上的突变两种。托姆明确声明：他不研究一切形式的突变，只考察由控制参量的缓慢变化所导致的系统状态或行为的突然变化。这就是说，托姆只研究突变意义下的突变。

---

① 托姆. 结构稳定性与形态发生学[M]. 赵松年，等，译. 成都：四川教育出版社，1992：2.

　　托姆把结构稳定性与运动稳定性分开来，这有着积极的意义。从工程实践来看，突变往往是灾难性的，如房子的突然倒塌，大坝的瞬间崩溃等，应力求避免。从系统演化生成的角度来考察系统，突变则往往有着积极的建设性的作用。托姆说："这种'突变'是系统得以'生存的手段'，可用来帮助系统脱离特征状态。因此，出现（突变意义下的）突变显然是件好事。"①

　　从数学上看，与渐变导致突变相对应的是连续性与不连续性的矛盾与同一。连续性的中断、光滑性的破坏等，往往意味着系统奇异性和创造性的生成，是理解演化生成现象的关键。托姆在初等突变论所限定的范围内，以标准的现代数学语言揭示了渐变与突变是如何相互联系、相互依存，以及如何在适当的条件下相互转化的规律性，对所发生的突变的机制，作出透彻的分析，给突变形式以完备的分类，在理论上是透彻的，在形式上是漂亮的，在实践中也是非常有用的。比如，非平衡跃迁是自组织过程中最迷人的问题，揭示宏观结构形成的机制和触发过程，是一个高技术性难题，可供应用的数学工具很少。突变论的拓扑方法对不可逆系统的分支理论、耗散结构的热力学、非线性动力学方程的求解、序参量方程的标准化等，都是非常有用的。

　　从系统科学与系统哲学的双重角度考察，结构稳定性问题，既是系统演化出发点，又是系统演化的逻辑落脚点。各种相变：平衡的或非平衡的、有序的或混沌的，都是旧结构失稳和新结构形成并稳定下来的过程和结果。它们都属于结构稳定性问题。渐变导致突变，对应着结构稳定性与结构不稳定性的相互转化。这些结构演变的典型行为，往往是突变式的。即在系统内，往往同时存在着稳定性区域和不稳定性区域，正是这种蕴涵了稳定与不稳定两种特性，才可能出现从渐变到突变的转化。在结构稳定性区域内，系统只有渐变。系统一旦走出结构稳定性区域，就会发生从一种稳定态向另一种稳定态的突变。对于这类系统，突变总是在相同的或相近的地方发生，在实验上有可重复性。系统的这种辩证性质，决定了突变有规律可循。因而，这类系统的突变行为研究有着极大的科学研究价值，系统科学家和系统哲学家们往往争先恐后开展。

---

　　① 托姆. 突变论：思想和应用[M]. 周仲良，译. 上海：上海译文出版社，1989：106.

（三）蕴含"目的"的"吸引子"：沟通物理界和生物界的"关系"桥梁

就生物有机体而言，自然界中，各种植物从种子发芽到长成参天大树，卵生动物从孵化到破壳而出，哺乳动物从胚胎发育到生产到成长等，都体现了其内在的控制过程。也就是说，自然界确实存在着内在的"目的性"。

关于"目的性"，哲学史上自始至终存在着争论。哲学史上，为了解释这种现象，存在着"唯灵论"、"泛灵论"和"活力论"等唯心论哲学。但是唯物论哲学则否认自然界存在这种内在"目的性"，而代之以"运动说"或"矛盾说"。物理世界与生物世界存在着隔阂，也就是说，存在着两种对立的哲学观点。

在系统哲学思想史上，贝塔朗菲对"目的性"的阐述是思辨式的，但没有揭示出"目的性"的系统学机制，也没有给出它的数学表达形式。维纳引入反馈的概念，揭示并沟通了生物界和无生命界都存在着"目的性"。这从一定程度上，揭示了"目的性"行为的系统哲学机制。但仅仅用反馈概念刻画"目的性"，容易给人造成错觉：似乎"目的性"只存在于生命体，而与无生命的天然系统、社会系统乃至人造系统无关。况且，维纳也没有给出与"目的性"相关的数学表达形式。

托姆强调要发掘"目的性"的合理内核。而要做到这一点，其唯一有效途径是对胚胎发育做动力学分析。只要能用动力学语言解释系统"目的性"行为，罩在"目的性"头上的神秘云雾就会飘散。在这个问题上，托姆前进了一大步，他创造性地使用了"吸引子"这一概念。"吸引子"，顾名思义，被某种东西所吸引。不论是吸引者，还是被吸引者，都有着共同的趋达"目的"的内在要求。因此，"吸引子"概念一经托姆的创立，立即得到科学界的认同和响应，从而在"目的性"问题上，真正达到了消除生物世界和物理世界相互对立状态的目的。所谓"吸引子"，是系统趋向的一个极限状态。作为一般规则，系统将逐步趋向于唯一的极限状态。如果系统还没有处于这种唯一的极限状态，它就会不停地运动。系统一旦达到极限状态，则会自动维持这种极限状态并保持不变。更为重要的是，托姆的"吸引子"概念是一个开放的、可以推广的概念。任何系统,只要存在吸引子,就是有"目的性"的系统。无论是在自然界,还是人类社会,广泛地存在着"吸引子"系统,比如非线性动力学系统。"目的性"行为,就是系统在状态空间中,趋达"吸引子"的动力学行为。

当然,"吸引子"概念并非托姆一人所独创。庞加莱和伯克霍夫关于动力学定性理论的开创性工作,安德罗诺夫等人关于相平面定态点和极限环的研究,斯梅尔首次提出"吸引子"概念,等等,都是重要的先驱性工作。托姆的"吸引子"概念,正是前人和同行这一系列研究工作的结晶。阿诺尔德说:"突变理论不可争辩的贡献,在于它引进吸引子这个术语和传播吸引子分叉知识。"[①]

## 第二节　混沌理论的系统哲学思想

著名物理学家海森伯临终之时说,他要问上帝两个问题:第一,为什么要有相对性?第二,为什么要有湍流?第一个问题被爱因斯坦回答了。第二个问题,指无法理解的混沌现象。

1963年,美国著名的气象学家洛伦茨在数值实验中首先发现了混沌:确定系统中有时会表现出随机行为这一现象,这实际上就是确定系统中的混沌现象,一种对初始条件的敏感依赖性。这一论点打破了拉普拉斯的决定论,拉开了混沌研究的序幕。

1975年,"混沌"(chaos)作为一个新的科学名词正式出现在文献中。随着对混沌现象的深入研究,混沌理论迅速发展起来。混沌理论的创立,把系统行为表现的随机性和系统内在的决定性机制巧妙地结合起来。继而,吕埃勒(Ruelle)等人又为耗散系统引入"奇怪吸引子"的概念。既然混沌,是由某些本身丝毫不是随机因素的固定规则所产生。那么,许多随机现象,实际上比过去所想象的更容易预测。20世纪70年代中期,费根鲍姆在以数值实验寻求最简单的非线性方程的工作中,发现了非线性系统由有序向混沌转化的常数值4.6692016090…。人们称之为费根鲍姆常数(Feigenbaum constant),它与玻尔兹曼常数(Boltzmann

---

① 阿诺尔德. 突变理论[M]. 周燕华,译. 北京:高等教育出版社,1990:24.

constant）一样，揭示了自然界又一奥秘。系统科学界与系统哲学界对混沌的研究，取得了诸多令人兴奋且意想不到的成果。发现了一批细微且非常有意思和有研究前景的混沌现象，它们背后有"一类无穷嵌套的自相似性的几何结构"，而且具有相当的普适性，提出了若干带根本性的物理和数学问题；并且这类研究，还有了若干严格的数学成果；也开始有了真正的物理实验。

自然界和人类社会广泛存在着混沌现象，无论是宇宙、基本粒子，还是人类社会都是如此。混沌理论的创立，不仅使得人们在混沌中发现了秩序；而且发现了复杂的自然界从演化到生成的大量奥秘。混沌的发现以及混沌理论的创立，是一项划时代的科学进步。本节将详细讨论并总结混沌理论的系统哲学思想。

## 一、混沌研究的历史

关于混沌的研究，大致可以分为三个时期。第一个时期的混沌研究，可以追溯到庞加莱。19 世纪末 20 世纪初，庞加莱在研究太阳、月亮和地球三体问题时发现：在一定范围内，三体问题无法求出精确解，其解只能是随机的。庞加莱所遇到的是保守系统中的混沌问题。庞加莱超前于时代约 70 年发现了混沌。他从科学哲学的角度探索偶然性与必然性、随机性与决定性的关系，获取了对敏感依赖性——这一混沌现象的本质特征的深刻认识。

第二个时期的混沌研究，则是作为一门科学理论来研究。混沌理论发端于 20 世纪 60 年代，作为其初创标志的主要有两方面的成果：KAM 定理和洛伦茨吸引子。1963 年，美国著名的气象学家洛伦茨，在数值实验中首先发现了混沌，他称之为"决定性非周期流"。此后的洛伦茨方程告诉我们，一个确定的含有 3 个变量的自治微分方程，却能导出混沌解。这说明人类对于天气，原则上是不可能作出精确预报的。借此，洛仑茨第一次提出了"蝴蝶效应"的概念。今天，"蝴蝶效应"已经被社会各阶层广泛接受并运用。"蝴蝶效应"比较典型的表述有："今天在亚马孙森林里有一只蝴蝶扇动空气，可能下个月在纽约掀起一场风暴"。

第三个时期的混沌研究，是 20 世纪 70 年代以后，这是混沌理论研究的活跃期。这一时期的标志性成果有：1971 年法国物理学家吕埃勒和荷兰数学家塔肯斯（Takens）为耗散系统引入了"奇怪吸引子"（strange attractor）这一概念，提出了一个新的湍流发生机制，以揭示湍流的本质[①]。1975 年，美籍华人李天岩和美国数学家约克（Yorke）在美国《数学月刊》上发表了题为《周期 3 意味着混沌》[②]的著名文章，深刻地揭示了从有序到混沌的演化过程，文章标题中的"混沌"（chaos）一词便在现代意义下正式出现在科学语汇当中。如前所述，1975 年费根鲍姆发现了倍周期分叉现象中的普适常数，即费根鲍姆常数。同年，法国数学家德布罗在多年研究的基础上创立了分形几何学。1980 年，芒德布罗用计算机绘出了世界上第一张分形的混沌图像。

进入 20 世纪 90 年代，科学界基本达成了共识，混沌是存在于自然界的一种普遍的运动形式。所以世界各国的系统科学领域及其他不同学科领域都加强了对混沌现象的研究。对混沌的研究，不仅推动了其他学科的发展；而且，反过来其他学科的深入发展，也推动了对混沌的深入研究。因此，混沌理论与其他学科相互交错、相互渗透、相互影响、相互促进，混沌理论得到了空前广泛的应用。

总之，混沌是极其复杂的整体现象，单靠某门学科是无能为力的，必须有各个领域学者的共同协作才能奏效，而这一研究工作已经并将继续对自然科学乃至社会科学产生重大影响。目前，这种影响已在物理、化学、气象学、生物学、医学、经济学乃至社会学中初见端倪。混沌打破了不同学科之间的藩篱，正在扭转科学中的还原主义的倾向，它是一门关于系统整体性质的科学。

## 二、混沌理论的主要内容

### （一）混沌的主要定理和概念

所谓混沌是一种貌似无规则的运动，指在确定性非线性系统中，不需

---

① Ruelle D，Takens F. On the nature of tuburence[J]. Communications in Mathematical Physics，1971，20：167-192.

② Li T Y，Yorke J A. Period three implies chaos[J]. The American Mathematical Monthly，1975，82（20）：985-992.

要附加任何随机因素，亦可出现类似随机的行为（内在随机性）。混沌系统的最大特点就在于系统的演化对初始条件十分敏感，从长期的意义上讲，系统未来的行为不可预测。

### 1. KAM 定理

KAM 定理是由苏联科学家柯尔莫哥洛夫、阿诺尔德和莫什尔等人所作的关于哈密顿系统运动稳定性工作的研究而得出的。KAM 定理是关于近可积哈密顿系统运动稳定性的论断，它使我们对守恒系统的认识有了极大的改变：KAM 定理的破坏，意味着系统将呈现一种高度不规则的运动状态，即混沌运动。一般说来，不可积系统相空间可分为大小两个区域，一个代表稳定的规则运动（KAM 环面），一个代表不稳定的随机运动（混沌区），当满足 KAM 条件时，前者很大（是海洋），后者很小（是小岛）；当出现全局混沌时，则会转变为：前者很小（是小岛），后者很大（是海洋）。

### 2. 洛伦茨吸引子

美国气象学家洛伦茨，于 1963 年提出并建立了一个天气预报模型。洛伦茨选取了三个天气参量：温度、气压和风速，建立微分方程系统，通过计算机，给出天气运行轨迹曲线，发现了如下三个结果。

（1）蝴蝶效应：天气变化模式对初始条件的敏感依赖性。从几乎相同的初始条件出发，计算机产生的天气模式差别愈来愈大，最后竟然毫无相似之处。尽管仅仅是小数点后的多位取舍上的微小差异，也将导致未来天气模式大相径庭的差异。

（2）长期预报天气是不可能的。对未来天气发展趋势的预测，随时间的跨度依赖于越来越精确的初始条件，有时甚至需要无限精度。然而，绝对把握复杂事物的精确初始条件是不可能的，如此，则如我国古人所言，差之毫厘，谬以千里。

（3）混沌吸引子。当一系列三元组合出现时，在洛伦茨模型中，积分曲线发生不规则的运动，在相空间中，以某种数值画出了环状圈。这些环状圈无休止地围绕着不稳定的两个定点环绕，这些环状圈就构成了奇怪吸引子，它吸引了某一区域的所有轨迹。并且，出自邻近点的两条积分曲线在吸引子中间没有相同的轨迹。这说明系统从不完全自我重复，点的轨线也永远不会自己相交，它永不停止地绕圈。吸引子最终具有一个异常复杂的层状结构。

洛伦茨吸引子很像一张光滑的曲面，但它不是曲面。它是由无限多张无限接近的曲面构成的一个复杂几何对象，具有"非零厚度"。在混沌区内，运动线先是在绕某个点若干圈后随机地被甩到另一个点附近，在这里绕若干圈后又被随机地甩回到先前的那个点，如此循环往复，以致无穷。而每次无论绕哪个点，其圈数、圈的大小都是不确定的，表现出一种典型的无规则运动。这两个点，就被洛伦茨命名为"混沌吸引子"。又因为是洛伦茨首次发现，故又称为洛伦茨吸引子。因其表现的奇特性，后又被吕埃勒和塔肯斯称为奇怪吸引子，以区别于有序吸引子（或称平庸吸引子）。因为有序吸引子，是通常意义上的点、环、面的吸引子。

### 3. 奇怪吸引子

奇怪吸引子，也称作"随机吸引子""混沌吸引子"。它是相空间中无穷个点的集合，这些点对应于系统的混沌状态。它是一种抽象的数学对象。因此它常常隐藏在混沌现象的背后，借助于计算机可以描绘它的图形。它是一类具有无限嵌套层次的自相似几何结构，是一种分形。由于混沌来源于确定性方程的内在随机运动，伴随着混沌现象的出现，人们发现了奇怪吸引子。最先发现"奇怪吸引子"的是洛伦茨，"洛伦茨吸引子"就是一种"奇怪吸引子"，但洛伦茨没有提出"奇怪吸引子"的概念。

最先提出"奇怪吸引子"概念的是吕埃勒和塔肯斯。1971 年，他们俩在考察湍流时，发现在湍流中有一些自相缠绕的流线，就像螺旋形的漩涡，形成—出现—消失，如此循环往复。漩涡的中心便是吸引子。他们认为湍流中能量的耗散，必然要导致相空间体积的收缩，从而使得流线向吸引子收敛。这个吸引子不是不动点，因为流体始终都在运动。这个吸引子又不会是周期吸引子即极限环，因为极限环仅为吸引所有邻近轨道的一条轨道。然而这里所表现的是，流线不重复、不相交。当时他们认为必须采用尚未发生的定律，才能给出精确解释，因而将其命名为"奇怪吸引子"。"奇怪吸引子"具有以下三个特性。

（1）稳定性。奇怪吸引子局限于有限区域内，这是由于耗散运动最终要收缩到相空间的有限区域，即收缩到吸引子上。就大范围而言，它表现为稳定的吸引子。若以吸引区域内任一点为初值，当受到真实世界噪声的干扰时，根据吸引子定义，其动力系统最终仍然回到这个吸引子上，并可以得到几乎完全相同的奇怪吸引子，从而表现出它的稳定性。

（2）低维性。在相空间中有一条低维（分维）轨道，尽管只有几个自由度，但它却表现出十分复杂的空间结构，这来自轨道的无穷伸展、压缩和折叠。因此奇怪吸引子具有无穷嵌套的自相似结构。

（3）非周期性。表现出运动轨道围绕奇怪吸引子永远不自我重复，永远不自我相交。

"奇怪吸引子"的出现可以用"吸引"和"排斥"的统一来说明。一方面，系统耗散运动的轨道，最终要被吸引到或者说被收缩到相空间的有限区域，即吸引子上；另一方面，运动轨道从局部来看又是不稳定的，要沿着某些方向作指数分离。如在有限的几何对象上实现指数分离，就要无数次地折叠起来造出一种新的几何对象——混沌吸引子。轨道不落在一个流形上，而是像一根针一样，在线团中穿来穿去。

## （二）混沌的基本特征

研究自然界物体运动的规律性有两类：一类是确定性运动，另一类是随机性运动。牛顿所描述的物体运动规则是简单的、决定论的，用确定性方程可以得到完全确定的结果。另一类随机性运动的研究，则是 19 世纪发展起来的统计力学和概率论研究，它们就是研究随机性运动问题的。随机性运动研究，力图从大量的偶然性事件中去把握其统计规律性。这里的指导思想是，认为单个的粒子运动服从决定论的牛顿力学定律，但大量事件则服从统计性的大数定律。长期以来，学术界这两种理论相互对立，井水不犯河水。实际上，纯粹的确定论和纯粹的概率论都是一种理想化的描述。混沌理论的出现及其研究，在两者之间架起了一座桥梁。混沌现象的研究，正是为了解释这个涉及经典力学中"复杂"系统的另一类应用的根本问题。混沌运动所显示的特征，让人们看到了自然界丰富多彩的另一面：井水里面有河水，河水里面有井水。

### 1. 确定论系统的内在随机性

自然界和人类社会存在着两种随机性：外在随机性和内在随机性。外在随机性是指由外部环境干扰所产生的随机性，它反映着外部环境对系统运动的影响。系统的行为只有计入随机因素才能作出完全的描述。外在随机性以三种方式进入数学模型：随机激励作用、随机系数、随机初始条件。

内在随机性是指系统本身内部所固有的随机性。它是由系统内部自发产生的随机性。数学模型中不包括任何外加的随机项，即方程系数、初始值和激励作用都是确定的。

混沌理论证明，只要确定论系统具有稍微复杂的非线性，就必然会在一定控制参数范围内，产生出内在随机性来。混沌现象，正是确定论系统在混沌区，所表现出的一种内在随机性。在这里，非决定性是从决定性行为的自我演化中生长出来的。这就是井水里面有河水，河水里面有井水。确定论系统里面的内在随机性，达到了确定性与随机性、决定论与非决定论的内在统一。

### 2. 对初始条件的敏感依赖性

对于没有内在随机性的系统，如线性系统，只要两个初始值足够接近，从它们出发的两条轨线，在整个系统演化过程中都能保持足够接近。这就是稳定性理论说的"小扰动产生小偏差"。然而，这一结论对于具有内在随机性的系统来说，则不能成立。从两个非常接近的初值出发的两条轨线，在经过充分长的时间演化之后，可能会变得相距"任意"远，表现出轨线对初值的敏感依赖性。这就是前边所说的"蝴蝶效应"。

对初始条件的敏感依赖性，导致系统长期演化行为不可预测。长期预测需要足够的精确初值，随着时间的跨度越来越长，对精确度的要求越来越高，对初始条件的依赖性越来越敏感，最后使得长期预测行为变为不可能。

### 3. 混沌序

首先，混沌不是通常意义下的有序运动；其次，混沌又绝对不是"混乱无序"。这就决定了混沌行为具有某种"混沌序"。"混沌序"有着以下三种系统科学内涵。

（1）混沌是系统按某种方式对称破缺达到的一种有序

经典科学中的空间和时间的对称性，是以稳定性为其特征的。而在混沌运动中，由于非线性的作用打破了这种稳定性，出现了时间和空间的对称破缺。因此混沌现象一定伴随着对称破缺的结构。如贝纳尔对流中有左旋和右旋，B-Z 反应中有蓝有红，这就是非均匀的状态，它们之间相互转换，就是因为发生了对称破缺。按照耗散结构论和协同学的描述，从周期性运动到非周期性运动的过程，是对称性不断破缺的过程，周期性运动的对称性不断破缺以致达到极点，终于转化为非周期性运动。非周期性运动不是无序运动，而是一种混沌序。

（2）混沌运动中存在无穷嵌套的自相似结构

混沌运动中，就系统形态的细节和长期性而言，系统的非线性与涨落伴随着形成系统新的有序，这与系统局部的不稳定性和不可预测性是辩证统一的。在这里，形成事物的新的有序是指事物复杂性的可重复结构，但并不意味着该事物在细节上以及外形上都完全相同。从外形看，它们甚至是混乱的。但混沌运动不是乱成一片，仍然可能存在着各种稳定的周期运动。对称性破缺中的对称性，非周期中的周期性，使得混沌行为呈现出一种非平庸的有序性。其周期运动状态并非完全消失，而是形成了无穷多个结构。周期太多相当于没有用，故显示出杂乱无章的混沌状态。然而，在混沌区内，从大到小，一层一层类似洋葱头或套箱，具有彼此相似的结构，故称为"自相似结构"。这些自相似结构无穷无尽地互相套叠，从而形成了"无穷嵌套的自相似结构"。我们任取其中一个小单元，放大来看都和原来混沌区一样，具有整体相似的结构。由此可见，混沌现象既有紊乱性，又具有规律性。

（3）混沌运动中存在着宏观无序但微观有序状态

湍流中存在着水分子或气体分子的微观相对长期相干有序结构，然而它却不能形成宏观长期相干有序结构。在不可积系统的全局混沌中，镶嵌着局部的规则运动的小岛（KAM 环面）。在倍周期分叉形成的混沌区中，嵌套着形形色色的周期性窗口。

总之，从非线性、非平衡过程进入的混沌，是从有序演化而来的。它具有内在随机性、奇异吸引子、分数维、无穷嵌套自相似结构、宏观无序和微观有序状态等多种特征,所以它包含有更高级、更复杂的秩序和规律,需要人们进一步去认识。

## (三)通向混沌的道路

### 1. 倍周期分叉进入混沌

已经引起广泛注意的通向"混沌"的非常简单的道路,就是"费根鲍姆序列",即倍周期分叉进入混沌。系统运动变化的周期行为,是一种有序的运动状态。一个系统,在一定参量值条件下,其行为是周期性的。随着改变控制参量值,出现周期加倍。若参量超过另一临界阈值时,系统出现 4 倍周期。因此,系统以某种逐级分叉为特点,每一相继的周期为前一周期的两倍。这样组成了一个典型的道路,从简单的周期行为,走向复杂的非周期行为,终于进入混沌吸引子。

这条道路的基本特征如图 4-1 所示。

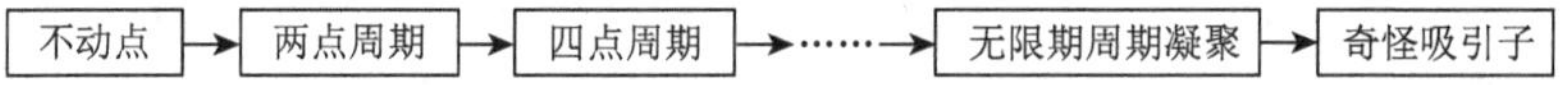

```
┌─────┐   ┌──────┐   ┌──────┐          ┌────────────┐   ┌────────┐
│不动点│ → │两点周期│ → │四点周期│ →……→ │无限期周期凝聚│ → │奇怪吸引子│
└─────┘   └──────┘   └──────┘          └────────────┘   └────────┘
```

图 4-1　倍周期分叉进入混沌示意图

这是目前了解最多的一条通向混沌之路。

### 2. 阵发混沌

阵发混沌是非平衡非线性系统进入混沌的第二条道路。阵发性混沌指系统从有序向混沌转化时,在非平衡非线性条件下,某些参数的变化达到某一临界阈值时,系统时而有序,时而混沌,一阵周期,一阵混沌,在两者之间往复振荡。随着参数继续变化,混沌所占时间越长,最后整个系统会由阵发性混沌发展为完全混沌。例如非线性电子线路,增加输入电压,系统到达混沌状态。如继续加大输入电压,处于混沌区内的系统会突然变为有序,呈现出三分频状态,这被称为混沌区内的周期窗口。在三分频状态下,减少输入电压(反向改变控制参量),到临界点附近,系统时而混沌,时而表现为具有三分频的周期,成为阵发混沌。当参数越过临界点时,系统发展成完全的混沌。

阵发混沌最早见于洛伦茨模型，研究比较详细的则是非线性一维迭代方程。阵发混沌与倍周期分叉产生混沌，是孪生现象。凡是观察到倍周期分叉的系统，原则上均可以发现阵发混沌现象。阵发混沌，充分说明了有序和无序的密切联系与两者之间的相互转化。

### 3. 吕埃勒-塔肯斯道路

吕埃勒-塔肯斯道路是通向混沌的第三条道路。当系统内有不同频率的振荡互相耦合时，系统就会出现新的耦合频率的运动，混沌可以视为有穷多个频率耦合的振荡现象。实际上，只要系统出现了三个互不相关的频率耦合时，系统就必然形成无穷多个频率的耦合，出现混沌。也就是说，系统通过失稳而进入混沌。这就是所谓的吕埃勒-塔肯斯道路。可以用图 4-2 表示。

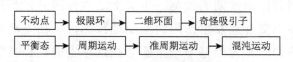

图4-2　吕埃勒-塔肯斯道路示意图

这条道路的关键是通过准周期失稳而进入混沌。

总之，倍周期分叉、阵发混沌、吕埃勒-塔肯斯道路等，都是当前研究得比较清楚的通向混沌的道路。除此以外，还有许多产生混沌的方式，如准周期过程、剪切流转换等。基于此，普里高津甚至说过，条条道路通向混沌。

## 三、混沌理论所蕴含的系统哲学思想：从"关系"的演化到"关系"的生成

混沌理论的兴起，在学术界引起了巨大的反响，超过了在此之前的任何一种系统理论，这是因为混沌理论蕴涵了极为深刻的系统哲学思想。

### （一）混沌行为的短期可预测与长期不可预测：一种生成论视域

经典力学与其伴随的决定论是一个确定的世界，没有给新奇和生成留

下任何空间。它承认有运动、变化和发展，但这种演化仅仅是严格地依赖初始条件。因而经典力学的世界是静止的、沉闷的、机械的、僵化的、形而上学的。

混沌理论也讲预测，混沌是一种貌似随机的状态。我们之所以说它貌似随机，是因为它的产生是确定性系统所为，因而是可预测的，此其一。但这仅仅是短期的预测，因为它毕竟还是随机的，是能够产生出混沌行为的，此其二。又由于它对初始条件异常敏感，从而使得长期预测变成不可能，此其三。

这是一种典型的生成论视域。我们的生命、大自然万物、人类社会等都处在一个孕育、诞生、生长、发展、变化的全过程当中。所谓长期的不可预测，是指从事物矛盾运动的起点到其终点，这一漫长的时间段里是不可预测的。但这并不妨碍我们在事物的演化过程的某一阶段，不断修正其预期并作出短期的预测。事实上这两种因素，都在我们的生活乃至大千世界中交互地发生作用。不断地预测，又在不断地修改，如此循环往复，我们所有人的整个一生都处在这种生成过程当中。倍周期分叉也好、阵发混沌也好、吕埃勒-塔肯斯道路也好，一会儿从这里跳到那里，一会儿从那里跳到这里，这就是混沌。这就是混沌的短期可预测和长期不可预测。

吴彤在其著作《自组织方法论研究》中，用人的一生的成长过程来说明混沌行为的短期可预测与长期不可预测的生成论视域。他说，考察一个生命个体，我们的生命一开始就是确定论地决定了其全部历程和最终结构以及结果了吗？显然没有。一个小孩，他对未来可以幻想，其发展的虚拟可能性空间非常之大：他诞生于好家庭还是差家庭；进入幼儿园还是没有进幼儿园；进入好小学、差小学还是没有进小学；进入好中学、差中学还是没有进中学；进入好大学、差大学还是没有进大学；遇到一个好老师或是一个差教师；找到一个好工作或是差工作；结识一些好朋友还是差朋友；跟一个理想的配偶还是不太理想甚至是极差的配偶结婚；等等。他的生活道路就可能依次发生倍周期分叉。而每一次分叉都是一个不可逆的过程，其发展的空间就这样一点点被确定下来，虚拟的空间一点点转化为实体的空间。预测也就阶段性地清晰起来。如要对其生命或者说对其生活道路的预测无论是短期还是长期，都须依赖其特定的生活背景和生活阶段。①吴彤的这些论述与阐发，显然是基于一种生成论的视域。

### （二）混沌边缘：诞生新事物的生成论机制

早期的系统理论，如一般系统理论、相变理论乃至自组织的系统理论如耗散结构论、突变论、协同学、超循环理论等，给我们描述的世界图景，是一幅系统从无序到有序、从一种有序到另一种有序的演化图景。它们揭示并解释所形成的有序机制，是时空对称性的不断破缺。在这些系统理论里，世界时时刻刻在演化着并且自组织着。但它是一条单行道：有序性就意味着某种对称性或某种周期性，而非对称性和非周期性似乎总是联系着无序性。如果说对称破缺理论，揭示了自组织系统理论诞生有序机制的话；那么混沌边缘理论，则揭示了混沌系统的生成论机制。

首先，混沌边缘理论起到了一种解放思想的作用，使我们认识到现实世界还存在着另外一个相反的演化方向，即从通常理解的"有序"向"无序"的演化。迄今为止，我们对有序和无序的理解或多或少有些绝对化。有序不是纯粹的对称性，也不是纯粹的非对称性，而是对称与非对称的某种辩证同一。周期运动是有序的表现，但周期性本身是一种时间对称性，而周期性的丧失则是对称破缺的结果。有了混沌理论，人们就补充了早期系统理论里只有无序通向有序的单行道的不足。人们可以从有序与无序的这一侧面，建立起系统演化的完整图景。

其次，混沌的边缘地带，是不断诞生新奇和创造的地带。维纳早就说过，混沌边缘的新奇性产生，表明无论在本体论层次，还是在认识论与方法论层次，人与自然界同样遵循着这样的创造原则。混沌边缘是一个既有稳定性又有不稳定性的地带，这个地方是最容易孕育新奇性的。新奇性起源于被现代动力系统理论确认的不稳定性之中，在混沌边缘这个复杂的地带，各种意想不到的新奇被生成，而复杂系统又能够自发调节并使系统存续。

### （三）内在随机性：混沌生成的内在根据

科学史上，确定论和概率论是两套描述体系。牛顿的天体力学是描述

---

① 吴彤. 自组织方法论研究[M]. 北京：清华大学出版社，2001：138.

确定论的典范。而热力学、流体力学曾经是概率论描述的典范。这两种理论长期对立，人们一直找不到沟通两者的桥梁。事实上，无论是纯粹的确定论还是纯粹的概率论，它们对于随机性都秉持一种外在随机性的理念。外在随机性表示系统在任何时刻，即使在很短的时间内，其状态也是不确定的，因而是不可预报的，只能对系统进行状态描述，给出概率分布场域。这是一种纯粹的理想化的抽象的描述。而无论是大自然，还是人类社会中，更为大量存在的则是混沌系统。研究如何沟通确定论和概率论两者之间的关系，就成了众多科学家的使命。

贝塔朗菲关于一般系统的定义只规定了元素之间、子系统之间、系统与环境之间存在相互联系和作用，没有对这种联系和作用给出任何进一步的限定。这就使系统理论有可能同时承认确定性和不确定性两种因素，把系统性理解为确定性与不确定性的统一。而这对于描述系统存续特别是系统演化行为是至关紧要的。

但在混沌理论形成之前，人们只认识外在随机性，只掌握描述这种外在随机性的方法。混沌理论发现了确定性系统内在的随机性，大大深化了我们对系统不确定性的认识。混沌理论对系统哲学思想的贡献是巨大的。在方法论上，内在随机性就担当了沟通自然科学长期存在两种不相容的描述体系——即确定论的描述和概率论的描述之间桥梁的使命。现代系统理论努力把这两种方法都吸收到系统研究中，取得了一定成果。混沌理论使人们看到了希望。随机性在一个确定论的发展过程中，作为内在的必然行为而产生出来。内在随机性是事物本身所固有的，是随着事物的发展一步步生成的。这就不仅为混沌的生成，找到了内在根据。而且内随机的发现，蕴含着沟通确定论和概率论两种描述的可能性。

内在随机性，存在于大量保守系统和耗散系统中。内在随机性与外在随机性不同，它是在完全的确定论的方程中，不需要附加任何随机因素就可以出现的随机行为，并导致混沌的结果。这是混沌生成的内在根据。因此在混沌理论中，可以把牛顿力学方程与统计方法、线性随机性方程以及非线性确定论方程甚至周期性和混沌解，都有机地结合起来，从而达到确定性和随机性、决定论和非决定论的内在统一。

# 第三节　分形理论的系统哲学思想[①]

在上一节里，我们深入讨论了混沌及其性质，讨论了系统通向混沌的道路。我们知道了由非线性过程、由非平衡过程涌现出来的系统混沌现象之所以产生，乃是源于一种奇怪吸引子。奇怪吸引子，又叫洛伦茨吸引子，它是一种混沌吸引子。奇怪吸引子具有自相似结构，具有非周期的、错综复杂的、不规则性等特征。奇怪吸引子的曲线，表现为一个环状圈。奇怪的是，这个环状圈既不是一个规整的平面，又不是一条直线。这种类似环状圈的曲线，它的运动轨迹是在混沌区域内无数次地来回穿梭，反复缠绕，往来盘旋，无限折叠，以至趋于无穷，填充了整个混沌区域。这就是奇怪吸引子的运动轨迹所展示出来的图像。很显然，这种图像不是我们日常生活中大多数时间所接触过的几何图像。也就是说，这种图像不是整数维空间的几何图像，无法用传统的几何图形或者其他数学方法来加以描述。

那么它究竟是什么呢？如何来刻画这些陌生的图形呢？科学界能不能找到合适的数学方法来刻画并构造这些图形呢？对这些问题的正确回答就构成了分形理论，因此系统哲学思想史上，分形理论开始书写属于自己的一页，本节将进行较为深入的探讨。

## 一、芒德布罗与分形几何思想的提出

考察传统几何学的研究对象，无论是一维的线，还是二维的面，抑或是三维的立体，它们都有一个共同的特征：线是光滑的，面是平整的，图形是规整的。这就是说，经典几何学的研究对象，是把自然界和人类社会目之所及的物体的形状，抽象成为规则的图形。也就是说，这些规则的图形代表了人类对于图形的目的性要求，是一种理想图形。

然而自然界的物体形状，绝大多数而言：从线的角度，是极不光滑的；从面的角度，是极不平整的；从体的角度，是极不规则的。随处一看，大

---

① 此节的观点曾经以论文的形式发表。参见：高剑平. 论分形理论的系统科学思想[J]. 学术论坛，2006，(8)：9-12.

自然给我们所展现的是：或明或暗的星空、浮动翻卷的云朵、起伏不定的地表、蜿蜒逶迤的河流、枝繁叶茂的树木、盘旋飘舞的雪花等。这些自然界的物体形状，它们可以成为画家的素材，成为文学家的描写对象，但是显然无法成为数学家或传统的几何学家的研究对象。因为大自然的这些图形构造，包括如前所述的奇怪吸引子在内的曲线，是无法用传统的几何学方法来描绘的。

这类物体的形状究竟是什么呢？为什么传统的几何学对其束手无策？随着科学技术的发展，尤其是随着分形几何学这门崭新的学科出现，上述这些困扰科学界的问题便迎刃而解。分形理论告诉我们，大自然这些图形乃至奇怪吸引子所描绘的曲线，都是分形几何的图形。

仔细考察人类数学的发展历程，在数学的研究对象和研究成果中其实早就有了分形的一席之地。1872 年，德国数学家魏尔斯特拉斯（Weierstrass）给出了第一个处处连续但处处不可微函数的曲线例子，使科学界尤其是数学界意识到连续性与可微性之间的差异。并由此引出了一系列诸如皮亚诺曲线等反常性态的函数的研究。在微分几何中，魏尔斯特拉斯研究了测线和最小曲面。在线性代数中，魏尔斯特拉斯建立了初等因子理论并用来简化矩阵。这些工作，实际上已经接触到了分形理论。[1]

1904 年，瑞典数学家科赫提出了著名的"雪花"曲线。他是这样操作的：从一个正三角形开始，把每条边都分成三等份，然后再以各边的中间长度为底边，分别向外再次做正三角形，再把"底边"线段抹掉，如此则得到一个六角形，一共有 12 条边。如此反复进行这一过程的操作，一个"雪花"样子的曲线就会呈现在操作者的眼前。这种曲线，就叫作"科赫曲线"，因为形似雪花，又叫作"雪花曲线"。科赫曲线有着极不寻常的三点特性：一是其周长不仅无限大，而且曲线上任两点之间的距离也是无限大。二是曲线在任何一点都是连续的，但却处处都没有确定的切线方向。三是该曲线长度无限，但其所围住的面积却极为有限。[2]科赫曲线实际上是分形几何学的研究对象，然而由于当时数学家们的认识水平有限，并不能破译其中的奥秘，不仅将这类曲线排斥在数学研究之外，还将其列为"病态曲线"。

① 朱华，姬翠翠. 分形理论及其应用[M]. 北京：科学出版社，2011：17-19.
② 朱华，姬翠翠. 分形理论及其应用[M]. 北京：科学出版社，2011：4.

谁能解决这个问题，谁就将在数学界乃至科学界名垂青史。破解分形理论奥秘的历史重任，降临到了法国数学家芒德布罗身上。1967 年，美国《科学》杂志发表了一篇题目为《英国海岸线究竟有多长？统计自相似性和分形维数》的数学论文，作者是法国数学家芒德布罗。这篇论文得出了一个令人震惊的观点和结论：英国的海岸线的长度是不确定的！为什么？芒德布罗告诉世人，测量海岸线必然用到测量工具，由于海岸线的独特性，测量工具的尺度便越来越小，在微观状态下，无法采取适用的测量工具。于是，结论是英国海岸线的长度不确定，内在原因则在于测量时所使用的尺度最后无法确定。分形几何的思想，是芒德布罗随后于 1973 年在法兰西学院讲学期间提出来的。紧接着于 1975 年，芒德布罗正式向学术界提出了“分形”（fractal）的概念，分形理论就从此萌芽并迅速发展起来。芒德布罗，也成为分形理论的奠基人。[①]

## 二、分形与分维的概念

### 1. 分形的概念

如前所述，奇怪吸引子也好，洛伦茨吸引子也好，混沌吸引子也好，雪花曲线也好，它们所描绘的曲线是一个具有自相似结构，具有非周期、错综复杂、不规则性等特征，表现为一个环状圈，既不是一个规整的平面，又不是一条直线。其运动轨迹是在混沌区域内无数次地来回穿梭，无限折叠，填充了整个混沌区域。混沌吸引子描绘出来的这个环状圈，就是一个分形物。尽管在大自然中，这类分形物比比皆是。但是，究竟什么是分形呢？在学术上，分形的概念如何界定？

分形，英文单词为 fractal，这个英文单词原指不规则、支离破碎等意思。所谓分形，指具有以非整数维形式充填空间的形态特征。分形，一般用来界定粗糙或零碎的几何图像，图像可以分割为数个部分，分割后的每个部分都是整体缩小后的形状或者类似的形状。也就是说，分形图形具有自相似的性质。分形的自相似特征不限于几何形式，可以是统计自相似，也可以是时间相似，还可以是过程自相似。[②]

---

① 朱华，姬翠翠. 分形理论及其应用[M]. 北京：科学出版社，2011：18.
② 朱华，姬翠翠. 分形理论及其应用[M]. 北京：科学出版社，2011：17-19.

分形是一个数学术语，是一套以分形特征为研究主题的数学理论。分形理论既是系统科学中非线性科学的前沿和重要分支，同时也是一门新兴的横断学科，是研究分形这一类现象特征的新的数学分科。相对于其几何形态，分形与微分方程及其动力系统理论的联系更为密切。分形几何学，是以不规则几何形态为研究对象的一门崭新的几何学。由于不规则形状在大自然中普遍存在，因此分形几何学又被称为描述大自然的几何学。

分形几何学建立以后，很快就引起了各个学科领域的关注。不仅在理论上，而且在实用上分形几何都具有重要价值。分形作为一种数学工具，现已应用于各个领域，如应用于计算机辅助使用的各种分析软件中。

需要注意的是，分形形体不是任意复杂和粗糙的形体或形态，而是"粗糙同时又自相似"的形态。用芒德布罗的话说，分形几何学的对象是介于几何混沌和欧氏几何之间的第三种可能类型的图形。①

## 2. 分维的概念

回顾一下数学史，我们可以发现，在欧几里得几何的空间中，空间被看成是三维的，平面被看成是二维的，直线或者曲线则被看成是一维的。把这个观点稍加推广，点可以当成是零维的。当然，我们也可以引入并进入到高维区域。但是，上述所有涉及的：从零维到一维，再到二维、三维、甚至高维空间，它们都是整数的维数。分形理论则不同，把维数视为分数，分数维是物理学家在研究洛伦茨吸引子、混沌吸引子、奇怪吸引子等现象时所引入的重要概念。为了定量地描述大自然和人类社会中大量事物的"非规则"程度，1919 年，数学家从测度的角度引入了维数概念，将维数从整数概念扩大到分数概念，从而一举突破了传统数学领域中一般拓扑集维数为整数的界限。如何区分并度量自然界的分形物？这就必须用到分数维。度量规则的几何分形，所用的工具是整数维。然而，面对分形图形，显然不能用长度、面积、体积这类规则几何对象的特征量来描述。分形的特征是分数维。

分维的建立，有两条路径。

---

① 高剑平. 论分形理论的系统科学思想[J]. 学术论坛，2006，（8）：9-12.

第一条路径：首先画一个线段、正方形和立方体，它们的边长都是1。而后，再将它们的边长二等分，此时原图的线度缩小为原来的1/2，而将原图等分为若干个相似的图形。那么，其线段、正方形、立方体分别被等分为$2^1$、$2^2$和$2^3$个相似的子图形，其中的指数1、2、3，正好等于与图形相应的经验维数。一般说来，如果某图形是由把原图缩小为$1/a$的相似的$b$个图形所组成，则有：$a^D=b$，$D=(\ln b)/(\ln a)$的关系成立。此时，指数$D$称为相似性维数，$D$可以是整数，也可以是分数。

第二条路径：画一根直线，如果用零维的点去度量它，其结果值为无穷大。这是因为直线中包含无穷多个点。而如果用一块平面去度量它，其结果值则为0。这是因为直线中是不包含平面的。那么，用怎样的尺度来度量它，才会得到一个有限值？逻辑上，只有采取用一段与其同维数的小线段去度量，才会得到一个有限值。我们知道，直线的维数为1（大于0、小于2）。以此类推，如果画一个科赫曲线，其整体是一条无限长的线折叠而成，显然，用小直线段量，其结果是无穷大，而用平面量，其结果是0（此曲线中不包含平面）。那么只有找到一个与科赫曲线维数相同的尺子，去度量它才会得到一个有限值。而这个尺子的维数显然是大于1、小于2的。那么，就只能是分数维（小数维）了。所以存在着分维。科赫曲线的每一部分都由4个跟它自身比例为1∶3的形状相同的小曲线组成，那么它的豪斯多夫维数（分维数）为$d=\log(4)/\log(3)=1.26185950714\cdots$

通过上述的论述，我们终于可以从数学的角度来界定分维的概念了。究竟什么是分维？从数学的角度：分维就是分形的定量表征。

分维是对分形对象内部不均匀性、层次结构性的整体数量特征的刻画，是对分形复杂性程度的度量。复杂的分形一般需同时用多种分维来刻画。维数是刻画图形或几何对象（集合）占有、填充空间规模和整体复杂性的度量。维数不仅能够区分整形（一般具有整数维）与分形（一般具有分数维，也发现个别分形物具有整数维），而且能够区别分形的复杂程度。包括洛伦茨吸引子在内的曲线的环状圈是一个分形物，分形物无论在大自然中还是在人类社会中均比比皆是。分形物的维数介于1和2之间。①

---

① 高剑平. 论分形理论的系统科学思想[J]. 学术论坛，2006，（8）：9-12.

## 三、分形的特征

可根据分形的特征，判断一个物体是否是分形物。一般来说，分形具有四个基本特征：无标度性、自相似性、分维性、生成元。下面，我们对这四个特征作较为详细的说明。

### （一）无标度性特征

判断事物是否属于分形物的第一个判据：无标度性。

标度性和无标度性是构成事物的两种特征尺度。标度性特征尺度，是一般事物的判据。在欧几里得等传统几何学里，度量事物基本单位的尺度就是特征尺度，不管你采用哪一种度量单位的基本尺度，其度量的对象都是可以一次性穷尽的。譬如，特征尺度是其半径和直径的话，可以用来度量球体和圆；特征尺度是边长的话，可以用来度量正方形和立方体。大自然中的很多事物，都有符合其特征的特征尺度。只要找到恰当的特征尺度，就可以展开度量。因此，事物是否具有特征尺度，就构成了判断分形物的判据。

分形物的判据就是无标度性。无标度性，即是无特征尺度。而要展开对无特征尺度事物形体的度量，其测量尺度必然会随着测量尺度的变化而变化，不可能一次穷尽。芒德布罗之所以在他的论文里说，全英国海岸线的长度是无法确定的，就是在于海岸线的长度测量，必然会随着测量时所用尺度的变化而发生变化。这是因为，全世界的海岸线都有一个共同的特征，那就是海岸线是拥有不规则的十分复杂的各种层次的几何图形的度量对象，也就是说每一次对海岸线的测量，都必然会包含有比前一次所测量的几何图形对象的更小的细节，因而必然会反复地梯次地受到某种特征尺度的限制，延推下去，就是无特征尺度。故而，对海岸线的测量无法得出精确的测量结果。然而，这种无特征尺度却有着内在的自相似性，那段自相似性的区间，就是无标度区间。而从运动的角度来考察，所谓无特征尺度的运动，指的是一种不同运动级别的、不同运动层次的，但是却涉及同样的运动过程，这就是无特征尺度运动，它同样拥有内在的运动自相似性。因此，只要具备无标度性特征的就是分形物。故而，分形是无标度性的对象。

（二）自相似性特征

判断事物是否属于分形物的第二个判据：自相似性。

分形的第二个特征就是它的自相似性。雪花曲线、河流曲线、树叶叶脉的曲线……类似这样的复杂曲线在自然界中有很多很多，然而，它们都有一个共同的特征——自相似性。我们在这里所指的自相似性，是指曲线的局部形态与整体形态相类似。这一命题反过来也成立，曲线的整体形态与局部形态相类似。这就是说，在不同的特征尺度上，曲线都有一个共同的特征：其形状相似。当然这类自相似性，只会存在于一定标度范围之内。也就是说，观察者在不同的尺度上去观察，所观察到的是类似的图形。打个比方，就好像洋葱头，尽管里面包含了许多层次，但是不同层次是彼此相似的。这种局部与整体、整体与局部的相似的形状，细分下去，局部的局部，局部的局部的局部……也必然会与整体相似，此种特征被芒德布罗称之为分形物的自相似性。这种不同层次的自相似性结构，不仅仅是分形的第二个特征，同时它也是分形最为本质的几何特征。

（三）分维性特征

判断事物是否属于分形物的第三个判据：分维性特征。

分形的第三个特征就是它具有分数维。分维又叫作分形维数，是分形理论中极为重要的一个概念。分维是对不光滑、不规则、破碎的等极其复杂的几何对象或者说分形对象，来进行定量刻画的数学参数，分维表征了分形几何体的复杂程度与粗糙程度。这就是说，分维数值越大，被度量的分形对象的几何客体就会越复杂，或者说越粗糙。反之，此命题同样成立。

在分形理论中，对于一个分形客体，它的维数一般都不限于整数，而可取任何实数值，当然主要表现为取分数值（小数值，即分数维）。整数维只代表几何对象占有或填充空间能力连续变化过程中的质变的几个关节点，分维则代表不同关节点之间的中间过渡状态。分形几何学的建立与分维概念的提出，否定了在传统几何客体中点、线、面、体等之间性质全然不同的绝对分明的界限，深刻地揭示了点、线、面、体之间，整形（即规则图形）与分形之间，维数的离散与连续之间……的辩证关系。[①]在实际的工作中，用来测定分维的方法，大致上可以分作五类：第一类是改变观察尺度求维数，第二类是根据测度关系求维数，第三类是根据相关函数求维数，第四类是根据分布函数求维数，第五类是频谱求维数。

### （四）生成元特征

判断事物是否属于分形物的第四个判据：是否拥有生成元（generators）。

分形的第四个特征就是拥有生成元。生成元又叫分形元。按照分形理论，分形体系内任何一个相对对立的部分，在一定程度上都是整体的再现和缩影。构成分形整体的相对独立的部分称为生成元或分形元。它可以是几何实体，也可以是由功能信息支撑的数理模型。[②]

## 四、分形的类别

无论是在自然界，还是在人类社会，抑或是人类的抽象思维领域，都广泛地存在着分形的现象。换个角度考察，无论是时间里还是空间中，也都广泛地存在着分形现象。下面我们就按照这个顺序来考察分形的类别。一般来说，从空间方面分类。存在着自然分形、社会分形、思维分形，从时间方面考察：则有时间分形。需要强调的是，这是本书为了研究方便，将分形分为此四大类。当然，这四类之间并无严格的界限，并且是相互关联的。

---

① 引自 CSDN 博主"LinJM-机器视觉"的原创文章：分形理论中的理论解析. 原文链接：https://blog.csdn.net/linj_m/article/details/17020069.
② 高剑平. 论分形理论的系统科学思想[J]. 学术论坛, 2006,（8）：9-12.

## （一）自然分形

凡是大自然中客观存在的几何客体，或者是对客体经过人类的理论抽象之后而得到的几何对象，只要它们内在地具有自相似性的基本特征，都可称之为自然分形。在自然科学基础理论里，技术科学的研究领域里，抑或是应用技术里，它们所涉及的对象，都广泛地存在着自然分形。譬如地震、闪电、火山爆发等，又譬如自然存在的河流、海岸线等，再譬如树枝、树叶里面的脉络，还譬如云彩、彩虹等。这些自然现象中，部分与整体神奇地相似，且没有例外。这就是自然分形。当然，自然分形中还可以再细分出诸多的分形来。譬如可以分为几何分形、功能或信息分形、能量分形等。基于独特性和典型性，下面较为详细地区分几何分形、功能或信息分形、能量分形这三种。

### 1. 几何分形

凡是在形态和结构上存在着自相似性的几何客体或者几何对象，就是几何分形。一维的几何分形有线状分形，譬如科赫的雪花曲线，化学中的高分子链等。二维的几何分形有表面分形，譬如二维的谢尔宾斯基地毯，催化剂表面等。三维的几何分形有体积分形，譬如谢尔宾斯基海绵，再譬如凝胶等。这中间又分为有规分形和无规分形，无规分形即随机分形。这些都是几何分形。

### 2. 功能或信息分形

凡是在功能上存在着自相似性特征的客体，就是功能分形。凡是在信息上存在着自相似性特征的对象，就是信息分形。一个胡萝卜的根细胞，可以培养成一棵完整的胡萝卜植株；一小截柳树枝，插入温暖湿润的土地，可以再次生长出一棵柳树来；健康人的一个受精卵，可以在母体中孕育成完整的人的胚胎；这些事实为人们所熟知。但从信息上看，就是属于信息分形的范畴。动植物的细胞，或者说生物有机体的基因，就是一个分形体，细胞和基因，包含着生物有机体的整体的全部信息。从功能和信息结合上看，中医讲的穴位群，就是人体的缩影。所以，生物形体和人体病理，无不显示出分形现象，并由此产生了分形生物学的新学科，也为揭示传统医学的神秘色彩提供了新的理论支撑和新的解释场域。此外，天气预报，城市和乡村的空间范围变迁等，也都属于功能和信息分形范畴。总之，从自然界到人类社会，这两类分形分布十分广泛。

3. 能量分形

能量传播上，凡是存在着自相似性的特征，就是能量分形。这种现象在自然界和人类的技术领域都存在着。自然界中能量分形是以特殊现象存在的，譬如地震波的传播、闪电和雷声的传播、海啸的冲击波等。技术领域的能量分形，主要表现在无线电通信中电波的传播，视频和音频的传播。此外，在自然分形中，谈论得较多的还有自反演分形、自仿射分形、多重分形、递归分形等。这些能量分形表征了自然界中能量不规则的非线性特征，具有广泛的应用价值。

（二）社会分形

我们常说历史惊人的相似，背后起作用的就是社会分形。凡是在人类社会活动的时间范围与空间场域，只要表现出自相似性特征的，都属于社会分形。诸如世界各国交通领域的交通规则、世界各国伦理道德范畴、法律法规体系等，又譬如合同契约、风俗习惯等，这些都属于社会分形。社会分形，几乎涉及所有的社会科学。从学科门类来看，有诸如文学分形、史学分形、哲学分形等。从经济与社会管理来看，有管理分形、经济分形、社会结构分形等。从语言及艺术的角度，有语言分形、文艺分形、美学分形等。

（三）思维分形

为了从概念上说清楚思维分形，我们先得讲清楚何为思维形式。

所谓思维形式，是人的思维借以实现的形式。人们凭借概念、判断、推理等形式达成思维，说明思维是有着不同的形式的，此其一。其二，思维内在地具备不同结构的判断形式、推理形式或者证明形式，这就说明人的思维具有不同的内容。而在具体思维中，思维的形式和内容两者总是结合在一起的。既不存在没有思维内容的思维形式，也不存在没有思维形式的思维内容。然而，形式相对于内容则是相对独立的。因而，逻辑学把思维形式抽象出来作为其研究对象。

如上所述，思维是人脑的特有功能，是人对客观世界的认识过程。而思维科学，则是研究人的思维及其意识的内在规律、自身特点、历史发展和人工模拟的科学。毋庸置疑，思维是有规律可循的。探寻思维规律，就是寻找思维的自相似性。而这，恰恰就是属于思维分形的范畴。凡是人类在认识和意识上即在思维上具有自相似性特征的，就属于思维分形。全世界的各色人种，在孕育、生存、发展等方面具有高度的自相似性，故而思维分形在人类社会广泛存在着。由于人类社会必然存在着交流和交往关系，故而个体的思维在一定程度上也反映了整体思维或者说反映了总体的思维。又由于人的交往，无论是时间范畴还是空间范畴，都极其错综复杂，这就带来一个无穷无尽的序列，即个体思维与个体思维的相似性，个体思维与群体思维的相似性，个体思维与整体思维的相似性，群体思维与群体思维的相似性，群体思维与总体思维的相似性，等等。这就是说，任何单个的个体思维都在某种程度上反映了该群体的整体思维。这就是思维分形。

（四）时间分形

系统在演化的过程当中，其在时间序列上呈现出自相似性特征的对象，就是时间分形。时间分形也被称为：过程分形、重演分形、一维时间分形等。在时间分形方面，典型的例子有社会发展螺旋式上升规则、生物学上的重演定律等。这些都在时间序列上表现出系统演化的自相似性。

时间分形，在自然界和人类社会广泛存在，或者说时间分形与自然界和人类社会同在。但是学术上的时间分形，则是始于普里高津在耗散结构论里面引入了时间。观察自然界的演化，只要在时间维度表现出高度的自相似性，即可断定为时间分形。譬如种子的发芽，就是属于时间分形的范畴，只不过涉及物种基因，故而归结为信息和功能分形。这就是说，所有的信息与功能分形，在时间层面的展示，都是时间分形。又譬如人类社会长河中，历史总是惊人的相似。我们往往将其归结为历史分形，究其实质，则是时间分形。又譬如，世界上不同的国家，当其社会发展处于同一阶段，则往往表现出惊人的相似，我们往往将其归结为社会分形，其内在实质同样是时间分形。

## 五、分形理论所蕴含的系统哲学思想："生成"与"整体"

基于刻画混沌理论中的洛伦茨吸引子或者说刻画奇怪吸引子，同时度量自然界中的不规则几何图形与不连续线段的目的，系统科学家们创造并建立了分形几何学与分维概念。然而分形理论在学界和社会各阶层所产生的广泛和深刻的影响，远远超出了当初那些系统科学家和系统哲学家所设定的范围。分形几何学与分维概念几乎渗透进了自然科学领域里所有的学科，同时也渗透进了社会科学领域里所有的学科。分形几何学与分维概念提供了一种崭新的思想和方法，因而蕴含着丰富而深刻的系统哲学思想。

（一）分形理论：清算还原论，为唯物辩证法提供科学与哲学双重支撑

全方位考察系统哲学，从一般系统论开始，其后所有的分支学科和横断学科，尽管各自看问题和处理方法有所不同，但都贯彻从"整体"到部分的"关系"，旗帜鲜明地反对还原论。分形理论也不例外，它自始至终贯彻这一哲学立场与哲学取向。彻底贯彻从部分到"整体"的"关系"，在方法论上则是清算还原论的。

分形理论的典型特征是自相似性，而对于自相似性的度量，传统科学的还原论工具毫无办法。因而必须在清算机械自然观还原论的同时，创造出一种新的数学工具来处理，方可度量这种自相似性。分数维作为工具被创造了出来，以研究复杂系统。分形理论还创造出了分形元这一理论工具。而分形元的优点是显而易见的，部分和整体一样复杂，自相似性特征根本不会遭到破坏。因此，在哲学方法上，分形元概念与工具的建立，属于清算还原论的范畴，而分形理论的建立，则是符合系统科学与系统哲学发展的时代总趋势。

按照唯物辩证法，事物能够自我进化或者自我存在，是由于事物本身

具有自我肯定性; 事物发生退化乃至走向灭亡, 是由于事物本身具有自我否定性。对于这一唯物辩证法的原理, 分形理论提供了强有力的系统科学与系统哲学的双重支撑。

分形过程中的迭代所表现的就是支持辩证法的鲜明例证, 是因与果的相互转化。从哲学上看, 迭代是事物自身运动的一种数学表现形式, 其中既包含自我肯定, 又包含自我否定。迭代有线性和非线性之分。一个线性迭代的反馈要么是正的, 涨落不断放大, 没有抑制机制; 要么是负的, 没有放大机制, 涨落不断减弱。故线性迭代不会出现混沌, 也就不会产生分形。非线性迭代则有着本质的不同。因为迭代的规则是确定的, 每一步的结果也是确定的。这是微观的确定性。如果系统存在着非线性相干机制, 就会使得这种微观确定性在迭代过程的足够久之后, 转化为宏观整体上的不确定性, 在分叉点上迫使系统进行选择, 这样无论系统的自我否定还是自我肯定, 都必须在混沌的状态下进行, 即在分形元上或进行复制或进行变异或兼而有之, 而这恰恰是辩证法起作用的地方。从空间上, 迭代所产生的分形, 正是通过反复的迭代, 在相空间不断地拉伸、压缩、挖空、扭转等, 实现了从光滑到不光滑的转换、从规则到不规则的转换、从整形到分形的转换。在这里, 迭代所表现的正是因与果的相互转换。而这, 恰恰是唯物辩证法的精髓。

## (二) 生成元: 大自然借此生成并演化的内在根据

按照分形理论, 所谓分形是系统内组成部分以某种方式与整体相似的形。所谓分形元, 以承认系统内的局部在一定的条件下以某种特有的方式与整体具有相似性为前提, 体现为系统内部的某一相对独立单元可以构成系统整体的缩影。构成分形整体的这个相对独立的部分或独立单元, 就可称之为分形元或者生成元。在自然界和人类社会中, 广泛地存在着无序但却有着自相似性的系统。分形元或者生成元, 就是借助自相似性原理洞悉自然界奥秘洞察人类社会幽微于混沌现象之中的一种精细结构。生成元是大自然或者人类社会借此生成并演化的内在根据。当然, 对于这种生成元, 我们取其广义的内涵。

生成元可以是由信息或者功能支撑的功能或信息分形, 生成元也可以是时间支撑的时间分形,生成元还可以是能量支撑的能量分形,生成元甚至可以用社会历史支撑的历史分形或社会分形。判断是否构成生成元,只有一条关键性的判据,即系统中是否存在着某一方面的自相似性。这条判据,大大拓宽了分形理论的研究领域和解释范围。而在实践中,用生成元在计算机上进行数值迭代而演化并生成出足以乱真的图形,已经被各学科各行业广泛应用。老子说,道生一,一生二,二生三,三生万物。生成元告诉我们,老子的这句名言是宇宙的真理,是大自然借此生成并演化的内在根据。

### (三)自相似:"部分"与"整体"的"关系",一种全新的方法论思想

芒德布罗说,无边的奇迹乃是源自简单规则的无限重复。

分形的构造,乃是经过无数次简单规则的迭代而形成,一般的分形图形的维度介于整数维度之间。然而,分形图形则打破了传统的维度观,展现为分数维。正是因为经过无数次相同的操作,使得分形图形具有自相似性。这种分数维度的形成,也正是因为其自相似比与其所占空间比之间的关系不为整数。自相似,即图形的每一独立单元都与原图相似,即便再小的独立单元,经过多次放大或者无限放大均可达成与原图相似。一个很美的分形图形,即是完美展现自相似性的图形。也就是说,完美地展现了系统的"部分"与"整体"之间的"关系"。科赫雪花,便很好地展现了这种"部分"与"整体"间"关系"的自相似性。自相似性,它表征分形在通常的几何变换下具有不变性,即标度无关性。由自相似性是从不同尺度的对称出发,也就意味着递归。分形形体中的自相似性可以是完全相同,也可以是统计意义上的相似。标准的自相似分形,是数学上的抽象迭代所生成的无限精细的结构。

正是这种因无限次相同操作引起的自相似性,首先在数学界引发了一场方法论革命,分形的另一美丽之处,便是结合了数学中的数形结合与极限思想。其次,分形还引发了在现代哲学中的世界观和方法论上的革命。这种自相似性与老子的"人法地,地法天,天法道,道法自然"以及与莱布尼兹的"单子"极为吻合。这种自相似性,给出了一种从"部分"感知

"整体"的思想，一种全新的方法论思想，分形理论提供一种以小观大的可能，从而给出了人类感知的无限可能。

"自相似"原理，使得分形论中"整体"与"部分"之间的"关系"，即"信息"达成了同构。这就不仅冲破了"整体"与"部分"的隔膜，而且较好地指明了"整体"是由"部分"发展而来的哲学道路，还为人们架起了从部分到整体的认识论桥梁。自相似与生成元的结合，使得人类认识到，不仅部分中有整体，而且整体中有部分，这是一种崭新的系统辩证法思想。这种崭新的系统辩证法思想，得到了分形理论的坚强支撑。

在系统哲学思想史上，一般系统论与分形理论分别站在两个端点。一般系统论站在了从"整体"出发来确定"部分"的端点；而分形理论则是站在了从"部分"出发来确定"整体"的端点。因此，分形理论与一般系统论形成了完美的互补。两种系统理论的完美结合，也许更符合自然界或人类社会的本来面目。

（四）分数维：为度量各种复杂"关系"提供了数学工具

在欧几里得几何与微积分两者基础上发展起来的现代数学，是确定论的经典科学。其中，微积分又是现代数学中最为有力的数学利器。处处可微、曲线光滑、图像规则等，既是现代数学的研究对象，又是现代数学的研究结果。然而，可微性概念，在分形理论那里被取消了，确定性，在分形几何里被自相似性所取代，取代的工具正是分数维。这对于数学思想乃至对于数学方法论的冲击是巨大的。"否定微分，这在历史上恐怕也是划时代的。"[①]这是日本学者高安秀树的评价。格莱克则说："芒德布罗的工作提出了对世界的另一种主张，这主张乃是奇形怪状具有意义。凹凸和缠绕比瑕疵更严重地歪曲了欧几里得几何学中的经典形状。它们常常是理解事物本质的关键。"[②]毋庸置疑，分数维所刻画的分形空间，所反映的其实是大自然的本来面貌，是大自然更为复杂的也更为普遍的另一面。

整数维，无论是在数学中还是在物理学中，都有着非常重要的基础性地位。长期以来，人们习惯于把几何中的点视为零维，将线段视为一维，

---

① 高安秀树. 分数维[M]. 沈步明，常子文，译. 北京：地震出版社，1989：5.
② 格莱克. 混沌：开创新科学[M]. 张淑誉，译. 上海：上海译文出版社，1990：101.

把面视为二维，把立方体或者把空间视为三维，爱因斯坦把时间引入相对论，于是相对论就成了四维。这些都是整数维。这些整数维中的零维、一维、二维等，代表几何对象中，其占有空间能力在连续变化过程中各个部分发生质变的关键节点。这些关键节点的整数维，代表了截然分明的界限。分形几何分数维，则旗帜鲜明地否定了这种截然分明的界限。

如果把欧几里得的几何对象，连续地扭曲、压缩、拉伸等，其维数仍然保持不变，这就是拓扑维数。然而，无论是整数维还是拓扑维，这种传统的维数观念受到了芒德布罗分数维的挑战。芒德布罗曾描述过一个绳球的维数：从很远的距离观察这个绳球，可看作是一点，即零维。而从较近的距离去观察这个绳球，是一个填充满了的球形空间，即三维。再近一些去观察，就是一根绳子，即一维。进一步做微观的深入观察，绳子则变成了三维的柱。对三维的柱作分解，它又被分解成一维的纤维。那么，介于这些观察点之间的中间状态，其维数又是如何的呢？芒德布罗的答案是分数维。

分数维，作为分形的定量表征和基本参数，它既是分形理论中一个至关重要的数学工具，同时又是分形理论的一个重要原理。如前所述，分形几何中的分数维，旗帜鲜明地否定了整数维中截然分明的界限。分数维代表了这些不同关节点之"中介关系"的过渡。"中介关系"的分数维，广泛地存在于自然界与人类社会。譬如：表现出亦点亦线、非点非线的"中介关系"分数维，就是点与线之间的康托集；在面与线之间"中介关系"的分数维，就是埃农吸引子；亦线亦面、非线非面的"中介关系"分数维，就是谢尔宾斯基地毯；在面与体之间的"中介关系"，便是洛伦茨吸引子，等等。这些现象在欧几里得几何里面，是无法想象的事情。然而这类现象却广泛地存在于人类社会和自然界之中。

由于分数维这个"中介关系"的存在，不仅为研究复杂系统提供了可资利用的数学工具，而且提供了新的科学思想和哲学方法论。分数维的科学理论价值已愈来愈在实践中得到肯定。分数维这一数学工具，不仅广泛地被社会科学领域的经济学家等频频使用。而且被自然科学领域里的化学家、物理学家、生物学家，甚至冶金学家和地震学家广泛运用。最为引人注目的是计算机成像技术，用分数维几何原理所描绘出来的——分维的翻卷滚动的云彩，分维的逶迤的山脉，分维的荡漾的水面，分维的栩栩如生不断跳动的心脏，分维的脉络清晰的人体血管，等等几乎可以乱真。分数维这个数学工具，让人们看到了丰富多彩的大自然，是如何被人在电脑上模拟、孕育、生成乃至演化等，这就大大节约了人们的时间，减少了科学实验的成本。而在科学的实验方面，分数维同样成就斐然。科学家做出了锌金属沉积"树"生长的实验，这种锌金属沉积"树"与计算机模拟极为相似，所得图形不仅在枝状结构上，而且在分维上都基本一致。这说明它们在本质上具有相通的物理机理。①

综上所述，分形理论既是非线性科学的重要分支，又是一门新兴的横断学科。分形理论，作为一种方法论和认识论，至少存在着如下三个方面的启示：首先，分形局部与整体形态的相似，可以启发人们通过认识部分来认识整体，通过认识有限来认识无限。其次，分形揭示了介于整体与部分、有序与无序、复杂与简单之间的系统新形态与新秩序。最后，分形理论从一个特定的分数维层面，揭示了世界之普遍联系和内在统一的系统哲学新图景。②

## 第四节 复杂性科学的系统哲学思想

对于复杂性，人们并不陌生，但大多是基于一种素朴的认识。在人类的思维领域、社会领域、生物领域以及自然领域中，所遇到的问题远比人们素朴的复杂性的认识更为深刻。在科学发展史上，相当长的时间里，科学家认为生命系统和非生命系统各自服从不同的规律，非生命系统通常服从热力学第二定律，系统总是自发地趋于平衡态和无序，熵达到极大，系统能自动地从有序变为无序，而无序却决不会自发地转变为有序。但生命系统却相反，生物进化、社会发展是由简单到复杂，由低级到高级并越来越有序。这两类系统的矛盾现象，在相当长时期内困扰着科学家们。直到普里高津的耗散结构论和哈肯的协同学出现，才为解决这个问题提供了一个科学的理论框架：两类系统之间表面上的鸿沟，实际上是由相同的系统规律支配。所以普里高津在《探索复杂性》这本书中说，复杂性不再仅仅

---

① 高剑平. 论分形理论的系统科学思想[J]. 学术论坛，2006，（8）.

② 佚名. 分形理论[EB/OL]. [2015-07-04]. https://blog.csdn.net/wuyongpeng0912/article/details/46759313.

属于生物学了，它正在进入物理学领域，似乎已经根植于自然法则之中。普里高津说："我们对自然的看法正经历着一个根本的性的改变，即转向多重性、暂时性和复杂性。"①

复杂性研究在国外已经有近五十年的历史②。1999 年 4 月，《科学》（Science）专门出版了关于复杂系统的专辑。在中国科学院戴汝为院士的主持下，当年的 5 月份就将此专辑译成中文，编辑出版了《复杂性研究文集》③。20 世纪 80 年代以来，已经产生了一门"复杂性科学"（complexity science），许多世界一流的科学家投身于这门科学的研究。最著名的是美国圣菲研究所。该所集合了一批物理、经济、理论生物、计算机、数学、哲学等领域的顶级专家，专门从事复杂性科学的研究，试图通过学科间融合的方法来解决复杂性问题，认为"复杂性科学"是"21 世纪的科学"。我国的成思危在他的《复杂性与科学管理》这篇文章里，把复杂性科学的兴起，看作是科学的一个新的转折点。

复杂性研究属于系统科学的范畴，内容极为广博和繁杂，其广度和深度超过系统科学以往的任何时期。时间跨度上，从贝塔朗菲的一般系统论开始，到混沌理论、分形理论等，几乎涵盖了系统科学兴起以来所有的领域——是名副其实的复杂性科学。因而要想比较全面、准确、恰当地总结复杂性科学的系统哲学思想，有比较大的难度。本节将从六个方面展开：①"复杂性科学"的提出；②复杂性科学与系统科学；③复杂性定义；④各学科领域的复杂性；⑤复杂性科学的研究对象；⑥复杂性科学的系统哲学思想。

## 一、"复杂性科学"的提出

W. 韦弗（Warren Wearer）在 1948 年发表的《科学与复杂性》一文里，把科学研究的对象明确划分为简单性和复杂性两类，并认为复杂性又分为无组织的复杂性和有组织的复杂性，并认为无组织的复杂性（指随机性）是 20 世纪上半叶科学研究的主攻方向，有组织的复杂性是 20 世纪下半叶的主攻方向。

---

① 普里戈金，斯唐热. 从混沌到有序：人与自然的新对话[M]. 曾庆宏，沈小峰，译. 上海：上海译文出版社，1987：26.

② The New England Complex System Institute. Emergence：A Journal of Complexity Issue in Organizations and Management. [C]. 1999.

③ 戴汝为. 复杂性文集[M]. 北京：科学出版社，1999.

第一个提出"复杂性"和"复杂性科学"这两个概念的是诺贝尔化学奖获得者普里高津，1978 年他出版了《探索复杂性》一书，在书中明确提出了"复杂性"概念。1986 年，由罗久里、陈奎宁翻译，四川教育出版社出版了该书的中文译本。1979 年，普里高津出版了法文本的《从混沌到有序》，1987 年，由曾庆宏、沈小峰翻译，由上海译文出版社出版了该书的中译本。在该书的第二编，他又提出了"复杂性科学"概念。在这本书中，作者根据自然科学的最新成果，特别是耗散结构论等非平衡自组织理论的新进展，讨论了自然界的可逆和不可逆性、对称性和非对称性、决定性和随机性、简单性和复杂性、进化和退化、稳定和不稳定、有序和无序等一系列重要的范畴。作者对热力学第二定律的内容和意义作了全新的解释，讨论了"时间之矢"的意义，提出了应当重新发现时间。作者总结了近代以来自然科学发展的历史，把科学的演进放在一定的文化背景中加以考察，指出应当把动力学与热力学、物理学与生物学、自然科学与人文科学、西方文化传统与中国文化传统结合起来，在一个更高的基础上建立人与自然的新的联盟，形成一种新的科学观和自然观。

尽管普里高津提出了"复杂性"和"复杂性科学"概念，但他并没有作概念上的界定。1990 年，我国学者王志康在当年第三期的《哲学研究》上发表《论复杂性概念——它的来源、定义、特征和功能》一文，提出了他的"复杂性"概念。值得指出的是，在普里高津提出"复杂性科学"之后，这个名称也只是局限于很小的范围，并没有广泛传播开来。

真正使"复杂性科学"这一名称广泛传播开来的是美国圣菲研究所。1984 年 10 月 6—7 日和 11 月 10—11 日分两次召开了关于科学整合的讨论会。正是在第二次研讨会上，科学家们才把整合形成的新科学称为"复杂性科学"。

在今天看来，圣菲研究所命名的"复杂性科学"与普里高津所使用的"复杂性科学"所指称的内涵是不同的，然而他们使用了同一个名称。

圣菲研究所致力于跨学科的研究，关注的重点是各学科之间的共同问题。什么是他们所认为的共同问题呢？是突现。圣菲研究所的第二次研讨会，讨论了"复杂性科学"名称的内核。米歇尔·沃尔德罗普在会上说："这并不是一个巧合，讨论进行到了这个阶段，这个整合为一的新科学才产生了一个新名词：复杂性科学。考温说：'较之我们沿用过的其他名称'，包括‘突变科学’，这似乎是一个更能涵盖我们正在致力于研究的一切的总称。"；"'它涵盖了我感兴趣的一切，也许也涵盖了这个研究所所有人所感兴趣的一切事情'"。①

正是在该所的第二次会议上，确定了关于"复杂性科学"的提法，此后，该所出版了大约 50 部关于复杂性科学方面的研究专著，这些专著无一例外，都加了一个标志：圣菲研究所复杂性科学研究（Santa Fe Institute Studies in the Sciences of Complexity），由于圣菲研究所在世界上学术地位的巨大影响，以及这些研究著作的问世和传播，此后"复杂性科学"这一名称才广为流传。

此后，讨论复杂性的文章便如雨后春笋，破土而出，蔚为大观。在短短的几十年中，系统科学与系统哲学领域的研究已是硕果累累，一片繁荣。各种系统理论正各自从不同的角度和侧面，对复杂性及其生成性的演化系统研究进行全方位的研究。因此复杂性科学，既是系统研究的逻辑结果，也是科学发展的必然趋势。这就是说，把复杂性作为一个科学概念和哲学范畴提出来，并不是普里高津和王志康一时的头脑发热，也不是圣菲研究所的一厢情愿，而是科学发展和社会实践推动的结果。

## 二、复杂性科学与系统科学

1973 年，贝塔朗菲出版了《一般系统论：基础、发展、应用》的修订版，在这本书中，他明确提出了"系统科学"的名称。不仅如此，他还把广义的一般系统论研究区分为三个方面：系统科学、系统技术和系统哲学。我国于 1987 年译介出版，需要强调的是其中的第一个方面"是'系统科学'，即各种科学（如物理、生物、心理学、社会科学）中的'系统'的理论和科学，而一般系统论作为原理可用于所有系统（或其中一定的小类）"②。

而"复杂性科学"，则是在 1978 年由普里高津在他的著作《探索复杂性》中首次提出来的，系统科学名称的提法显然早于复杂性科学的提法。

---

① 沃尔德罗普. 复杂：诞生于秩序与混沌边缘的科学[M]. 陈玲，译. 北京：生活·读书·新知三联书店，1997：115.

② 贝塔兰菲. 一般系统论：基础、发展、应用[M]. 秋同，袁嘉新，译. 北京：社会科学文献出版社，1987：修订版前言，8-9.

因而，系统科学这一名称较早得到认可和使用。就我国国内而言，在早期的研究中，无论是翻译国外有关方面的著作，还是众多专家自己著文，均使用系统科学的名称。也许正是这个原因，哈肯说："系统科学的概念是由中国学者较早提出的，我认为这是很有意义的概括，并在理解和解释现代科学，推动其发展方面是十分重要的"。①

由于上述的原因，当 20 世纪 90 年代以后出现复杂性科学的提法时，人们自觉或不自觉地要问：复杂性科学与系统科学是什么关系？对于此二者，我们可以列举学术界两种比较典型的看法。第一种是中国学者成思危的看法。1999 年，成思危在《管理科学学报》的第 2 期上发表题为《复杂科学与系统工程》的文章，在这篇文章中，成思危认为："复杂性科学是系统科学的新阶段。"②

第二种是美籍匈牙利人拉兹洛的看法。拉兹洛明确指出："现在有'复杂性科学'这种提法。其实复杂性科学就是系统科学。复杂性科学对人类未来社会的影响，也就是系统科学对人类未来社会的影响。"③由此可以看出，中外学者对于复杂性科学与系统科学的见解是非常一致的。

### 三、复杂性定义：跨越层次的生成性"关系"

目前，对复杂性尚无统一的认识，学术界没有一个普遍认可的复杂性定义。复杂性究竟是什么？顾名思义，"关系"多了，自然就复杂了。普里高津说："我们看到同一个系统可以呈现不同的状态，为我们成功地建立起关于'简单性'和'复杂性'的初步概念。"④

复杂性几乎遍及自然客体、人工物品、心智过程和知识体系等实在的所有领域，同时也体现在构成系统的组元、结构、功能等方面。因此复杂性是一个相当复杂的概念，以至于目前有不下 45 种关于复杂性的定义⑤。但要总结出一个各方面都能接受的复杂性定义则很难。

既然有如此众多的复杂性定义，也许人们不难从中找到且能够比较清

---

① 哈肯. 系统科学大词典序言[M]//许国志. 系统科学大词典. 昆明：云南科技出版社，1994.

② 成思危. 复杂科学与系统工程[J]. 管理科学学报，1999，（2）：7.

③ 拉兹洛. 系统哲学讲演集[M]. 闵家胤，译. 北京：中国社会科学出版社，1991：286.

④ 尼科里斯，普利高津. 探索复杂性[M]. 罗久里，陈奎宁，译. 成都：四川教育出版社，1986：2.

⑤ Rescher. Complexity: A Philosophical Overview[M]. Piscataway: Transaction Publishers, 1998: 2-3.

楚地知道"什么是复杂性?""什么不是复杂性?"等问题。或者说能够从中觅到"何物复杂?""何物不复杂?"的清楚答案。然而,事情远非这么简单。因为这些定义涉及的内容各有不同,定义的方式、持有的标准也各不相同。有的定义是用哲学思辨的方式,有的是用日常描述的方式,有的使用自然科学知识的手段,有的则选择计算机语言方式……林林总总,五花八门。

为使这一部分的讨论不流于空洞,下面笔者将沿着时间的线索,选取三个具体的比较典型的关于复杂性的定义来展开:①普里高津在其著作《探索复杂性》中所使用的复杂性概念;②米歇尔·沃尔德罗普的《复杂性:诞生于秩序与混沌边缘的科学》中的复杂性定义;③颜泽贤在《复杂系统演化论》一书中的复杂性定义。

1978 年,尼科里斯和普里高津出版他们的著作《探索复杂性》。在这本书里,颇为耐人寻味地使用了这么一个标题:"物理-化学系统的自组织:复杂性的诞生"。顾名思义,复杂性,就尼科里斯和普里高津二人而言,就是自组织。其理论根据是——自组织能够通过与环境交换物质、能量和信息,以使系统从无序状态转为有序状态,具有生物系统所特有的属性,故自组织就是复杂性,所强调的是对称破缺所形成的有序的动态结构。

1992 年,米歇尔·沃尔德罗普出版了他的著作《复杂:诞生于秩序与混沌边缘的科学》。在这本书中,[①]复杂性被定义为:混沌的边缘。由于圣菲研究所的巨大影响和这本书的广泛传播,这一定义遂广为流传,被应用于许多不同的领域,诸如经济领域、管理领域、科学领域乃至哲学领域,以至于霍根也欣然同意。霍根在《科学的终结》这本书中说:"在高度有序和稳定的系统(比如晶体)内部不可能诞生新生事物,另一方面,完全混沌的或非周期的系统,比如处于湍流状态的流体或受热气体,则将趋于更加无形。真实的复杂事物——变形虫、契约贸易者以及其他类似的东西,则恰好处于严格的有序和无序之间。"[②]这就是说,复杂性只能出现于严格的有序和混沌之间,所强调的是既不是无序,也不是高度有序,而是两者之间。

---

① 这本书的英文名为:*Complexity: The Emerging Science at the Edge of Order and Chaos*。该书的中文译本就是陈玲翻译的《复杂:诞生于秩序与混沌边缘的科学》,生活·读书·新知三联书店 1997 年出版。

② 霍根. 科学的终结[M]. 孙拥军, 等, 译. 呼和浩特: 远方出版社, 1997: 292.

上述国外两位学者从科学的层面给复杂性下定义。与之不同的是，我国学者颜泽贤则是从哲学层面来定义复杂性的。1993 年，颜泽贤主编并出版《复杂系统演化论》，从哲学的形而上学层面对复杂性概念作了界定：①复杂性是客观事物的一种属性。②复杂性是客观事物层次之间的一种跨越。③复杂性是客观事物跨越层次不能够用传统的科学学科理论直接还原的一种生成性相互关系。①此三点，用通俗的语言表述，复杂性是跨越层次之间的不可以直接还原的相互"关系"。

在这里，我们倾向于颜泽贤的定义。颜泽贤对复杂性概念这三个方面的描述，都不是主观的臆造。复杂性概念的形成是一系列科学的抽象过程。以上复杂性概念定义的依据都可以从近年来学术界对复杂性问题的讨论中找到。虽然复杂性概念一直没有明确的表述，但在实际工作中往往通过分析层次之间的关系来对事物的复杂性作出判定。这种跨越层次之间的相互"关系"，其核心又表现为非线性的相互生成性"关系"。

### 四、各学科领域的复杂性

如上所述，目前对复杂性尚无统一的认识，没有一个普遍认可的复杂性定义，因而，对复杂性的描述只能通过各学科领域的复杂性来展现。中国科学院科技政策局的张焘认为，复杂性可以归结为：系统的多层次性、多因素性（因素也是系统）、多变性、各因素或子系统之间的及其系统与环境之间的相互作用、随之而有的整体行为的演化。一般认为，非线性、不稳定性、不确定性是复杂性之源。赵凯荣在他的专著《复杂性哲学》里，将复杂性划分为：系统复杂性、非线性复杂性、自组织复杂性、内时空复杂性和内随机复杂性。那么，如果时空结构是多层次的，组成是多因素或多子系统的，系统是开放性的，相互作用和过程以及整体的功能与行为是多样的、不稳定的、变化的、整体的不可逆演化过程，就更复杂了。

周守仁在《复杂性研究与混沌控制及其哲学阐析》这本书中对复杂性在各学科领域的表现，做过详细的考察。他说：第一，让我们考察一下非线性动力学中的复杂性概念。在非线性动力学的研究中复杂性是特指某些非线性动力学现象的复杂现象的。也就是说，这些现象具有现代非线性动力

① 颜泽贤. 复杂系统演化论[M]. 北京：人民出版社，1993：50.

学意义下的复杂性，如混沌现象、自适应系统、自组织临界性（self organized criticality）等。在这些非线性动力学的复杂现象中，科学家们找到了以非线性作用为核心所导致的诸如内随机性、自组织、分形结构、幂律行为等特定性质，并以此表征非线性动力学意义下的复杂性。①

第二，让我们考察一下计算的复杂性（complexity of computing）。所谓计算复杂性，就是指对所研究问题的计算难度。对于计算复杂性，有关于计算链的最小计算步骤数，即组合复杂性；关于计算链的最小深度，即延迟复杂性（delay complexity）；关于解一问题的某种算法所需时间的算法复杂性；关于时间复杂性极限状况的算法的渐进时间复杂性（asymptotic time complexity）；还有关于算法所耗费空间复杂性和算法的渐近空间复杂性（asymptotic space complexity）等。一个算法的复杂性是由所解决问题的固有难度所决定的，对同一个问题使用各种有效的计算模型，其计算复杂性大致相近。此外，一个问题的计算复杂性是指实现该问题的所有算法中复杂性最小的那种复杂性。②

第三，在生物学领域，人们普遍认为，生物的复杂性和非生物的复杂性是两类不同的复杂性，前者的复杂程度要比后者高得多，并且有质的不同。生物复杂性有三个特点：其一是在复制生物结构的过程中存在指令和控制，并由此展现出生长性和自适应性；其二是生物具有无双性，这导致不同层次、不同类群，甚至不同个体生物的复杂性显示出很强的个性，这是生物学领域应用数学方法的一个难点；其三是生物复杂程度的超巨性，这也使得生物复杂性难以量化。③

第四，在社会经济领域，某些社会经济系统大致是规则的周期性变化（如在城市公路上，处于旅游高峰时期的交通拥挤事件），非规则的周期振荡变化（如商业交易循环，年复一年的预算循环）或较长时期非规则的周期性运动（如国民经济的盛衰）等，除开这些之外，经常遇到的社会经济系统中的现象多半是变化多端、十分复杂的超自主社会湍流（super-autonomous social turbulence）。所谓超自主社会湍流是指许许多多的具有自主能力的社会个人相互超耦合地关联起来，演化成与自然界的混沌、湍流相类似的

---

① 周守仁. 复杂性研究与混沌控制及其哲学阐析[M]. 成都：四川教育出版社，2001：2.
② 同①。
③ 同①。

但又有其更深刻的特殊社会本质的社会经济现象，在其中的社会个人既是自主的，又是不自主的，而从整体来看，则是超自主的。例如，商品交换时商品价格的走势，股价波动的醉汉随机行走模式等。总之，超自主社会湍流表达了社会经济的复杂性。[①]

第五，在人的精神世界中，相互作用的神经元巨大组合的活动方式和过程产生了意识在意义和经历网罗中的自我体验性，特别是构成了高级形式的意识——人的思维。现代科学已初步认识到思维和大脑的非线性、非平衡性和非局域性的某些方面。但是由于人的思维复杂性，在目前和未来较长的一段时间内，任何非线性动力学模型都不能完整地（甚至不能）模拟人的思维过程。[②]

## 五、复杂性科学的研究对象：非线性科学

非线性并不是近期才出现的新问题，也不是一个新的科学概念。如本章第二节所言，由于在确定论的系统中发现了混沌现象，极大地刺激了人们探索自然界和社会中存在的各种复杂性问题。20 世纪 60 年代，混沌现象的发现，引发了人们对复杂性问题的研究，逐渐认识到非线性因素是种种复杂性的集中表现，复杂性往往跟非线性联系在一起。同时，人们通过简单的一维非线性映射发现倍周期分叉现象的普适常数和时间演化中趋向混沌并且出现奇怪吸引子等非线性问题的共同特点，由此启发人们突破学科领域的界限，从而形成了非线性科学这样综合性、交叉性的前沿学科。非线性科学的研究内容主要集中在如下几个方面。

### 1. 非线性映射的宏观特性

它揭示在确定性系统中出现了不规则的非周期的、错综复杂的、具有无穷嵌套的自相似结构的非线性现象，并且将导致系统的耗散结构。

### 2. 混沌与分形

研究系统动态过程的演化特性，其典型例证是洛伦茨的大气分析模

---

① 周守仁. 复杂性研究与混沌控制及其哲学阐析[M]. 成都：四川教育出版社，2001：3.
② 同①。

型。通过对线性系统的稳定性分析，以及它的失稳，向非线性系统过渡，混沌，从而对初始条件产生敏感的依赖性。此两小点的具体内容，已经在本章的第二节和第三节有过详细的讨论，这里不再重复。

### 3. 动力系统的时间反演问题

从牛顿划时代的著作《自然哲学的数学原理》出版至今，三百多年来，科学已经历了两个关键时期。一是牛顿的经典力学体系，它建立在一个均匀的、没有演化的静止的宇宙模型之上。物质、空间和时间是没有内在联系的，日月星辰等各天体的运行都按照"上帝"指定的轨道周而复始，未来包含在过去之中，动力学的行为是可以预测的，自然界的法则受决定论的支配。二是爱因斯坦的相对论的宇宙模型和四维空间，物质和时间紧密地联系在一起，空间与时间就是由物质产生的。自然法则是简单、美丽、和谐的统一，未来是可以预测的，随机性被引入科学，那只是因为我们的无知。

现在，人类正在步入第三个关键时期，不可逆性遍布于自然界和人类社会的许多方面，正在引起空间、时间和动力学概念上的巨大变化，时间与演化联系在一起。正如当年爱因斯坦把光速 $c$ 是普适常数作为自然界的一个基本事实一样，热力学第二定律将假定为一个基本的物理事实，熵增定律和隐含的"时间之矢"的存在，意味着空间与时间的对称破缺，未来并不包含在过去之中，这是一个开放的、演化的世界。

在复杂的非线性科学中，之所以把时间问题作为一个重要的研究内容，不仅仅是时间广泛存在于一切科学之中，而且也因为时间的度量把自然界、社会与人类活动都联系起来了。排除观测者及其时间影响作用的是牛顿力学体系的理想情况。然而，这个理想情况在现实中是不存在的。

此外，经典力学与热力学之间的对立，当然也包括生物学的进化在内，微观可逆过程与宏观不可逆过程之间的对立，皆起因于时间反演问题，研究时间反演问题是深入理解混沌现象的关键，也是把确定论与随机理论统一起来的关键。

## 六、复杂性科学所蕴含的系统哲学思想

以耗散结构论为先导的复杂性系统科学的兴起，为人类观察自然界

和研究社会历史提供了崭新的复杂性的方式，因而蕴涵了丰富而深刻的系统哲学思想。本节所总结的复杂性科学的系统哲学思想，实际上就是整个系统科学各分支学科乃至各个时期所表现的系统哲学思想。这主要表现在：非线性相互作用思想、关系思想、整体思想、演化生成思想这四个方面。

（一）非线性相互作用的思想

现实世界中，广泛地存在着两种系统：线性相互作用系统和非线性相互作用系统。当然，更深入地说，世界的本质是非线性系统的，线性系统只是特例。然而线性系统和非线性系统两者之间有着根本的不同。非线性系统的第一个特征就是它的多样性。然而，正是这个多样性是复杂性的基础，是复杂性的源泉。因此，从本体论上讲，是否存在多样性，是否存在非线性的相互作用，就成为判断复杂性系统的一个基本标准。

复杂性科学揭示，世界本质上讲是复杂的，线性的相互作用和规则简单的秩序仅仅是一种特例，而不是普遍意义上的定则。在这样一种非线性的世界中，要想比较全面地认识世界，必须具备并且拥有非线性思维。

首先，对于一个复杂的非线性系统，如果想比较全面地认识其本质状态，就需要尽主体最大可能地从各种不同的层次、不同的维度、不同的方法、不同的途径与渠道把问题提出来，而不能满足于一因一果的简单解释。吴彤说："离开层次谈事物的复杂性，复杂性就是一个无法度量的具有无限深度的虚假问题。"[①]科学的认识方式可以用简化的步骤，但是科学的认识目的却并不是追求简单。

其次，非线性思维要求人类彻底放弃对复杂系统演化的长期预测。长期预测是人类的自负和狂妄。复杂性科学揭示，复杂系统尽管其演化的形态十分不同，但也有不少共同的东西。比如，变化与变换中的不变性，就是事物本质的联系，就是所谓的规律。人类在自然和社会面前，费尽心思，绞尽脑汁，其目的乃是为了掌握所谓的规律。

传统的规律观是建立在决定论基础上的。这种规律观等同于必然性和确定性的世界观。而所谓的长期预测，乃是建立在确定性规律观的基础上

---

的。人类探索规律是为了整理和操纵自然。一旦掌握和拥有规律，人类将类似于上帝，无所不能。这显然是人类的狂妄。

复杂性科学揭示，混沌或潜在的混沌是非线性系统的本质特质。一个系统中最小的不确定性通过反馈耦合而得以放大，在某一分叉点上引起突变。即便是一个十分简单的系统，在这个分叉点上也将呈现出惊人的复杂性，从而使整个系统的前景难以预测。比如，在天气动力学研究领域，北京的一只蝴蝶扇动翅膀这样一个随机事件，将存在着引发纽约一场暴风雨的可能性。而在人类社会领域，偶然的事件会改变人类历史的进程，比如，著名的萨拉热窝刺杀事件，其后果是引发了第一次世界大战。因此，完全意义上的长期预测，其实是人类的一厢情愿，是人类的乌托邦。

科学史上，相对论和量子力学乃至复杂性科学兴起之后，规律的概念已然从规律万能的决定论锁链中解脱出来，遵循着一种非决定论的和非确定性的逻辑图式。现代的混沌科学则进一步揭示，由确定论方程导出的随机性是一种内在的随机性。内在随机性是一种客观随机性，当系统内含的相关指标达到一定参数值时，内随机性就必然显示出来。内在随机性不是人的主观认识能力的局限的结果，诸如知识的不完备性、手段的有限性等。内在随机性也不是由认识本身所造成，诸如主客体的相互作用、观测手段干扰观测对象等。它是事物本身所固有的，这就彻底否定了决定论的幻想。"过去的事情并不精确地决定未来将要发生的事情"。[①]

当然，具有混沌事件序列的非线性系统并不排除局部的可预测性，以足够的精确度对系统的短期演化做出预测，不仅在理论上成立，而且在实践上可行。况且，从本体论和价值论上讲，人类确实需要可预测性，人类是需要确定性的，以建立人类本体论意义上的家园感和安全感。人具有能动性和主观性，其存在的合理性内核——至少是有一部分存在于对未来社会的合理性预测之中。因为人类需要对未来抱有期望，而不仅仅是空想。这正如青少年需要有理想，成年人需要有奋斗目标，不管是什么社会，它都需要意识形态。如此，则人类千秋万代，价值永恒。

最后，非线性思维对实践者提出了更高的要求。较之以往的社会，当

---

① 哈金. 驯服偶然[M]. 刘钢，译. 北京：中央编译出版社，2000：1.

今世界是一种以高度组织复杂性和信息网络连接为特征的社会。各种领域都充满着飘忽不定的性质，这就逼得人们不得不面对不可预见的未来进行决策。因此，在一个复杂的、非线性的社会里，必然要求人们随时随地保持高度的敏感性。

### （二）整体思想

在东西方的哲学史上，不乏整体论的哲学观念和理论诉求。如本书的第二章所言，无论是关于"实体"的还是关于"关系"的哲学探求，在古希腊时就已经萌芽。在中国古代哲学中，对整体乃至对"关系"的探讨，一直就是中国哲学的优秀传统。两千多年来，在东西方的哲学史上，对世界作为一个整体以及与之相关的哲学思考一直就没有停止过。亚里士多德就说过："一个完整的总体，其中细节是如此紧密地相互联系着，以致任何一部分的移动或取消都肢解和破坏了总体，因为凡是存在或不存在都不引起任何觉察得出的不同的，就不是整体真正的构成部分。"[①]当然，亚氏的这种思想也只能是原始的、素朴的、直观猜测性的。这种思辨性的对整体的认识，囿于古代的局限而缺乏坚实科学基础。

20世纪初，以相对论和量子力学为发端，引发了自然科学革命。从此，无论是自然科学还是社会科学开始进入整体化发展的时代，复杂性科学随之兴起。魏宏森在他的《系统科学方法导论》中指出："复杂现象大于因果链的孤立属性的简单总和。解释这些现象不仅要通过它们的组成部分，而且要估计到它们之间的联系的总和。有联系的事物的总和，可以看成具有特殊性的整体水平的功能和属性的系统。"[②]

宇宙全息论认为，不仅部分存在于整体中，而且整体也存在于部分中。如果人们不认识部分，那么他们就不能理解整体，通常这个判断是成立的；反之，如果人们不认识整体，那么他们也就很难理解部分，这个判断同样成立。分形理论揭示，自然界的许多现象具有分形结构。所谓分形结构，就是分形体的整体与部分具有某种自相似性。人们认识外部事物既要从整

---

① 转引自：北京大学哲学系外国哲学史教研室. 西方古典哲学原著选择：古希腊罗马哲学[M]. 北京：生活·读书·新知三联书店，1957：337-338.

② 魏宏森. 系统科学方法导论[M]. 北京：人民出版社，1983：24.

体中来认识部分，又要通过从部分中来认识整体。通过这种方式达成的认识，才是比较全面的认识。

复杂性科学的思维方式强调事物的整体性，要求人们从事物的普遍联系来认识对象，用整体的观点去看世界，进而建立相应的整体方法论。

### （三）"关系"思想

如果说，笛卡儿-牛顿的机械论坚持认识上的主客二分模式，所强调的是分门别类的各学科和个体的独立性的话，那么在复杂性科学中，则只能坚持个体与环境、背景的复杂"关系"中才能得以存在、定义、描述和认识。如上一节所述，在学术界关于复杂性的定义有 45 种之多。比较典型的也是从属性、跨越层次和不可还原的相互"关系"的三个层面去下定义。为什么要用这样的方式去给复杂性下定义呢？

首先，复杂性是客观的，它是客观事物本身具有的属性。复杂性是事物存在和演化过程中自身表现出来的普遍特性，有实实在在的客观基础。

其次，复杂性表现为客观事物层次之间的跨越，这说明复杂性与物质结构层次性之间的联系与区别。没有层次性概念，就不可能有复杂性概念。复杂性是建立在层次性基础上的。但是复杂性不等于层次性，复杂性是层次性的一种跨越。只有用"跨越"才能表述复杂性的深刻内涵，同时这种表述还强调了复杂性和简单性的区别：简单性只是反映整体与部分或层次间直线式的因果关系，这中间没有跨越。而复杂性涉及并跨越各个层次、部分或方向，甚至无限多层次的体系考察，具有更大的普适性。

最后，复杂性属于跨越层次之间的不可直接还原的相互关系。这就揭示了复杂性的属于系统哲学的关于"关系"的哲学实质。物质结构层次表现为一系列相互关联但不同质的事物，复杂性就存在于这一系列层次的相互"关系"之中。早期的层次思想认为，层次与层次之间，即高层次与低层次之间，虽然表现出质的差异，但总该具有一种化约和还原关系；总该可以通过传统科学揭示出来的那些规律性的知识来加以还原。并设想了两种还原方式：一种是把高层次属性还原为低层次属性的机械决定论的还原；另一种是把低层次的属性化约为高层次的属性的统计决定论的还原。三个世纪以来的科学实践表明：层次之间的化约或还原如果不是以一种人为的方式来进行是不可能实现的。复杂性概念所反映的正是这种跨越层次之间的相互"关系"。换句话说，正是由于"关系"的复杂，即由于存在一种在层次之间不可化约和还原的"关系"，我们才有了复杂性这个概念。

如上所述，在这种相互规定和相互依赖中，关系者脱离了"关系"就失去了意义。这样，在机械论的视野中曾经使主体和客体相互分离的认识论，在复杂性科学的"关系论"视野中，便成了沟通主体与客体、人类与自然的桥梁。面对当今的生态危机，复杂性科学的"关系论"思维，呼唤着对于人与自然的"关系论"审视，呼唤着对人与自然的和谐共存乃至发展的深入探讨与反思。

## （四）演化生成思想

大自然本身就是时时刻刻都在生长着并变化着的。大自然的丰富多彩就是依靠其不断的生长、繁衍、灭亡等变化过程来体现。表现这方面的哲学思想，无论是古希腊还是古代中国都一直没有停止过。

如果说，20世纪初相对论、量子力学所揭示的客体性质与其环境的整体关系中的生成性，粒子物理和场论所揭示的大多数基本粒子的不稳定性和生灭转化性等，拉开了生成论序幕的话；那么，非平衡热力学所揭示的系统在开放和远离平衡态条件下借以形成新的稳定的宏观有序结构的自组织性，以及该理论所揭示的物质的种种性质如不对称、时间、空间等的演化等，就成为生成论转向的标志。

法国哲学家伯格森创立生命哲学，他的学说里有一个核心概念"绵延"，它代表了一种动态的、生成的、持续不断的存在。而"生命冲动"乃是万物的本质，是世界起始阶段就已经存在的一种"力"，是一种生成之"流"。它因为分享了"绵延"的特性而具有瞬时性、延续性、生成性。伯格森认为，创造源自自由。而自由蕴涵着不确定性，不确定性越多，自由度就越大，这正是所有过程中蕴涵创造性的由来。因此，伯格森宣称："我们是自己生活的创造者，每一瞬间都是一种创造。"[①]

怀特海深受20世纪初自然科学成就如相对论、量子力学以及伯格森生命哲学的影响而创立了过程哲学。怀特海把宇宙看成是有层次等级的

---

① 柏格森. 创造进化论[M]. 王珍丽，余习广，译. 长沙：湖南人民出版社，1989：译序.

体系，而永恒客体作为一般概念的体系则是宇宙的原型。现实世界是一个过程，这个过程就是现实实有的生成变化。"一个现实实有是如何生成的"就构成了"那现实实有是什么"。此二者不可分，现实实有的"存在"就是它的"生成"构成。这就是怀特海的"过程哲学"。①其基本要义就是：世界是一个复杂动态的过程，具有生命与活力，并处于不断的演化和创造中，这种演化和创造就表现为过程。怀特海由此确立他的非确定性的、过程的、动态演化的自然观念。

正是因为世界是一个不断演化的动态过程，因而须坚持生成论、动态过程的思维。

当今人类所面临的各种全球性问题，如环境生态问题、人口问题、能源问题、粮食问题等，都是一个因素众多、结构复杂的系统，涉及各种自然因素、社会因素及它们之间的各种复杂关系。但是复杂性科学研究中的一些基本特征：如非线性、非平衡、突变、分叉、混沌、路径依赖等都具有非常强的普适性。要解决当今人类所面临的这些问题，还得依靠复杂性科学，吸取复杂性科学的思维方式。

如果说非线性思维思想和有限度的预测构成了复杂性科学探究方式的起点的话，那么关系思想、整体思想和生成过程思想则构成了进行具体考察的三种基本手段和方式。这是因为系统大量的乃至无数的非线性相互作用使之成为一个复杂的层级系统，要准确描述几乎不可能。而世界原本是一个整体，惟其如此，须得用"整体"思维。显然，机械论的分解还原论的思维方式是无法担当此重任的。自然界中演化的单元并不是孤立的"实体"，而是由"实体"与周围的环境要素所组成的一种组织模式，因而必须用一种"关系"的透视的思维来考察。埃德加·莫兰说："多样性的统一性的逻辑的复杂性要求我们既不要把'多'化解为'一'，也不要把'一'化解为'多'。"②这种复杂的推理原则包含着同时互补、竞争和对立等概念的联合，因而人类须坚持生成论的"过程"思维。

总之，非线性相互作用的思想、整体思想、"关系"思想、演化生成思想，这四种思想及其思维方式共同构成了复杂性系统科学所蕴涵的系统哲学思想。

---

① 刘放桐，等. 现代西方哲学[M]. 北京：人民出版社，1981：352-353.
② 莫兰. 复杂思想：自觉的科学[M]. 陈一壮，译. 北京：北京大学出版社，2001：141.

## 第五节　告别构成论，回归生成论：生成论阶段的
## 系统哲学思想

哲学的发展，是一个不断地提出新的哲学问题，以及创设新的哲学分支的历程。但是新的哲学问题的提出和新的哲学分支的创设，并不是取消原来的哲学问题和哲学分支，而是立足于新的材料和新的哲学，进行理解并解答。科学的发展同样如此。新的材料和新的哲学理解，无疑来自人类自然科学和社会科学的新的发展。这个过程有如充满漩涡的江河，在一定的时代有着一定的特色主题，它们构成了时代学术的漩涡中心，其他问题则围绕这个中心来旋转并寻找和确定自己的位置。

在古代以本体论为中心，近代认识论则变得突出起来。这意味着人类理性自觉程度的提高，在更加自觉与合理的程度上把人类自身与外部世界更加真实地区分开来又联系起来，是当时人类思维水平的真实反映。毋庸置疑，西方构成论思想经过古希腊"原子"论再到近代的原子论，在近代科学中深深地影响了近现代科学的思维方式。构成论的"实体"的哲学思维方法，作为人类特有的理性，极大地推动了近代乃至现代前期的自然科学和社会科学的发展。

然而19世纪末，20世纪初，科学尤其是传统物理学遇上了一系列问题和危机，昭示着在探索科学的道路上，此前一直沿用的一成不变的"实体"构成论思维方式，已经行不通了。

于是，冲击机械决定论的构成论便成为现代科学的开端。19世纪的下半叶，天文学中的康德-拉普拉斯星云假说，生物学中的达尔文进化论，热力学中的第二定律就已经试图冲击牛顿机械决定论。这些学说无一例外，都有着演化思想的内核。反映在哲学上，则是实证主义哲学的崛起。基于当时处于主漩涡中心的形而上学，无法解释当时的科学现象，无法解决当时科学危机，乃至无法处理当时的社会与科学问题，于是学术界拒斥形而上学，实证主义哲学开始崛起。这就使得哲学，更加贴近于科学，以适应时代的要求。在实证主义者看来，哲学应该接近科学，学习科学，接受自然科学的实证精神，超越唯物主义与唯心主义的对立，重塑经验主义的传统。从第一代实证主义者孔德、斯宾赛，到第二代经验批判主义者马

赫，到第三代逻辑经验主义者罗素、维特根斯坦，无不把自己的哲学基础奠基于当时的科学成就，尤其是奠基在自然科学的成就之上。

20 世纪初科学的发展，无论从宏观宇宙学，还是从微观的粒子物理学，则进一步告诉人们，世界处于不断的发展、变化、生灭之中。这些学说都得出这样一个判断：经典的机械原子论的"实体"科学，已经无法解决当时科学所提出的问题，无法解释世界生成演化的复杂现象。德国物理学家海森伯，最先发现并意识到这个问题：生成或转化的概念，也许比传统的基元分割的构成论概念更为有用。1958 年，在纪念普朗克诞辰 100 周年的演讲中，海森伯说："在碰撞中，基本粒子确实也会分裂，而且往往会分裂成许多部分。但是令人惊奇的一点，就是这些分裂部分不比被分裂的基本粒子要小或者要轻。因为按照相对论，相互碰撞的基本粒子的巨大动能，能够转变为质量，所以这样巨大的动能，确实可以用来产生新的基本粒子。因此这里真正发生的，实际上不是基本粒子的分裂，而是从相互碰撞的粒子的运动能中，产生新的基本粒子。"[①]量子力学中，其量子场论中的产生算符和湮灭算符，此两者的概念基础，正是生成论。各种统一场论，要求一切粒子从统一场经对称破缺产生的概念与观念基础，正是生成论的宇宙观。

20 世纪中期到下半叶的科学发展则更加表明，重分析的构成论越来越不适合科学的继续发展。这不是说，分析的方法不能用，而是作为一个范式，其局部的、分割的、还原的、静止的构成论的分析思维方式，妨碍了科学的发展。这正如中国的两句成语"坐井观天"和"盲人摸象"。虽然看到的那部分天，是实在的和真实的，摸到的象的一部分也是真实的和实在的，但是一个部分和另一个部分有着极大的差别。[②]这是因为每一部分，都处于一定的条件和环境中，不能从已知的那部分真实、准确、无误中，推出未知的另一部分同样真实、准确、无误，更无法推出整体。而各部分之间，按照库恩的说法是不可通约的。只有从整体出发并作为前提，系统地通盘地考虑，才有可能更真实地接近、描绘并说明自然。

---

① 转引自：金吾伦. 生成哲学[M]. 保定：河北大学出版社，2000：2，序.
② 金吾伦. 生成哲学[M]. 保定：河北大学出版社，2000：201.

科学的发展，新的科学问题的暴露，环境乃至生态危机的出现，人类认识能力的提高，理性的进一步觉醒，等等，这一切都预示着：人类必须要有新的哲学方法乃至哲学思想，方可解决所遇到的新问题。

科学的发展孕育着新的科学思想，新的科学思想则必然孕育着新的世界观和新的哲学方法论。恩格斯就说过，马克思的世界观不是教义，而是方法，它提供的不是现成的教条，而是进一步研究的出发点和供我们研究的方法。

于是，贝塔朗菲跨出了第一步，创立了一般系统论。贝塔朗菲成功地实现了科学和哲学的转向，形而上学的、局部的、分析的、简单的"实体"，正在转向综合的、整体的、动态生成的、复杂的"关系"。尽管贝塔朗菲、维纳、香农等前期系统学家的"关系"范畴，还没有涉及事物内部"关系"的演化机制，尽管这些前期的系统学说，还带有明显的构成论痕迹，即整体由部分构成的预设。其在思维方式上，仍然带有机械论的色彩。但他们毕竟作出了历史性的贡献。正是他们迈出了关键性的第一步：告别构成论，走向生成论。

沿着贝塔朗菲的道路，普里高津迈出了第二步。他创立耗散结构论，把"关系"从宏观推进到微观，从事物外部推进到事物内部，并揭示出了这种"关系"内在的机制——系统演化的自组织机制，并在那里重新发现了时间。它所强调的是外因与内因相结合的整体的、动态的"关系论"。耗散结构论认为，自然界是一个大系统，其演化是一种自发的自组织过程，在系统的自组织中，内部"关系"是根据，外部"关系"是条件，系统内涨落、非线性作用机制是系统演化的内在动力；且系统只有保持开放，与外界环境保持物质、能量、信息的交流，方可演化出有序结构。

哈肯则将这种"关系"的自组织机制，拓宽并推广到更广泛的物质系统。协同学告诉我们，自组织演化并不意味着自身孤立地运动，而是多种因素协同作用的结果。但这种作用是通过系统内部的协同实现的，从而形成了关于自然界演化、发展原因的复杂性整体论观点。

艾根将自组织"关系"演化推进到了生命的起源，创立了超循环理论。根据超循环机制，从无生命到有生命的进化其实质是一种生成过程。这对于揭示生物信息起源来说，是一个开创性的探索，为揭开生命之谜提供了一条可能性途径，代表了科学和哲学的一个新方向。这一切表明，科学在一步步发现大千世界的生成奥秘，在一步步走向生成论。哲学也在调整自身的步伐，走向生成论。上海财经大学资深教授鲁品越的一部很有分量的专著《深层生成论：自然科学的新哲学境界》，就总结了本体论的历史演进，即从"实体"存在论走向深层"生成"论。普里高津、哈肯、艾根等三人的自组织系统理论，彻底摆脱了构成论痕迹，坚毅而果决地走向了生成论。

　　沿着这条思路，托姆创立突变论，在奔向生成论的道路上，走得更远。为了说明生命及其起源现象，所有的演化理论都在研究新信息的产生问题。然而，根据艾根的超循环理论，只有突变才会产生新的信息。把这个问题做进一步的推广：自组织理论的逻辑落脚点正是质的变化。因为质的变化才是自组织理论的目的，从一个状态到另一个状态，乃是通过突变，只有突变才会创生新的结构。突变意味着新质的生成，也就是说，突变即生成。紧随其后，混沌理论、分形理论、复杂性科学的相继兴起，更是彻底走向了生成论。托姆突变论更为可贵之处还在于，从渐变中演化生成出突变来。

　　其实，只要我们稍加留心就会发现：无论是物理运动还是生命运动，从自然界到社会历史领域，从物质世界到心理世界，处处都可以看见这两种演化的痕迹。并且，渐变和突变常常是结合在一起的，即渐变过程中的结果处往往伴随着突发事件，质变过后开始新的渐变。

　　然而，过去的 300 多年，人类对于渐变的研究，尤其是其数学表达方式，可以说是接近完美，牛顿和莱布尼茨的微积分就是典型的代表。用微分方程建立起来的各种模型，在科学的画廊上更是琳琅满目，美不胜收。例如，牛顿的运动学与动力学模型，麦克斯韦的电磁场模型，爱因斯坦的狭义相对论与广义相对论方程等。而比较起来，对于突变的研究及其数学表达方式，则显得不尽如人意。尽管 200 多年前，法国生物学家居维叶，在对各个地层中的化石做了长期的考察之后，用"灾变"（英文 catastrophe，也可译成"突变"）命名他的学说，解释地层断裂、物种变异等突变事件。他指出：地球上曾发生过几次大的"灾变"，巨大的灾祸一次又一次地毁灭了地球上老的物种，随后大自然创造新的物种。但是，他的"突变说"等同于"灾变说"，且仅仅是一种论断，缺乏支撑它的坚实的数学理论基础。托姆的突变论告诉人们，新的结构之所以创生，有赖于新的信息被生成创造出来。突变论不仅坚定地支持生成论的系统哲学观点，而且创造了可资利用的坚实的数学理论工具。

混沌理论则更加丰富了自组织的生成论内容。尽管自组织系统理论，描绘了一幅新结构不断取代旧结构的系统有序演化的图景，但人们仍然要提出这样一个问题：这种有序演化模式会一直进行下去，抑或还有别的模式？混沌理论的问答是，现实世界既存在从无序到有序的进化生成演化，又存在从有序到"无序"的退化生成演化。远离平衡系统的另一种可能的归宿，是从通常意义上的有序结构状态，演变为混沌结构状态。

不仅如此，混沌理论的意义还在于，混沌的生成与演化原本内涵于确定系统中，从而在哲学上给予决定论与非决定论以全新的解释。在科学史上，决定论与非决定论的关系是令人困惑的，曾经引起长期的争论。在物理学中，确定论和概率论是两种基本对立的理论：单个事件服从决定论的牛顿定律，而大数现象则服从统计规律。当波尔兹曼企图跨越这道鸿沟，从动力学"推导"出热力学进程的不可逆性的时候，受到众多科学家的猛烈抨击。决定性的牛顿力学怎么可能会引出非决定性的分子运动论呢？波尔兹曼也因此郁郁而终。在量子力学方面，虽然对于物质的统计理论，特别是对涨落理论，谁也没有爱因斯坦的贡献大。然而，爱因斯坦却坚决相信：上帝不会掷骰子。爱因斯坦与波尔为代表的哥本哈根学派，因此而发生的争论长达40年之久。混沌理论的创立，使人们开始相信：随机的混沌的非决定的生成与演化，原本内涵于确定系统之中。

混沌理论侧重于从动力学出发，研究不可积系统轨道不稳定性。它告诉人们从确定论系统中，可以自发演化并生成出混沌状态来，许多的新信息正是蕴涵在混沌状态中的。并且混沌理论还告诉人们，现实世界既存在从无序到有序的生成演化，又存在从有序到"无序"的生成演化。进化、自组织、新信息等都诞生在混沌的边缘。

分形理论则告诉人们，生成混沌的内在机制和通向混沌的道路。包括混沌在内的世界绝大部分的复杂生成，乃是通过分形元途经。正是分形元的自相似性、无标度性、分维性等生成了大千世界的复杂性。分形理论在告诉人们丰富多彩的大千世界所赖以生成的具体路径的同时，又提供给我们一个行之有效的度量复杂世界的数学工具。

复杂性科学的兴起，更是将生成思想贯彻到底，其深度和广度超过系统运动兴起以来的任何历史时期。这一切都表明，系统哲学彻底走向了生成论。

告别构成论，迈向生成论，这是一种回归，是一种向东方哲学思想的回归。这种回归为我国今天的科学发展提供了一种赶超世界科学先进水平的新的契机。对于科学与哲学上这一生成论学术趋势，对于生成论的科学与哲学思想的研究，我国学术界金吾伦和李曙华作出了积极的回应，对于二位的生成论学术思想和主张，本书将在第七章第二节"系统哲学领域：中国学者的独特贡献"的第三小点做比较详细的展开和讨论。

本书的第一章就已经论证过，无论是前期以贝塔朗菲为代表的"关系"系统理论，还是后期的生成论系统理论，我国哲学先贤都有过很多精辟的论述。例如贝塔朗菲的这种网状的"关系"思想，其实在中国哲学中早就存在。且不说古代的《周易》和阴阳学说，中国哲学中释家的因陀罗网就表达了这种观点。因陀罗网上的每一交叉点上都有一颗明珠，每一颗明珠都能照见别的明珠，而又从别的明珠之光照见自身。整个网的"整体关系"建立在每一颗明珠自己的非"关系"性质，即单个明珠的发光之上。[①]我们知道，哲学史上，无论是"实体"的构成论观点还是"关系"的生成论观点，在东西方古代哲学中都产生过。然而其侧重点和发展方向乃至发展道路却是不同的：在东方生成论是主流，在西方构成论是主流，以此为分野，成为东西方传统科学差异的总根源。为什么会出现这种道路选择的不同？董光璧曾有一个令人信服的解释。他说："因为生成论便于建立概念体系的功能模式，适合于由代数描述，而代数形式又易于发展算法程序，于是形成了中国传统科学的功能的、代数的、模型化的特征。因为构成论便于建立概念体系的结构模式，适合几何描述，而几何形式又易于发展演绎推理，于是形成了西方传统科学的结构的、几何的、公理化的特征。"[②]

黑格尔说过，哲学乃至科学的发展，遵循否定之否定规律，表现为一系列的圆圈，大圆圈里套着小圆圈。系统科学与系统哲学的兴起，标志着

---

① 许倬云. 中国文化与世界文化[M]. 贵阳：贵州人民出版社，1991：67.
② 转引自：金吾伦. 生成哲学[M]. 保定：河北大学出版社，2000：3，序.

长期以来科学研究中对生命现象的熟视无睹，即将成为历史陈迹，失落已久的生命将重新回到大自然，无论是物质世界还是生命世界。

如此，则科学与哲学发展的历程可以表述为：中国古典生成论—西方近现代构成论—世界后现代生成论。这是一种否定，但不是简单的否定，是辩证的否定。这是一种回归，但不是简单的回归，是更高起点上的一种超越的回归。这种回归，某种程度上预示着中国的政治、经济、文化、科学技术等将在 21 世纪得到全面的复兴。中华民族将重新巍然屹立于世界民族之林。

# 第五章　当代国际上代表性系统学派的
# 系统哲学思想

系统科学与复杂性探索是现代科学前沿的重要领域，各国的科学家和哲学家都在认真研究。美国、英国、德国、比利时、荷兰、法国、丹麦都有引人注目的成果。本章将重点总结美国圣菲研究所、控制论原理研究计划小组、拉兹洛的系统哲学、英国牛津弗洛里迪的信息哲学学派等目前世界上影响最大的四个有代表性的系统学派的系统哲学思想。

## 第一节　美国：复杂适应系统（CAS）理论的
## 系统哲学思想

1984年，在美国新墨西哥州，在坎杨路圣菲艺术区一个租来的女修道院里，在考温（Cowan）的主持下，聚集了诺贝尔物理学奖得主盖尔曼、安德森（Anderson）和诺贝尔经济学奖得主阿罗（Arrow）等科学界顶级人物，成立了美国圣菲研究所。其宗旨是开展跨学科、跨领域的研究。与会人员达成了共识：致力于复杂系统各个方面的研究。所谓复杂系统的各个方面，指的是从凝聚态物理学到社会整体的各个方面，包括任何内部有许多相互作用的因素的事物。他们认为事物的复杂性是由简单性发展而来的，是在适应环境的过程中产生的。他们把经济、生态、免疫系统、胚胎、神经系统以及计算机网络等都称为复杂系统。20世纪90年代，以该所的霍兰德为代表，提出复杂适应系统（complex adaptive system，CAS）理论，认为存在着一种一般性的理论控制着这些复杂系统的行为。随后这一理论便成为圣菲研究所关注的重要内容。这一理论，反映了现代科学技术发展的综合趋势，反映了不同学科领域的共识。它为研究复杂系统问题提供了一种新的视野。

### 一、复杂适应系统（CAS）理论的基本内容与观点

圣菲研究所，以研究复杂适应系统理论而闻名于世，认为"涌现"是指在具有相互作用的组元（agent）的系统中，突现的宏观模式。其主要代表有霍兰德、考夫曼（Kaufman）和朗顿（Langton）等。下面，笔者将较为详细地介绍圣菲研究所霍兰德的关于突现的复杂适应性理论。

"复杂性，实际上就是一门关于突现的科学。我们面临的挑战，就是如何发现突现的基本法则。"[1]SFI 对突现进行深层研究，霍兰德的受限生成过程模型，开启了揭示突现规律的奥秘。

#### （一）主体：具有适应能力并置身于各种"关系"中

CAS 理论最基本的概念是具有适应能力的主体，英文表达为 adaptive agent。CAS 理论认为是主体的适应性造就了纷繁复杂的系统复杂性。它不同于早期的系统科学用的部分、元素、子系统等概念。CAS 理论认为，早期系统理论之部分、元素等概念完全是被动的，其存在是为了实现系统给定的任务或功能，没有自身的目标或取向，即便与环境交流，也只能按照给定的方式，作出固定的反应。主体的适应性则完全不一样，表现在它能随着时间而不断进化，自身有目的性、主动性和积极性。其特点是：一能"学习"，二能"成长"，能够在与环境的交互中"成长"或"进化"，或与其他主体进行"合作"与"竞争"。[2]这就使得 CAS 理论与以往的系统理论有了根本性的区别。

#### （二）共同演化：主体与客体的相互"生成"及其"关系"互动

CAS 理论认为，是共同演化造就了大千世界无数能够完美地相互适应，并且能够共同生存于相同环境的适应性主体。大自然有很多这样的现

---

① 沃尔德罗普. 复杂：诞生于秩序与混沌边缘的科学[M]. 陈玲，译. 北京：生活·读书·新知三联书店，1997：115.

② 许国志. 系统科学[M]. 上海：上海科技教育出版社，2000：252.

象：蜜蜂靠花蜜维持生命，花朵靠蜜蜂受精繁殖；真菌从地下的石头中吸取养分，为海藻提供住食，而海藻反过来又为真菌提供了光合作用的产物；金蚁合欢树，为一种蚂蚁提供了住食，反过来这种蚂蚁又保护了该树；无花果的花是黄蜂的食物，而黄蜂反过来又为无花果树传花授粉，将树种撒向四方；等等。

在人类社会中，共同演化产生了同样完美的经济与政治的相互依存之网，比如，同盟与竞争，以及供求关系等。共同演化是任何 CAS 突变和自组织的强大力量。共同演化的机制在于，主体的"活"性体现在它与环境客体的互动"关系"之中。其理论基础是最简单的刺激——反应模型。反应的结果可能是成功的——达到预期目标，也可能是失败的。CAS 理论的独特之处在于主体可以接受反馈结果，并据之修正自己的"反应规则"。霍兰德用他的遗传算法，把反应规则表达为"染色体"——一种包括刺激与反应对应规则的字符串，并通过引入"适应度（fitness）"，来表达"染色体"与环境相符合的程度。主体能够根据成功或是失败的反馈信息，来修改"染色体"的"适应度"。

CAS 的这一观点与传统的人工智能、知识库的概念完全不同。传统的知识管理把一致性、无冲突性、无矛盾性作为一条基本要求，是一种固定的、僵化的机制。CAS 理论突破了这种框架，能够真实地描述、观察、理解"活"的复杂系统，是具有生长和发展前途机制的"活"的系统。因此，共同演化是任何复杂的适应性系统突变和自组织的强大力量。而 SFI 尤其看重这一观点。

（三）个体演变：涌现的受限生成过程（CGP）

SFI 认为，建模（modeling）是人类探索、认识和改造事物的必经之路。通过建模可以模拟、还原众多复杂的涌现现象。在人类没有对某一事物完全认识之前，只能选择其若干主要属性，形成对复杂系统的一个简化的版本，这就是"模型"。建立模型的方法过程，则为建模。CGP（constrained generating procedure）译成中文就是：涌现的受限生成过程。CGP 的模型，是霍兰德根据古希腊人的启示提出的。CGP 是一种网络，这样的网络就是由相互连接的机制形成的。霍兰德以棋类游戏、数字系统、神经系统等来自不同领域的复杂系统为例，归纳出了 CGP 的若干普遍性质和规律。霍兰德说，科学之所以吸引他，并不是科学能使他将宇宙归纳成几个简单的规律，而是正好相反：科学告诉他几条简单的规律是如何产生整个变幻无穷的世界的。因此，霍兰德得出一个重大命题：简单创造复杂。"复杂的行为并非出自复杂的基本结构，极为有趣的复杂行为是从极为简单的元素群中涌现出来的。"[①]一粒小小的种子可以长成参天大树。一个受精的鸡蛋可以不断地分裂自己，把自己分别变成肌肉细胞、脑细胞、肝脏细胞等各种不同的细胞，从而使自己变成一个初孵的雏鸡。尽管国际象棋的规则少于 12 条，但是人们经过几百年的潜心研究，到现在还不能穷尽其所有的步法。这些都向我们昭示：简单（要素、规则）可以涌现出复杂。

如果说运筹学是在一定约束下寻找最优解，只是一种静态条件下的算法的话。那么，CGP 展现的则是一幅活生生的、变化中的、充满新奇和意外的进化过程。这正是系统观从研究固定的、刻板的、僵化的元素走向研究活生生的、联系的、成长中的主体的契机。更重要的是，对涌现的受限生成过程的研究，可以成为我们跨越宏观和微观的桥梁，使我们既看到树木，又看到森林。

### （四）回声反馈模型：从个体的演化到系统的演化

霍兰德发现在生态系统模型、股市模型、贸易系统模型这些系统中，具有非常相似的特点。它们都有"贸易"的存在，都有各种方式进行交换的"货物"，都有"资源转换"的机制，而且都有作为技术发明之源的"交配选择"机制。基于个体演化过程，霍兰德加上"资源"（resource）和"位置"（site）的概念，把个体演化和整个系统的演化联系起来，形成了 Echo Feedback 模型，翻译为回声反馈模型。

反馈可以分为正反馈和负反馈。负反馈会同人类一样做出随意的、错误的判断，导致主体无法适应，阻碍主体的进化和复杂系统的共同演化。正反馈则同达尔文的自然选择理论那样，主体为增强它的存在和延续能力，会适应乃至进化。如果主体在环境中存活，便会调整并积累这

---

① 沃尔德罗普. 复杂：诞生于秩序与混沌边缘的科学[M]. 陈玲，译. 北京：生活·读书·新知三联书店，1997：390.

些模式进行适应活动。CAS 中的适应性主体之间存在"趋同效应机制（convergent）"，即主体之间的相互影响，协同进化。主体之间的非线性作用，形成一个层次的涌现。随后相同层次的涌现也存在"趋同效应"，使得涌现之间相互影响，在非线性的作用下，形成更高层次的涌现，依此类推，形成巨大的复杂的涌现。

回声反馈模型体现了宏观和微观统一的、有机的、内在的结合，是 CAS 理论引人入胜的又一个特点。如果说"自组织"是以普里高津为代表的布鲁塞尔学派最引人注目的主题词，那么"涌现"则是今天的系统科学和系统哲学最引人注目的主题词。

## 二、CAS 理论的主要特点

与构成论阶段、自组织阶段的系统思想相比，CAS 理论有着三个鲜明的特点。

### （一）对层次概念的深入认识

层次，是系统科学的重要概念。从某种意义上讲，系统科学就是研究层次之间的相互联系、相互转化的规律的科学。所谓局部和整体、元素和系统、个体和群体等，实际上就是层次之间的关系。迄今为止，关于层次之间的过渡与转化，主要依靠的统计方法。在耗散结构论与协同学等自组织理论中，统计方法也是起着决定性作用的。然而，仅仅依靠随机性、概率和统计，还无法解释世界的演化与宏观尺度上的涌现，比如，无法解释和处理经济、社会、生态的许多宏观系统的问题。因而，需要寻找别的机制与途径。CAS 理论在这方面有所突破。通过承认个体的主动性，为系统演化找到了内在的、基本的动因，为理解系统的层次提供了新的视角。

### （二）遗传算法与计算机建模，使 CAS 理论具有切实可行的操作性

遗传算法是构成 CAS 理论的一个重要组成部分，霍兰德借助这一方

法解决了适应性主体内在的、有目的的选择（基因的组合）的机制。遗传算法是通过模拟生物界进化过程而提出的一种离散动力学系统。撇开纷繁复杂的表层现象，把整个生物的自然演化简化为染色体的"选择"、"交换"和"突变"等，这是实现涌现的一种机制。过去的生物进化理论，对于出现的优良性状，笼统地归因于基因的突变，其内部机制是什么，则没有弄清。CAS 理论通过引进遗传算法，建立回声反馈模型，成功地做到了这一点。也就是说，这一方法解决了生物的演化机制问题。适应性的主体，就是通过选择、检验和组合，综合适应度高于平均数的染色体，而实现进化的。在某种程度上，霍兰德既用了还原论的方法，又用了综合的方法，实现了还原与综合的有机统一。

### （三）构成、组织、生成兼容：CAS 理论的新的演化观

CAS 理论区别于以往系统理论的重要标志就在于构成、组织、生成兼容。

大千世界究竟从何而来？事物发展的机制究竟是什么？物质运动变化的原因在哪里？这是人类诞生以来，自始至终都关注的话题。古代的"活力论"认为，物质自身具有活力，这仅仅停留在直观的猜测阶段。恩格斯虽然一再强调物质与运动不可分，并表达过没有运动的物质和没有物质的运动同样不可想象的观点。但由于受当时科学技术发展水平的限制，恩格斯也没有能够更深地揭示事物运动发展的机制。经典科学立足于简单性观念和还原论方法，仅仅能够解释很小一部分的世界，在微观领域和宇观领域，便不再有效。

贯穿系统科学自始至终的一个根本问题是：系统在其发展过程中是越来越简单还是越来越复杂？机械论的发展观点是积极的，但它是简单的，且局限于无机系统。对于生命有机体，机械论则毫无办法，很多复杂的现象根本无法解释。热力学第二定律的观点，把发展推进到生命有机体。但热力学对待生命体的发展观，则不仅是简单的，而且是消极的。几十年来，系统科学与系统哲学就一直致力于从理论上驳倒这种观点。

第一阶段，也即构成论阶段的系统哲学思想，举起"整体论"的大旗，强调"整体不同于部分之和"，向还原论挑战，揭开了系统哲学思想史的

序幕。紧接着，维纳给予强有力的支持。他打破了只注意分割忽视综合的局限，以信息、反馈和控制的新观念，研究系统的行为，总结出了跨越工程与生物界的一般性规律——控制论。虽说，这种理论不能很好地说明发展的机制和动力，但把工程和生命有机体联系到一起来了。控制论思想，被应用到自动控制、工程管理生命有机体、神经系统等许多领域，把系统哲学思想向前推进了一大步。然而，控制论在社会经济领域则不怎么成功。这是因为这一时期的"系统"是以机器为背景的。不管是贝塔朗菲，还是维纳、香农，他们都缺乏解释事物发展动力机制的具有说服力的论据，他们三者的系统整体是"构成性"的，系统元素是被动的僵化的个体，还带有机械论的痕迹。控制论系统，可以保证在工程领域的应用，但控制论系统无法解决生物、生态、经济、社会等"活"的系统控制问题。

第二阶段，是自组织阶段的系统哲学思想，举起"自组织"的大旗，其代表人物是普里高津的耗散结构论和哈肯的协同学。他们两人所说的"系统"具有两个新的特征：一是元素数量极大，一般都达到 $10^{20}$ 以上，致使维纳式的简单控制不可能。二是元素具有自身的、另一层次的、自组织的独立的运动，他们把演化和发展引入了系统，且整个系统不可避免地具有统计性和随机性。从这两点出发，第二阶段的系统观拓宽了系统控制以及发展的概念，引申了随机性和确定性的对立统一思想，世界是演化的、发展的、自组织的。普里高津和哈肯的"系统"背景，已经不是机器，而是热力学意义下的系统。这对于解释发展，及其揭示其内部机制，对系统积极发展的理解，推进了一大步。然而，第二阶段的系统思想应用于经济及其社会系统时还是不能令人满意。虽然，个体活元素可以有"自己的"运动，且这种运动在一定的条件下，对整个系统的进化还是起着建设性的作用。但这种运动是盲目的、随机的，就像布朗运动一样。在自组织阶段的系统思想里，系统"活"了，但带有盲目性。

CAS 理论通过把系统元素理解为活的、具有主动适应能力的主体，引进宏观状态变化的"涌现"概念，使从简单中能够产生复杂的观念得到强有力的支持。在实际的系统演化过程中，确实存在着从无到有、从一到多、从对称到对称破缺的发展趋势。客观事物以及整个世界的发展趋势是多种多样的，既有从复杂到简单的"瓦解"趋势，也有从简单到复杂的"涌现"趋势，二者相反相成，相互依存，此长彼消，构成丰富多彩、变化万千的世界。这种新的演化观正在得到越来越多的科学发现的支持。

霍兰德认为，"进化当然远远不止是随机变化和自然选择，进化同时也是实现和自组。"①生物之间的变异不完全是偶然的，是有"目的"的"隐约地"朝着有利的方向演进，达到一定程度后，就开始"涌现"更复杂的结构。当然，进化并不一定造就复杂，但如果后退一步，用更宽广的视野来看进化的全过程，就会看到不断精巧化、复杂化和功能强化的总趋势。在 CAS 理论中，世界不仅是构成的，而且是自组织的，还是生成的。这就是说，世界是构成、组织、生成兼容的。

## 三、CAS 理论的哲学方法论意义与局限性

CAS 理论为我们描绘出一幅关于人类科学思想与哲学探索的新图景。霍兰德的涌现概念以及 CAS 的核心——CGP，为复杂系统研究作出了重要贡献。这主要表现在以下几个方面。

### （一）必然性与偶然性的统一

与传统思维以静态观点看系统相比，霍兰德的涌现概念是一个必然性与偶然性相统一的复杂演化过程的概念。不是某一个时间点的静止状态，而是把事物理解为一个发展演化的过程，这就从根本上扭转了机械决定论的错误。因此，大千世界便丰富多彩地呈现在我们面前，还其本来面目。人们便可以客观地深入理解自然界、人类社会和人自身。

在系统哲学的发展过程中，这一问题已经讨论过多次。首先是一般系统论，贝塔朗菲对机械论和还原论进行了批判，认为机械决定论否定了生命中最本质的东西——系统整体性，其还原论的方法简单而粗糙。贝塔朗菲也并非不讲部分，而是不能离开整体去谈部分。尽管他深入地研究了动态系统的基本结构，并用联立微分方程对系统的演化趋势、演化方式等作了数学描述。但毕竟还只是一个纲领性的系统理论，贝塔朗

---

① 沃尔德罗普. 复杂：诞生于秩序与混沌边缘的科学[M]. 陈玲，译. 北京：生活·读书·新知三联书店，1997：359.

菲的系统科学思想还带有机械论的痕迹,是系统思想第一阶段即构成论阶段的思想。

在贝塔朗菲的理论里,世界并非只有必然性,还存在着偶然性。从而在必然性的世界里打开了一个缺口。其次是普里高津的自组织系统理论,对机械论进行了清算。在远离平衡态的区域,系统通过"涨落",以及环境吸入"负熵流",形成自组织,从而使系统从原来的无序状态走向有序状态。普里高津把非平衡热力学、非平衡统计物理学和动力学结合起来,其偶然性的分量比一般系统论阶段要大,并且是自组织的。但对统计物理学的过分依赖,严重限制了耗散结构论的普适性,而且自组织还带有点盲目性,即必然性和偶然性还不能很好地结合起来。

CAS理论进一步研究了随机性与确定性是如何有机地结合的,研究其内部的机制与途径。随机性体现在以下几个方面:首先是环境刺激随机性。主体事先不知道会接收到什么样的刺激信号,只有做好准备接受刺激。其次是反应的随机性。由于反应规则不是唯一的,选择哪一条做出反应,有一定的随机性。新规则的产生(分叉与突变)也受随机因素支配。所以CAS理论充分考虑了随机性。但CAS总的理论框架是十分确定的,虽然没有规定明确的演化目标,但在一定的环境下,向哪个方向发展是确定的。这种确定性,表现在调整自身的行为,以更好地适应环境。每一次对称破缺,其优良性状便巩固一次。这种随机性与确定性的结合,能够更好地描述客观现象,是必然性与偶然性的统一。这也许能对生物进化,做出更符合客观实际的说明。很显然,如果生命是从一系列随机事件中产生的,那么现在根本就不会有生命存在,或者说仅仅依靠偶然性的变异,不可能有今天丰富多彩的生态系统。

通过自然选择作用,必然性跟偶然性很好地结合起来。也就是说,通过自然选择的作用,涌现出新质的物种,而新质的物种将会在自然竞争中优于旧的物种,更能适应环境。这样就实现了生物由低级向高级的进化。

(二)对控制与管理的新理解

第一代控制思想是机械控制观,即我指挥,你动作。所有决策都由统一的中央处理器来进行,各个部分没有自己的目的性和能动性。决定性因素在于，信息传递的速度和准确性、过渡过程的稳定性、决策算法的有效性等。控制了初始条件，就能控制结果。机械论控制观所控制的规模小，控制的系统也较为简单。

当元素个数迅速增加时，以机械为背景的控制观就显得无能为力了。随着系统规模的不断扩大，不得不引入随机因素，用各种方法对待和处理随机性。在随机环境中实现控制最常用的方法，是统计方法和模糊信息的处理。最成功的例子是蒸汽机，它立足于热力学和统计规律，使大量分子无规则的热运动，通过巧妙的机制成为推动活塞运动的动力。其基本思想是：造成一定的环境（或势），使大量无规则的运动的总效果达到某个预定目标。这是基于热力学的第二代控制观。

CAS 理论为第三代控制观提供了背景。在这里，环境（或势）继续发挥主要作用，但不是简单地通过统计规律，而是通过影响个体行为规则而起作用。控制不是通过你推我动的方式实现，而是遵从个体自身适应和变革的规律，通过环境"引导"或"诱使"个体改变自己的功能和行为规则，以达到"客观"控制的目标。

以往在研究经济学、生物学、生态学以及管理学等领域的控制系统时，往往把这些系统看作是完全被动的、行为方式不变的子系统组成，这显然背离了实际情况。CAS 理论具有适应性主体的提出，强调了主动性，强调了自己的目标、内部动力和生存动力。这样 CAS 理论的控制观，就把控制推向了社会科学领域，是一种多元素协同的控制观。


（三）现代归纳法

同传统的科学研究采用逻辑演绎的方法相比，霍兰德的复杂性理论更多地采用了归纳的方法。由于复杂性理论所要研究的对象，通常都具有头绪纷乱、不可预测、难以理解等方面的特征，故而用纯粹逻辑演绎的方法很难解决。霍兰德采集研究对象的信息的数据，辅之以计算机并建立模型的现代归纳方法，这种建模的归纳方法，通过主体（个体）与客体（环境）的相互作用，使得主体（个体）的变化成为整个系统的变化基础，统一地加以考察。这种归纳法，就把宏观和微观有机地联系起来。既不像还原论观点，把宏观现象的原因简单归结为微观量的积累；也不像概率论那样，把统计方法当作微观向宏观跨越的唯一途径。因此这种现代归纳法，往往能取得较好的研究效果。

### （四）CAS 理论的局限性

首先，同传统的机械的"还原论"研究范式相比，涌现的研究企图表明一种新的科学与哲学思维方式——系统的"整体论"范式。但是，目前系统"整体论"范式，还很难完成对传统机械"还原论"范式的超越。这又有两方面的原因。一方面，"整体论"和"还原论"在逻辑上并不能构成一对对偶的范畴，"整体论"和"还原论"一样，属于统一思维方式。还原论的基本原则是简化原则。当整体论者把一切都归结为"整体"的时候，如同还原论者把一切都归结为"部分"一样，它在思维方式上就重新坠入了它所反对的还原论。另一方面，根据库恩范式转换的两个条件，系统整体论范式也很难在当前超越还原论的范式。"整体论"和"还原论"今后还将在一个较长的时间段内共存，此其一。

其次，CAS 理论的解释力有限。就理论的解释力而言，包括 CAS 理论在内的复杂性理论对一类对象（如混沌边缘的对象）的解释力，明显好于传统理论，如分形理论借助计算机技术很成功地模拟了破碎形体如树木、山川、河流等形态。但是，包括 CAS 在内的复杂性理论，却没有取得以往相对论和量子力学取代牛顿力学那样的成功。而是与现在的主流经典理论并列，各自说明不同领域的对象，形成了分而治之的情况。

## 第二节　比利时："控制论原理研究计划"的进化系统哲学思想

20 世纪 80 年代中期以来，几乎与圣菲研究所同期，法国思想家莫兰提出"复杂性的思想范式"，主张将复杂系统看作带"回归因果环路"的"有组织的动态运转过程"。[①]同一时期，比利时布鲁塞尔则有一种进化系统哲学思想提出。它们三者都建立在一个共同的哲学基础上：生成的实在。

---

① 莫兰. 复杂思想：自觉的科学[M]. 陈一壮，译. 北京：北京大学出版社，2001：206-222.

此时，与美国圣菲研究所齐名的，是比利时布鲁塞尔的"控制论原理研究计划"三人小组。此三人小组又被称为新布鲁塞尔学派，以区别于以普里高津为代表的老布鲁塞尔学派。布鲁塞尔的海里津（Heylighen）与图琴（Turchin）以及乔斯林（Joslyn）三人，共同组织了"控制论原理研究计划"小组[①]。在"控制论原理研究计划"里，"控制论"一词有了新的含义。乔斯林和海里津在《计算机科学百科全书》中的"控制论"条目如此写道："从许多特别意义上说，控制论可以一般地理解为研究复杂系统组织的抽象原则"[②]。三人小组提出了建立控制论进化系统哲学的新观念。进化系统哲学总体上属生成论系统哲学思想。这在相当大的程度上，克服了自组织系统理论思想的一些缺点，其主要特点是信息与物质能量兼容。

本节将详细总结比利时"控制论原理研究计划"的进化系统哲学思想。

## 一、布鲁塞尔三人小组："控制论原理研究计划"的提出

1989年，图琴和乔斯林，组成一个国际机构：控制论原理研究计划小组。1990年，海里津加入，组成一个编委会，三人一直合作到现在。1993年，成立了控制论原理网站：http://pcp.vub.ac.be 或 http://pcp.lanl.gov.[③]该网站在控制论、系统论、复杂性和进化论的领域中，拥有大约2000个交叉链接的文本，每天有成千上万的人查阅。控制论原理网点无论是从其主题内容、搜索技术，还是从其使用者的热烈反应来看，已经成为一个权威的网站。

控制论原理研究计划的目标庞大而艰巨，方法独特而新颖，内容丰富而多样。控制论原理网点的内涵概括了世界观的主要构成：概念、规则、方法论、进化论的历史和未来、形而上学、认识论和伦理观。其概念网络，为人们已经质疑了数个世纪的基本哲学问题，提供了大部分答案。然而，这个网站又是开放性的。每星期都不断添加新的节点，或者修改完善现存节点，因而，研究项目在整体上是个不断进化的动态概念系统。控制论原理研究计划的目标是，力图从不同的科学领域中整合出基本概念和原

① Joslyn，Heylighen. Cybernetics[M]. London：Nature Publishing Group，1999.
② Joslyn，Heylighen. Cybernetics[M]. London：Nature Publishing Group，1999：470.
③ Heylighen. Foundations and methodology for an evolutionary world view：A review of the Principia Cybernetica Project[J]. Foundation of Science，2000，5：457-490.

则，建立一个统一的哲学框架或世界观框架。其中，鲍尔斯的新控制观、图灵的元系统跃迁理论，以及进化系统哲学的体系，均表现出他们三者的独特之处。

## 二、鲍尔斯：新控制观

如果说，用耗散结构负熵流、远离平衡态、分叉、突变、通过涨落而有序、序参量、吸引子，这些比较具体的系统科学概念推广，去解释例如人类社会、经济生活以及认知过程，会有相当程度的困难。那么，新布鲁塞尔学派[①]的进化系统哲学的研究进路，就是抓住控制过程这个核心原理，运用它来解释耗散结构论、协同学、混沌分形研究以及管理与行为科学等系统科学各研究领域研究问题，力求在控制原则的基础上，建立起统一的理论模型和概念框架。下面，我们把维纳与鲍尔斯的控制观作一个比较。

美国洛斯-阿拉莫斯（Los Alamos）国家实验室系统科学家乔斯林指出，20 世纪 70 年代产生了伟大的控制论的元理论：这就是图琴在《科学的现象》（1977）中和鲍尔斯在《行为：感受的控制》（1973）一书中分别以不同形式提出的新控制理论。他们提出，一切有机体，从最原始的机体到社会文化现象，都是层次地组织起来的信念——愿望控制系统（belief-desire control systems），并与环境发生控制关系。他们建立了一个比 1949 年维纳提出的控制论更加优雅和协调一致的理论。这样，控制论被推广运用于所有生命系统的各个领域，来解决进化的各种问题。鲍尔斯特别指出，系统科学发展几十年以来，研究伺服机器的工程控制论丢了生物学。而理论生物学（包括艾根的超循环理论、普里高津的耗散结构理论以及华里拉的自创生理论）却丢失了作为生命本质的基本控制机制，他们的任务就是要将二者结合起来创建新的控制理论。尽管其理论核心仍然是维纳的关于通过反馈而进行控制的理念，但它的定义表达却大大不同了。鲍尔斯认为，控制的充分条件是：

①对系统可能状态 $q$ 进行约束（constraint），即通过选择与化约（selection and reduction），减缩到 $q^*$，即 $q \rightarrow q^*$。

---

① 指布鲁塞尔三人小组，以区别于原来普里高津的布鲁塞尔学派。

②这个过程无论存在什么干扰与摄动，通过控制者对被控制者的连续不断的约束作用，以至于 $q^*$ 是一个不稳定的平衡态或其他类型的吸引子。这样马肯（Marken）就给控制下了一个新定义："所谓一个被控事件就是这样一个物理变量，它在招致变异性的各种因素中保持稳定。"[①]马肯的这个定义，其优点是显而易见的。

由于任何动态系统和复杂系统，都是通过控制在离开平衡态的情况下保持有序结构。因此，控制的这个定义便概括了范围广大的系统科学，特别是正在流行的自组织系统理论，包括远离平衡态物理学、协同学、混沌理论与复杂适应系统理论。

让我们来考察：维纳的控制系统拓扑图与鲍尔斯的控制系统拓扑图。如图 5-1、图 5-2 所示。

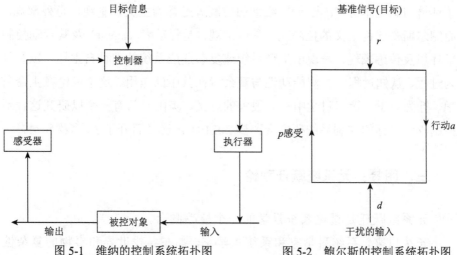

图 5-1　维纳的控制系统拓扑图　　　　图 5-2　鲍尔斯的控制系统拓扑图

维纳的图是从质上来分析的，而鲍尔斯的图是量化的。在鲍尔斯图中，有两个输入，即基准信号（reference signal）$r$（相当于维纳的目标）和干扰（disturbance）$d$（相当于维纳的初始输入，但是没有输出。在回路中，从 $r$ 到 $d$ 中间有个行动（action）$a$（相当于维纳的执行器）。从 $d$ 到 $r$ 经过一个感受变量（perception）$p$（相当于维纳的感受）。由于控制的行动 $a$ 旨在补偿或缩小被控对象状态与目标的偏差，所以有：

---

① Marken. The Nature of Behavior: Control as Fact and Theory[J]. Behavioral Science，1988，33（3）：196-206.

$$a = k(r - p) \qquad\qquad ①$$

这里的行动 $a$ 是基准层次与感受层次之间偏差的函数，这个偏差越大，所需要的对应行动越大。而感受变量 $p$ 报告行动 $a$ 补偿干扰 $d$ 的情况，是它们二者偏差的函数，所以有

$$p = E(d - a) \qquad\qquad ②$$

在最简单的情况下，$k$ 与 $E$ 为常数，从①②中可以推出许多结论来。我们比较维纳的传统控制论与鲍尔斯的控制论。鲍尔斯采取了两个革命性的步骤：第一，传统控制论将行动或行为看作是被控对象（局部），而新控制论认为环境（整体）才是被控制对象，而对于控制者变量，即 $a$ 控制 $p$。第二，传统控制论认为是感受与目标责任制的差（$r - p$）控制了行动 $a$ 与输出。而新控制论则认为，在图（2）中根本没有输出，是目标与行动（$r$ 与 $a$）控制了环境与感受本身（$d$ 与 $p$）。维纳的控制观是行为主义控制观，是外部观。而鲍尔斯是建构主义的控制观，是内部观，是行动者（agent）及其行动控制了环境及传感表现，表现出生命系统或复杂适应系统的那种自主性，以及行为过程、认知过程的主观能动性与观察者在其中的作用。这个理论在生命科学、行为科学、管理科学中有着很大的意义。美国专门有一个以研究这种新控制论为目标的控制系统研究会，到 2021 年，已经召开了 30 多次年会。

## 三、图琴：元系统跃迁理论

元系统跃迁是进化系统哲学的一个核心概念。

长久以来，系统科学家和系统哲学家，都在寻找世界和事物的复杂性的根源，由于这种复杂性可以用层次方式进行分析，因此子系统怎样组成系统从而形成多层次结构的问题，便是一般进化论的一个根本问题。亚历山大（Alexander）1920 年出版《时间、空间与神性》，其哲学目的是获得一个被科学所描绘过的进化中的宇宙的一个概观，在这个概观之中能够找到心智、价值以及宗教。当存在一种新质，那就说明在它那一层次上，产生了一个属于那一层次并且具有适合那一层次的诸质的运动束（constellation of motions，也有译为"运动丛"，或"运动集"），并且它还具有更高级复合体所特有的一种新质。这些突然出现的质会被研究者以一种虔诚的态度所接受，不作任何解释。每一层次都与较低层次相关联，就好像心智和神经过程

相关联。因此，心智可以用较低层次予以说明，但又不仅仅归结为较低层次。这就是亚历山大用以替换还原论和二元论的理论。摩根（Morgan）1923 年出版《突现进化论》，该书认为干脆用"突现"来解释这个问题，认为这里突现了一种关系与结构。不要去追问它的根源，只应当虔诚（piety）地对待它。而西蒙在《关于人为事物的科学》（1969）一书中主张用随机的组合与自然选择来说明这个问题。此书在我国由杨砾翻译、朱春松等校，于 1989 年在解放军出版社出版。而鲍尔斯在《行为：感受的控制》（1973）中，则认为这是由于高层次的行为控制了低层次的基准价值的结果。而坎贝尔在《进化认识论》（1974）一书中指出，控制系统就是一种代理的自然选择器。他们都从不同的角度，不同的方面研究了这个问题。不过他们都没很好地说明这个高层次控制突现的过程和机理。英国系统管理学家、软系统工程的发明人切克兰德在他的著作《系统论的思想与实践》（1981）一书中写道："系统论的著作家们已经感到，需要发现一个新的词指谓那些在等级体的一个层次上，作为整体同时又是更高级上的实体之部分的实体。杰勒德（Gerard，1964）谈到 Orgs（组织子），凯斯特勒（Koestler，1967）提出 holons（整体子），雅各布（1974）运用了 integron（整合子）这个概念"。[①]充分说明这个问题的重要性，但还没解决问题。

在这种情况下，图琴的元系统跃迁理论则有所突破。

美籍苏联科学家图琴 1977 年在哥伦比亚大学出版了《科学的现象》一书，提出了元系统跃迁理论，在解决层次突现或层次跃迁问题上有所突破，成了许多进化系统哲学家研究的一个重点。

什么叫作元系统跃迁（metasystem transition）？设任何一类系统 $S$，假定有某种方式产生出它的许多复本或变体 $S_1$, $S_2$, $\cdots$, $S_n$。这些 $S$ 类变体作为子系统，在某种机制下组成新系统 $S'$，这些机制控制着 $S$ 类子系统的行为与生成，则 $S'$ 称作对于 $S$ 的元系统，这个创生、跃迁或转换的过程，叫作元系统跃迁（$S' \to S''$），简称 MST。

$S$ 称为原初系统（original system），它是 MST 的作用范围，$n$ 是被整合的原初系统的数量，是 MST 的规模。这种转换或跃迁的反复运用，有 $S' \to S''$ 等，这就产生了多层次控制系统，这是从结构上看的。

---

① 切克兰德. 系统论的思想与实践[M]. 左晓斯, 史然, 译. 北京: 华夏出版社, 1990: 103.

　　从功能上看，每一个层次都有自己的活动，设 $S$ 层次的系统 $S_i$ 的活动为 $A$，则元系统跃迁创造出新活动形式，即新的控制形式 $A'$。这里 Control($A$)=$A'$。这里所以要称 $S'$ 为"元系统" $A'$ 为"元控制"，那是因为它对子系统进行了系统化，对控制进行控制，所以叫作"元"（meta）或"二阶"（second order）。meta 在英文中有"关于"的意思，正像元语言是语言的语言，谈论语言的语言，元数学是关于或谈论数学的数学，元科学是关于或讨论科学的科学，元系统就是关于系统的系统，谈论系统的系统。目今的热点之一"元宇宙"，讨论的就是关于宇宙的宇宙 meta 在希腊文中有"其后"的意思。系统之后产生了新系统，比起原来的系统有"后而迁"、"后而超"和"后而本"的意思。

　　元系统跃迁的概念，初看起来似乎是一件不十分复杂的事情。但是图琴用它解释了几乎所有的进化的层次，从生命的起源直到科学的出现和科学认识的现象。例如诸多单细胞生物通过元系统跃迁成为多细胞，再进一步通过多次元系统跃迁而专门化，成为组织、器官、有机体等。它们是通过体液与神经系统加以控制的。人类大脑的突现，个人组成社会，军队的出现等，都是元系统跃迁的结果。在《科学的现象》一书中，图琴揭示了生物与文化进行的元系统跃迁的主要阶梯，从器官的表观运动到人类文化的动作：对位置的控制就是运动，对运动的控制就是应激性（简单反射），对应激性的控制就是反射，对反射的控制就是联想（条件反射），对联想的控制就是人类思想，对思想的控制就是文化。这样，图琴便称进化最重要的事件，是元系统跃迁，它是"进化的量子"，而进化是元系统跃迁的"量子阶梯"。

　　元系统跃迁理论比之摩根、西蒙、鲍尔斯、坎贝尔等人的理论有突破的地方，在于以下的四个方面：第一，它明确了这个原理的普适性。第二，它同时从结构与功能两个方面分析了这种层次的突变，而摩根、西蒙的理论只注意结构，鲍尔斯和坎贝尔的理论只注意功能。第三，它引进了元系统跃迁中 $S_i$ 繁殖与变异以及行为受控这种转换机制，而西蒙所谈的则是不变元素的组装。第四，他还强调在 $S'$ 中，C 控制下的子系统 $S_i$ 的多样性会增加，而这又促进了 C 控制的发展与完善，从而开始了 MST 的动力学的研究。

　　应该指出的是，《科学的现象》一书是图琴在苏联写成的，美国哥伦比亚大学格里汉（Graham）为该书写了前言。格里汉在前言中评价道，图琴的元系统跃迁的概念是辩证法的，黑格尔的整体大于部分和以及量变为质的概念对它"起到本质的作用"，"马克思主义也许是图琴哲学理论来源之一"。[①]不过元系统跃迁理论，在内部机制的分析上虽有所突破，但许多问题仍有待完善，似乎将系统进化问题看得过于简单。各派在此问题上正展开激烈的争论，为寻找新的突破提供了机遇。

## 四、进化系统哲学的理论体系

进化系统哲学包含了过程本体论、建构认识论、整体方法论和进化伦理观四个层面。

### （一）过程本体论

在建构的系统哲学中，组织的创造过程就是世界的本质。像伯格森、怀特海等哲学家都尝试构建过程形而上学。然而，这些早期的过程哲学充斥着含糊、神秘，倾向于把进化看作是由某些超物理力量引导的目的论进程，而不是自然界自发变异与选择双向结合的过程。过程本体论从基本的作用或过程来看世界，而不是从静态的物体或粒子出发去看世界。因此，过程不过是一系列的作用链接而已。复杂系统也是通过这样一种过程而建构起来的，因而过程的机制，是诸要素随机组合与稳定联结的选择性保存，进而形成了宇宙整体的自组织进化。从时空和基本粒子到原子、分子、晶体、耗散结构、细胞、植物、动物、人、社会、文化等的创生与形成，都是如此。[②]海里津等人甚至认为，涌现的过程就是"量子"的进化。而且这种进化，不仅是系统状态的变化，而且是组织自身的不连续跃迁。而正是这种不连续跃迁，导致具有新特征的新系统的诞生，并遵循不同的法则和不同的特点进程。在这样的系统中，部分影响整体行为（"上向因果"即"还原论"观点），而同时整体也影响部分行为（"下向因果"，即"整体论"观点）。

---

① Turchin. The Phenomenon of Science[M]. New York: Columbia University Press, 1977: 2.

② Heylighen. The Growth of Structural and Functional Complexity During Evolution[C]//The Evolution of Complexity. Dordrecht: Kluwer Academic Publishers, 1999.

由此：进化本质是过程的。这种过程倾向于往适应性增强的方向发展，而元系统跃迁理论，可视为正在朝着协同和适应系统迈进的非连续的步骤。

## （二）建构认识论

元系统跃迁理论，不仅是物理进化或生物进化的机制，而且是解决问题的基本原理。实际上，进化本身类似于通过试错法来寻求问题解决的过程。即如何构建一个能够在最多样化的情境下生存的系统？知识或认知就是去搜寻这样一个结果：通过缩短纯粹盲目变异和选择的过程，使得系统在不同生存情况下更为有效。知识可看作是在达到系统目标（终极生存）和环境适应过程中的一个代理选择器（vicarious selector），能对系统的可能行为做出选择。在危险或不适宜行为被执行之前，将它们剔除出去。代理的选择先行于环境选择，因而增加了系统的生存机会。这种方式并不足以使知识做出贴近实际情况的预见，但足以构成其他知识，然后又产生更多其他的知识，如此循环往复，直至最后的知识有效地做出预见。因此，这是一种动态的建构认识论。

这种方式或者说模型，并不是环境的静态反映或单一映像，而是个人、种群和社会通过不断试错而得到的动态构建。模型建构，类似于宇宙中无所不在的通过变异、选择而进行的系统的持续建构。这样就能够对一系列可能的模型，作出分析和比较。这需要关于个体模型多样性的元系统跃迁。这种认识论不会陷于绝对与僵化，讲究动态的相互关系。这种认识更进一步的优点，还在于人就在大系统之内，是整体中之部分。所以，鲍尔斯的这个模型所起的作用，是以前的模型所不能比拟的。其特别之处在于：整个认识过程，是动态地建构起来的，属于建构认识论范畴。

## （三）整体方法论

系统的整体的质，不是以其组成部分在孤立状态时的质来解释的。因此传统的原子论分析方法模式，不再适用于研究系统对象。这不是完全否定还原论，而是还原论有其严格的区域和边界。超出这个边界，进入系统领域就要用系统整合方法模式。这种模式首先要求从整体出发，在整体指导下研究部分，然后又达到整体的结果。因此，在这里进化系统哲学体系所一以贯之的，就是整体方法论。

（四）进化伦理观

图琴和海里津等人认为，进化系统哲学同样适用于伦理学和价值系统。其基本的目的是延续进化过程，避免出现进化"死胡同"，并使消亡的可能性降为最低。在适应概念中，自然选择以生存和繁衍为其核心价值。虽然价值并不能从关于自然的事实中推演得到，在选择自身目标时我们最终是自由的。然而，我们还是必须考虑自然选择的原则：它意味着如果我们的目标与生存的必要条件不相匹配，那么我们最终会从自然舞台中被淘汰出去，所以我们必须努力做些什么，使之最有利于适应性生存。

在进化中所发展的生存和适应机制，包含了大量的关于过去情况的智慧。然而，它们并不必然适合目前的情形。在进化创造中：新的复杂层次的涌现，将由新的规则来支配。因此，在进化系统哲学里，不同层次的适应性生存便有了不同的含义。在生物进化中，生存主要意味着基因的生存，而不是个体的生存。[1]即只要个体基因能够保存在其后代里，那么它与个体死亡无关，就像鱼类中的许多的鱼在产卵后死亡一样。

然而在人类社会中，个体的死亡则对文化无益。人，因其个体死亡，其生前所获得的大部分知识和技能也随之消失。只有很少一部分储存在大脑以外的知识，能够传授给其他个体。这就需要一种新的机制，个体和群体心灵认知系统，在真正的意义上不死——即所谓"控制不灭"[2]。也就是说，生存下来的不是物质基础（身或脑），而是其控制组织。可以设计先进的人-机系统，来实现控制不灭的目的。在人-机系统中，组织（大脑）与人工组织或电子媒介（计算机）之间的界限，就变得不相干了。系统的生物组分的死亡，就不再被认为是整个系统的死亡。控制不灭，因而可以看作是一个能够长期激励人类行为的终极目标或者终极价值。

从生存和发展基本价值，推导出的另一个目标是"自我实现"。所谓"自我实现"，即是希望实现人类所有的潜能。也就是说，最大可能地扩展

---

① Dawkins R. The Selfish Gene[M]. Oxford: Oxford University Press, 1976.

② Turchin. Cybernetics and Philosophy[C]//The Cybernetics of Complex Systems. California, 1991: 61-74.

人类的知识、技能和智慧，以使人类在将来所有可能情况下能够继续生存。自我实现可定义为最大可能、有意识地运用我们所能实行的各种机能和各种技能。"自我实现"与社会个体、社会群体乃至社会总体的生活幸福及其普遍满意度密切相关。借助于对全世界人类幸福最有利的社会、经济条件的经验研究，我们可以获得一个更为具体的世界价值体系，它包含了健康、财富、知识、安全、平等、自由。进化伦理观的另一个重要问题，是如何在不同层面上协调生存和发展的目标：个体层面（个人自由）、社会层面（个人之间的合作）、星球层面（世界整体生态系统的生存）。由于对子系统最有利并不一定对系统的整体最有利，这样次优化问题就导致了不同层次之间的必然竞争。而不同层次的竞争导致它们在选择以及相互作用的效应极为复杂，因而需要对它们的相互作用关系进行仔细的控制论分析。

## 第三节　英国：牛津大学弗洛里迪信息哲学学派的系统哲学思想

过去的 70 多年间，无论是理论方面如信息论、控制论、系统论、耗散结构论、协同学等，还是应用方面如计算机、互联网等，都与信息相关。信息使人们的生存方式发生了巨大变革，其结果是将人类带入了信息社会。

不可避免地，哲学要对这铺天盖地而来的信息及其技术作出回应、反思乃至批判。哲学对信息技术的批判、反思与社会对信息技术的需求形成鲜明互动，其结果是形成了信息哲学。信息哲学代表了一个独立的研究领域，不仅能为传统的哲学话题提供创新的方法论，而且能为新的哲学话题提供创新的手段，还能与其他哲学比肩而立。

哲学对信息技术反思基于两条进路：一条是批判性的，即对信息技术的哲学反思。这主要包括欧洲大陆的人文学者，尤其是现象学、存在主义、法兰克福学派以及后现代主义。在我国有黎鸣、邬焜等学者，他们的反思都很有深度，并取得了相当不错的研究成果。另一条则是建设性的，沿着系统科学的哲学问题向前推进，比如，维纳的关于信息的本质问题，逻辑学家图灵提出的人工智能问题等。渐渐地，信息哲学便成为一个独特的话题，向传统哲学提出了挑战。当然，信息哲学还是属于系统哲学范畴的。

在我国，20 世纪 80 年代初黎鸣便首倡信息哲学，1984 年，黎鸣发表两篇影响较大的论文《论信息》[①]和《力的哲学和信息的哲学》。[②]此两文中，黎鸣呼唤："改革的时代，必然要求有改革的哲学"，"信息的时代"必然产生"信息的哲学"，并努力尝试建立一种新的哲学——信息哲学。黎鸣的呼唤成为"信息哲学"在我国诞生的信号。紧随其后的是邬焜。在建立信息哲学的方向上，邬焜的工作系统而全面。从 1980 年开始，邬焜发表了大量的文章，出版了一系列的专著。1987 年 6 月，陕西人民出版社出版邬焜等的专著《哲学信息论导论》[③]，该书从存在论的意义上，将信息范畴作为哲学的最基本的范畴之一，引入哲学，并从本体论、认识论等多方面展开了对信息哲学以及信息的哲学问题的研究。《哲学信息论导论》的出版标志着信息哲学在中国正式创立。其后，在 2005 年 3 月，商务印书馆出版邬焜的《信息哲学：理论、体系、方法》。从黎鸣 1984 年首倡"信息哲学"计算，比牛津大学的弗洛里迪 1996 年才提出的"信息哲学"概念要早 12 年。

## 一、牛津大学弗洛里迪信息哲学学派的建立

在国际上，20 世纪 80 年代，信息作为哲学的一个基本概念就得到了哲学界的关注，如哲学家达米特（Dummett）在其著作 Frege：Philosophy of Language（《弗雷格：语言哲学》）中，就提到过信息。该书由哈佛大学出版社于 1981 年 12 月出版。1994 年，达米特在其《分析哲学起源》中又强调，信息是比知识更基本的概念。[④]1982 年，美国的《时代》周刊将个人计算机评为其当年的"年度人物"。1985 年，美国哲学会创建了哲学与计算机分会。同年，美国举办的权威哲学期刊《元哲学》出版了题为"计算机与伦理学"的专刊。到了 20 世纪 80 年代中期，哲学界已经完全意识到信息哲学所探讨问题的重要意义，同时也认识到其方法论和理论的价值。

---

① 黎鸣. 论信息[J]. 中国社会科学，1984，（4）：13-26.
② 黎鸣. 力的哲学和信息的哲学[J]. 百科知识，1984，（11）.
③ 邬焜，李琦. 哲学信息论导论[M]. 西安：陕西人民出版社，1987.
④ Dummett. The Origin of Analytic Phylosophy[M]. London：Cambrige University Press，1994：193.

　　1999 年，英国牛津大学哲学家弗洛里迪出版了 *Pilosophy and Computing：An Introduction* 一书①，翻译成中文就是《哲学与计算导论》。在这本书中，他明确提出了"信息哲学"的概念。六年之后，即 2002 年，弗洛里迪在西方哲学权威期刊《元哲学》（*Metaphilosophy*）上发表的 *What is the Philosophy of Information* 的文章。②这是西方哲学界第一篇系统地分析信息哲学的纲领性文章，标志着牛津大学弗洛里迪信息哲学学派的建立。

　　那么究竟什么是信息哲学？弗洛里迪认为，信息哲学涉及两个方面：一方面是信息的本质研究及其基本原理包括信息的动力学、信息的利用和信息的批判性研究；另一方面是信息理论和计算方法论对哲学问题的详细阐述和应用。③

　　弗洛里迪定义的前半部分涉及一个新的哲学领域，它要追问：信息的本质是什么？对本质的追问是任何哲学新领域都无法绕过的问题。信息哲学不同于数据通信的定量理论（信息论）的研究。从整体上看，它的任务不是要发展关于一种科学的统一理论，而是一个整合的理论体系，目的是分析、评价和解释信息的各种原理和概念、信息的动力学及其运用。并特别关注与系统相关的诸如存在、知识、意义等哲学概念。定义中的"信息动力学"则有三个方面的含义：首先它指的是信息环境的构成和模式，包括其系统的性质、交互的形式、内部的演化等；其次它指的是信息的生命周期，即各阶段信息的形式和功能的活动，从信息发生的初始到它最后的利用和可能的消失；最后是计算，一方面是图灵机意义下的算法处理，另一方面则指更广意义下的信息处理。

　　弗洛里迪定义的后半部分表明信息哲学不仅是一个新的领域，而且还提供了一个创新的方法论。对信息的概念、本质、动力学和信息利用的研究，则由信息与计算科学和信息与通信技术所提供的方法论和理论来指导，并得以继续推进。这一视角，也同样影响到其他哲学话题。实际上，信息哲学的创新方法论，在许多领域都得到了应用。

---

① Floridi. Pilosophy and Computing：An Introduction[M]. London：Routledge，1999.
② Floridi. What is the Philosophy of Information[J]. Metaphilosophy，2002，33：123-145.
③ 同②.

## 二、信息哲学的研究纲领

信息革命的成功极大地影响了哲学，在形而上学、认识论、逻辑学和伦理学等哲学的领域都取得了突破性进展。计算机不仅改变了哲学家的职业活动，而且也对哲学的一些基本概念产生极大的影响。弗洛里迪首先强调信息哲学的"信息转向"。他使用了一个词"infosphere"翻译成中文就是"信息圈"。认为信息社会的发展以及信息圈的出现，已经使信息上升为一个与"存在""知识"等同等重要的基本概念。他认为信息哲学的问世将对基本的哲学观产生很大的影响。对于这一点，美国哲学家丹内特（Denett）则更进一步，他认为信息哲学的目标，便是寻求统一的哲学理论（unified theory of information，UTI）。他说："信息的概念有助于最终将心、物和意义，统一在某个单一的理论中。"①也就是说，信息概念有可能将波普尔的"三个世界"统一在一个理论之内。

具体说来弗洛里迪的信息哲学研究纲领主要有如下四个方面。

首先是核心。即寻求统一的信息理论，这是信息哲学研究纲领的内核。其基本问题就是对信息的本质进行反思，同时对信息的动力学和利用进行分析、解释和评价，重点关注在信息环节中引发的系统问题。

其次是创新。以第一点即核心为基础，为各种新老哲学问题提供信息理论的哲学方法（information theoretic philosophical method，IPM）。创新是信息哲学最具特色的，也是信息哲学得以在哲学殿堂确立地位的关键所在，包含诸多哲学领域。

再次是体系。以第二点即创新为基础，为创新目标的各个分支提炼理论分析框架。利用信息的概念、方法、工具和技术来对新老哲学问题进行建模、阐释和提供解决方案。

最后是方法论。这一目标属于传统的科学哲学，它以第二点为基础，对信息与计算机科学和信息与通信技术及其相关学科中的概念、方法和理论进行系统梳理，为其提供元理论分析框架。

---

① Denett，Haugeland. Intentionality[M]//The Oxford Companion to the Mind. Oxford：Oxford University Press，1987.

### 三、信息哲学的重点研究领域

信息哲学之所以具有极强的生命力，关键在于它利用计算机拓展了一种前所未有的方法论，即创新方法论。由于有了新的方法，不仅传统的话题获得了新的视角，焕发出新的生命力，而且不断有新的话题问世。

信息哲学作为一个新的学科，它提供了一种统一的、收敛的理论框架。信息理论和计算方法、概念、工具和技术已经开发出来，在许多领域都得到了应用。诸如对认知及语言能力、智能人工形式的可能性理解包括人工智能哲学、信息理论语义学、信息理论认识论、动态语义学、分析推理和计算过程、计算哲学、计算科学哲学、信息流逻辑、情景逻辑等；而在解释生命和自组织原则方面，有人工生命哲学、控制论和自动机哲学、决策和博弈论等；以阐释科学知识的方法论为目的的领域有以模型为基础的科学哲学、科学哲学的计算方法论等；由于计算机和网络的广泛应用，产生了相应的社会责任和新环境下行为规范的问题，因此，计算机和信息伦理学、人工智能的伦理学问题已经成为当今社会的"显学"；除此之外还有体现信息社会以及在数字环境下关于人类行为的心理学、人类学和社会现象等。这些分支领域的存在，证明信息哲学足以满足进一步专业化的要求。

截至 2021 年，在过去的 33 年中，美国计算与哲学协会每年都围绕一个计算与哲学相关的主题举行年会，其中有三个方面的内容是 33 年来自始至终都关注的。首先是哲学教学的计算机应用，包括以计算机为中介的计算、远程教育和电化教育、电子出版、逻辑与逻辑软件、网络哲学资源建设等范畴；其次是计算机的社会方面，如信息与信息技术哲学、计算机伦理学、计算机文化与社会、虚拟实在等；最后是与哲学的创新有关，如形而上学等重点关注的问题，且侧重于分布式处理、突现的性质、形式本体论、网络结构等问题，这是传统哲学未能涉及的领域。

### 四、对信息哲学的简短评价

概括起来，一方面，信息的科学研究为哲学提供了崭新的信息理论的哲学方法，为哲学提供了原创意义的方法论。另一方面，信息的哲学反思，又为信息社会的理论基础提供了系统论证，形成了与其他哲学分支并行的新的理论体系，引导并规范着信息社会的思想观念、价值趋向和行为准则。

## 第四节　拉兹洛的系统哲学思想

拉兹洛是美籍匈牙利人，著名系统哲学家。1932 年生于匈牙利，1947 年底移居美国。开始从事音乐，50 年代末改为研究哲学。1969 年就任纽约州立大学哲学教授。1970 年获法国索邦大学（巴黎大学）授予的人文科学博士学位。

拉兹洛曾担任世界公民理事会等十几项学术性职务，已出版 40 多部著作，发表论文 200 多篇。1966 年开始写作《系统哲学引论》，结识贝塔朗菲后，开始共同探讨系统哲学。其主要著作还有《系统结构和经验》《用系统论的观点看世界》等。主编了《系统论和系统哲学国际丛书》。拉兹洛的系统哲学思想，在西方和其他国家已经引起强烈反响，并得到许多系统哲学家如贝塔朗菲、邦格的肯定和赞同。

拉兹洛的系统哲学体系由三个部分组成——系统本体论、系统认识论和系统价值论，系统认识论是其系统哲学体系的核心。

### 一、拉兹洛的系统本体论

#### （一）场——拉兹洛系统哲学的形而上学预设

拉兹洛系统哲学的形而上学，是要解决其哲学体系的本体论问题，也就是宇宙的基本实在究竟是由什么构成的问题。在这个问题上，拉兹洛不同意以往哲学关于三种形而上学的说法，即不同意唯物主义的一元论、心物二元论、唯心主义的一元论这三种提法。他认为，随着科学的发展，有第四种形态的形而上学，他称之为当代科学的形而上学，这就是——场。

拉兹洛认为：宇宙的基本实在是由场而不是由质料构成的。场可由科学工具进行研究，这些工具就是抽象的概念，它们不能把场形象化描绘出来，但它们能对观察到的所有形形色色的现象，提供清晰准确且逻辑严密的解释。物质和心灵是从时空中的场的相互作用中涌现出来的。物质和心灵此二者都是派生的；场不仅是最初的，并且很可能是最终的。

（二）"场"本体论的得失

拉兹洛提出了场的概念，但人们会进一步追问：场是什么？它是精神的还是物质的？要回答这个问题必然会陷进原来的老圈子里去。具体说来就是：如果认为场是物质的，就是唯物主义的一元论。如果认为场是精神的，就是唯心主义的一元论。由此可见，拉兹洛试图避开物质和精神这个哲学的根本问题，结果仍然回到了这个问题。这就证明，物质和精神的问题，是本体论的基本问题，拉兹洛对这个问题的解决并不是很理想。

## 二、拉兹洛的系统认识论

（一）认识的分类：知觉认识、科学认识和审美认识

为建立系统哲学认识论，拉兹洛重新对认识进行了分类。他认为人类的认识活动可以归纳为三种：知觉认识、科学认识和审美认识。

### 1. 知觉认识

拉兹洛认为，人们体验到的世界是知觉的产物，而不是知觉的原因。人类的视觉、听觉、触觉等知觉活动，并不仅仅是主体简单地记录外部客体世界所诱发的刺激。而且，此类知觉活动还是一个主客体相互作用的复杂过程。这是一种相对的非完全确定的外界物理刺激，被主体同化到自己的有机体里面，与之发生交互作用，从而形成认识概念的过程。与此同时，这种概念被嵌入进主体以往所产生的概念组中，从而被赋予了意义。如此一来，人类便把改造日常世界与适应日常世界此二者结合起来了。从而，把周围环境嵌入人的认识活动模式中，其结果就是产生了普通的知觉认识。这种知觉认识，既能满足人类的生存，又能满足并理解人的求知欲望。

## 2. 科学认识

拉兹洛认为，科学认识就是建立在普通知觉认识之上的分化的等级秩序。科学认识就是从普通认识中分化出来，并成为一个独立的并且越来越重要的认知领域。在拉兹洛看来，普通知觉认识是自然而然地、直接地被同化到认知格式塔之中的。然而在科学中，对概念的知觉表象分析是意识和沉思。并认为，只有把自生的被认知的感觉客体（被看作是可理解的格式塔式知觉对象）与知觉对象相关的认识论方面的科学实体（还未被感知到，在某些情况下甚至内在地不可能被感知到）之间的区别，搞清楚了，科学才能被理解。

科学上的"看到""听到"实际上是一个隐喻，它包含抽象概念的意义。然而，产生抽象概念的基础，不是因为生活在直接的周围世界中而获得的一般经验，而是先前在理论方面的努力。拉兹洛既不认为观察本身是一种自我决定，也不认为它是一种制造证据的手段。拉兹洛认为，性质决定一个限度，在这个限度内，知觉模式可以被理解为和理论预言的概念相对应。这就是说，性质提供了知觉模式的解释限度，而科学提供了对它们的解释。①概言之，拉兹洛把科学认识，看成是从普通知觉认识中分化出来的、更抽象的、更"精细"的认识。科学家通过理论学习和专业训练，逐渐建立起其专业概念或专业格式塔，这个专业格式塔就是科学家进行有效的科学活动的基础。

## 3. 审美认识

理性和非理性，智慧和情感是人类始终拥有的两个品格，因而人类的历史与艺术的历史是同时开始的。拉兹洛认为，作为综合整体的人的原始经验让位给了精确且"专业化"的认知模式后，就出现了两个伟大的认识分支：一是哲学，这当然包括早期形式的自然哲学，二是艺术。审美意义，为一种能够转译感觉输入中的某种模式和结果的概念所具有，审美概念不是一种格式塔，人们的经验客体并不恰恰是被理解为熟悉的事物，而是使其具有"内在"意义。为什么这么说？因为经验是主

---

① 拉兹洛. 系统哲学引论：一种当代思想的新范式[M]. 钱兆华，熊继宁，刘俊生，译. 北京：商务印书馆，1998：中文版前言，1-3.

观的东西，构成审美"内在"的坚实的基础的恰恰就是人类的情感经验。简言之，使艺术具有"内在"意义，从而构成人类审美的认识基础的是人类的情感经验。

### （二）主客体"关系"：拉兹洛系统哲学的认知模式和认知结构

拉兹洛把人类的认知范畴归纳为三种：格式塔，理性概念，审美概念。并认为人类的认知模式就是客体和主体共同建构模式。这充分体现了系统哲学的"关系"特征。

翻开西方哲学史，古代和中世纪探讨形而上学，即本体论研究，主要讨论存在论问题，即探讨"实在"。近代则从 17 世纪开始，由于科学革命，哲学家将注意力从可知客体的本质即存在问题，转移到客体与主体之间的认知关系，即转入认识论的研究，即探讨"知识"。进入现代，由于弗雷格、罗素和维也纳学派的原因，将传统哲学的存在论和认识论均放到语言的层面进行考察，从探讨"知识"转而探讨"意义"。但无论怎样转向，对认识问题的研究，几乎贯穿了整个西方哲学的始终。

在康德之前，西方哲学史上围绕认识论所进行的争论，主要是认识的来源途经问题。经验论者认为，全部知识是建立在经验之上的，经验又来源于外界事物对于感官的作用，洛克的"白板说"是其代表。唯理论者认为，知识来源于天赋的观念和理念，知识是先天的，而不是后天的，后天的学习只是恢复先天的理念，"认识就是灵魂的回归"。经验论与唯理论各执一词的论争，使康德清醒地看到知识只能产生于经验与理性的统一。因此，康德认为，能够提供具有普遍必然性的新知识，只能是他给出的"先天综合判断"。这是康德在认识论上的"哥白尼革命"。康德通过主客二分，通过为信仰留地盘，使得认识论也即科学知识成为可能。此后，不管是哲学还是科学，都大踏步向前发展。但是康德的"先天综合判断"也带来了问题，暴露出其内在的困难：主体与客体的鸿沟始终无法真正跨越。

纵观现代西方哲学，对康德理论的态度大体上可分为两种：一种是肯定康德立场，仍将康德之先验主体概念置于中心地位。另一种是持否定立场，如分析哲学，基本上摒弃了近代认识论问题及其理论预设——主客体对立，否定整个争论的前提——先天综合判断的存在，从而否定整个哲学讨论的意义。对于分析哲学家来说，问题不是我们能否获得知识，而是如何使我们获取知识的条件与工具——语言与逻辑更加精确可靠。

拉兹洛的系统认识论框架，是属于肯定康德立场的。但是拉兹洛的认知模式与康德的认知模式，并不是完全一致。拉兹洛认为，知识是认知主体已有的经验或认知范畴对来自环境中的物理刺激的重新建构的结果。而从广义上说，这种经验或认知范畴，包括了主体的文化模式。拉兹洛的经验与康德的经验是不同的。在拉兹洛那里，经验是后天获得的，而不是康德式的先天所固有的。简言之，认识的过程是主体和客体的"关系"相互作用的结果。

对此，拉兹洛作了三个方面的论证。

首先，认知主体对周围环境的物理刺激没有完全的确定性，相同的物理刺激对不同的人能产生不同的效应，有时还取决于这些物理刺激出现的具体环境背景。拉兹洛说，物理刺激本身并不具有强加意义，它仅仅是一幅一般的框图，把它和已有的模式同化，才能理解它的意思。[①]

其次，认知主体周围的物理刺激是多种多样的，究竟是哪一种物理刺激以什么样的方式被主体接受，则依赖于认知主体主动的选择。同一环境中，不同的认知主体会对不同的事物或对事物的不同方面产生兴趣，因而不同的主体就会接受到不同的物理刺激所产生的信息。

最后，认识过程要受到主体文化模式的影响，尤其是要受到语言的影响。拉兹洛说，这就好比计算机编程，不同的计算机语言会把同一类事件编得完全不同。所以没有什么信仰或哲学体系被认为是和语言无关的。[②]

（三）对拉兹洛系统认识论的评价

拉兹洛关于主客体共同决定的认识论论点，有着深刻的自然科学和社会科学基础。20世纪的科学成就至少有两点可以为他的"主客体关系"认识论，提供坚实的支撑。

① 拉兹洛. 系统哲学引论：一种当代思想的新范式[M]. 钱兆华，熊继宁，刘俊生，译. 北京：商务印书馆，1998：中文版前言，1-3.
② 同①。

　　首先是 20 世纪初的量子力学的支撑。光的波粒二象性原理，可以形象地表述为，人们戴着粒子的眼镜观测，光表现为粒子；人们戴着波的眼镜观测，光呈现为波。量子力学的测不准原理表明，要精确测量微观粒子的动量，则无法确定其位置，要精确测量微观粒子的位置，则无法测定微观粒子的动量。这就表明，在微观领域里，主体和客体的"关系"如此紧密，以至于在一定程度上可以看作是相互融合的。这就意味着知识既不是来源于纯粹主体，也不是来源于纯粹客体。

　　其次是皮亚杰《发生认识论原理》的支撑。皮亚杰认为，知识的来源既不在于主体，也不在于客体，而是在于主体和客体之间无法摆脱的相互"关系"。皮亚杰告诉我们，认识是这样建立起来的："它必须满足下面两个要求：第一，因为主体只是通过自己的活动（不仅仅是通过知觉）来认识现实的，达到客观性要以解除自身中心化为先决条件。……客体首先只是通过主体的活动才被认识的，因此客体本身一定是被主体建构成的。……客观性的第二个要求就是通过逐步接近而这样地建构客体。……主体的解除自身中心化和客体的建构是同一个整合活动的两个方面。"①

　　拉兹洛把认识过程看成是外界的物理刺激和主体原有经验间的匹配过程。主体的经验或认识模式不同，对同一客体的反映也就不同。毫无疑问，这种观点是正确的。但是拉兹洛有些观点则有些偏激。他甚至认为我们体验到的世界是知觉的产物，而不是知觉的原因。这就完全否认了客观世界所固有的规律。

## 三、拉兹洛的系统价值观

　　拉兹洛的系统价值观由三个方面组成：系统价值理论；人类的目的；人类的新目标。

### （一）系统价值理论

　　拉兹洛的系统价值理论又包括五个方面的内容。
　　第一是价值和价值判断。价值是主体与环境相互作用的状态，在价

---

① 皮亚杰. 发生认识论原理[M]. 王宪钿，等，译. 北京：商务印书馆，1981：92-93.

值评论主体身上的表征。价值判断表示的是一种主体和客体的相互作用状态，是一种人对周围世界关系的认识。第二则是系统价值理论的核心思想。事实与价值的融合，存在于对有机体的动态的向量的质的持续的分析之中，存在于具有完形感知力和认识力的人类身上。这是拉兹洛系统价值理论所要坚持的核心思想。第三，规范价值。价值是包含在系统内的程序明确规定并通过同环境的规范相互作用而实现的系统的状态。规范价值是人类与其生物环境和文化环境保持适应状态的相互"关系"。第四，显价值。显价值表示系统在与和它相关的环境的相互作用过程中所获得的适应状态。规范价值是显价值的基础，显价值围绕规范价值旋转，是规范价值的表现。因此，我们必须透过现存的、表现出来的价值深入规范价值的领域。第五，文化的共性。文化也有共性，诸如勇敢和自我克制、敬老、爱幼、遵守乱伦禁忌和血缘关系等规则，是在人类社会中是普遍存在的。拉兹洛的系统价值理论上述五个方面的内容，规定了个体不仅生物地、而且也是社会地去适应环境的条件。

## （二）人类的目的

拉兹洛认为，人类作为一个实体，有着其自身存在的目的。这个目的就是人类的生命及其文明按照其生存的客观要求所进行的自我调节。

## （三）人类的新目标

拉兹洛认为，在科学技术高度发达的当代，人类为了自身的目的，衍生了人类新的目标。人类的新目标是：理顺和协调区域方面的国际合作，从而为建立一种新的全球秩序奠定基础。这种全球秩序将通过区域间合作的多种渠道确保动态的稳定。

## （四）对拉兹洛系统价值观的评价

第一，拉兹洛提出了一些新的价值范畴，并对这些价值范畴之间的关系进行了论述。例如，提出了显价值与规范价值的范畴，它们之间的关系则表现为：规范价值是显价值的基础；显价值围绕规范价值旋转，是规范价值的表现。第二，阐明了系统价值论的核心。这种核心就是事实与价值的融合。融合的过程是：被感知的事实不是静态的，而是动态的；不仅有大小，而且有方向。事实并不是躺在那里，它们从事着一切工作，组织自己，完善自己。事实上这些动态特征、向量特征在语义学的价值理论中找到了佐证。在那里传统的事实与价值之间的对立，找到了彼此沟通的桥梁。第三，拉兹洛对文化共性进行了确认。人要实现自身的价值，就既要适应生物环境，又要适应社会文化环境。生物性适应有明显的共性，如生长，维持生存等。社会性适应也有共性，这就是文化共性。第四，对人类目的的论证。单个的人是有目的的，但是作为整体的人类有没有目的？拉兹洛对这个问题进行了论证，并得出了肯定的结果。在这个基础上，拉兹洛又确定了人类目的的具体内容。这就有可能使人类在共同的目的下，不断调整自己，以便达到最佳的社会运行状态。第五，对人类新目标的阐述。拉兹洛看到当今社会发展的种种弊端，阐述了人类的新目标，力图避免种种弊端，并力图能使人类社会长治久安、持续发展。人类新目标的核心问题是进行国际合作。因为只有进行国际合作，才能保持整个人类社会的稳定，而不是某个区域的稳定。广泛地进行国际合作，才能使整个人类健康发展，避免种种厄运。拉兹洛系统价值观的上述种种观点，已被当今的国际社会实践所证实。

# 第六章　中国学者对系统哲学思想的独特贡献

本章分系统科学领域中国学者独特的系统哲学思想、系统哲学领域中国学者独特的思想贡献、简短的评价这三个小节，详细总结中国学者在系统哲学方面的独特贡献。系统科学领域主要以钱学森、邓聚龙、吴学谋为代表，讨论并总结他们的系统理论中的系统哲学思想。系统哲学领域在回顾国内近年来"实在论"研究动态的背景下，主要总结乌杰"系统辩证论"的系统哲学思想、罗嘉昌"关系实在论"思想，以及李曙华、金吾伦、沈骊天、刘粤生等学者的系统哲学思想。

## 第一节　科学领域中中国学者独特的系统哲学思想

### 一、钱学森的系统哲学思想

#### （一）钱学森的生平

钱学森是中国工程控制论专家，系统工程专家，系统科学思想家，中国科学院学部委员。钱学森是浙江省杭州人，1911 年 12 月 11 日出生于上海。1934 年毕业于上海交通大学机械工程系，1935—1938 年在美国麻省理工学院航空系、加利福尼亚理工学院航空系学习。1938 年获航空与数学博士学位。曾参与美国早期火箭和导弹研制工作。1947 年成为美国麻省理工学院最年轻的终身教授。1949 年任美国加利福尼亚理工学院教授。1955 年 10 月回国，是中国科学院力学研究所、国防部第五研究院以及中国空间技术研究院的主要创建人。历任第七机械工业部副部长，国防科学技术委员会副主任，国防科学技术工业委员会副主任，全国政协副主席。

钱学森是一位多才多能的学者，在航天、航空、空气动力学、固体力学、结构力学、物理化学、流体力学、工程控制论、运筹学、系统工程学等方面都作出了重要的贡献。他提出的跨声速流的相似律，与冯·卡门提出的高超声速流的概念，为飞机在早期克服声障、热障提供了理论依据。他与冯·卡门提出的 Karman-Tsien 公式，至今仍然是高亚声速飞机设计的普适公式。20 世纪 30 年代末，他与冯·卡门提出的球壳与圆柱壳新的非线性失稳理论，一直到 20 世纪 60 年代，都是飞行器设计的重要理论依据。

1954 年，钱学森在美国出版《工程控制论》，从技术的观点，对各种工具技术系统的自动控制理论作了全面研究，奠定了工程控制论的基础。1956 年出版俄文版，1957 年民主德国出版德文版，1958 年中国出版中文版。1956 年获中国科学院科学奖一等奖。1957 年国际自动控制联合会（IFAC）第一届理事会，推举钱学森为首届理事长。

1956 年，钱学森和许国志创建中国第一个运筹学研究的学术组织机构。此后的 60 年代初，他推动国防部第五研究院和中国科学院数学研究所合作，进行控制理论的应用研究。1962 年，在国防部第五研究院指导计划协调技术的运用。1956 年起，从事中国运载火箭和航天系统工程的技术领导工作，对这一事业的发展作出了重大贡献。1978 年以来，他发表一系列的关于系统工程、系统科学、思维科学方面的文章。1979 年 10 月，他与其他学者联合倡议组建中国系统工程学会。1980 年 11 月中国系统工程学会第一届理事会一致推举他为理事长。1986 年，他当选为中国科学技术协会主席，1989 年获国际学界最高奖"小罗克韦尔奖章"和"世界级科技与工程名人"、"国际理工研究所名誉成员"等称号。

钱学森的专著有《工程控制论》（1954）、《物理力学讲义》（1962）、《星际航行概论》、《论系统工程》等。他在美国发表有 50 多篇论文，更多的论文发表在中国刊物上。

（二）钱学森的突出贡献：创建系统科学中国学派

1. "三个层次一座桥梁"：钱学森的系统哲学思想内核

20 世纪 70 年代以后，钱学森把主要的学术精力转向系统科学和"组织管理社会主义建设的技术——社会工程"方面，对我国系统科学的发展产生了广泛而深远的影响，以钱学森为代表的中国学派的系统科学，在国际学术界异军突起，独树一帜。

钱学森最早的系统科学代表著作，是 1954 年在美国出版的英文著作

《工程控制论》，中文版于 1958 年由科学出版社出版。1980—1981 年钱学森、宋健等人主持修订了《工程控制论》，充实并反映了系统科学研究的新进展。钱学森凭借他深厚的数理功底和广博的现代科学技术理论知识，加上他对马克思主义哲学和唯物辩证法的娴熟掌握，领导中国科技工作者在实现系统科学发展的新的综合方面作出了重要贡献。他把系统划分为简单系统、简单巨系统、复杂系统、复杂巨系统等几种类型，并根据现代科学技术体系结构划分的系统科学理论，界定了系统科学的学科地位和体系结构。

钱学森认为，传统科学是以科学研究的对象领域来进行分类的，这种分类并不科学。因为一切科学都是以客观世界为对象的，这是科学的共性，不能成为分类的标准。应该按照研究客观世界的着眼点或角度的不同来划分科学领域。如自然科学是以物质运动为着眼点来研究客观世界的，社会科学是从人类社会发展运动的角度来研究客观世界的，等等。

钱学森最早表示他的系统科学体系的思想，是在 1979 年第 1 期的《哲学研究》上发表文章，将整个科技体系划分为四个组成部分：自然科学、社会科学、技术科学和数学。并指出，这只是科技体系结构的极为粗糙的轮廓，要进一步仔细地考察它的构造，要研究学科之间的相互联系。1979 年 11 月 10 日，钱学森在《光明日报》上发表题为《大力发展系统工程，尽早建立系统科学的体系》文章。钱学森勾画了现代科学体系。从横向划分：即从应用实践到基础理论划分，有工程技术、技术科学、基础科学、马克思主义哲学四个层次；从纵向划分：有自然科学、数学、社会科学三大部类。钱学森指出，科技体系是一个发展着的动态的体系。他认为，已经崭露头角的系统科学和思维科学，将来很可能成为体系中两个新的大部类学科。在 1982 年第 3 期的《哲学研究》上，钱学森撰文在他的体系的纵向增加了系统科学、思维科学、人体科学三大部类。同年 7 月，钱学森提出增加艺术科学、军事科学两部类。1985 年 5 月中旬，中国科学技术协会召开的交叉学科讨论会上，钱学森增加了行为科学这一大部类。[①]至此，按照钱学森所阐释的分类标准，现代科学技术应该分为九大门类：自然科学、社会科学、数学科学、系统科学、人体科学、思维科学、

---

① 钱学森，等. 论系统工程（增订本）[M]. 长沙：湖南科学技术出版社，1988：453.

军事科学、文艺科学和行为科学。尔后，在 20 世纪 90 年代，钱学森又先后增加了地理科学和建筑科学两部类。

至此，钱学森在对现代科学技术体系结构清晰认识的基础上，运用类比的逻辑方法，建立并提出了系统科学的结构模式——"三个层次一座桥梁"的结构模式，即上述 11 大门类学科具有共同的结构模式，这一模式包括三个层次和通向哲学的桥梁。第一个层次是用系统科学思想方法直接改造客观世界的学问，这就是系统工程、自动化技术和通信技术等；第二个层次是关于前者的直接理论和方法的技术科学，包括运筹学、控制论和信息论等；第三个层次是作为前面两个层次的基础理论的系统学。而所谓的一座桥梁，就是由系统学通向马克思主义的桥梁，即辩证系统观。后来乌杰对其做了深入的研究，建立了系统辩证学，这是具有鲜明时代特征的马克思主义哲学的分支学科。

"三个层次一座桥梁"的具体规定性如下：

工程技术层次：直接改造客观世界的层次；

技术科学层次：工程技术共用的各种理论；

基础科学层次：认识客观世界的基本理论；

通向哲学的桥梁：对应于该学科的哲学分论。

钱学森认为，系统科学是从系统的着眼点或角度去看整个客观世界。它既处理自然界的问题，也处理社会领域的问题。所以，系统科学既不从属于自然科学，也不从属于社会科学。另外，钱学森也不同意把系统科学简单地称为交叉科学。他认为系统科学是与其他十大门类科学相提并论的一类新兴学科。

## 2. 综合集成法：钱学森对系统科学的开拓性贡献

钱学森与他的合作者在 1990 年《自然杂志》的第 1 期上发表了一篇重要的学术论文《一个科学新领域——开放的复杂巨系统及其方法论》，提出了解决开放的复杂巨系统的综合集成法，这是对系统科学发展的一个开拓性贡献。综合集成法主要用于解决诸如社会系统、人体系统、地理系统和军事系统等复杂巨系统问题。它既是一种研究方法，也是一种技术，还可以作为一项综合集成工程。在这些研究中，通常是科学理论、经验知识和专家判断力相结合，形成和提出经验性假设（判断或猜想），在计算机出现之前,这些经验性假设不能用严谨的科学方式加以证明。但是在有了现代计算机技术之后,可以基于统计数据和各种信息资料,建立起包含大量参数的模型。而这些模型也必须建立在经验和对系统的实际理解之上,经过计算机仿真和计算,对经验性假设的确实性进行检测,经过计算得到的定量的结果,再由专家分析、综合和判断。这里包括了感性的、理性的、经验的、科学的、定性的和定量的知识的综合集成。通过这种人-机交互,反复对比,逐次逼近,最后形成的结论就是现阶段对客观事物认识的科学结论。

综合集成法中的"集成"一词,是从集成电路中借用的,如何体现于方法?这正是工程技术家钱学森的特色哲学思考。集成是机械化的工业技术操作,属于具体技术操作层面;而综合集成法却是属于技术层面之上的方法论层面。从技术层面而言,集成是建立复杂系统结构的必经途径。将其提升为方法论层面,则综合集成法的任务是寻找认识"实体→关系→系统"的操作途径;故综合集成法的实质在于建立实体与关系的桥梁、还原方法与综合方法的桥梁。

何为综合集成法?"开放的复杂巨系统"和"从定性到定量的综合集成法",这两个概念是钱学森及其同事提出的。这两个概念把问题和求解两方面联系起来。一般说来,物理科学的核心就是对物理世界进行抽象并创造出概念体系。由于日常生活中,受观察手段、方法乃至仪器的限制,使得人们的认识往往是点滴的、片面的,是各种科学理论和人的经验的混合物。换句话说,是定性的——这是人的心智所擅长的。为进一步对思维过程和思维的结果进行分析,必须上升到概念系统。对于一个概念系统,最重要的是它的结构。实际上,人类的一切创造性活动都是在寻找某个概念系统及其结构。在构造有关开放的复杂巨系统的概念系统时,需要将多层次间的宏观定性认识和微观定量认识进行参照。然而,把种种这些认识汇成一个整体结构,从先验的判断和猜想转变成经过了经验性数据检测的定量模型是极其关键的——而这恰恰是计算机的专长。因此,要获得一个有效的概念系统那将是人机结合的智能系统共同努力的结果。这就是综合集成法。

综合集成法的实质是将专家群体、统计数据和信息资料、计算机三个方面结合起来,构成一个高度智能化的人机交互系统,因而它综合了多种知识和功能。从思维科学角度看，这个方法充分体现了辩证思维和社会思维的特点，强调群体经验和认识的重要性，以一种系统方式来消除个体经验中的局限性，从而达到从整体上把握复杂巨系统的目的。实践证明，综合集成法是现在能用的、唯一有效的处理开放的复杂巨系统的方法论。其作用和意义，不仅在于丰富了系统科学思想方法，还在于——对于建设我国的社会主义市场经济、对于推进决策的民主化与科学化、对于培养跨世纪人才等，都具有十分重要的现实意义。

3. 创建"系统学"

钱学森提出要建立系统科学的基础科学"系统学"，而系统学的研究是建立系统科学严密体系的关键。

尽管从贝塔朗菲的一般系统论到哈肯的协同学，都从不同角度研究了一般系统的性质，可是他们都没有完成建立系统学的任务。钱学森考察了贝塔朗菲、普里高津、哈肯、艾根、费根鲍姆、福瑞斯特等系统科学大师的工作，把握了世界系统研究的总趋势，看到了各国学者都在朝着建立系统科学的基础科学——系统学这个大方向努力。因而，钱学森自觉确立了这个方向，并对最终完成这个艰巨任务充满了信心。从1986年1月起，他多次亲自指导有关单位和学术团体共同组织了"系统学研讨班"，其目的就是要建立和发展系统学。虽然直到今天，作为一门完整学科的系统学还不是那么清晰，但多年的研讨，已初步明确了关于系统学的基本思想，即全部系统研究，包括系统技术科学分支和准自然科学、数学领域的系统理论，都证明了这一领域根本的概念是系统概念，中心问题是系统形成和演化问题，系统科学的基础科学是关于一切系统的一般理论，并把它命名为——系统学。

（三）钱学森系统科学哲学思想的方法论特点

如前所述，钱学森的系统科学哲学思想，首先表现在他提出了一个清晰的现代科学技术的体系结构。在内容上几乎囊括了当代所有学科，形成一个美妙的网络系统。钱学森的这个结构在方法论上有其独到之处，主要表现在三个方面。

## 1. 认识世界和改造世界相统一

首先，研究和提出现代科技体系结构的目的，在于揭示现代科学技术内在联系与发展规律，指导科技政策制订和管理的科学化，从而促进科学技术本身的发展。钱学森曾多次提出："研究和发展科学技术体系的目的，就是用它来帮助和组织管理科学技术工作，制订规划、计划。"① "要进行社会主义建设，改造客观世界，就必须运用人类通过实践认识客观世界的知识，而其中一个重要组成部分就是现代科学技术的整个体系。"②1991年10月，他在"国家杰出贡献科学家"授奖仪式上又一次明确地说，假设这个科学技术体系建立起来，就跟放卫星一样，完全可以用来成功地建设社会主义，并表示要在他的有生之年朝这个目标努力。③

其次，在体系结构的内容上，钱学森的系统科学哲学思想坚持了认识世界与改造世界的有机统一。最有特色的是，钱学森将工程技术从自然科学体系中独立出来，在科技体系中单独形成一个层次。钱学森认为，工程技术与社会实践直接联系，并且工程技术的实践带有明显的经济因素，任何一种工程都得考虑经济因素和社会目的。把工程技术独立出来，整个现代科技体系便形成了一条通道，即从理论基础到应用实践形成了一条通道，直接沟通了认识世界和改造世界之间的联系。

## 2. 主体与客体相统一

科学研究固然应该排除主体的干扰，但绝对离不开主体。这不仅因为主体的认识能力极大地决定着科学研究的成败，而且从根本上说，是主体的需求决定着科学研究的目的和方向，主体的需求推动着科学的发展。可见，科学本身体现了主客体的一致性。钱学森的体系充分反映了这一点。"部门的划分不是研究对象的不同，研究对象都是整个客观世界，可是研究的着眼点，看问题的角度不同。"④从何处着眼，取什么角度看问题，涉及主体的客观需要、主体的认知结构和思维方式等。坚持主客体一致性，

---

① 钱学森，等. 论系统工程（增订本）[M]. 长沙：湖南科学技术出版社，1988：211.
② 钱学森，等. 论系统工程（增订本）[M]. 长沙：湖南科学技术出版社，1988：513.
③ 钱学森. 钱学森在授奖仪式上的讲话[N]. 人民日报，1991-10-19.
④ 同②。

首先要如实反映客体。这里的客体有两个层面：一是直接层面，当代科学技术整体；二是间接层面，人类认识与改造的对象。科技体系的直接任务是正确反映第一个层面，并要有预见性。根据科学技术整体的自身逻辑及人类实践活动的进展，预见当代科学技术将要开拓的新疆域，指出它的基本趋势。坚持主客体相一致是科学的基本要求，钱学森坚持了这一原则，更重要的是，他的体系是一面旗帜，对科技的发展起着一定的导向作用。

### 3. 系统性

科学技术一体化、跨学科的综合化以及科学技术社会组织化等成为当今世界科技发展的大趋势。因此，用系统的观点、系统的方法来揭示当代科技的整体结构及其发展趋势，就有其客观必然性和现实可能性。钱学森的体系结构正是充分体现了系统哲学的系统性思想。钱学森较早从事系统科学研究领域，他深刻理解系统科学哲学的方法论意义。他指出要将系统科学与社会主义经济建设联系起来，在宣传、普及以及发展系统科学哲学上作出了巨大贡献。他的科技体系结构是成功运用系统科学哲学的典范。繁多的学科通过门类、层次、桥梁等纵横交错的网络相互联系，彼此制约，形成一个有机整体。其中任何一个部门、任何一个层次、任何一个学科都可以是相对独立的子系统。不仅建立了整个科技体系的清晰的结构，还描绘了作为子系统的每一部门的结构。更进一步地，他明确指出，科技体系是一个开放的结构，因而也是一个动态的、可变的系统。他多次调整自己建立的体系结构，从最初的四大门类到九大门类再到十一大门类。他多次申明，不能把他建立的科技体系看成是不可变动的，事物是发展的，人的认识也是发展的。因此，他建立的体系不仅有鲜明的时代感，而且他确立的系统性的方法论原则，给人以深刻的启迪。

### （四）对钱学森系统科学哲学体系的简短评价

首先，钱学森的现代科技体系结构理论是对马克思主义哲学的坚持与发展。这主要表现在：以高度的自觉性应用马克思主义的世界观和方法论，对现代科技体系结构进行探讨；深刻而全面地揭示了马克思主义哲学与现代科技体系的内在关系；对如何概括和总结现代科学技术从而发展马克思主义哲学，又如何指导和推动现代科学技术的发展并发挥马克思主义强大思想武器的作用，进行了探索，提供了成功的范例。

其次，钱学森对系统科学体系的"三个层次一座桥梁"的划分是清晰的，但他对现代科学技术所作的十一大门类的划分，以及把系统科学并列于其他十大门类学科的作法则是值得商榷的。因为他所划分的并列的十一大门类中有些是种属关系，如社会科学与行为科学和文艺科学；有的则是交叉关系，如人体科学与自然科学和思维科学，再如军事科学与自然科学和社会科学；而系统科学则又普遍交叉于其他十大门类。

当然，钱学森关于建立统一的系统科学体系的努力，是现代系统理论研究的第二次综合。尽管这种尝试与努力，还没有得到学术界的公认，但至少是一种自觉的努力。

## 二、邓聚龙灰色系统理论的系统哲学思想

### （一）邓聚龙与灰色系统理论的建立

邓聚龙，1933 年 1 月出生于湖南省涟源县。1955 年毕业于华中工学院电机电器设计制造专业。现任华中科技大学自控系教授、博士生导师。他还是中国系统工程学会理事，中国未来研究会常务理事，灰色系统中英文杂志主编。兼任英国灰色系统期刊（*The Journal of Grey System*）主编，荷兰国际期刊（*Fuzzy Sets & Systems*）以及罗马尼亚、德国等国期刊编委。

邓聚龙在 1979 年首先提出灰色系统理论，1982 年，他在北荷兰出版公司（North-Holland Publishing Co.）的《系统与控制通讯》（*Systems & Control Letters*）杂志上发表《灰色系统的控制问题》（"*The Control Problems of Grey Systems*"）和在《华中工学院学报》上发表《灰色控制系统》两篇论文，标志着灰色系统理论的正式诞生。截至 1994 年，邓聚龙在灰色系统理论方面已出版 16 部专著，发表中英文论文 216 多篇。主要著作有：《灰色系统（社会·经济）》（1985），《灰色控制系统》（1985），《灰色预测与决策》（1986），《灰色系统基本方法》（1987），《多维灰色规划》（1989），《灰色系统理论教程》（1990），《灰数学引论——灰色朦胧集》（1992）等。主要论文有：《社会经济灰色系统的理论与方法》、《灰色动态模型（GM）

及在粮食长期预测中的应用》《累加生成灰指数律——灰色控制系统的优化信息处理问题》、"*Properties of relational space of grey system*"等，近期的主要研究方向是灰数学灰色朦胧集。

灰色系统理论是我国学者首创的系统工程理论，它是将控制论的观点和方法延伸到社会经济系统的产物，是自动控制科学与运筹学、模糊数学等数学方法相结合的成功尝试。系统的不确定性，实际上是由于系统中的信息不完全所造成的。在控制论中，信息不完全是"灰"的基本含义。因此，从这个意义上讲，系统分析尽管应用于许多不同场合，解决各类实际问题，提供各种决策依据，但这些都是处在"灰"的环境中，不得不按"灰"的方式思维，按"灰"的信息决策，按"灰"的规律行动。

邓聚龙的灰色系统理论及方法已广泛应用于工业、农业、环境、经济、社会、管理、军事、地震、交通、石油等领域。近年来应用灰色系统理论取得了突出的成效。

本节将从认识论与方法论上总结邓聚龙的灰色系统理论蕴涵的系统科学思想。

## （二）灰色系统理论的基本分析方法

如上所述，系统分析本质上就是个灰色问题，邓聚龙的灰色系统理论在发展过程中，已形成了一整套灰色系统分析的基本方法。

### 1. 灰色关联度分析方法

灰色关联度分析方法是对系统中所包含的相互联系、相互影响、相互制约的因素（如指标）之间，在发展过程中与其同步（或同向）变化的程度，进行比较的一种定量研究方法。实际上是对时间序列曲线几何形状，进行相似或相异程度的比较分析。即几何形状越相似，则发展态势越一致，关联度也越大；反之，几何形状越相异，则发展态势越不一致，关联度也就越小。它可以反映各因素随时间而演变的动态关系，揭示系统运动过程中，哪些因素关系密切，同步变化程度高，关联度大；而哪些因素关系不够密切，即同步变化程度低，关联度小；从而理顺与分清系统中因素的"主次"或"亲疏"关系程度，为进一步阐明系统发展过程的主要特征和客观规律提供科学依据。灰色关联度分析理论有总体性、非对称性、有序性、动态性，这四个特征。

首先是总体性特征。在任何一个系统中，如社会系统、经济系统、农业系统、生态系统等，都包含有多种因素，这些因素对系统主行为的关系哪些是主要的，哪些是次要的；哪些相互影响大，哪些相互影响小；哪些是发展的，哪些是限制的；哪些是潜在的，哪些是明显的……这些都是灰色关联度分析的重要内容。关联度强调的是若干个离散函数对一个固定函数远近的相对程度，即比较各子序列对一母序列来说，关联度孰大孰小，即排列关联序，这称为总体性。灰色关联度分析突破了一般系统分析中常用的因素两两比较的框框，而将各因素统一置于系统之中进行比较与分析，因此不仅有重要理论意义，而且有广泛的实用价值。

其次是非对称性特征。在客观世界中，因素之间存在着错综复杂的关系。在同一系统中，对于甲因素来说，乙因素与其关系最密切，但对于乙因素来说，并不一定与甲因素最密切，而可能是与丙关系最密切。也就是说，甲对乙的关联度，并不等于乙对甲的关联度。这就是灰色关联度分析的非对称性。显然，这个性质较客观地反映了系统中因素之间真实的灰关系。在这一点上，灰色关联度分析较之数理统计方法前进了一步。基于总体性与非对称性，灰色关联度分析一般不做两两序列的比较。

再次是有序性特征。灰色关联度分析的主要研究对象，是离散形式的系统状态变量，即时间序列。显然，与相关分析不同，这种离散函数中的各个数据不能两两交换，更不能任意颠倒，否则就会改变原序列的性质，这就是它的有序性，这一点对于社会经济系统研究尤为重要。

最后是动态性特征。因素间的灰色关联度随时间序列的长度不同而变化，即表明系统在发展的过程中，各因素之间的关联关系也随之不断发生变化，这就是动态性。若这种变化使比较序列的关联程度增强，则表明它的关联度较大，若是变弱则是其关联度较小。

以上这几个特征可以说明，灰色关联度分析是一种客观的、有效的、实用的系统分析方法，它是灰色系统理论的重要成果之一。

### 2. 生成函数及其微分拟合法

人们对于时间序列数据，常用回归分析法建立各种数学函数方程。但是这种基于概率分布和统计规律的静态描述，难以反映系统发展过程的动态关系。而灰色系统理论则是通过对原始数据的处理，来寻找数据间的变化规律，即对原始数据作一次累加生成后，再运用微分方程拟合法，建立灰色动态模型（简记为 GM）。可见，灰色动态模型不是原始数据的模型，而是生成函数的模型。这种建模方法，有两个明显的特点：一是累加生成增强了数据列的规律性，二是微分方程拟合法可以反映系统的动态关系。基于生成函数和微分拟合法建立的灰色动态模型，灰色系统理论已经形成灰色系统分析、灰色数列预测、灰色协调预测、灰色预测控制、多维灰色规划等一系列的实用方法。

### 3. 灰色局势决策与规划

一般说来，事件与对策无论是内涵还是外延，均非完全清楚明了，因而是灰的；事件对策的组合也不是唯一的，具有开放性。可见，只有含灰性的决策，才是思维比较周密的决策，但决策效果的好坏，是按一个或多个目标来衡量的。因而，事件、对策、目标与效果，此四者称为决策四要素。在灰色系统决策中，常将多个决策目标当作多个坐标，并构成一个多维几何空间。这样，每个决策从效果来看都是空间中的一个点，然后以进入某个区域的点当作满意的点，该点所对应的局势为满意局势，满意局势中的对策为满意对策，这个区域称为满意区域，或称为"灰靶"。因为决策好比打靶，有了靶，就有了评价射击好坏的标准，因此，灰色决策又可以称为灰靶决策。一个大型的决策，常具有多级决策单元，信息可协调，目标相关联，而形成了灰色层次决策。

在很多生产活动中，还经常遇到多项事件与多种对策进行何种组合才能取得最大效益的问题，也就是运筹学中的规划方法，实际上是一个广义的多目标局势决策。现有的数学规划，是以条件、边界、环境确定为前提的。然而社会经济发展的影响，环境的变化，科技的进步，会促使边界的开拓、技术的改进、条件的转化等，因而常常使花了很大力气所作的规划失效。为此，灰色系统理论将线性规划模型与灰色动态模型（GM）相结合，提出了灰色规划方法，在实践中，取得了较好的效果。

### 4. 多维灰评估方法

根据评估的目的和要求，灰评估通常分为灰色统计与灰色聚类两种不同的类型。

评估，一般是对于某个系统或所属因子，在某一阶段所处的状态，针对预定的目标，通过系统分析，做出一种半定性的、半定量的评价，以便在更高的层次上对系统的综合效果或整体水平形成一个便于比较的概念或类别。显然，这些概念具有明显的相对性、模糊性和不确定性，统称为灰色性。由于评估常常采用多个指标，所以这种方法称为多维灰评估，简称灰评估。

灰评估由评估目标、评估指标、评估类别与被评估对象（即样点或因子）几部分组成。若评估目标只有一个，可称单层次灰评估；若评估目标不止一个，且对这些评估目标还要进行高层次的综合，则称双层或多层次灰评估。灰评估也是一种多目标的综合决策方法。

灰评估方法是以数学模型为基本手段，但不同于一般的数量评价方法，它包含了人的实践经验和专业知识的归纳。如某个指标，其数值在多大范围内可作为哪一级的概念，是需要预先规定或者约定的，这种约定总是含有先验信息的成分。因此说，灰评估是一种属于智能性的评估方法，灰评估方法的数学模型，是建立灰类型的白化权函数。所谓白化权函数，就是直角坐标系中的一条三折线，或 S 型曲线，它可以定量地描述某一评估对象（指标或样点）隶属于某个灰色类型的程度（称权系数），即随着被评估指标或样点值的大小而变化的关系，决策者凭此变化而作为决策依据。

### 5. 五步建模法："关系"不断明确的方法

灰色系统理论采用定性与定量相结合的方法，将经验判断与现代控制理论有机地联系起来，提出五步建模法。即通过五个建模过程，语言模型—网络模型—量化模型—动态模型—优化模型，逐步得到系统中各变量之间的相互关系，如前因与后果、作用与响应、投入与产出等。五步建模的过程，实际上是一个信息不断补充、关系不断明确、量化由粗到细、认识由灰到白的发展全过程。

第一步，建立语言模型。通过思想开发、形成概念，明确系统的目的、目标、方向、途径、条件等，然后用简洁的语言表达出来，便构成了语言模型，它是对系统主要环节及其运行特征的高度概括。

第二步，建立网络模型。对系统进行因素分析、对比，找出影响系统发展的前因与后果，并用框图将这些关系表示出来，一对前因后果便构成一个环节。但系统是多因素、多层次相互关联的整体，因而有许多环节，且同一个量上既是上一个环节的后果，又是下一个环节的前因，这样相互穿插、交替影响，便构成了一个多环节、多回路的网络，称为框图。这个总体构思便形成了网络模型。

第三步，建立量化模型。明确网络模型中各个环节前因与后果之间的数量关系。一般情况下，用它们简单的比例关系加以量化。

第四步，建立动态模型。在复杂系统中，前因后果间的关系常常是随时间而变化的，各个环节的前因（即输入）与后果（即输出），都是一组时间序列数据。因此，要找出它们之间随时间而变化的关系，就需要建立状态方程 GM，求得各个环节的传递函数，便构成了动态模型。这个模型能较全面地反映系统的各种特征，因此，这是系统分析最重要的一步。

第五步，优化模型。动态模型可以较全面地反映系统现实的结构机制和动态特征，但系统发展态势是否满意，系统功能是否最佳，还需要进行传递函数连接运算，求出特征多项式，对动态品质进行系统分析，进一步调整与修改参数，使系统功能达到最佳。这样处理后的模型，称为优化模型。

（三）灰色系统理论的方法论思想

灰色系统理论分析作为一种方法论，它与传统的系统分析方法相比，有相同的基本原则，这就是整体性、优化、模型化。整体性原则是系统分析的根据和出发点，优化原则是其分析的基本目的，而模型化原则是作为优化的手段和必要途径。这三条原则是从不同侧面表现了包括灰色系统在内的系统方法的一般特征。但灰色系统分析还具有自身的一些特点和方法论原则：信息的非完全性原则、非唯一性原则、现实信息优先原则。

**1. 信息的非完全性原则思想**

根据不完全信息来处理问题正是灰色系统方法的重要特征。灰色系统分析十分重视对有限的、非完全信息的充分利用，这是因为人们经常是在"灰"的环境中认识事物和处理问题的。任何信息在人们认识的过程中都有一定的意义，它们总是以不同的形式，反映了客观事物或在历史上或在现实中存在着的一些根本属性或运动状态，因而灰信息对于人们认识客观事物，同样有着十分重要的价值，这是它的认识论立论根据。灰色系统理论基于信息的非完全性原则，建立了一整套新的概念和方法。如：灰数、灰元、灰关系等概念；灰色统计、灰色聚类、灰色观测、灰色决策、灰色规划等方法。从辩证的角度看，"信息非完全"原理及其运用，是"少"与"多"的辩证统一，是"局部"与"整体"的转化。

**2. 信息的非唯一性原则思想**

对于一个信息不完全系统，特别是属于本征性灰色系统的社会系统、经济系统、生态系统、军事系统、自然系统等，试图用严格的数学方法寻求精确的唯一解，一般来说几乎是不可能的。灰色系统方法的非唯一性原则，正是由于这类系统的行为方式的非唯一性，因而对于系统行为及其未来发展的描述也应是非唯一性的，从而所有生成方式，均可构成生成空间。这样就可以根据系统量化的要求，在生成空间里确定一种有效方式，为分析和建模提供较好的基础。可见，非唯一性原则增强了系统的可比性、可量化性、可选择性和可优化性。在灰色决策、灰色规划中，由于面对一个事件，其可供采用的途径、方法、手段、对策、措施是非唯一的，因而构成决策或规划的数量可用一个范围来约束，这个范围便称为"灰靶"。从灰靶中确定一个满意的对策，便是灰决策或灰规划。灰色系统理论属于软科学的范畴，具有多学科的综合性，所以其数学基础及其系统方法也是非单一的。因而灰思想强调非唯一性、可集合性、可构造性，是开集思想。开集既可在同一层次构造发展，也可在多层次上构造发展，这是灰色系统方法的一个重要的方法论原则。

**3. 现实信息优先原则思想**

一般统计方法是依据随机原则进行抽样调查，以获取大量样本。灰色系统方法则是在研究信息不完全的系统时，遵循现实信息优先原则，即在处理历史信息与现实信息关系上，注重现实信息。因为，我们研究的是现时存在的信息不完全系统，表征或反映它的状态特征和行为的，主要是现实信息。直接影响系统未来发展趋势、起着主导作用的也是现实信息。更进一步地说，在历史信息中，反映客观事物发展规律的那一部分信息内容，都会以这样那样的方式被现实信息所载有。这一点对于社会、经济等本征性灰色系统更为明显。比如，我们不能用改革前的社会经济信息，来描述和表征改革后的社会经济结构。也不能用改革前的社会经济信息来作为主要依据，预测未来社会与经济的发展。所以，灰色预测并不要求大量的历史数据，甚至有三四个数据即可建模预测。

## 三、吴学谋泛系理论的系统哲学思想

早在 20 世纪 50 年代，侧重关系、关系转化与泛对称的泛系观，就曾用来具体开创数学内横断形的逼近转化论，得到了一系列自成系统的前沿新成果。

泛系理论（pansystems theory），也叫作泛系方法论，它是吴学谋于 1976 年正式提出的一种理论。泛系理论是一种侧重探讨事物机理中的关系、关系转化与泛对称（广义对称）的广义系统研究。它从一个新的角度横贯系统科学、数理科学、思维科学以及社会科学的有关领域，概括总结了许多新的原理，建立了一些新的模型，并得到了一系列新的数学定理。

### （一）吴学谋的生平

吴学谋，1935 年 1 月 2 日生，广西柳州人，1956 年武汉大学数学系毕业，先后筹创多种理论：数学逼近转化论，电磁介质动力学等价论，泛系理论，泛系哲学等。先后发表过诗作 200 多篇，论著 200 多种，内容涉及理工医文史哲等多种专题。美国数学评论等国际刊物有过 40 多次评介，国际著名信息系统 DIS（Digital Information System）于 1990 年入库了泛系理论与泛系哲学 130 多篇。其主要论著有：《逼近转化论与数学中的泛系概念》（1984）、《泛系方法论》（1986）、《从泛系观看世界》（1990）、《泛系理论与数学方法》（1990）等。吴学谋对哲学、数学、自然科学、系统科学与文艺美学均创一家之言，有诸多具体的新研究。

吴学谋先后入委过 15 个出版物，入理过 15 个学会，入事过 20 个组织高层，入册过 10 多种名人录与词典。如：国际控制论学报编委，法国 *Busefal* 通讯编委，中国自然辩证法百科全书编委，中国自然辩证法学会自然哲学顾问，中国系统工程学会模糊系统常务理事，中国计算物理学会首届常务理事，科学探索学报创建人及首届主编，《泛系哲学与应用》（英文）、《泛系医学》、《泛系数学》、《泛系理论与应用》（四集）主编，《模糊数学》、《应用数学》副主编，中美模糊数学会议分会主席（1984），国际非线性力学大会学委并分会主席（1985），国际沿江城市发展战略会议程序副主席并分会主席（1991），国际自动推理会议程序委员会并分会主席（1992），首批国家级有突出贡献中青年科学家（1984）。

## （二）泛系理论的具体内容

吴学谋创建泛系理论的初衷，是融通、整合、超越古今中外各家的系统学说。在实践中，泛系理论的确是融哲理、数学、技理于一体的系统学说。它侧重于广义系统、广义关系以及它们的种种复合，试图开拓一种融普适性、确切性和具体性于一体的全新的多层网络的跨学科研究领域。

### 1. 泛系理论的产生背景：注重"整体"与"关系"

泛系理论创立于 1976 年，直接背景是其创始人吴学谋，于 20 世纪 50 年代提出的数学研究中的逼近转化论。而更深刻的背景则是现代科学技术整体化趋势，和中国传统文化的影响。科学技术在高度分化的基础上又相互影响、相互渗透、协同发展，形成整体化趋势。在这一大趋势下，控制论、信息论、系统论等一大批横断学科应运而生，泛系理论也正是在这种宏观背景下产生的。中国传统文化，尤其是其中的哲学思维十分注重从关系、整体性和协调的观点来处理万事万物，这种思维方式正好顺应了现代科学的整体化趋势，而其中的许多睿智思想又是西方科学中难以找到的，正是中国的传统文化孕育并催生了泛系理论。

泛系理论发源于数学。作为一位数学家，吴学谋于 20 世纪 50 年代就开展了数学领域内跨专题的逼近转化论研究。逼近转化论以逼近的转化为中心论题来研究数学中与逼近有关的一些关系、关系转化、泛对称和优化问题，其具体内容涉及了数学领域中十多个分支、几十种专题。逼近转化论属于泛系数学的试点性研究，它从数理层面上为泛系理论的产生提供了丰富的素材。而在逼近转化论研究过程中，所升华出来的泛系观和泛系思想方法，则从哲理层面上为泛系理论的问世做好了充分的准备。泛系理论的这种数学背景，使其具有了兼顾相对普适性、兼顾相对确切性、兼顾形式的相对具体性即三兼顾的特性，而这是一般系统论与哲学研究所不具备的。

2. 泛系：凸显"广义关系"的概念

在《系统科学大词典》中，泛系被这样定义：泛系是广义系统、广义关系或它们的种种复合，若用冒号并括号作定义符，括号内分号作析取符，则泛系概念可递归地定义为：

泛系：（广义系统；广义关系；泛系地复合）。

从上述递归定义可以看出，泛系是一种具有极大外延性的范畴。广义系统可以是泛系；广义关系也可以是泛系；广义系统、广义关系之间的复合诸如广义系统的广义系统、广义系统的广义关系、广义关系的广义系统、广义关系的广义关系等均为泛系。因此，泛系的概念更为宽泛，它包容了系统的概念。吴学谋的泛系，包括"外部关系"和"内部关系"。有关"外部关系"的学问，大都体现在"实体"上。有关"内部关系"的学问，才进到系统领域。而吴学谋泛系的"外部关系"并不是纯粹"实体"的学问，而是指"实体"之间的关系，这种关系既不是纯粹"实体"，也不是纯粹的"关系"，严格地讲，它是"实体"与"关系"的一种过渡。因而，在吴学谋的泛系里，系统的概念只是泛系理论中广义系统概念的一个特例。

1987 年，邹珊刚等编著了《系统科学》一书。该书中，吴学谋自己撰写了第九章的第七节"泛系理论"，对于何为广义系统，他是这么说的：①

---

① 邹珊刚，黄麟雏，李继宗，等. 系统科学[M]. 上海：上海人民出版社，1987：444.

"泛系理论，所讲的广义系统（$S$），是指某些称为（广义的）硬件的事物集合（$A$），与某些有关的所谓（广义的）软件或泛系结构集合（$B$）的形式，结合成软硬兼设体：$S=(A, B)$。这里（广义的）软件是指一般关系、关系的关系、动态关系、含参量的关系，与结构等概念的引申与推广。广义系统潜在地概括了通常系统科学中的系统，以及数理科学中的形式、量与结构等概念，可以用来描述事物，刻画性质、条件与规律。运动、变化、发展、转化与过程，在形式上往往可用动态的含参量的广义系统来表征，它们本身又可类聚而成为另外的广义系统。"

**3. 泛系理论的研究内容**

按照贝塔朗菲的观点，一般系统论要研究各种系统的一般方面、一致性和同型性，要阐述和导出适用于一般化系统或其子系统的模型、原理和规律。但要实现这一目标，必须在研究中做到兼顾哲理普适性、数理确切性和技理具体性，即三兼顾。

贝塔朗菲为一般系统论奠定了理论基础。但他的研究主要还是局限于哲理层面上的定性论述，尽管其中也包含一些数学形式的描述，例如他所采用的联立微分方程组只能描述一类特定动态系统，其苛刻的限制条件影响了它的普适性。泛系理论则更注重在三兼顾的前提下来开展对泛系的研究，从哲理、数理和技理三个不同层次对系统科学进行了独具特色的探索，而在这三个层次上所开展的研究构成了泛系理论的三大基本组成部分——泛系哲学、泛系数学和泛系工学。

首先是泛系哲学。

泛系哲学是对泛系化、科学化、数理技理化的一种现代应用哲学。它用现代泛系形式，丰富和发展了传统哲学与方法论的研究，并对古今中外百科理法进行了新的概括和某些深化，对哲学的形式化、显化建模及东西方结合进行了新的探索。泛系哲学的研究包括泛系认识论、泛系方法论、泛系哲学逻辑、泛系哲学范畴论、泛系哲学人类学、泛系美学等。

其次是泛系数学。

泛系数学是泛系理论与数学的交叉性边缘性研究，它为泛系理论的许多理法（概念、范畴、原理、方法、模式、观点、框架）建立数学化的定义、数学模型及数学理论。泛系数学从新的角度来网联纯数学、应用数学、数学应用、分析数学、模糊数学、随机数学、数学基础、数学哲学与方法论，得出近千个有哲理、技理背景并有数学形式的新定理、新模式，并对数学的本质与统一提出了几十种具有泛系六性化（泛系性、结合性、普适性、确切性、具体性、一体性）的理解与方案。泛系数学还为广义的数、数系发展模式、质、量、度、量化、建模、形式化、解题、简化、转化、相容化、聚类等建立了泛系六性化的公理与理法。

最后是泛系工学。

泛系工学，是泛系理论对百科技理的概括，和对工程技术与系统工程的研究。任何关于系统的研究都要涉及泛系哲理、数理、技理三个层次，因而泛系理论的研究除涉及泛系哲学与泛系数学外，也有属于泛系工学层次的问题。泛系工学把百科技理，概括为具体化的（充分可控观建模与充分可操作性）某些泛系显生或广义泛系优化，并在这种方法论哲理理解的基础上，再概括或深化一批典型的技理，这些技理与具体工程技术的技理相比，其概括度要更高一些，具有更多的跨学科性，同时又保持传统技理的具体性。泛系工学总结的技理涉及：超繁生克动态大系统的简化、矛盾系统的相容化、复合控制系统的运筹原则、泛系评价、量化的技理、泛系控制论、泛系转化与模拟理论，创新、设计、识别、侦破、创作、分析、综合及概念的推广，定理的分析、证明与推广，还有串并聚类分析、因果泛导分析、生克分析、泛箱法、广义辩证施治的泛系医学，等等。

## （三）泛系理论独特的系统哲学思想

### 1. 泛系理论的本体论特征：兼顾"实体"与"关系"

在对待世界本质的认识上，东西方哲学传统有着明显的区别。西方的二元论历史悠久，认为现象世界与本体世界是一个相互割裂的存在，从柏拉图到笛卡儿再到康德，都有这种理论和思维趋势。它的基本特征是：不同认知对象之间的同一、统一关系是相对的、有条件的，对立、差异关系则是绝对的、无条件的。而东方则认为现象世界与本体世界是一个整体。其基本特征是：不同认知对象之间，虽然存在着对立和差异的关系，但是这种差异和对立是有条件的、相对的，而统一、同一关系则是绝对的、无条件的。

西方二元论哲学勾画出来的世界，其总体特征是：以形形色色的相对独立的"实体"、事实、事件为中心，即重"实体"、事实、事件，而轻视各实体之间的形形色色的"关系"；东方的整体论哲学勾画的世界的总体的特征是以"关系"为中心，轻视各种"实体"。

泛系理论是一种融东方传统思想和西方近现代精神于一体的系统科学哲学，因而它同时具备了二元论哲学和整体论哲学的基本特征。具体表现为：既重视彼此相对独立的各种"实体"、事物、事件及其广义的权重、比重、密度、数量、参量、标志等，即广义系统。又重视各种彼此独立的转化、局部、整体、形影、表里、泛导、集散、观控、生克、供求、优化、对称、缩扩等泛系"关系"及其种种复合，即广义关系。还重视"实体"和"关系"的种种复合，即广义系统与广义关系的种种复合。

泛系哲学，一方面忠实地继承了西方近现代精神，重视对具体的实体、事件、事物、或广义系统的具体研究和分析，但从来不因此而将不同的认知对象看成是本质上的完全不同，坚信可以通过一定的关系网络实现不同的认知对象之间本质上的同一。另一方面，泛系哲学又忠实地继承了传统的东方精神，重视对存在于不同认知对象之间各式各样的联系、转换、作用、或广义关系的分析与研究，但从来不因此而将不同认知对象看成本质上完全一致的认知对象，坚持认为每一种认知对象都有其自身独立存在的价值，都有其区别于其他认知对象的特别之处。因此，泛系理论兼顾"实体"与"关系"，并巧妙地实现了"实体"与"关系"的互补，这是泛系哲学受到国际国内学术界普遍关注的主要原因。

### 2. 泛系理论的认识论方式："合—分—合"与"分—合—分"互补

就泛系理论而言，它的认识活动的展开，明显地遵循着"合—分—合"与"分—合—分"互补，并将两者整合在一起的认知程序，并有所发展。

一方面，泛系理论坚定不移地认为整个世界是由一个广义系统、广义关系及其种种复合物组成的多层立体网络体系。对于这一整体性的多层立体网络体系的认识把握，首先是从整体上综合地把握它。然后运用各种各样的理论、思想、观点方法对它进行分解剖析的工作。最后借助于泛系理论自创的各种方法,再一次将已经被分解剖析出来的无数的具体系统、关系及其复合物,整合、复原成整体性的多层立体网络体系。表现上述思想的典型语句是:泛系泛系,泛化之系,广义系统,广义关系,反复复合,无所不及,万事万物,百科千题,自成泛系,互成泛系,广义交通,经纬万律,事物存在方式之仪,联网之络,开发之器,参证之轴,律化之机,观控之法,联想之翼,一箦之功,点睛之笔,百科理法,天人合一,自成泛系,互成泛系,万道寓一,泛系太极。这是"合—分—合"的认知程序。

另一方面,泛系理论又认为,在认识把握组成整体世界的各个具体的系统、关系及其复合物时,首先是要将它们与其他的系统、关系及其复合物分离开,并对它们进行深入的分解剖析工作。然后运用综合方法将分解剖析得到的各个部分整合、复原为分解剖析之前的系统、关系及其复合物。最后,再一次确认它们与其他系统、关系及其复合物的对立与差异,从而完整地认识把握这些具体的系统、关系及其复合物。这是"分—合—分"的认知程序。

泛系理论所强调的是"宏观微观再宏观,整体局部再整体,综合分析再综合……,具体抽象再具体,……集中分散再集中,求同辨异再求同,……"的认知程序,[①]就是"合—分—合"与"分—合—分"互补、整合的认知方式。

### 3. 泛系理论的方法论特点:定性与定量互补

泛系数学是基于数学、力学等理论逐渐演变、发展起来的。泛系理论则是包括泛系哲学、泛系物理学、泛系医学、泛系农学、泛系美学、泛系诗学、泛系相对论、泛系控制论、泛系教育学、泛系工学、泛系社会学、泛系生态学等多种相互关联的分支学科在内的网络跨学科型的系统科学理论。泛系理论的这一特殊的历史发展过程,促成了定性分析与定量分析互补、整合的泛系方法的逐步形成。历史上有些著名思想家,如毕达哥拉斯等,认为世界是由数学语言写成的,世界的本原是数,因此,可以借助于定量分析的方法完整地认识世界。但是,绝大多数的思想家,包括绝大多数的数学家,都坚持认为仅仅借助于定量分析的方法不足以完整地认识

---

① 许国志. 系统科学大词典[M]. 昆明:云南科学技术出版社,1994:123.

并把握客观世界。要达到此目的，必须同时运用定量分析和定性分析两种方法。泛系理论试图进一步发展成为融哲理、数理、技理、艺理、物理、事理、心理等于一体的综合型或交叉型学科体系，吴学谋在创立、发展泛系理论的过程中，已成功地实现了定量分析与定性分析互补、整合的研究方法。

## 第二节　哲学领域中中国学者独特的思想贡献

我国的哲学界自始至终密切关注着我国系统科学家所揭示的"关系"科学的进展，同时关注着"关系"科学对哲学的启示，并尝试从哲学理论上进行总结。中国学者的这种关注和总结，并不仅仅局限于对中国国内，而是大范围地覆盖全世界蓬勃兴起的系统运动。一时间，学术界百花齐放、百家争鸣，因而从哲学上总结系统"实在论"的理论成果，更是琳琅满目，蔚为大观。其中不乏创新和深刻的观点。本节将总结哲学领域中国学者的系统思想，并将于三个方面展开：乌杰的系统辩证论、罗嘉昌的关系实在论，以及近年来国内哲学界关于系统实在论的研究近况。

### 一、乌杰的"系统辩证论"思想

系统辩证论是原国家经济体制改革委员会副主任乌杰首先提出来的，1988年，乌杰出版专著《系统辩证论》，首次提出"系统辩证论"。1991年出版了该书的第二版，以后在他的另一部专著《整体管理论》中，得到进一步的发展与应用。

系统辩证论，又称"系统辩证法"或"系统辩证哲学"，是指在马克思主义哲学基础上，结合现代系统科学技术发展的最新成果，以揭示自然界、人类社会和思维领域系统运动规律和本质特征，并从整体上考察系统事物的生灭转化过程及其辩证关系为目的，而形成的系统哲学理论。乌杰创立的系统辩证论，在社会各界产生了广泛而深远的影响。

（一）"系统辩证论"的含义

系统辩证论有三个方面的含义。

首先，系统辩证论和其他学派的系统哲学理论一样，是系统科学的理论概括。自贝塔朗菲创立一般系统论至今，系统思想、系统学说、系统科学和系统工程等各个领域的研究和应用成果蔚为大观，一日千里。因而必然会有许多哲学家或哲学流派对其进行哲学上的概括和总结，得出若干哲学结论，提出若干哲学新概念、哲学新范畴，这已成为 20 世纪末 21 世纪初的新哲学运动。乌杰的系统辩证论，正是顺应了这一学术潮流，对系统科学、系统技术，以及其他系统科学研究的最新成就，进行哲学概括而形成的新的哲学理论。因而，系统辩证论首先就是一种系统哲学。

其次，系统辩证论是系统哲学与辩证哲学的整合。19 世纪的机械论自然观和直观反映论式微之后，世界兴起了整体论哲学和辩证法的思潮。系统辩证学的宗旨就是要将当代两股本来一致的哲学思潮，辩证哲学思潮和系统哲学思潮整合成一种新的理论，即系统辩证论。乌杰将系统科学和系统哲学在当代的新发展，将系统科学和系统哲学的新内容新观点，与辩证唯物主义哲学的传统见解整合起来，从而产生了理论创新：系统辩证论。乌杰力图将辩证唯物主义的客观物质实在观、运动是物质存在形式的观点、物质与运动的层次结构观点、辩证法普遍联系和相互作用的观点、整体与部分辩证关系的观点、因果交互作用的观点、必然性与偶然性相互统一的观点、对立统一的观点等，整合到系统哲学的理论体系中，使系统辩证论不仅仅是一般的系统哲学，而且是系统辩证哲学。

最后，正是因为系统辩证论能够将现代系统哲学与传统辩证哲学结合起来，这就使唯物辩证法获得了新的生命力，能够更新内容，改变形式，使辩证法理论体系本身也成为开放的辩证法。这样，系统辩证论就能推动唯物辩证法走上向前发展新阶段。

## （二）"系统辩证论"的基本内容

古今中外，任何一种比较完整的哲学都包括本体论、认识论和价值论三个组成部分，并且以本体论即世界观为基础。乌杰的系统辩证论也不例外，它包括差异协同体的本体论思想、系统辩证论的认识论思想、结构和整体优化的价值论思想等三个基本组成部分。

1. 差异协同体："系统辩证论"的本体论根基

乌杰说："系统物质世界（以及一切事物）是一个差异协同体。"[①]

首先，协同体的概念反映了系统的整体，以及整体的突现性质和系统等级层次性质。系统之所以是系统，而不是什么一般的普遍联系的东西，是因为系统具有不可还原为其他元素的突现性质，具有单个组分所不具备的支配整体运作的序参量。由于某种物质实体过程协同组成新的一级实体，这一新的实体过程又协同组成更高的层次，就决定了宇宙的层次结构。层次结构的进化，不仅是某一层次的诸元素之间的协同进化，而且是层次之间、系统与环境之间的协同进化。所以协同体概念，能说明系统突现性质和系统层次结构。

其次，差异协同体指的是，任何一个事物是由一个相互差别又协同作用的物质过程实体或物质实体过程所组成的统一整体。这说明系统形成机制，是非线性的相互作用。而且，采用这个概念，能够开放性地从哲学上涵盖系统科学的最新成果。同时，"差异协同体"显然概括了传统辩证法的"矛盾统一体"。事物都是差异和协同的整体、同一体、综合体。差异和协同是系统中的辩证同一。差异协同，一般通过差异原理、协同原理、自组织原理来实现，从而深化和发展了唯物辩证法的对立统一规律。

2. 一分为多："系统辩证论"复杂"关系"的认识论取向

乌杰的系统辩证论一问世，就直接面向现实，不仅从认识论上倡导多元，而且大力提倡整体化。系统辩证论不反对决定论的分析模式，而只是将其视为特例，用系统去认识并解释复杂性问题。如果说形而上学思维侧重是"一"的思维，是单一的，是一成不变的和单值的思维；矛盾辩证思维侧重的是"二"的思维，是"一分二"或"两分"的思维；那么，系统思维侧重的则是"多"的思维，是整体的思维，即"一分为多"。用系统整体去认识世界、解释问题时，可以对"多元素""多变量""多个下层系统""多层次""多样态""多稳""多参量""多目标""多轨线""多选择"等问题予以阐明。

乌杰表述了一系列"一分为多"的系统辩证论的认识方法和辩证思

---

① 乌杰. 系统辩证论[M]. 呼和浩特：内蒙古人民出版社，1988：112.

想。第一，对部分的把握要从整体上考虑，因为只有在整体中，部分才能体现其意义。第二，整体性并不就是"多"的平均，而是一个优化过程。因此，不排除在局部要素上或某个短时期的劣化。第三，优化体现了真理的多元辩证性，即在一定条件下，使系统或系统的某个方面最大限度（或最小限度）接近或适合某种一定的客观标准。第四，优化和劣化共存。如果说"三个臭皮匠顶个诸葛亮"是优化，那么"三个和尚没水吃"就是劣化。整体性为何会产生劣化是系统辩证论要解决的另一个重要问题。乌杰从动态平衡、系统的序参量、相互作用系数的关系上给予了详细说明。这些构成了"整体优化律"的主要内容。第五，结构质变规律不仅突破了传统的质量互变规律，而且突出了系统内在结构主导意义。结构质变律不仅关涉质量度的变化，更要关涉其内在结构排序情况。以往的质量互变过于强调量化与质变的关系，不能解释同分异构和同素异构的情况。乌杰则详细论述了数量与质变的关系及其二者同构关系，从而为系统的优化和"一分为多"的认识方式提供了内在根据。第六，层次转化律表明：结构的质变使整体达到根本的飞跃，它表明层次除具有守恒性外还具有差异、等级并通过中介而转化。第七，差异协同律。这是乌杰系统辩证论的最为独特的也是最为重要的贡献。它包含了四个方面："一分为二"应让位于"一分为多"，此其一；"一分为多"导致的差异、差距等，不会轻易转化为斗争和对立，还有协同、融合、共振的可能，此其二；并不认为斗争性是绝对的，同一性是相对的，而是承认其在一定条件下的共同作用的重要性，此其三；运动的动力并不就是矛盾斗争而是系统进化，如内在涨落与随机环境涨落、系统内在因素的交互作用促成的质变（因果进化）、自组织的目的进化等，此其四。

从系统的观点看，由于"一分为多"的关系，因而有"亦此亦彼"的一面。于是，"一分为二"的两极对立只是多元认识论的一个特例，矛盾只是多种关系的一个特例，还有差异、协同等关系存在，乌杰正是从这里建立起"一分为多"的认识论方法。

3. 整体优化："系统辩证论"之复杂"关系"相互作用的价值论取向

乌杰的系统辩证论继承了马克思主义的价值观，并在此基础上通过对系统论的价值问题进行深入研究，形成了系统辩证论的价值观。

首先，价值是指系统的价值，即系统的物质和精神的价值。价值是系统之客体对于主体所具有的积极意义，它能满足人、阶级和社会的某种需要，成为主体的兴趣、意向和目的。

其次，是系统辩证论价值观的内容。系统价值观认为，价值是一个系统，是一个多元的价值体系。一切物质的东西、精神的东西都具有价值，都处于一定的价值系统之中，因而价值是客观的，又是多样的和相互联系的，而不是主观的、单一的、彼此孤立的东西；系统辩证论重视人的主体利益和需要对价值带来的影响，承认价值不仅是客观的，而且与主观有密切的联系，强调它们之间的关系是一个复杂的相互作用的过程；系统辩证论认为价值评价也是一个系统，并且在价值论理论体系中占据着极为重要的位置。

再次，是系统辩证论价值观的特点。它在于：一是用整体优化、结构质变、层次转化和差异协同的基本规律看待价值体系，它更注重整体的价值。二是重视价值关系，主要体现在系统的结构层次所决定的系统功能之间的积极意义。

系统的整体优化律，是指系统整体功能的增值、放大和最佳化。它是由系统整体性原理、系统优化原理和系统整体大于部分之和原理构成的。系统辩证论认为，在一般情况下，系统整体呈现最佳状态有以下三种情况：一是系统内部各要素处于比较协调与和谐状态；二是系统相互作用系数最大、性能最强；三是系统性质主要取决于序量、组合最合理、最科学状态。把握了这些，对于发挥系统整体功能作用有着重要意义。

系统辩证论认为，系统整体优化律具有广泛的普遍性，发展了辩证法的否定之否定规律，揭示了事物经过两次否定，两次转化，进入更高阶段，这在一定程度上反映了事物的自我完善过程。而系统辩证论则深化了这一过程，即事物发展的每一周期在同一层次上的空间表现形态，都可看成是一个整体。

最后，系统价值的属性，主要包括社会性、实践性和客观性。社会性是系统价值的本质属性；客观性是系统价值属性的基础属性；实践性则是社会性与客观性的中间环节，是关键属性，三者同是价值属性中不可分割的属性，它们在系统功能的相互作用中展现。

## （三）对乌杰"系统辩证论"的评价

如果说 19 世纪中叶，由于三大发现促进了大工业的蓬勃发展，马克思恩格斯用唯物辩证法思维的方式予以概括、总结并形成辩证唯物主义与历史唯物主义哲学体系的话，那么当今各种新学科纷纷建立，出现了一个庞大的系统科学学科群，当代学人就必然要对其进行概括和总结，以无愧于这个时代。恩格斯说，一个民族要想站在科学的最高峰，就一刻也不能没有理论思维。这就要求当今时代的哲学不能仅仅停留在基本原理上，还要对当今的系统科学进行概括和总结，并把它具体化，从而形成系统辩证论新的哲学体系，这是社会实践发展的要求，是时代的呼唤！

爱因斯坦曾经说过，提出一个问题比解决一个问题更重要。乌杰的贡献首先就在于提出了新问题、新任务：当代哲学要进行新的综合。乌杰系统辩证论的确立，一方面是在自觉地以马列哲学为指导的前提下，对辩证唯物主义的补充、丰富和发展；另一方面又立足于当代，在现代科学成就尤其是系统科学成就的基础上进行抽象和概括，为马克思主义哲学补充了充满时代气息的最为前沿的系统科学思想材料。

系统辩证论这个名称是乌杰首先提出来的。无论它指的是一门新学科，还是一门学科中的新的理论模型，抑或是表明中国的系统哲学家是用辩证唯物论作指导进行新的系统哲学研究，这个名称都是十分恰当的。

对于乌杰的系统辩证论，已故著名学者张华夏是这样评价的："将它作为自然界，社会与人类思维的最一般特征、最一般规律，以普遍适用的形式表述出来，这无疑是一件非常艰巨的工作和非常重要的贡献，并且需要很大的理论勇气和很高的科学与哲学的修养才能做到的。乌杰同志确实以很有说服力的论据和很丰富的例证来说明……说明它确实有很高的覆盖面和很高的解释力。"[①]

---

① 张华夏. 当代哲学的整合与系统辩证论[J]. 系统辩证学学报，1993，（1）：22-30.

## 二、罗嘉昌的"关系实在论"思想

罗嘉昌的著作《从物质实体到关系实在》[①]，是继乌杰之后，我国哲学家试图"创造"出自己的哲学体系的又一个例证。

### （一）罗嘉昌"关系实在论"提出的哲学背景

#### 1."实体实在"的由来及其地位的动摇

实体是西方哲学的核心范畴，而物质实体及其性质乃是近代自洛克之后争论最为激烈的哲学范畴。它不仅是哲学，而且也是近代物理学及其他学科极为关注的学术对象。

英文"ontology"一词是哲学本体论的意思，也就是存在论。其词根"onto"来源于希腊语，接近于英语中的"being"，有"存在""有""是"等含义。对于希腊哲学来说，"是"既是存在的原因，又是存在的本质，是存在之所以为存在者。在这个意义上，存在（是）论就是本体论。关于"何物存在"的理论，是哲学探究中最基础的部分。

通常情况下，"实在论"是一个与观念相对的术语，意指一种承认客观实在或外在实在的哲学理论。可是"实在论"一词又往往泛指一种关于"实在"的理论即"何物存在"或"何物实在"的理论，此种意义上几乎任何哲学都具备自己的实在论，要么是某种实在论，要么是取消或悬置实在问题的某种反实在论。哲学史上，"实在论"的表现形式和研究进路五花八门、眼花缭乱。

实体性思维是西方哲学最重要的哲学传统，它奠基于古希腊哲学，柏拉图和亚里士多德是集大成者。亚里士多德对实体有着明确的定义：实体是事物的底层、本原或第一原因。或者说，实体是终极原因根本原因。亚氏认为有两大类实体，一类是个体和质料因，后来衍生为物质实在论，这可以认为是"物质实体"的萌芽；一类是"类"和"形式因"，后来发展为理念实在论，这可以看作是"关系"实在萌芽。斯宾诺莎则说：实体是自己存在的，是不借助于别的东西而存在，并且只有通过自身而被认识的

---

① 罗嘉昌. 从物质实体到关系实在[M]. 北京：中国社会科学出版社，1996.

东西。实体自身是自身的原因。近代哲学的代表人物托马斯·里德对实体做过清楚的说明：凡不必假设其他任何东西的存在，而可以依靠它们自身而存在的东西叫实体，就它们和属于它们的性质或属性的关系而言，它们被称为这些性质的主体。……我们把这些性质的主体，而不是这些性质，称作物体。贝克莱对这种主体的存在表示了怀疑，他认为外在的物体并不是这些性质的原因，而是我们的感知才是这些性质的原因。休谟则断言，实体只是人们为了找到这些性质的支撑而虚构出来的。

分析哲学家们指出，这种实体思维与亚里士多德式的主谓句法有着密切的关联。在亚氏的逻辑中，肯定命题的基本结构是：主词+系词+谓词，谓词旨在描述主词，谓词的内涵包括在主词之中，主谓结构正反映了实体与属性的结构。怀特海认为，实体-属性的思维模式只是亚里斯多德语言逻辑的一种高度抽象，并不存在于现实经验之中，它是"具体性误置"的一个例证。所谓"实体"不过是对一些时空中相继出现的、相对稳定的、相似的一组事件的概念抽象，实际上，并不存在什么凝固不变的实体。

固定的、超时空的实体地位就这样被动摇了。

## 2. 有机性、关系性、过程性、生成性的实在论的兴起

代之而起的是有机性、关系性、过程性、生成性的实在论的兴起。伯格森主张存在不是实体，只是变化或绵延。存在不是已完成的凝结的永恒的实体，而是既存在又不存在的生成（be-coming）。他说，"宇宙不是被造成的，而是正在不断地生成的——没有已被造成的事物，只有正在创造的事物——静止从来都是表面的。"[①]

受伯格森的影响，怀特海认为，存在的基本特征是"能动性"和"连续性"，无论是有机体还是无机体，它们都是"持续的存在"的"过程"，不仅每个存在都有有机体的性质，甚至整个世界都是一个有机体。

"事件理论"在现代实在论中也有着相当的地位。这种理论认为物质和精神都不再是世界的基本材料，它们只是事件不同的组合方式而已，世界的基本材料或元素乃是非物非心的"事件"。这就是流行一时的中立一元论。按照罗素的说法，这一理论的出现在很大程度上要归功于相对论的产生。

---

① 柏格森. 形而上学导言[M]. 刘放桐，译. 北京：商务印书馆，1963：29.

罗素说:"哲学和物理学把物体概念发展成为物质实体概念,而把物质实体看成是由一些粒子构成的,每个粒子非常小,并且永久存留。爱因斯坦以事件代替了粒子;各事件和其他事件之间有一种叫间隔的关系,可以按不同方式把这种关系分解成一个时间因素和一个空间因素……因而物质不是世界基本材料的一部分,只是把种种事件集合成束的一个便利方式……精神和物质都仅是给事件分组的便当方式。"①

### 3. 现代物理学的"客观性危机"

除了上述背景,罗嘉昌指出,他之所以提出并建立"关系实在论",其直接根源是现代物理学引发的所谓"客观性危机"。这就是原先认为物体本身所固有的第一性质也相对关系化、投影化了,成为类似于物体第二性质的东西。许多物理学家早已提出第一性质并不比第二性质更固有的观点。可惜这一重要见识常常是通过第一性质依赖于主观的错误说法表达出来。因而必须破除或者说放弃这种说法,而建立一种新的理论。

### (二)罗嘉昌"关系实在论"的主要内容

《从物质实体到关系实在》不仅是一本科学哲学的著作,更准确地讲,它也是一本关于存在论或本体论的哲学著作。关于这本书的内容及其理论抱负,作者已做了一个非常精巧的字里行间透着自信的介绍:②

"物理实在观的变革,对传统的物质实体观,提出了挑战,要求放弃形而上学的绝对实体观,代之以关系的实在观。本书在深入考察当代科学和哲学中的物质非物质化问题、实在观变迁等问题基础上,提出并论证了一种关系的实在理论,并将这一理论运用于观察哲学史和当代哲学的某些流派和学科,得出了一系列不同于以往的结论。在这基础上本书提出了"非实体主义转向"的主张,这个主张抓住东方思想精髓,又针对着西方形而上学传统的根本性弊病,因此有可能成为中国和东方哲学在 21 世纪获得新生和发展的一个生长点。"

① 罗素. 西方哲学史: 下卷[M]. 马元德, 译. 北京: 商务印书馆, 1976: 393-394.
② 罗嘉昌, 黄裕生, 伍雄武. 场与有: 中外哲学的比较与融通 (五) [M]. 北京: 中国社会科学出版社, 1998: 254-255.

　　这本书旨在创造出贴上中国标签的"实在论"，某种程度上，我认为作者的目的达到了，是"创造"方面的一个典型。该书虽然对西方"物理实在观"的变革，对西方种种"当代哲学中的物质观"，诸如"蒯因的整体论自然主义""克里普克形而上学实在论""罗蒂的协同论"等，均有所批评，但是批评只是为了"破"，其目的则是为了"立"。事实也确同作者所言，他终于将"关系实在论""立"了起来。作者破"实体"而立"关系"，破"绝对本质"而立"客观现象"，终于创造出作者的"关系实在论"。

　　《从物质实体到关系实在》一书共分七章，前五章讨论物理学中实在观与物质概念的变革及其在现代西方哲学中的意义与定位。第六章是通过对当代西方哲学的某些观点（如蒯因、克里普克、罗蒂等人的观点）来建立作者本人的"关系实在论"。

　　罗嘉昌的"关系实在论"可以展开为 5 个论题：

　　①关系是实在的；

　　②实在是关系的；

　　③关系在一定意义上先于关系者；

　　④关系者是关系谓词的名词化；

　　⑤关系者和关系可随关系算子的限定而相互转换。

　　在第六章中，作者具体展开为：相对于"蒯因的整体论自然主义"，关系实在论是"在蒯因止步的地方进一步贯彻非实体主义的结果"[①]；相对于"克里普克形而上学实在论"，关系实在论是对克里普克"反对关于可能世界的实在论观点"的反动，这"意味着我们找到了批评克里普克的可能世界和必然真理概念的一个新的出发点"[②]；相对于"罗蒂的协同论"，关系实在论"并不一般地反对真理符合论，并不抛弃对客观性的追求，并不像罗蒂那样将客观性和协同性对立起来，攻击客观实在性，简单地鼓吹实用论"[③]。至此，"关系"实在得以建立。第七章是通过"非实体主义转向"这样一种主张，来作出总结。作者强烈主张以"关系和关系者"思维来取代"对象与关系共立"的思维，并提出"撇开两造而思纯关系"。

① 罗嘉昌. 从物质实体到关系实在[M]. 北京：中国社会科学出版社，1996：282.
② 罗嘉昌. 从物质实体到关系实在[M]. 北京：中国社会科学出版社，1996：306.
③ 罗嘉昌. 从物质实体到关系实在[M]. 北京：中国社会科学出版社，1996：312.

（三）对罗嘉昌"关系实在论"的简短评价

对于作者创造的这样一种"关系实在论"，作者本人有一个定位。他说："这是一种肯定性关系的实在性，以关系的实在来取代绝对的实体，又以阐明实在之关系依赖性来消解对'实在'的绝对化解释的思想进路。"[①]

作者一方面反对虚无主义，捍卫"有"，另一方面又拒斥绝对者，反对"有"的绝对化。它立足于关系亦即相对相关性的观点，认为"有乃是相对于一定的关系而言的，随着关系的改变而改变——可能转化为生成关系即"有"，也可能转化为退化关系即"无"，从而给我们展现了一个更为丰富多彩的宇宙。

这是一种"内在的"关系实在论，它不同于传统的外在实在论，也不同于转向主体、意识的实在论。外在实在论的根本在于肯定存在的实体，实体自身即是自身的原因，不依赖于他物而客观存在，有着自身固定的属性。而在"内在实在论"中，不存在绝对的实体，任何存在都是关系的产物，任何一种实在性或客观性都是一定系统之"内"，或一定"关系下"的实在性和客观性。没有关系之外的实在，只有关系之内的实在。

吴国盛指出，罗嘉昌"关系实在论"的基础是相对论，是对相对论思想的一种推广。我认为，可以更为广义地讲，罗嘉昌"关系实在论"的基础还应该包括系统科学。作者在著作中曾多次引用贝塔朗菲的系统论成果作为论据。

罗嘉昌"关系实在论"的观点已经引起了海内外学者的关注、讨论、争论和认同。例如武汉大学陈晓平，将关系实在论观点，进一步上升到语言和逻辑的高度，进行考察，强调了"关系实在论的说话方式"，与亚里士多德以来传统的说话方式的区别及其意义。张斌峰则借助关系实在论的观点，来分析墨经的名实观。张华夏在《实在与过程——本体论哲学的探索与反思》这部专著中对关系实在论做了详细的评论。台湾知名哲学家沈清松则就"关系实在论"发表看法，认为：今后中国哲学，甚或世界哲学应发挥的是关系存在论，当代哲学中存在论的转移是"实体

---

① 罗嘉昌. 从物质实体到关系实在[M]. 北京：中国社会科学出版社，1996：8.

的存在论"转移到"事件的存在论"再转向"关系的存在论"。美籍华裔哲学家唐力权则对罗嘉昌的"关系实在论"直接称赞:"《从物质实体到关系实在》无疑是一本甚具原创性与启发性的哲学著作。"①

## (四)国内哲学界关于系统"实在论"的研究近况

系统哲学兴起以来,国内哲学界学者做了广泛的研究。国内学者诸如:颜泽贤、金吾伦、张华夏、陈凡、高策、欧阳康、吴彤、刘孝廷、安复维、邬焜、李曙华、陈一壮、张功耀、沈骊天、刘钢、闵家胤等。他们都做了大量的有价值的研究,涉及系统的各个方面。就系统哲学的"实在论"的研究而言,张锡海在1996年第8期的《哲学动态》上,发表了《国内"实在论"研究近况》一文,初步总结了这方面的研究成果。张氏的论文将国内学者的"实在观"大致分为以下八种观点:②

(1)个体实在论。这是邱仁宗的主张。所谓实在,在邱先生看来就是独立于人心之外的存在,此种实在是指个别的事物和东西,因而不必另行寻找在它们后面的实体。

(2)统一实在论。这是成素梅、关洪的主张。他们认为宇宙间的实在存在着三种不同表现形式——自在实在、物理实在、理论实在。此三者乃是同一实在于不同条件下的不同表现;实在论是关于本体论、认识论、真理论相互统一的学说,真正的哲学实在论应该是"统一实在论"。

(3)本体实在论。这是钱时锡的主张。在实在的三个层次中,钱时锡认为唯有本体实在最基本。这是因为,经验实在是本体实在感性认识层次的表现,而理论实在是本体实在理性层次的表现。故本体实在是独立于认识主体而客观存在着的自在物,是纯粹的客观实在。

(4)实验实在论。这是郭贵春、肖显静的主张。二位认为实验不是实在,而是对实在的操作和确认,但实验事实具有客观实在性,它保证了理论的客观性以及理论指称的实在性,因此,二位所主张的实验实在论,正是在这个意义上的。

---

① 罗嘉昌,黄裕生,伍雄武. 场与有:中外哲学的比较与融通(五)[M]. 北京:中国社会科学出版社,1998: 271.

② 张锡海. 国内"实在论"研究近况[J]. 哲学动态,1996,(8):13-16.

（5）实体实在论。这是张华夏的主张。认为实体是指宇宙间独立存在的具体个体、特殊事物或个别事物；实体不是唯一的实在，"实体实在"、"过程实在"与"关系实在"是相互补充的。张华夏这里的"实体实在论"实际上可以视为"多元实在论"，或者可以被看作是弱实体、强关系的实体实在论。

（6）多元互补实在论。这是陈晓平的主张。他认为关系实在论只是诸如个体实在论、场能实在论等诸多实在论中的一员，它们之间是平等、相对和互补的。实在是相对于关系而言的，实在只能是相对于某某关系的实在，而"关系"是否实在又取决于它所相对的更高层次的"关系"。

（7）整体实在论。这是王贵友的主张。王先生认为，实物与场、关系与活动作用、物质能量与信息具有等同性，共同统一于整体系统中；而此系统的整体实在性高于抽象的物质、理念。

（8）关系实在论。这是罗嘉昌、胡新和的主张。认为实在是关系、关系是实在，关系在一定意义上先于关系者。

1996 年，张锡海在《哲学动态》上发表文章的时候，也许没有看到或者没有注意到乌杰已经于 1988 年由内蒙古人民出版社出版了其哲学力作《系统辩证论》，该书 1991 年又由人民出版社出版了第二版。乌杰用系统科学所取得的一系列成果作为其理论基础，建立了他的关于实在论的观点，可以称之为"系统辩证实在论"，这可以看作是我国关于实在论的第 9 种观点。在乌杰那里，实在是建立在系统整体的基础上的，综合了张华夏、陈晓平、王贵友等人的观点。从时间上和逻辑上则应排在罗嘉昌等人的纯粹"关系实在论"的后面。

2000 年以后，国内学者有实体实在与关系实在并存论。这是沈骊天的主张。沈先生认为既应当继承自然科学的物质"实体实在"（微粒或微粒组合）；又应当正视实体之间相互作用、相互关系的实在性。也就是说：物质这个范畴应当扩展为实体与关系。客观实在应当包括"实体实在"与"关系实在"，若只取其一，都是片面的。[①]这可以看作是系统实在论的第 10 种观点。

---

① 沈骊天，陈红. 马克思主义哲学的系统科学解读[J]. 系统科学学报，2006，（4）：1-6.

　　此外，还有第 11 种观点，那就是李曙华、金吾伦为代表所倡导的"生成实在论"。李曙华还主张建立"生成科学"。

　　稍加考察，我国哲学界上述 11 种关于"实在论"的观点，实际上是与系统科学与系统哲学的发展历程相呼应的，紧密相连的。种种"实在论"观点的提出，实际上是我国哲学界对系统科学历时性展开所作的哲学理论上的回应。从贝塔朗菲的整体以及"关系"转向，到自组织的系统理论，再到生成论的系统理论，再到目前世界上的复杂性系统科学的兴起，每一个阶段，都有我国哲学家的与之对应的哲学观点。当然这种实在内涵的呼应更主要的是逻辑上的，并不仅仅是时间上的先后。因为改革开放以后，学界对于国际上的系统科学之种种理论的介绍，也有一个时间上的先后问题，随着国际上系统理论的引入和我们自身研究的一步步深入，我国学者便相应地在哲学上作出总结和概括，这种概括，有相当的理论深度，并紧跟国际学术前沿，许多观点，是我国学界与思想界的独特创造。

## 三、李曙华、金吾伦的"生成实在论"思想

　　金吾伦于 2000 年 11 月由河北大学出版社出版了《生成哲学》一书，呼吁建立生成论哲学。他从否定物质无限可分性出发，以哲学史和科学史为材料，论证了他的生成论哲学观点。在张志林、张华夏主编的于 2003 年 12 月在中山大学出版社出版的《系统观念与哲学探索——一种系统主义哲学体系的建构与批评》一书里，金吾伦又发表了题为"抛弃构成论，走向生成论"的论文，重申他的观点。[①]但笔者认为文章标题中的"抛弃"一词值得商榷，当下构成论作为一种科学思想和科学方法论虽然不可取，但作为解决具体问题的具体方法还是行之有效的。机械论的"构成"虽然有点不合时宜，但"抛弃"却显得过头了。

　　比较而言，笔者赞同南京大学教授李曙华的生成论观点。

　　李曙华认为，科学发展从机械论走向机体论，从构成论走向生成论是人类科学发展的必然趋势。2000 年以来她发表一系列的文章，表明这一

---

　　① 张志林，张华夏. 系统观念与哲学探索——一种系统主义哲学体系的建构与批评[M]. 广州：中山大学出版社，2003：337-345.

观点。例如，她在 2004 年在第 2 期的《系统辩证学学报》上发表题为《系统科学——从构成论走向生成论》的文章，在 2005 年第 4 期的《系统辩证学学报》上发表题为《系统"生成论"与生成进化论》的文章，在 2005 年第 8 期的《哲学研究》上发表了《生成的逻辑与内涵价值的科学——超循环理论及其哲学启示》。李曙华说，从生成论的角度，系统科学——从系统论到混沌理论，无疑是 20 世纪最大的一次革命，科学正在从构成论走向生成论。它不仅正在逐渐形成一套新的概念，尝试用新的工具，探索新的领域，而且发现了一系列以往未曾发现关于生成演化的规律，一种新的科学范式正在探索中逐渐生成。[①]从生成论的角度，作者认为系统科学的形而上学的基础是"整体论"。"生生之谓易"，在生成论的世界图景中，变化指的是生与灭，世界上唯一不变的是变易本身，由此可说"体用不二"，即在变异背后不存在不生不灭的实体。因而，过程是基本的，实体是暂存的，有条件的。生成万物的终极因，只能是"无"。那么什么是"无"呢？"无"就是"生成元"。作者运用了"生成元"概念，并将其定义为"未分化的整体"，这一概念可以作为系统科学的逻辑起点，而不同于经典科学"构成论"的逻辑起点。从"生成元"出发，可以为科学研究提供不同于机械论的研究方法、思路与解释。作者认为，目前作为宇宙大爆炸起点的原始火球，生物的遗传基因，动物的胚胎以及分形理论中的分形元等皆可看作生成元。[②]

　　而中国古代，太极可谓生成元，太极是阴阳尚未分化的整体，象征最根本、最普遍的生成规则与过程——"一阴一阳之谓道"。李曙华认为系统科学表现出向东方古代哲学的回归，这就为中华民族赶超世界科技先进水平提供了契机。

## 四、刘粤生、沈骊天的"信息增殖进化"理论

### （一）恩格斯悬念的当代解读

　　系统演化是系统科学的核心理论，运用系统演化理论说明宇宙的辩

---

① 李曙华. 系统科学——从构成论走向生成论[J]. 系统辩证学学报，2004，（2）：5-9，34.
② 同①。

证发展是系统哲学的重要课题。宇宙演化的发展、衰亡之争，已经不是过程与状态之争、生成与构成之争。而是两种过程、两种生成之争。

　　克劳修斯曾经用普遍的熵增原理论证了宇宙不可避免的衰退灭亡——宇宙终将随时间走向最大熵的热寂状态。普里高津的耗散结构论小心地在不违背热力学第二定律的前提下展开论述[①]，因此也就只能在宇宙热寂的大趋势中论证局部系统可以从无序变为有序；其他一些自组织理论，也因为默认耗散结构论不违背热力学第二定律的前提，而对避免宇宙热寂前景的解释无能为力。系统自组织理论和热寂说和平共处，这就是当代系统科学与系统哲学思想的重大理论瑕疵。因而杰里米·里夫金等的《熵：一种新的世界观》[②]，才会被许多人当作是系统科学的新思想而广为流传。

　　首先从理论上指出宇宙热寂并非不可避免的是恩格斯。恩格斯提出："一切现存的机械运动都变为热，而且这种热将发散到宇宙空间中去，因此尽管存在'力的不灭性'，一切运动还是会停下来。"[③]"一种运动，如果它失去了使自己转变为它所应当具有的各种不同的形式的能力……它部分地就被消灭了。"[④]恩格斯指出："运动的不灭性不能仅仅从量上，而且还必须从质上去理解。"[⑤]即运动转化能力是不灭的，热寂后的能量应当具有重新转化为各种运动的能力。然而，恩格斯的见解却遇到了热力学第二定律，这一科学禁止性命题——散到太空中的热不可能重新聚集；于是他提出了一个著名的假设："发散到宇宙空间中去的热一定有可能通过某种途径（指明这一途径，将是以后某个时候自然研究的课题）转变为另一种运动形式，在这种运动形式中，它能够重新集结和活动起来。"[⑥]恩格斯的这一假设是当时乃至后世科学一直未能解决的难题，他为宇宙辩证发展的理论，留下了科学的悬念。

　　① 湛垦华，沈小峰，等. 普利高津与耗散结构理论[M]. 西安：陕西科学技术出版社，1982：27.
　　② 里夫金，霍华德. 熵：一种新的世界观[M]. 吕明，袁舟，译. 上海：上海译文出版社，1987.
　　③ 马克思，恩格斯. 马克思恩格斯全集：第二十六卷[M]. 中共中央马克思恩格斯列宁斯大林著作编译局，译. 北京：人民出版社，2014：483.
　　④ 马克思，恩格斯. 马克思恩格斯全集：第二十卷[M]. 中共中央马克思恩格斯列宁斯大林著作编译局，译. 北京：人民出版社，1971：377.
　　⑤ 马克思，恩格斯. 马克思恩格斯全集：第二十六卷[M]. 中共中央马克思恩格斯列宁斯大林著作编译局，译. 北京：人民出版社，2014：481.
　　⑥ 同③.

正当自组织理论家们，都小心地绕过热寂说的雷区，回避着当年恩格斯超前的科学悬念的时候，中国学者沈骊天以独特的方式，开始解读恩格斯的超前的悬念。沈骊天提出信息进化论，明确指出：自然界不仅存在热力学第二定律描述的熵增加过程，而且存在着微弱信息组织无序物质能量这一序产生、熵减少过程。沈骊天的独特贡献在于：他没有将微弱信息组织无序物质能量所产生的序归功于负熵流。沈骊天的"微弱信息组织无序物质能量产生序"，就是对恩格斯"发散到宇宙空间中去的热一定有可能通过某种途径……它能够重新集结和活动起来"①。这一悬念的当代解读。

（二）沈骊天的"信息进化论"

沈骊天开始解读恩格斯悬念的早期论文，是《热寂、循环、发展——世界运动进程的三种观点》②。他在其中指出了一些流行的"热寂说批判"的理论失误，高度肯定了恩格斯运动质守恒思想的合理性。该文曾一度引起学术界注目。被人大报刊复印资料《哲学原理》《自然辩证法》同时全文转载。此后的 1985 年 5 月，沈骊天发表《科技信息资源开发与科技体制改革》③一文，发现了汲取低信息量的物质能量增加有序的规律。1987 年在《系统信息控制科学原理》④一书中，初步提出"信息进化论"的理论框架，并给出了核心规律的证明。

1992 年，沈骊天出版《高科技与熵增的竞赛》⑤一书，在阐述"信息进化论"时又明确指出：熵增规律不能普遍支配高于热力学层次的熵与序转化；即使在热力学层次，远离平衡态的热力学非平衡态，也存在着提供涨落信息放大为有序的新事物的希望。

1993 年，沈骊天在《哲学信息范畴与信息进化论》⑥一文中，进一

---

① 马克思，恩格斯. 马克思恩格斯全集：第二十六卷[M]. 中共中央马克思恩格斯列宁斯大林著作编译局，译. 北京：人民出版社，2014：483.

② 沈骊天. 热寂、循环、发展——世界运动进程的三种观点[J]. 湘潭大学学报（社会科学版），1985，（1）：67-70.

③ 沈骊天. 科技信息资源开发与科技体制改革[J]. 南京大学学报（哲社版），1985，（2）：91-97.

④ 沈骊天. 系统信息控制科学原理[M]. 南京：南京大学出版社，1987：157-211.

⑤ 沈骊天. 高科技与熵增的竞赛[M]. 南京：南京大学出版社，1992：132.

⑥ 沈骊天. 哲学信息范畴与信息进化论[J]. 自然辩证法研究，1993，（6）：41-46，50.

步完善了"信息进化论"的表述,对其核心规律给出了严格的形式化证明。

1994 年,沈骊天发表了一篇很有影响力的文章——《热寂与发展——跨世纪的论战》。[①]沈先生认为,仅仅用能量耗散所对应的热力学熵来描述信息,因而将信息又称为"负熵",虽然在一定条件下是可以的,但这种表述却大大贬低了信息——这一世界中最充满活力的因素。信息,作为物质世界三要素"物质、能量和信息"中最活跃的一员,将以其不完全附属于物质、能量的特殊面目,展现在人们面前。

信息之所以能够使系统从无序变为有序,决定于信息的性质,以及信息、物质能量、有序性三者之间的关系。信息既然能与物质材料、能量共同组成物质这一整体,那么从哲学上讨论信息,就应当剔除物质材料和能量的物质属性,或剔除能量之外的运动属性。信息并不等同于有序,具有一定信息量的信息,当其信息强度非常微弱时,是不会产生等于信息量的熵减少(有序)的;只有具备充分的物质材料和能量的信息,才能产生等于信息量的熵减少。也就是说,只用当信息强度足够时,才能产生等于信息量的熵减少。换句话说,信息只是产生有序的能力,物质材料、能量则是信息产生有序的条件,有序是信息的效应。信息增强之所以必然产生有序,就因为它是"有序能力"与"有序条件"结合的结果。因此,沈先生得出结论:"改变信息与材料能量的结合方式,就可以产生有序"。[②]

1995 年,沈骊天在当年《中国社会科学》的第 5 期上,发表另一篇影响较大的文章,《微弱的有序与强大的无序——论当代辩证发展观与机械论演化观的根本分歧》。在这篇文章里,沈先生完善了他的思想:信息可被视为微弱的、潜在的有序,因为它太微弱而仍然不能表现为有序;强大的无序,虽然材料的能量强大,但因缺乏信息故只能表现为无序;而微弱的有序,加上强大的无序,二者结合,即可产生各自都不具备的东西——新的明显的有序。[③]

---

① 沈骊天. 热寂与发展——跨世纪的论战[J]. 自然辩证法研究,1994,(11):38-43.

② 同①.

③ 沈骊天. 微弱的有序与强大的无序——论当代辩证发展观与机械论演化观的根本分歧[J]. 中国社会科学,1995,(5):97-107.

2004 年，沈先生在《系统辩证学学报》第 3 期上发表《后现代哲学的挑战与系统哲学的回应》，把他上述的思想用公式表示：

$$0+0=1^{①}$$

在这里，1 表示新的明显的有序，其中第一个 0 表示微弱的有序，虽然具有信息量，但支持信息的物质能量近于 0，因而序为 0，可表示为 0（1，0）；第二个 0 表示强大的无序，不具有必要的信息量，只拥有物质能量，因而序亦为 0，可表示为 0（0，1）[②]；然而，0+0=1，这一奇妙的组合，产生了新的明显的有序。

## （三）刘粤生的"信息增殖论"

恩格斯的运动质守恒的思想，指的是自然界运动转化能力的守恒，但能力的守恒与能力表现的发展并不抵触，犹如守恒的颜色可以绘出的色彩是发展的色彩。沈骊天承认新信息的诞生[③]；但最早明确提出信息增殖的是新疆学者刘粤生。刘粤生认为信息有如生物一样是不断增殖的。刘粤生关于系统演化、宇宙发展的表述范式和理论框架，与沈骊天的信息进化论不尽相同[④]。沈骊天却认为他的信息进化论可以兼容刘粤生的信息增殖论，并以

$$0(1, 0)+0(1, 0)=0(2, 0)$$

描述信息增殖；以

$$0(2, 0)+0(0, 1)=2(2, 1)$$

来描述信息进化。[⑤]

---

① 沈骊天，魏云芳. 后现代哲学的挑战与系统哲学的回应[J]. 系统辩证学学报，2004，（3）：8-12.

② 沈骊天. 潜在信息，潜在世界与复杂性之源[C]//乌杰，吴启迪. 新世纪新思维：中国系统科学研究会建会十周年暨第八届系统科学学术研讨会论文集. 北京：中国财政经济出版社，2004：58-65.

③ 沈骊天. 系统信息控制科学原理[M]. 南京：南京大学出版社，1987：90-91.

④ 刘粤生. 论"信息进化论"与信息增殖——信息增殖进化论的历史背景与理论探索[J]. 科学技术与辩证法，1998，（4）：1-6.

⑤ 沈骊天. 潜在信息，潜在世界与复杂性之源[C]//乌杰，吴启迪. 新世纪新思维：中国系统科学研究会建会十周年暨第八届系统科学学术研讨会论文集. 北京：中国财政经济出版社，2004：1.

（四）"信息进化论"对可持续发展的重大实践意义

沈骊天的"改变信息与材料能量的结合方式，就可以产生有序"的观点，无疑是对克劳修斯的"自然界不具有任何产生有序能力"的重大挑战，也使自然界自发的"熵增"趋势遭遇到了它的对立面——信息以及由信息引起的"有序"性的产生。这表明：自然界不仅仅表现为单一的"热寂"，还有由信息导致的"有序"。

在这里，"有序"就是发展。问题是我们传统的发展模式，只是在"物质材料"或"能量"上面作文章，而从来没有在"信息"上作文章，更遑论在"信息与材料能量的结合方式"上作文章。地球上好不容易通过40多亿年才进化而来的有限的各种物质材料和能源，我们人类则进行无休止无穷尽的索取。第一次工业革命以来，不到300年的时间，就将我们的地球弄得千疮百孔。这种发展模式，使人类社会面临着前所未有的困境：环境污染、资源枯竭、土壤沙化、物种灭绝等。我们从来就没有思考过用一种新的方式来指导我们的发展。正是沈骊天的"改变信息与材料能量的结合方式，就可以产生有序"这一观点，为我们指出了可持续发展的路径。因为自然界的"信息资源"是无穷无尽的——从无数微小的涨落信息到简单信息叠加、变换而产生的复杂信息。

沈先生的贡献不仅仅在于指明了"可持续发展"的路径，还在于由此而给我们带来的哲学本体论方面的安全感和家园感：我们人类所居住的地球，并不是一辆正在驶向深渊的列车，也不是一艘正在下降的沉船。我们所面对的太阳，它不仅仅表现为日薄西山，它还是冉冉上升的一轮朝阳。即我们居住的地球，我们面对的天体，时时、处处都在焕发着勃勃的生机与活力。[①]

相对于人文社科其他领域的种种不同程度的沉闷而言，我国学界在由系统科学作为基础而带来的系统科学哲学上的讨论，要比其他学科活跃得多。

改革开放以后，学术界力图在哲学的领域里，尤其是在科学哲学的领域里就"实在论"发言，对中国人而言，有三种因素起着促进作用。一是

---

① 高剑平. 信息哲学研究述评[J]. 广东社会科学，2007，（6）：84-89.

中华文化的底蕴，因为中国自古以来就是一个注重"关系"、强调整体、重视生成之大化流行思维的国度；二是改革开放带来的敢于为天下先的新气象；三是因为"科学""实在"等理论域自始至终都具有"唯物主义"的意识形态色彩。

相当长的一段时间，中国人对哲学紧紧局限于"叙述"模式，或者"叙述"加"评论"模式。由于受"凡是敌人反对的，我们就要拥护；凡是敌人拥护的，我们就要反对。"[①]这种思维模式的影响，即便是这种"评论"也是一种两极对立二分的评论，要么大加歌颂或赞扬，要么大加批判与挞伐。较少心平气和与客观，更不用说"创造"了。

然而，改革开放以后系统科学与系统哲学的研究改变了学术界这种沉闷的局面。与钱学森、邓聚龙、吴学谋等系统科学家"创造"具体的系统科学理论交相辉映的是，我国哲学界学者对系统运动所表现出来的态度是"叙述""总结""概括""批判""创造"等兼而有之。许多学者甚至直接进入"创造"，而把"评介"尤其是"叙述"放在次要地位。乌杰的"系统辩证论"，罗嘉昌"关系实在论"，李曙华、金吾伦的"生成实在论"，刘粤生、沈骊天的"信息增殖进化理论"等就都是在哲学"创造"方面的典型。

总之，无论是系统科学领域，还是系统科学哲学领域，我国学者都不乏深刻的创造。从"叙述"优先到"批评"优先，从"叙述"与"批评"并举到"创造"优先，是中国系统科学与系统科学哲学所取得的长足的进步。上述科学家与哲学家所取得的成就及其所带来的系统科学思想和系统哲学思想，只是众多科学家和学者的贡献的一部分，限于篇幅不能一一枚举，但是他们代表了中华民族的创新品质。正是因为有许许多多的他们，中华民族必将重现历史上曾经的灿烂与辉煌，必将形成"百花齐放，百家争鸣"的学术局面，必将走向伟大的复兴，而巍然屹立于世界民族之林。

## 第三节　简短的评价

灿烂的中国古代文明，最先孕育了丰富多彩的我国古代系统思

---

① 毛泽东. 毛泽东选集：第二卷[M]. 2 版. 北京：人民出版社，1991：590.

想。然而，由于明代后期及清朝的闭关锁国，现代系统科学的发源地却转向了欧美。当代中国系统科学发生的历史源头，也是当时国内一批有远见卓识的科学家，在 20 世纪 50 年代以后，从欧美西方国家引进的。

20 世纪 50 年代，我国制定第一个科技发展远景规划时，正当壮年的老一辈科学家，如钱学森、钱三强、华罗庚、李国平、关肇直、许国志等，他们独具慧眼，从第二次世界大战后蓬勃兴起的新兴科学技术中，看准了在我国未来国防建设与经济建设发展中有重大意义的系统科学。钱学森、许国志等先后在中国科学院力学研究所、数学研究所组建了运筹学研究室；关肇直则接受钱学森的建议，率先转入现代控制论的系统研究；华罗庚则从众多的运筹学方法中，归纳提炼出能在管理科学中直接应用的"统筹法"与"优选法"，并坚持到工农业第一线去推广；李国平在他领导的中国科学院数学计算技术研究所，提出了"一个主体两个翅膀"的发展思想，明确提出要把"数学、计算技术与系统科学三结合"，作为我国计算机研制与应用的主导方向；胡世林等领导下的我国的计算技术事业，几乎是在一片空白条件下的艰难起步。这些来自不同领域的涓涓细流，到了 20 世纪 60 年代初，汇集成了我国有计划、有组织，并有一定规模的系统工程与系统科学的深入研究与具体应用。

20 世纪 70 年代末期，我国系统科学的研究进入了一个新的阶段，对系统科学的理论、方法与技术有了更为广泛的研究，自然科学和社会科学两大领域，都形成了较强的系统科学与系统哲学的研究队伍。自然科学主要从系统工程、非平衡系统等方面开展对系统科学的基础理论、基本方法及应用手段的研究。社会科学则从马克思主义哲学普遍联系和永恒发展的原理出发，侧重于系统科学所阐发的哲学概念和哲学原理的提炼和概括。更有意义的是，有相当一些经济学家、社会学家、语言学家、历史学家、法学家则将系统哲学的理论与方法移植到本学科的研究中去，开拓了非平衡经济学、法制系统工程等新的研究领域，取得了一批颇有新意的理论成果。以中国自然辩证法研究会系统哲学专业委员会为主体的系统科学研究群体，则似乎处在自然科学和社会科学两大阵营之间，成了两大阵营的桥梁和纽带。中国自然辩证法研究会系统哲学专业委员会，长期以来致力于团结两大阵营的学者，在系统科学宣传和普及，特别是在向管理决策方面的领导者介绍系统思想及方法方面，起到了突出的作用。这也是几十年来系统科学与系统哲学之所以声势浩大、长久不衰的原因所在。

1980年，中国系统工程学会成立，这在推动我国系统科学研究建制化、社会化方面有着极大的影响，研究与普及提高相结合，孜孜以求，不遗余力。仅截至1990年的统计，以中国系统工程学会名义共举行11次较大型的国际性和全国性学术会议，共展开国内外学术交流70余项，其中国内综合性与专业性学术讨论会55项，国际学术交流17项，出版了大约100多种系统科学方面的专著和文集。学会成立之初，就在一批著名专家学者的倡导和亲自参与下，举办了各种系统工程的普及讲座和讲习班。其中影响较大的有1980年中央人民广播电台举办的"管理科学知识讲座"；1980年10月—1981年1月，在中央电视台举办的45讲"系统工程电视普及讲座"。这两次讲座，对我国社会各界有识之士起到了启蒙作用。

注重实际应用，着眼于解决现代化建设中亟待解决的重大问题，一直是我国系统科学与系统哲学研究的主要特色。早在20世纪60年代初，以华罗庚为代表的数学工作者以推广"办法小分队"的形式，总结出了一套实际生产布局、管理、营运的最优决策方法；以钱学森为代表的国防科技人员，在国防建设项目中实行"总体设计部"的组织管理技术，摸索出一套组织管理复杂系统的理论与方法。后来，这两方面的经验与方法，被借鉴和应用到国民经济计划与其他领域的决策与管理中，特别是在大型工程项目的决策与管理方面，取得了显著的经济与社会效益。改革开放以来，我国系统科学工作者，根据国情民情，围绕着影响我国社会主义生存与发展的几个主要领域，如人口问题、能源问题、农业问题以及对未来中国的预测等，开展了卓有成效的工作。我国区域规划系统工程工作者，在国家科委课题"区域综合发展规划规范化试点研究"成果的基础上，建立了一套规划总体设计、规划组织实施和规划文本图集的规范化体系，具有较强的操作性和指导示范作用。我国系统科学与系统哲学工作者坚持面向经济建设，许多成果为党和国家决策，提供了宝贵的科学依据。可以说，改革开放以来，我国的每一项重大决策、每一个长远发展规划的制定，无不渗透着我国系统科学和系统哲学工作者的智慧和汗水。

随着系统工程在社会、经济、科学技术等各个方面的开展和应用，系统理论方面的基础研究也有了长足的发展。从1986年开始，钱学森亲自指导"系统学讨论班"的学术活动。这个讨论班一直持续着。这个讨论班提炼了许多重要概念，总结和提出了系统的研究方法，逐步形成了以简单系统、简单巨系统、复杂巨系统（包括社会系统）为主线的系统学（systematology）提纲和内容，明确系统学是研究系统结构与功能（包括演化、协同与控制）一般规律的科学。这个班的活动，为系统科学在我国的发展，为系统学的建立作出了重要基础性贡献，并由此形成了我国发展系统科学系统工程的广泛基础和力量。

20 世纪 80 年代中期，差不多与美国圣菲研究所开展复杂性研究同时，在钱学森的指导和参与下，我国学者对社会经济等复杂系统进行了研究，提炼与总结出开放的复杂巨系统概念，以及处理这类系统的方法论，即从定性到定量的综合集成法。1990 年，钱学森、于景元等学者正式发表了《一个科学新领域——开放的复杂巨系统及其方法论》。我国学者经过近 20 年的努力，开始在研究的前沿提出自己的独创性的理论。如钱学森等提出，简单大系统可用控制论的方法，简单巨系统可用统计物理的方法，这些方法还基本属于还原论的范畴，但开放的复杂巨系统，不能用还原论方法和由其派生的方法。这个观点笔者直到 10 多年后才在国际学界听到类似的提法。

因此，在系统科学和系统哲学的理论探索上，我国的研究尽管起步晚，但取得的成果却并不比西方差。其中至少有几个标志性的成果，是可以与西方比肩的或者是西方所没有的：钱学森创建中国学派系统科学及其所作出的突出贡献，邓聚龙的灰色系统理论，吴学谋的泛系理论等。

与系统科学发展的同时，在我国的哲学领域，对系统科学进行方法论和哲学总结的学者也大量涌现，如：颜泽贤、金吾伦、张华夏、陈凡、高策、欧阳康、吴彤、刘孝廷、安复维、邬焜、李曙华、陈一壮、张功耀、沈骊天、刘钢、闵家胤等，他们都做了大量的有价值的研究。众多学者对系统科学的"关系"转向，纷纷提出关于"实在论"的种种独特见解。而在哲学概括和提炼上，有乌杰的系统辩证学学说，罗嘉昌的关系实在论等，总之，在我国关于系统的哲学研究同样呈现出勃勃生机的样态。

30 多年来，无论是科学领域还是哲学领域，我国系统的研究和应用，都有了长足的发展，取得了重要的成就，为进一步的研究打下了坚实的基础。协同学的创始人哈肯曾经说过，"系统科学的概念是由中国学者较早提出的，我认为这是很有意义的概括，并在理解和解释现代科学，推动其发展方面是十分重要的"[①]，并认为"中国是充分认识到了系统科学巨大重要性的国家之一"[②]。这也代表国际科学界对我国系统科学研究状况的一种积极评价。

① 哈肯. 系统科学大词典序言[M]//许国志. 系统哲学大词典. 昆明：云南科技出版社，1994.
② 哈肯. 协同计算机和认知：神经网络的自上而下方法[M]. 杨家本，译. 北京：清华大学出版社，1994.

# 第七章　系统哲学思想史的理论根基：复杂的实在

本书从绪论开始，至第六章，各个章节的哲学基础都是建立在复杂性之上的，广义地讲，整个系统哲学思想史的基础都是建立复杂性之上的。相应地，其哲学基础则是复杂的实在。本节将以科学哲学的观点，对发展至今的系统哲学的复杂性研究予以认识论与形而上学的剖析，尤其是对于系统哲学的本体论根基——复杂的实在，进行比较深入的剖析，在此基础上，得出两个结论与四点启示。

## 第一节　两种"关系实在论"的理论分歧

在本书之前所有的章节里，我们一直都在关注或者回顾实在论的兴衰沉浮。固定的、超时空的"实体实在"地位之所以被动摇，除开本书上述章节里所讲的连续性、过程性、变化性、生成性实在之外，也与实在论的另外一个形态"关系实在论"的加入有关。"关系实在论"的加入，加速了固定的、超时空的"实体实在"的衰微。从"关系实在"的角度，机体论和整体的性质，实质上都可以理解成一种关系性。

"关系"性系统科学与系统哲学的兴起，同样也促使了包括罗嘉昌在内的我国国内哲学界大批学者对系统所呈现出的关系性的实在论思考，罗嘉昌借此建立起他的"关系实在论"。无论是国内的"关系实在论"还是国际上系统学派的种种理论，所揭示的实际上就是一种复杂的实在。没有"关系"，何来复杂？

罗嘉昌的"关系实在论"是一种内在的"关系实在论"。而在19世纪末20世纪初，哲学界还存在着一种"外在关系论"。

### 一、外在关系论：只注重物质和能量，不注重信息

关系实在论在哲学史上的反映，可以追溯到马赫、詹姆斯、罗素等。19世纪末，思辨形而上学遭到实证主义的抨击，反实体的形而上学

就此登场。实证主义的创始人孔德把哲学分为三个阶段：神学阶段、形而上学阶段、实证阶段。他认为在实证阶段人们承认不能获得绝对的概念，于是不再探索宇宙的起源和目的，不再求知各种现象背后的原因，不再构造试图解释一切的综合性体系，一切事物的解释只是局限于现象和经验。马赫继承了这种反形而上学的立场，在认识论框架下建立了一种感觉要素论。他认为与其说物质是第一性的东西，倒不如说，它是一些感觉要素在某种关系中的复合。马赫后来强调，要素不是指一种实体，而是指一种函数关系。"只有在这时所指的联系或关系中，只有在这里所指的函数的依存关系中，要素才是感觉。"①这种要素一元论可谓一种新形式的形而上学。在马赫那里，我们可以看到经验主义、认识论中心、实用主义和关系实在论等各种倾向的综合。马赫代表了哲学发展的一种重要趋向，外在实在问题被"悬置"起来，被认为没有意义。实在问题被现象、符号间的函数关系问题所替代。

詹姆斯则认为一切违背经验和科学的所谓理性思辨都是独断的、虚构的。詹姆斯主张，形而上学不应该反对科学，而要对科学进行概括。科学不依赖于形而上学，形而上学反而要依赖科学。

紧随他们之后的是罗素，他建立了"外在关系论"并以此来说明认识与认识对象的关系。罗素通过一个不对称关系（A 大于 B）的考察，认为"大于"关系不能归于 A 或 B 的内在性质，"大于"与 A、B 自身的性质无关。显然，不能说明一切关系都是内在的。如果我们承认内在关系学说，我们就无法获得任何知识，比如，在数学中，当我们了解元素与元素之间的关系之前，首先要知道该元素，而要了解该元素就要了解它的所有关系，这就陷入了一种循环。罗素试图用这种"外在关系论"来说明认识与认识对象的关系。

这种"外在关系论"是静态的。用科学的话来说，那里只有物质和能量，而没有信息。无论是马赫、詹姆斯，还是罗素，这三个人的"关系"里均不见信息。马赫将原来的实体破除掉，所赖以成立的具体路径则是：物质不过是感觉要素在某种关系中的复合——物质被置换成主体的感觉要素间的"关系"，而要素不是实体且实体被"悬置"。尽管"实体"被马

---

① 马赫. 感觉的分析[M]. 2 版. 洪谦，唐钺，梁志学，译. 北京：商务印书馆，1986：70-71.

赫悬置，但我们仍然可以一连串地发问：关系从何而来？从要素里来。要素从何而来？从感觉里来。感觉从何而来？从主体而来？主体从何而来？……无法回避，主体只能是人，而人是物质与精神的结合物。南京大学的林德宏曾经专门写过一篇文章《人：物质精神二象性》来论证人的这种物质与精神结合的特征。[①]无法绕开人，因而无法绕开物质和能量。但是只有物质和能量是不能完全规定人的，人还有精神，而精神是属于信息范畴的。因此马赫的说法显然是不够全面的。马赫的"关系"，只能是归结到物质和能量里面的关系，而且是一种外部关系，他没有深入到信息层面。

再来看詹姆斯，他认为，实在的可把握的意义就是它的效用、它的可知觉的效果，就是它与我们之间的实践关系。实在的本质是在我们与之交往的实践和效用中显现出来。詹姆斯讲了许多，一言以蔽之，他的"关系"就是三种：感觉之间的关系，主体之间的关系，结果之间的关系。显然，詹姆斯的"关系"仅仅涉及物质和能量，也没有信息的位置。

最后看罗素，他的"外在关系论"，虽然离开了具体的物质形态，是纯粹的量的关系的数学抽象。然而没有离开空间和时间的客观物质，也没有离开时间和空间的主体。说穿了，这就是物质之间的数量关系。在罗素这里，仍然没有信息。

要求他们三人的"关系论"里面有信息，未免过于苛求，那个时候，人类对于信息的认识还相当肤浅，甚至"信息"这个词还没有被创造出来，当然就不会有信息内涵的"关系"了。

## 二、内在关系论：只注重信息，没有关注物质和能量

如果说上述"外在关系论"里只有物质能量而没有信息，那么罗嘉昌等人的"内在关系论"里面只看见信息，而看不到信息的承载物和传递物——物质和能量。

关系实在论者主张关系即实在，实在即关系。如罗嘉昌所言：关系在一定意义上先于关系者。[②]客观性不再是依赖于它的外在独立存在性，而

---

① 林德宏. 人：物质精神二象性[J]. 自然辩证法研究，2001，（9）：4-7.

② 罗嘉昌，郑家栋. 场与有：中外哲学的比较与融通（一）[M]. 北京：东方出版社，1994：76-97.

是各种关系性的结合。客观性不再是实体性、个体性、原子性，而是一定条件下、一定参照系中，一定关系的表现。实在和属性不再是一个凝固不变的东西，而是在不同的关系中有不同的呈现。这就是说，一定的实在性和属性只是相对于一定的关系性。如在相对论中，空间长度、时间间隔、质量等都成了随观察者选取参考系而改变的东西。一句话，罗嘉昌"悬置"了"实体"问题，只看见"关系实在"。用自然科学的术语来说，罗嘉昌悬置了"物质""能量"，只看见"信息"。

没有"关系"之外的"实在"，只有"关系"之内的"实在"。这里所谓"内在性"，不是指诸如经验、现象、感知等主观性或主体性，而是指在某种"关系"之内的"实在性"。

关系实在论的另一个重要表现，就是拉兹洛的场论。场论在强调信息的程度上，走得更远。如果说罗嘉昌采取悬置的办法，说话的方式显得委婉，并留有一定的回旋空间的话，那么系统哲学家拉兹洛则彻底冻结了物质和能量。唯一存在的是场，也就是信息。他说：场是新的形而上学的终极存在，场是最初的，而物质和心灵都是由场派生的。现代科学已经能够证明任何物质实在都是场，或可还原为场。

无论是 19 世纪末 20 世纪初的哲学家如马赫、詹姆斯、罗素等人的"外在关系论"，还是 100 年后即 20 世纪末 21 世纪初的哲学家罗嘉昌、拉兹洛等人的"内在关系论"，他们的"关系实在"基础都是不牢固的，前者没有信息，后者没有物质和能量。

## 第二节　全面而真实的内涵：复杂性概念所指称的实在

按照雷谢尔（Rescher）的观点，复杂性概念可以分为两类四种。[①]两类即为认识论模型和本体论模型。四种即认识论模型下的计算复杂性和本体论下的组分复杂性、结构复杂性、功能复杂性。四种又可以作更细的划分：计算复杂性可以分为描述复杂性、生成复杂性、计算复杂性；组分复杂性可以分为构成复杂性、类型复杂性；结构复杂性可以分为组织复杂性、层级复杂性；功能复杂性可以分为操作复杂性、规则复杂性。

---

① Rescher. Complexity: A Philosophical Overview[M]. Piscataway: Transaction Publishers，1998：9.

这些复杂性概念所指称的实在是什么呢？通过本书第一到第五章的展开，我们知道复杂性概念所指称的实在，具有流动性、过程性、关系性、语境依赖性。显然，这是与传统的牛顿经典力学下的凝固不变的实在观所不同的。我们可以将复杂性研究所描述的实在与传统的理论所描述的实在作一个比较，如表 7-1 所示。

表 7-1　复杂的实在和简单的实在之间的差异①

| 序号 | 正在涌现的复杂性研究视野中的实在 | 传统理论视野中的实在 |
| --- | --- | --- |
| 1 | 可分析的整体论实在 | 还原论的实在 |
| 2 | 非决定论的实在 | 决定论的实在 |
| 3 | 主体视野中的实在 | 客观论的实在 |
| 4 | 呈现互为因果关系的实在 | 呈现线性因果关系的实在 |
| 5 | 观察者处于实在中观察实在 | 观察者处于观察之外观察实在 |
| 6 | 实体相互关系比实体更重要 | 离散的实体本身重要 |
| 7 | 非线性相互关联-各种临界阈限 | 线性相互关联-各种边际增长 |
| 8 | 实在是涌现的、新奇的、或然的 | 实在是永恒的、不变的和可预言的 |
| 9 | 形态形成的隐喻 | 装配的隐喻 |

由上表可以看出，种种复杂性概念所指称并赖以支撑的实在的全面而真实的内涵及其哲学基础包括两个方面：一方面它是一种结构——关系并存的实在论，另一方面，它是一种生成——过程的实在论。

不仅如此，复杂性研究视野中的实在，还呈现出三种基本特征。一是实在具有演化中的结构特性，系统科学与系统哲学所展示的一系列的成果均是为了揭示这个宇宙规律。二是复杂的实在具有语境或路径依赖性。实在是历史的，与观察者在实在中的位置、时间和演化条件都有关系，因而具有路径依赖性。爱因斯坦的狭义相对论指出，时间、长度的测量结果同参考系的选择有关，即同观察者的位置与状态有关。经典科学中，人是旁观者，相对论里，人是观察者。而到了普里高津，则把科学理解为人与自然的对话。在对话中，科学家不仅仅是观察者，更是参与者。路径依赖的概念和混沌边缘的概念，都隐喻地指出了复杂性产生的局域、复杂

① 吴彤. 复杂的实在[J]. 自然辩证法研究，2005，（6）：1-4，10.

性关联的场所和时空。三是被考察的实在具有关系依赖性，实在存在于实体中的关系，在某些演化的过程中甚至比实体本身发挥出更大的作用和影响，有着更重要的意义。关系的瞬间变化，是复杂性研究自始至终关注的最重要的要素。

　　系统哲学思想史上，有两条路径通向复杂的实在。第一条是从认识论到本体论路径。具体做法是预设并承认哲学本体论上有一个实在，而人类通过新的认识方法可以认识并反映本体上的实在的复杂程度。这是早期的构成论系统哲学思想所走的道路。它预设了"关系"和"整体"，人的认识只有从"整体"与"关系"出发，方可达成对事物真正的全面的动态的认识。第二条是直接走本体的结构及其效能的路径。这是自组织理论阶段和生成论阶段系统哲学思想所走的道路。即通过自组织机制的揭示，大千世界是源源不断的生成出来的，并揭示出"分形元"或者说"生成元"这么一种原初的包含一切信息的未分化的"有""无"相关的本体，所有复杂均由它生成。但无论走哪条道路，在那里都包含物质、能量和信息。

　　如果说，"外在关系论"和"内在关系论"存在着理论分歧的话，那么系统哲学的复杂性实在观，则将这两种实在论之间的裂缝弥合了。

## 第三节　复杂的实在：两个结论

　　由此可以看出，复杂性理论之实在的哲学基础是一种"结构-关系"并存的实在论，是一种"条件-过程"的生成实在论。这样，我们就可以推出本节的两点结论。

### 一、第一个结论：构成、组织、生成兼容

　　我们先从"结构-关系"并存的实在观说起。

　　复杂的实在观，认为实在存在结构，因而是结构主义的。既然是结构主义的，那就不可避免地带有构成论的痕迹，因为它从本体论上预设了一个"复杂的整体"，其研究对象也是"复杂的整体"。而它内部的结构甚至也带有"整体"是由部分"构成"预设的痕迹，因而复杂性实在观就将构

成论阶段的系统哲学实在观涵盖在内，此其一。不过这种结构主义不是死的呆板的一成不变的，而是一种流变的富有弹性的和柔韧性的结构主义。这正如贝纳尔对流中的元胞，结构在演化中形成，在演化中改变，在它里边有组织和自组织。因而，复杂性实在观，就将自组织阶段的系统哲学之实在涵盖在内，此其二。复杂实在观特别重视结构中的关系及其变化，并且对关系的说明越来越符合传统科学的标准，这样就促进了复杂性研究的科学化，此其三。

再说"条件-过程"的生成实在观。

复杂性实在观，认为条件极为重要，条件形成过程，过程催生条件，条件与过程纠缠，形成复杂的演化生成，大千世界借此丰富多彩，千变万化，生生不息。这样，复杂性实在观这种强调过程、流变和生成，就将生成论阶段的系统哲学也包括进来了。不仅如此，由于对条件的依赖，条件的改变形成完全不同的演化，表明了复杂实在观的可分析性已经不是传统科学的可分析性，复杂性科学对象演化的规律，不再是传统意义上的规律，而是条件-因果性质的规律。

如此，我们可以得出第一个结论：复杂性实在观是一种构成、组织、生成兼容的实在观，它涵盖了系统兴起以来，从系统论到混沌理论到复杂性科学等系统科学与系统哲学兴起以来，所有的阶段和所有的各分支学科。

## 二、第二个结论：物质、能量、信息兼容

如果说第一个结论是从哲学角度得出来的话，那么第二个结论则是从科学的角度推出。

如本节第一点所述，无论是"外在关系论"还是"内在关系论"，都存在着它们固有的缺点："外在关系论"里有"实体"而没有"关系"，罗嘉昌的"内在关系论"里有"关系"而没有"实体"。用自然科学的术语来说，前者有物质能量，而没有信息，后者有信息，而没有物质和能量。两个理论都偏离了事物的本来面貌。

物质、能量和信息三者是宇宙中所有事物存在的根据，凡是能从物质方面作出解释的，均可从能量或信息的角度给予解释。只不过物质的解释是从本体入手，而能量的解释已是尽人皆知，那就是克劳修斯的"热

寂说"，信息的解释则是从关系入手。从信息的角度看，每一次对称性的破缺，都是从原来均匀、衡等的信息总量里衍生出新的信息。宇宙的膨胀如是，天体的演化如是，生物物种的进化同样如是。从遗传学的角度，物种的进化与新物种的诞生，乃是基于基因（生物信息）变异的结果，即信息的对称破缺，新信息的诞生。[①]

复杂性系统哲学的研究，则修正了上述两种理论的偏差，将物质、能量和信息这三者统一到一起来了。比如，属于各自领域的自然科学、生命科学、社会科学、思想领域等，原本各自发展，不相往来。系统哲学兴起以后，它们则归于统一，都属于系统的研究对象。这样各个学科，如钱学森所言，在"三个层次一座桥梁"框架下走到了一起。而在系统哲学的自组织理论兴起后，无论是存在的科学还是演化的科学，无论是物理学还是生物学，都统一到自组织理论的门下。耗散结构论认为，系统必须远离平衡态，并持续不断地与外界交换物质、能量和信息，系统方可形成宏观有序的新的结构。这里，物质、能量、信息缺一不可。协同学则告诉人们，系统在远离平衡态产生涨落以后，这些涨落相互之间产生竞争、合作等一系列运动促使新的序参量形成，新的序参量在系统内扩散，使整体出现新的宏观有序结构。而新的序参量之所以能够生成，离不开物质、能量和信息。而系统哲学所有的阶段性理论，各分支学科，无不兼顾物质、能量和信息。

因此，我们可以对系统哲学复杂性研究得出第二个结论：物质、能量、信息兼容。

## 第四节　复杂的实在：四点启示

既然复杂性理论之实在的哲学基础是一种"结构-关系"并存的实在论，是一种"条件-过程"的生成实在论。从系统哲学复杂性研究里所得到的上述两点结论里，我们还可以得到如下的四点启示。[②]

### 一、对于理解进化的启示

对于进化，人们以往主要是从系统的空间性的组织结构或功能变化的

---

① 高剑平. 信息哲学研究述评[J]. 广东社会科学，2007，（6）：84-89.
② 同①。

立场上来理解的。达尔文的生物进化论，把进化理解为生物的结构和性状的变化。天文学是从物质结构变化的立场上，来理解天体演化和整个宇宙的物质进化。其他学科也是从结构或功能变化的立场上，来理解自己学科对象的进化的，比如，地质学、生态学等。然而，沈骊天提出的"信息进化论"①②，则是一种对不同领域进化的一般概括。复杂性哲学之物质、信息、兼容的观点给了研究进化一个新的启示：进化的实质是系统内部产生了一种新的稳定的物质-能量-信息的流动方式。系统空间结构方式的变化，是系统内部之物质、能量、信息流动方式变化的表现。系统进化的动力是外部的物质、能量和信息，系统进化的动力学机制是内部的自组织生成机制。在复杂性哲学这里，动力和动力学机制区分开来，是系统内部的物质-能量-信息流动方式的进化，创造了新的空间组织结构，这是一种动态的结构。在复杂性哲学这里，不仅有动力，而且有动力学机制，是从动力学和组织学相结合的立场来理解进化。复杂性哲学不同于以往的静态的空间组织结构，后者仅仅是从组织学上来理解进化的。如此，"信息进化论"与传统进化论相比，则两者的高下优劣立刻被区分。

## 二、对于唯物辩证法的启示

唯物辩证法认为，运动是物质的运动，结构是物质空间的分布，内容决定形式。在唯物辩证法的理论下，人们把事物变化的原因都归结为运动，而对运动的动力则归结为事物之间的相互作用。为使人们更加深刻地达成对运动、变化、发展之本质的认识，唯物辩证法通过对内外矛盾和内外联系的讨论来研究这个问题。尽管言之成理，但毕竟显得空洞。而在系统科学与系统哲学复杂性研究下，尤其是自组织系统理论中系统动力和动力机制的区分，并赋予它们明确的内涵，而不再使用抽象的"相互作用""矛盾"等词汇。在"构成-组织-生成兼容"和"物质-能量-信息兼容"的观点下，新的系统之所以创生并稳定下来，乃是源于系统整体性和运动性的统一，这样一来就体现了物质的观点、结构的观点和

① 沈骊天. 系统信息控制科学原理[M]. 南京：南京大学出版社，1987：209-211.

② 沈骊天. 哲学信息范畴与信息进化论[J]. 自然辩证法研究，1993，（6）：41-46，50.

运动的观点这三者的统一，丰富了唯物辩证法对物质、运动和发展的认识，并使之有了坚实的复杂性科学与系统哲学的支撑。

总之，系统哲学的研究成果，为唯物辩证法提供了丰富的思想材料。而且，系统哲学还弥合了传统进化论里，结构和运动之间的裂缝。

## 三、对于可持续发展的启示

传统科学的发展模式，只是在"物质材料"或"能量"上面作文章，而从来没有在"信息"上作文章。系统哲学的复杂性研究所揭示的物质-能量-信息兼容的观点，为人类可持续发展给予深刻的启示，并指明了具体路径。可持续发展的具体路径，正是体现在物质-能量-信息兼容所导致的信息和序的相互转化上。

信息作为自然界最具有活力的因素，它的活力绝不体现于孤立的信息自身，而是体现于信息对物质、能量的组织。"序"就是信息对物质、能量组织的成果。就活生生的人而言，人之生命信息所依靠的身体，就是被基因信息组织的物质能量；人的物质生活所需要的，就是被信息所组织的物质能量——由人的劳动组织自然物质原料所生产的物质产品。而就人类社会而言，人类社会及其需求、利益，全都是以信息为源头，且以信息所组织的物质能量——序的形成作为其充分实现。人类社会的生产活动，正是信息组织自然界物质、能量形成序的过程。而社会生产的经济效益、社会财富的数量也正是与人类生活相联系的一种等效序量。人类社会的发展就是由信息产生序，再作用于信息。发展的机制也就是信息与序相互转化的规律。要实现社会的全面发展，就必须认识和正确运用这一规律。信息转化为序的规律，沈骊天曾以"微弱的有序与强大的无序相互作用生成强大的有序"[①]加以概括，又曾以 0+0=1 这一公式加以简化表述。[②]其中第一个 0 表示微弱的有序，虽然具有信息量，但支持信息的物质能量近于 0，因而序为 0，又可表示为 0(1, 0)；第二个 0 表示强大的无序，不具有必要的信息量，只拥有物质能量，因而序亦为 0，可表示为 0(0, 1)。

---

① 沈骊天. 微弱的有序与强大的无序——论当代辩证发展观与机械论演化观的根本分歧[J]. 中国社会科学, 1995,（5）：97-107.

② 沈骊天，魏芸芳. 后现代哲学的挑战与系统哲学的回应[J]. 系统辩证学学报，2004,（3）：8-12.

序的产生就是信息与物质能量的相互作用。因而社会发展、生产发展，就是人（并连同其他信息）与自然资源的相互作用。人与自然资源是发展的两大基本要素，缺一不可。没有自然资源的人，和没有人的自然资源在序上都是 0。只有二者相互作用，以人的信息组织自然资源形成序，或者说以自然资源将人的信息放大为序，才能实现生成序的发展。在这里，物质-能量-信息兼容显得何其重要。正是三者的兼容，才使得人，对于掌握先进的科学技术——信息，显得特别重要。从信息的角度看，掌握先进的科学技术，无非是以信息来合理地组织物质能量，以较低的成本来组织物质生产——这无疑是可持续发展的道路。人，尤其是掌握先进的科学技术的人，无疑对发展起决定性的作用。

这是就物质生产而言，物质-能量-信息兼容的观点，对于可持续发展的启示。不仅如此，物质-能量-信息兼容，所导致的信息和序的相互转化的观点，对于人类的社会的可持续发展，同样有着莫大的启示。

就经济发展而言，序的生成是经济发展的目的。然而，经济发展并不是人类社会全面发展的最终目的。为了实现人的全面发展，社会生产形成的序还要反过来作用于人，使人的信息得到支持、满足和发展。这就是说：序并不能代表一切，序之中还应当包含着丰富的信息，应当尊重原先为序提供组织的所有信息，而不应当通过压抑一部分信息，张扬另一部分信息建立序；序对信息的反作用也应当充分引起所有被作用信息的满足，而不是只使其中的部分信息得到满足。说得通俗一些就是：社会生产在追求经济效益的同时，应当充分张扬所有参与者的人性，而不应当使其中一部分人性受到压抑；生产的成果也应使全民受惠，而不应只惠及部分人。社会的全面发展还意味着各个不同层次的序和信息——经济、文化、政治的序和人的物质、精神、政治文明的需求——在社会协同①的作用下都获得充分扩展与转化，而不应只是经济、物质层次的增长。

全面发展的又一个方面，是社会生产形成的序对自然资源的反作用。自然资源从物质、能量上说虽然是守恒的，但自然资源本身也存在一种序，即自然秩序，或称自然序；此种序是比社会生产序低一个层次的序。自然序较高的资源（如良好的土壤、集中的矿藏、优良的生态环境）才有

---

① 沈骊天. 社会系统学初探[J]. 南京大学学报（哲学专辑），1997，（96）.

可能成为社会生产的物质能量原料；自然序被破坏的资源（如荒漠、垃圾废物、恶化的环境）是无法在形成高层次生产序的活动中充当原料、与生产信息相互作用的。因而可持续的发展还要求人类遵循人和自然协同的原则，使生产所形成的序能够给予自然系统以良好的反作用，起到重新组织被破坏的自然序、重建自然序的作用。此外，除了物质产品生产的序的反作用外，可持续的发展还要求在人口增长（劳动力的生产）和资源消耗之间的关系上建立一定的序。[①]

物质-能量-信息兼容的观点，充分诠释了信息和序相互转化。换句话说，改变信息与材料能量的结合方式，就可以产生有序。这种观点，为我们指出了可持续发展的路径。因为自然界物质能量是有限的，而自然界的信息"资源"则是无穷无尽的——从无数微小的涨落信息到简单信息叠加、变换而产生的复杂信息。

## 四、对于哲学本体论的启示

不仅如此，"物质-能量-信息"兼容的观点还有着哲学本体论的启示。

人类诞生以来，寻找自己的精神家园的举动就从来没有停止过，并给这个家园以安全感。从古希腊的爱奥尼亚学派的"始基"说，到古老中国的"天圆地方"的理念，莫不是想给人类寻找一个扎实的安全的本体论根基。人类一直就想给自身居住的地球、天体乃至宇宙找到其运动、变化、发展、演化的科学根基和哲学基础。在古代，以神话传说来表达。这可从东西方的神话传说中得到印证。古希腊神话中的普罗米修斯为人类盗取火种与古代华夏的燧人氏的钻木取火，这两者是何其的相似！在近代前期，由于牛顿力学的发展，人类有了运动、变化、发展的概念，这是迈出的非常可喜的一步，它使从古到今的思辨的运动、变化、发展的概念有了坚实的科学支撑。但由于牛顿力学里时间是反演对称的，变化和发展实际上变成对运动的重复和否定。人类开始寻找新的科学论据来支撑运动、变化和发展的内涵。克劳修斯的热力学第二原理，第一次以科学的方式告诉人们时间的不可逆性，时间不是反演对称的，是有方向性的，这样就把演化和发展等历史的观念带进了物理学。但是熵增原理描绘的发展是一幅退化图

① 沈骊天. 解读科学发展观——以人为本与社会进步的历史整合[J]. 学术论坛，2005，（3）：8-12.

景，这种图景的外推就是宇宙将最终"热寂"。而对于这样一种发展观所导致的可怕结局，人类从心理上是不能接受的。因为它没有给人类带来本体论的家园感和安全感。普里高津的耗散结构论调和了达尔文和克劳修斯之间的矛盾，人类终于看到了有序也是能够生成的，宇宙并不仅仅是热寂的唯一出路，这带给人类些许的安慰。但是普里高津的耗散结构论一方面回避着恩格斯当年的科学悬念，一方面很小心地在不违背热力学第二定律的前提下展开论述①，企图在中间踩钢丝。耗散结构论所论证的有序的生成，也就只能在宇宙热寂的大趋势中局部系统可以从无序变为有序；其他一些自组织理论，也紧跟着耗散结构论，默认耗散结构论不违背热力学第二定律的前提，而对避免宇宙热寂前景的解释无能为力。对于最终建立具有彻底安全感、家园感的人类哲学本体论而言，自组织理论并没有最终解决问题。

　　然而在物质-能量-信息兼容的观点下，在物质-能量-信息兼容所导致的信息和序的相互转化的原理②之上，我们看到的世界不仅存在着，而且演化着。这种演化尽管包括熵增的退化现象，但更多的是从无序到有序的发展进化过程。人类不必整日诚惶诚恐、杞人忧天，人类面对的大自然是一个欣欣向荣的自然界，是一个生机勃勃的自然界。只要人类自身对待自然的方式得当，那么人类将千秋万代，永续发展！

---

① 湛垦华，沈小峰，等. 普利高津与耗散结构理论[M]. 西安：陕西科学技术出版社，1982：27.
② 见本节的第三小点"对于可持续发展的启示"。

# 第八章　系统哲学思想与世界新图景

在前七章中，我们从"实体"与"关系"的角度切入，对系统哲学思想史的发展脉络做了比较详细的梳理；在系统哲学思想发展的历史长廊上，对主要人物的主要理论、国际著名学派的系统哲学主张、国内代表人物在系统哲学方面的主要创见等，都作了全面深入的梳理、探讨、概括与总结。通过第一章到第七章，我们看到了系统哲学思想产生与发展的历史演进过程。系统哲学思想史是反映人类对自然界与人类社会整体发展的观念性和规律性的认识。系统哲学某种阶段性思想和理论的提出，是对自然规律或社会规律不同层面的把握和体认，其思想往往超越了具体学科的范围，对人类社会产生或深或浅的影响。因此，系统哲学思想史具有很强的普适性和指导意义。不仅如此，系统哲学思想还描绘了一幅璀璨夺目的世界新图景。

我们知道以培根、洛克、牛顿为代表的英国哲学传统，描绘的世界图景是绝对空间中并存的"实体"之间所产生的外部联系，并因此产生了物质运动，数学是必不可少的度量与控制工具，这是机械论外部联系的确定性图景。这种由独立"实体"间外部联系所构成的秩序，就是经典自然科学所描绘的世界图景。①

以莱布尼茨、康德、谢林、黑格尔为代表的德国哲学传统，始终以分析精神的"内在过程"为宗旨；以爱因斯坦的相对论、以哥本哈根学派为代表的量子力学的科学哲学传统，则始终以"关系"与"整体"的内在联系为宗旨，具有内在性、过程性、能动性，所展开的是内在联系过程的哲学概括与提炼。所谓内在联系，指的是事物渗透到对方内部，通过改造对方来表现和实现自身的全过程，包括"能动性内在联系"和"受动性内在联系"。前者是事物主动渗透到他物内部并通过创造他物来表达自身。后者则是事物被动地接纳他物在自身的渗透、表达与实现并规定着他物的过

---

① 高剑平，文茂臣，杨博. 本体论的历史演进：从"实体论"、"关系论"到"深层生成论"——兼评鲁品越教授的著作《深层生成论：自然科学的新哲学境界》[J]. 新时代马克思主义论丛，2020，（2）：35-53.

程。由此，建立了事物之间的内在联系并构成事物的内在秩序。这就是相对论与量子力学所描绘的世界图景。①

　　然而，系统哲学思想正在向人类展示一种崭新的世界图景：包括"能动性内在联系"和"受动性内在联系"在内，它们在事物的"关系"中不断地演化、生成和发展，这种演化、生成和发展的"关系"永远都不会完结，因为人类与自然界的相互生成与发展永远都不会完结。这种新图景将相对论与量子力学所描绘的世界新图景向前推进了一大步，这就是系统哲学思想所描绘的世界新图景，同时也是系统哲学思想所展示的哲学新境界。

　　本章将深入探讨系统哲学思想与世界新图景，具体展开为四个部分：①系统哲学思想与认识论变革：从"实体"的哲学到"关系"的哲学；②系统哲学思想与方法论变革：自然科学与社会科学日益成为一个整体；③系统哲学思想与世界观转换；④系统哲学思想与人类命运共同体。

# 第一节　系统哲学思想与认识论变革：从"实体"的哲学到"关系"的哲学

## 一、"关系"原理：不同学科的同型性认识论基础

　　系统哲学思想史所展现的一个重要原理，就是"关系"原理。

　　贝塔朗菲的一般系统论致力于研究异质同型性现象。贝塔朗菲一再声称，他建立一般系统论的基本方法就在于确立不同的学科领域起作用的同型性。甚至早在 1949 年，贝塔朗菲就阐述过不同等级的理论。②按照这种理论，描述的第一等级是确立类似性，即确立被研究客体属性的外部相似性。第二等级揭示逻辑同调（同型性），即确立形式上相同的定律，这些定律制约着不同物质现象的功能。第三等级才是专门的解释，即指出各种现象发展的条件和专门的规律性，而这些过程则是根据这些规律性进行的。贝塔朗菲坚信同型性具有重大科学意义。

---

　　① 高剑平，文茂臣，杨博. 本体论的历史演进：从"实体论"、"关系论"到"深层生成论"——兼评鲁品越教授的著作《深层生成论：自然科学的新哲学境界》[J]. 新时代马克思主义论丛，2020，（2）：35-53.

　　② 转引自：萨多夫斯基. 一般系统论原理：逻辑-方法论分析[M]. 贾泽林，等，译. 北京：人民出版社，1984：191.

在创立一般系统论的过程中，贝塔朗菲非常推崇这样一种观点，即确立不同研究领域的科学认识规律性的同型性，而这种同型性将有可能揭示应用于系统的一般原则。一般系统论的目的不在于揭示不太确定的类似性，而在于确立适用于解释那些在通常的传统科学中未予以注意的现象原则。一般系统论的任务是在揭示不同现实域的规律的同型性的基础上，为现代科学知识的综合创造基础。

贝塔朗菲认为，不同领域或不同学科的同型性，需要以下三个条件：[①]

（1）能够很好地描述自然现象的简单数学式数目有限。因此，本质不同的领域会出现结构同一的定律。这个道理也同样适用于普通语言的陈述；这里的数目同样是有限的，却要把它们用于十分悬殊的领域。

（2）科学的存在告诉我们，用概念构思表示实在的秩序的某些特征，是可能的。这种可能性的先决条件是实在本身存在着秩序……

（3）各个不同领域间一般概念乃至特殊定律的对应性，是把它们与"系统"联系起来的结果，是把某些一般原理应用于各种系统而不问其实质的结果。

那么，这个不同学科的同型性认识原理是什么呢？答案是"关系"！

从更一般的层次上说，贝塔朗菲在大量的例子中特别提到了"不同领域一般认识原理的相似性"[②]即"不仅是不同学科在一般方面的观点上相似，而且往往在不同领域里可以发现形式上相同的定律即同型的定律，在许多情况下，同型的定律适用于某些等级种类或亚类的'系统'，而不考虑有关实体的性质。这表明一般系统定律是存在的，这些定律可用于一定类型的任何系统，而不考虑系统的特殊性质和多个元素的特性。"[③]这句话的意思就是，系统所侧重的不再是"实体"，而是"关系"，即作者所说的所谓"某些等级种类或亚类的'系统'"。贝塔朗菲还说："事实上，相似的概念、模型和定律经常出现在相去很远的各种领域中，它们都是独立的并以完全不同的事实为基础的领域。有许多这样的事例：重复发

① 贝塔朗菲. 一般系统论：基础、发展和应用[M]. 林康义，魏宏森，等，译. 北京：清华大学出版社，1987：77-78.

② 贝塔朗菲. 一般系统论：基础、发展和应用[M]. 林康义，魏宏森，等，译. 北京：清华大学出版社，1987：2.

③ 贝塔朗菲. 一般系统论：基础、发展和应用[M]. 林康义，魏宏森，等，译. 北京：清华大学出版社，1987：34.

现同样的原理。这是一个研究领域的工作者不知道他所需要的理论结构已经在其他某个领域发现了。"①重复发现同样的原理是什么呢？是"关系"原理。

一般系统所表现的"关系"原理，具有普遍性。它与传统的科学研究遵循的"实体"原理有质的不同。经典科学的各门学科，如物理学、化学、天文学乃至生物学和社会学等，力图从可观察宇宙中分离出"实体"来——原子、分子、酶、细胞、作为个体的自由竞争者等。在"实体"的层面加以研究，并指望在"实体"概念上把它们放在一起，就会形成整体并理解整体——自然、细胞和社会等。然而，用系统哲学的观点来看则不然，要理解一个事物，不仅要理解它的要素即"实体"，而且还要知道要素间即"实体"间的相互联系即"关系"。例如细胞中各种酶的相互作用即各种酶的"关系"，许多有意识和无意识心理过程的相互作用即有意识和无意识的"关系"，社会系统的结构和动力学即组成社会各要素间的相互"关系"等。这就要求我们在实践中探索各种系统的本来面目和特性。就广义而言，"系统"一词，就包含有"关系"的内涵，没有"关系"，何来"系统"？而在其内容完全不同的系统中，呈现出相似的"关系"性，有时甚至是惊人的相似，也就不足为怪。确实，在系统中，"关系"具有普遍性。

控制论的创始人维纳，在谈到建立控制论时就做过这样的说明：他用"控制论"这个词来标识这个问题领域，是出自一种简单的原因，他在生物科学和工程学科的研究过程中，发现了许多相似的东西。维纳所说的这种相似的东西是什么呢？是"关系"。因而他力图把不同的东西的相似性表示和指明，使用了"控制论"这个词汇。控制什么？控制输入和输出之间的"关系"，目的是想把各个科学领域中进行的努力联合起来，使相似的问题得到统一的解决。

如果说，一般系统论、控制论、信息论侧重揭示事物内部静态的"关系"的话，那么耗散结构论、协同学、超循环理论等侧重揭示动态之间的演化"关系"。协同学的创始人哈肯在谈到创立协同学的动机时，也表达

---

① 贝塔朗菲. 一般系统论：基础、发展和应用[M]. 林康义，魏宏森，等，译. 北京：清华大学出版社，1987：31.

了这样的看法。他说："近年来，越来越清楚地看到，物理系统和化学系统中存在大量的例子：具有充分组织性的空间结构，时序结构或时空结构从混沌状态中产生出来。……这些结构是自发地发展起来的，它们是自组织的。使许多科学家惊奇的是，当大量的这类系统从无序状态变为有序状态时，它们的行为显示出引人注目的相似性。这一点有力地表明，这类系统的功能作用遵循同样的基本原理。"①在这里哈肯说的是动态地产生自组织的"关系"。不仅如此，他还说："当发现原来完全不同的系统也完全有类似的特征时，对很多科学家来说，这是一件惊奇的事。在这些系统中有远离平衡的物理系统，或者甚至很多非物理系统，而且这些相变又可以归纳。它们中的一些与平衡中的相变或类似相变的现象严格地对应着，所出现的一些类型，则可以看作是旧类型的自然推广。……我希望通过这种方法，对于是否存在一些支配着系统的自组织和宏观结构或功能演变的一般原理或机制的问题，也提出新的看法。"②在这里，哈肯表达了对探索"关系"的动态性演变机制，也即自组织机制的关切。

突变论的创始人托姆从数学研究角度提到了"关系"，这个不同学科的认识原理的同型性问题。托姆认为，现代科学急切地感到有必要理解事物稳定性内部的调节机理。我们要懂得关于控制和调节的一般理论。托姆这里说的关于控制和调节的一般理论，就是"关系"的控制和调节的理论。因为这种理论将使我们有可能掌握自然系统和人工系统在稳定化过程的相似性，也只有这种理论才能真正展开多学科间的对话。尽管学科不同，但"关系"却是各学科普遍存在的。

托夫勒说："我们正处于新的综合时代的边缘。在所有知识领域内，特别是经济学，将恢复广泛思考和全面的理论。对今后事物的态度，是寻求震撼我们生活变化的涓涓细流，揭示它们之间潜在的联系。"③在科学技术高度发达的当代社会，仅仅依靠单学科的分析方法已经显得无能为力，必须建立起系统思维，进行多角度、跨学科的整体的系统的研究，而这种系统研究的同型性认识原理就是"关系原理"。

---

① 哈肯. 协同学引论：物理学、化学和生物学中的非平衡相变和自组织[M]. 徐锡申，等，译. 北京：原子能出版社，1984：第一版序.

② 哈肯. 协同学[J]. 任尚芬，译. 自然杂志，1978，（4）.

③ 托夫勒. 第三次浪潮[M]. 朱志焱，潘琪，张焱，译. 北京：生活·读书·新知三联书店，1983：15.

## 二、"关系"与"实体"的历史回顾

所谓"关系",并不是今天才有,人类从诞生的那一天起,关系就存在着。人类要生存,就必须劳动;劳动就得与自然界打交道,这样人类不可避免地要与自然界发生各种各样的关系,以便维持人类生存繁衍。可见,人与自然的关系是最早的"关系"。

人与自然的"关系"实实在在地存在着,但人类明白这种"关系"则是经过了极为漫长的岁月的。原始人首先知道了自然界的存在。眼睛可以看见五颜六色的自然世界,身体可以触摸并感觉到这个鲜活的世界,朦胧地意识到自己与外部世界有着千丝万缕的关系,但究竟这是怎样的一种"关系"呢?人类并没有就此展开对"关系"的研究,而是先转向了"实体"。

随着人类文明的发展,无论是东方还是西方,都出现了朴素的唯物主义,认为世界是物质的。那么什么是物质呢?人们开始寻找这一个个物质,在人的观念里,也就是物质"实体",正是这种最初的"实体",即世界本原构成了这个自然界。

人们开始寻找世界本原的"实体"——"宇宙之砖",只要找到了这个"宇宙之砖",整个宇宙就可以再生出来。古代的科学是这样,古代的哲学也是这样。当然,古时候科学与哲学是联系在一起的,科学还没有从哲学中分化出来。

在古希腊哲学中,泰勒斯把"宇宙之砖"归结为"水",阿那克西美尼把"宇宙之砖"归结为"气",赫拉克利特则将"宇宙之砖"归结为一团永恒的"活火",阿那克萨戈拉将其归结为"种子",德谟克利特则在总结唯物主义先驱者观点的基础上,在更深的层次上将其归结为"原子"。与此相对应,在古老的东方,则将"宇宙之砖"归结为"阴阳五行",即归结为"水、木、金、火、土"。

亚里士多德将万物统一的本原,进一步概括为"实体"。亚里斯多德认为,实体是一,不变。它有两个标准:一是不表述主体,二是不存在于一个主体之中,不依赖于任何主体,然而却客观存在。亚里士多德所说的"实体"有第一实体和第二实体之分。第一实体指的是客观存在的个别事物，例如某一个人、某张桌子、某间房子等。第二实体是指第一实体的种和属，例如人、动物、植物等。亚里士多德在论述第一实体和第二实体的关系时，强调第一实体是最重要的、最基本的东西。

整个古代哲学及科学都是围绕"实体"来展开的。当然这种"实体"是模糊的、直观的、猜测的。与此相对应，古代的思维方式是整体的思维方式。

近代早期对"实体"进入了分门别类的研究，从哲学这个大"实体"里分化出了各门具体的关于"实体"的研究——各门具体科学的研究。这时候，"实体"是具体的，通过研究"实体"的属性，去认识"实体"。

近代早期的这种关于具体的、实验的、定量的"实体"的认识，比之古代的关于模糊的、直观的、猜测的"实体"的认识，是一个革命性的飞跃。首先，将认识的对象转向自然界。此时的"实体"已不是希腊式的整体的自然轮廓，而是深入到自然的某一领域，将"实体"进行分门别类的研究。其次，将经验作为认识的起点，认为经验是真正的教师。再次，用定量的分析和综合的方法，取代从思辨到思辨的直观的笼统的方式去研究"实体"，并出现了更高层次的概括。譬如力、运动、时间等新的概念和范畴。最后，用机械类比的方法表述对自然"实体"的认识，这是用"实体"的简单运动概括"实体"的复杂运动，用量变来说明质变。

哥白尼的日心说完成了近代科学观点的第一次重大转变，影响了人们的思想与信仰，促使人们的观念发生变革，日心说向人们证实了观察实验在研究"实体"中的作用。哥白尼的观察方法虽然还不是真正的研究"实体"科学的方法，但却为关于"实体"的近代实验科学研究提供了一个良好的开端。

开普勒以简明清晰的数学语言精确地描述了其研究的"实体"——天体的运动规律，不仅丰富和发展了哥白尼的天文学理论，而且对近代认识论的发展起了重要作用。他不仅肯定了哥白尼体系的物理"实体"的实在性，而且认为物质"实体"之间存在着量的特征和关系，量才是"实体"的根基，在对"实体"的认识过程中，量的范畴要比其他范畴更为优先。在开普勒这里，"关系"是"实体"之间的量的关系。对量的揭示，表明自然科学已经从旧的哲学框架中解脱出来，开始建立新的方法论体系。

伽利略则为机械论提供了基本的认识论和方法论。他把认识的目的归结为寻找"实体"之间的"因果关系"。自然界一切事物都严格服从于因果律。因此，科学的研究，就是寻找"实体"背后的支配自然变化的永恒的"因果关系"。在伽利略这里"关系"表现为"实体"之间的"因果关系"。伽利略开创了近代自然科学的经典方法：实验和数学相结合的方法。即在对"实体"观察和实验的基础上，对现象提出假设并建立数学模型，然后再用实验加以验证。他把被研究的"实体"对象分解为较简单的因素，排除或忽略次要因素，重点观察各主要因素之间的因果"关系"。这种方法得出的是一种有计划、有目的、可重复验证的经验，减少了以往观察中的盲目性。伽利略无愧于近代物理学之父，他提供的概念、思想、科学方法一直影响到现在。

哈维采用物理学中研究"实体"的方法，把观察实验和定量分析应用于生理学研究。他用机械术语和机械原理描述血液的运动，较客观地揭示了血液的运行机制。他的成功。引起了其他生理学家对近代早期关于"实体"的机械论的研究方式的崇拜。

近代早期的这种定量、分门别类地研究自然界"实体"的方法，提供了形而上学的思维方式，经过哲学家的提炼，后来演变为形而上学哲学观和机械论思潮。

培根把事物的基本成分——色、声、味、光、密度、冷、热等，看成是简单的性质，正是这些简单性质的排列组合构成了自然界的千差万别。培根用分析的方法，把完整的个别的事物分解成一个个属性，并认为只要认识了个体事物的一个个属性，然后再把它们按一定的"形式"综合起来，就可以认识"实体"。培根以他重经验重实用的认识论和方法论为机械论注入了唯物主义精神，并开创出近代科学研究的基本方法——归纳法。

笛卡儿则在二元论基础上构造出机械论的新图景。笛卡儿是古典二元论者，他的世界分为精神世界和形体世界。在笛卡儿的形体世界里，物质是唯一的客观"实体"，一切形体都是做机械运动的物质，都可以用机械原理加以描述和说明。从这一点出发，他对一切"实体"即物质、运动、天体、动物以及人体的运行机制等，都作了机械论的解释。

机械论思潮发展到成熟的标志，是关于"实体"的牛顿经典力学的建立。牛顿对于近代科学的贡献主要表现在三个方面。首先，牛顿完成了科学史上第一次理论大综合。牛顿运用数学工具对"实体"——无论是天上的"实体"即天体，还是地面的"实体"即物体运动，做了整体考察，打破了地上与天上"实体"的传统划界，第一个认识到地面运动与天体运动都受相同规律的制约，建立起在天体和地面都普遍使用的法则。

其次，牛顿力学在宏观"实体"的领域，建立起统一的"因果关系"链条，代表一种成熟的科学形式。在牛顿这里，"实体"表现为宏观物体，"关系"则表现为"实体"即宏观物体之间的因果关系。为了确立适合于任何运动的物理"因果关系"，牛顿作了三件有创建性的工作：找出在无限短时间内"实体"也即物体运动的微分形式，用微分表达在外力作用下"实体"也即质点的瞬间运动变化规律，此其一；在伽利略力学概念的基础上引进新的概念——质量，也即"实体"的质量，在力和加速度之间架起了桥梁，此其二；设想作用在"实体"即作用在一个物体上的力，由周围物体的位置所决定，此其三。这三种关系的确立，揭示出物体运动和力的内在联系，迈出了将运动学发展为动力学的关键的一步，使物理学建立起关于"实体"也即物体运动的完整因果概念。

最后，牛顿力学为近代科学和机械论哲学提供了完整的范畴体系。牛顿对质量、力、空间、时间、运动、运动量等概念都一一作了严格的定义和说明。牛顿大大发展了伽利略的时空概念，对物理时空作了合理抽象，提出绝对时空、相对时空的概念。使力学研究在一种纯粹的、独立的、真正的过程中进行，在更深的层次上揭示出自然界的"因果关系"。牛顿把基本力学概念看成是互相联系的整体，在它们之间建立起严格的逻辑关系。在牛顿这里，"实体"之间的相互"关系"，抽象成概念之间的"关系"。牛顿的概念体系为后人提供了建立科学概念的典范。

经典形态的机械论，其基本观点可以表述为：整个宇宙系统是由物质组成。物质的性质取决于组成它的不可再分的最小微粒也即"实体"的空间结构和数量的组合；物质具有不变的质量和固有的惯性，它们之间存在着万有引力。一切物质运动都是在绝对、均匀的时空框架中的位移，都遵循机械运动定律，保持严格的因果关系，物质运动的原因在物质的外部。

与此同时，英国唯物主义哲学家霍布斯和洛克把机械论从自然科学移到哲学领域，将力学范畴引入哲学，确立了物体、偶性、运动因果性等基本范畴。"实体"在霍布斯那里表现为"物体"。"物体"范畴是霍布斯哲学体系的核心，他把物体定义为"不依赖于我们思想的东西，与空间的某个部分相合或具有同样的广袤。""这种物体是可以加以组合和分解的，也就是说，它的产生或特性我们是能够认识的。"①在霍布斯的这两句话里，表达了他对"实体"也即"物体"的三个方面的认识：一是"实体"也即物体是唯一的客观存在，它不依人的主观意志为转移；二是"实体"也即物质的根本特性是广延性；三是"实体"也即物质是可以被认识的。后来列宁吸纳了这个思想，列宁给物质下了一个定义：物质是不依人的主观意志为转移并能被人的意识所反映的客观实在。

洛克的贡献，则表现在对"实体"也即"物体"做出的机械论解释。他把"实体"也即物体的广延、形状、运动或静止称为物质的第一性质，是物体的基本性质。把能在人类感官上产生色、声、味等感觉的性质称为第二性质，是附带的性质。基本性质决定附带性质。洛克的贡献在于，他表达了以量的变化说明质的区别的思想：把组成物体的物质微粒也即"实体"的空间结构和数量组合看成是物体的"实在本质"，作为决定一切物体特征的内在根据。

这一时期对"实体"的认识，实际上是通过"物体"分门别类的方法来研究和认识事物的属性，事物的属性就这样一个一个地被认识，尽管其方式是割裂的、静止的、形而上学的，但这是人类认识的一个必经的环节。这是人类第二阶段的思维方式：分析思维方式。

### 三、"关系"：学科理论系统增长的渊源

人类进入文明时代以来，学科理论系统的每一次辉煌成就，都必然地推动着人类文明的特定历程。迄今为止，各国的科学家哲学家为了解释学科理论的系统进步，提出了形形色色的模型，如逻辑实证论者的"累积进步模型"、科学实在论者特别是英国科学家波普尔的"猜想反驳证伪——逼近真理模型"、美国科学哲学家库恩的"范式变革模型"以及劳丹的"科学研究纲领模型"等。毋庸赘言，这些模型对学科理论系统的进步起到了积极作用。

任何一种学科理论系统，作为科学的知识体系，其结论不仅应和我们

① 北京大学哲学系外国哲学史教研室. 十六—十八世纪西欧各国哲学[M]. 北京：商务印书馆，1975：83.

已知的事实相符合，而且还理应具有预言某些未知事实的功能。也正是在这个意义上，研究学科理论和系统研究科学问题是应当有差别的。科学的知识可以是针对某个具体事物或问题的真理性结论；而学科理论系统则是对一系列真理性认识的逻辑整合。波普尔认为："科学的进步是从理论到理论，是由一系列愈来愈好的演绎系统所组成。而我真正想提出的倒是：应当把科学设想为从问题到问题的不断进步——从问题到愈来愈深刻的问题。"① 这种见解当然是深刻的。但如果将学科理论系统的进步仅仅归结为"从问题到问题的不断进步"显然也是不够全面的。

那么学科理论的系统发展究竟从何开始？

我们认为，一切学科理论系统都是从研究"关系"入手的。换句话说，一切学科理论系统都渊源于"关系"。学科理论系统不仅源于人们对"关系"的认知，而且学科理论的进步就是从一种"关系"到另一种"关系"的转换，更进一步地，随着各"关系"之间的逻辑演进，从而形成一个庞大的公理演绎体系。②

科学史上，欧几里得的《几何原本》（公元前 300 年左右）、牛顿的《自然哲学的数学原理》（1687）、拉格朗日的《解析力学》（1788）、克劳修斯的《机械热理论》（1876）等重要著作都是按照这种结构写成的。近现代许多的大理论家，包括爱因斯坦在内，都是从这个意义上来理解学科理论系统的研究途径的。比如，《几何原本》共 13 卷，第 1 卷就给出了 23 个定义、5 条公设，紧接着又给出 5 条公理。然而，这些定义、公设和公理都是对现实事物之间"关系"的一种抽象描述。譬如"相互重合的两事物是相等的"这条公理，是在说明两个事物在相互重合状态下的量的相等"关系"；而"全体大于部分"的公理，则是表明"全体"与"部分"的量的"关系"。庞大的几何学理论体系，正是建立在对这些"关系"的基础上，发展于"关系"的演绎中，并不断发现新的"关系"而得以系统化的。

首先，人们通过观察和科学实验所发现的各种事物最基本的"关系"（relation，也即公理、公设等），是学科理论系统发展的最初基石。其次，从这些最基本的"关系"出发，人们为了进一步阐释此"关系"与彼"关

① 波普尔. 猜想与反驳：科学知识的增长[M]. 傅季重，纪树立，周昌忠，等，译. 上海：上海译文出版社，1986：317.

② 韦诚. 关系：学科理论系统增长的渊源[J]. 系统辩证学学报，1997，（14）：88-90.

系"的内在"关系"，或公理、公设、定理之间的"关系"以及它们同其他事物的"关系"，就会不断尝试性地提出建构这种联系或"关系"的途径和方法。最后，经过若干次若干种方法的推演和分析，一旦某些或某种方法实现了人们试图要说明的问题，那么，一些更为广泛而深入的新的"逻辑关系"（logic relation）就会被确定下来。至此，一种较为系统的，可以解释甚至可以预测特定领域或各种事物本质或"关系"的学科理论（theory）系统就形成了。因此，我们说：一切学科理论系统都源于对"关系"的认知。这个命题之所以能够成立，还有以下三点坚实的支撑。

第一，这是由学科理论的整体性决定的。尽管学科理论系统的形成发端于对各种事物之间"关系"的研究，但并不是各种"关系"的简单堆砌。美国逻辑学家蒯因强调：我们关于外部世界的陈述，不是个别的，而是作为一个整体，去出席感性的法庭的。[1][2]但必须说明的是，任何学科理论系统所选定的对一些"关系"的陈述，必须是足够的完备。同时，学科理论系统的任何定律、原理均可由这些"关系"推导出来。如果缺少了对必要"关系"的认识，那么就有许多"逻辑关系"无法被认识和运用，从而也就难以建立完备的学科理论系统。但是人们对客观"关系"和"逻辑关系"的发现和推演，不是一次完成的，而是一个动态的整体的增长过程。[3]

第二，这是由学科理论系统的继承性所决定的。历代学科理论系统虽然有一些变化，但作为人类的知识财富和社会意识，它们都有其连续性、继承性的特征。因为，每一时代的人们，总是根据时代发展和实践的需要，来对理论遗产做进一步的发展和补充。这种补充，有对学科理论系统内部各种公理、公设等最基本"关系"的补充和发展；有对"关系"与"关系"之间关系的补充和发展乃至"逻辑关系"的补充和发展，更有对各种方法、规则、方法论的批判和扬弃。这是一个不断积累的过程。[4]

第三，这是由学科理论系统的逻辑一致性所决定的。事实上，在学科理论系统的"关系"链条上，即使任何一个简单的"关系"，也来源于对

① 蒯因. 从逻辑的观点看[M]. 江天骥，宋文淦，张家龙，等，译. 上海：上海译文出版社，1987：38-39.

② 林定夷. 论科学进步的目标模型[J]. 中国社会科学，1990，（1）：3-18.

③ 韦诚. 关系：学科理论系统增长的渊源[J]. 系统辩证学学报，1997，（4）：88-90.

④ 同③.

观察到的复杂的经验事实的客观的提炼，都是对客观事物内部所包含的固有的规律性的发现。①学科理论必须自洽，并且前后逻辑必须具有一致性。也就是说，各种"关系"必须逻辑一致。

当然，上面所讲的"关系"是事物的外部"关系"，但是正是因为经典科学对外部"关系"的一步步推进，终于迎来了系统科学与系统哲学之内部间的"关系"的来临。所以我们认为，一切学科理论系统都源于对"关系"的认知。科学的进步，从某种方式上，我们可以说：就是从"关系"到"关系"。即从无"关系"到有"关系"，从简单的"关系"到复杂的"关系"，从线性的"关系"到非线性的"关系"，从外部的"关系"到内部的"关系"，从局部的零碎的"关系"到整体的系统的"关系"。

## 四、从"实体"的哲学到"关系"的哲学

相对论和量子力学的建立，奠定了现代物理学的基本框架。相对论和量子力学理论框架所表现出来的却不再是"实体"的特征，而是揭示出蕴涵其中的"关系"特征和"整体"观念。量子力学所揭示的量子性质对于测量仪器的依赖性表明：量子现象是不可分割、不可还原、不可由其他过程来说明的基本事件和过程。量子本质上的不可分性，使人们原则上不再能够无限精细地划分量子客体和测量仪器之间的界限而去认识客体即"实体"的"自在"状态，而只能认识作为"系统"相互作用结果的量子现象整体。在量子力学中，"关系"显示出先于"实体"性质的逻辑地位。而量子力学的整体论原则，则进一步揭示出作为"实体"的基元分割方法的局限性。

量子力学所揭示的"关系"特征和"整体"观念恰恰又与系统论、信息论、控制论、耗散结构论、自组织理论、突现论……乃至生命科学等关于"关系"的系统哲学相通。

现代系统科学则告诉人们，"实体"中的某一"属性"之所以如此，是由"实体"中的"关系"（或结构）决定的。于是人类从对事物"属性"的认识便进入到对事物"关系"的认识。当人们能够准确地找出事物的内部结构"关系"，并用数学的方法把事物内部结构中量的"关系"也描述

---

① 韦诚. 关系：学科理论系统增长的渊源[J]. 系统辩证学学报，1997，（4）：88-90.

出来，人们便可以按原样把事物复制出来。系统哲学从对部分的孤立分析，转向对系统整体的综合分析，这种对"关系"的认识，较之先前对"实体"的认识，是认识的更高阶段。

一般系统论把系统定义为：由若干要素以一定结构形式联结构成的具有某种功能的有机整体。在这个定义中包括了系统、要素、结构、功能四个概念，表明了要素与要素、要素与系统、系统与环境三方面的"关系"。系统的一个基本特征就表现在各种"关系"之中。结构和功能作为系统论的两个基本范畴，就是以"关系"来表征的。就信息论而言，信息本质上是主客体之间认识和被认识的联系或"关系"，是客观事物普遍联系的形式。普里高津的耗散结构论同样强调"关系"，系统的开放——即与外界的"关系"是系统进化的基本条件。因为只有在开放的条件下，系统通过与外界交换物质和能量，从外界吸收负熵流，才能使系统内部的熵减少。而系统的内部"关系"——也即系统内部的非线性相互作用，则是系统进化的根据。另一个自组织理论——哈肯的协同学，其"关系"特征更为明显。哈肯把自己的理论命名为"协同学"，其目的就是强调"关系"。系统自组织结构的形成，是系统整体各种"关系"协同作用的结果。系统学科的各个分支学科，都把"关系"作为认识论基础。上述事实说明，人们对自然事物的认识，从对"实体"为重点的考察转向对"关系"为重点的考察，"关系"特征和"整体"原则，实现了世界图景从"实体"中心向"关系"中心的转换。系统哲学思想集中体现了从"实体"的哲学到"关系"的哲学。

从"实体"的哲学到"关系"的哲学这种思维方式的转换，是人类第三阶段的思维方式，这是随着科学技术的革命和系统哲学的发展，而出现的一种全新的思维方式，是现代科学发展的趋势。系统哲学思想反映了现代社会生活的复杂性，故而系统理论和方法能够得到广泛的应用。系统思维方式不仅为现代科学的发展提供了理论和方法，而且也为解决现代社会中的政治、经济、军事、科学、文化等方面的各种复杂问题提供了方法论的基础，系统观念正在渗透到自然界和人类社会的每一个领域。①

---

① 乌杰. 学习和推广马列主义系统思想——兼论哲学理论创新[J]. 系统辩证学学报，2001，（4）：57-64.

## 第二节　系统哲学思想与方法论变革：自然科学与社会科学日益成为一个整体

20 世纪三四十年代以来所兴起的持续至今的系统哲学思潮，带来了深刻的方法论变革，这主要体现在四个方面：一是知识变革：由学科结构层次到学体结构层次；二是自然科学日趋"软化"，日益向社会科学的认识方式逼近；三是自然科学的认识方式发生五点颠覆性改变：从旁观者到参与者、从可逆性到不可逆性、从简单性到复杂性、从机械决定论到非机械决定论、从精确性到模糊性；四是社会科学日趋"硬化"，日益向自然科学的认识方式逼近。正是这四个方面的方法论变革，使得社会科学越来越"硬"，自然科学则越来越"软"，"软""硬"互渗。一方面自然科学与社会科学在不断地向对方提出挑战，另一方面，自然科学与社会科学两大领域的联系在不断的加强，彼此都在奔向对方。从而，使得自然科学与社会科学这两大领域日益成为一个整体，本节将作全面、深入的探讨。

### 一、知识变革：由学科结构层次到学体结构层次

系统哲学思想史揭示，现代科学发展的重要特征是系统综合不断增强，科学知识的发展呈现整体化趋势。当然也有分化，但是这种分化仅仅是系统综合化趋势的一种表现。这一综合化趋势不仅表现在自然科学的不同学科之间或社会科学的不同学科之间的相互影响，而且表现在自然科学和社会科学这两大门类之间的相互渗透，日益形成一个跨学科的学科群，形成一个综合的、系统的跨学科体系。

因此，一门学科所取得的成果及其方法可以迅速转移到其他学科，多门学科共同的语言、概念和方法正在形成，从而每一门学科都是在与整个科学体系的密切联系中向前发展，单科独进的孤立发展已经是愈来愈困难，甚至是越来越不可能。

现在学术界有一种流行的观点，认为现代科学的系统化综合化是指学科之间的交叉和综合，所得到的结果是某些跨学科的研究领域或新的学

科。无疑，这种观点是对的。这样的认识也是很重要的。但是，如果仅仅停留在这个层面，又是很不够的。

刘发中在 1993 年 3 月的《理论月刊》发表了《科学学体论与科技整体生产力论》一文，表达了这样一种观点，现代科学系统化综合化的根本之处在于：通过学体化的变革，使科学知识世界进入一个更高层次，即由学科结构层次进入到学体结构层次。①刘发中、张扬二位的观点尽管发表于 20 世纪 80 年代，但本书很赞同这种观点，认为其很有前瞻性。正是这种科学技术结构上的实质变化，才使得科学技术知识体系发生了学体上的变革。正是这种变革，在人的头脑中催生并建立科学学体变革的观念，从而使科学总体领导获得了实体的内容。即这种总体领导不是停留在对多学科松散集合的处理上，而是建立在科学学体及其综合物之上的科学总体领导，从而加深对系统哲学的跨学科研究的认识。

所谓科学学体化变革，指的是在科学发展的任何一个大阶段上，都存在着的当时的科学基本结构，及其他在思想上支配着当时科学的运动和科学变革。比如，近代科学的基本结构是笛卡儿-牛顿世界观和实验数学方法论，这种结构是一个相对简单静止的构架，它支配了近代科学的发展和科学变革。而当今的科学学体化的变革，则是在当代系统哲学基础之上形成的科学统架结构，即是物质世界的高度普遍属性或以特大系统过程为基础构成的模式，它可以把有关的科学知识与技术完整地综合起来，形成一个大系统或巨系统。

然而，这种结构就不再是一个简单静止的构架，而是一种动力源，推动科学家去收集与重组有关现成的知识与技术，使其内涵越来越丰富，使其外延越来越广泛。比如，物质科学统架结构，是关于各个层次物质结构的构成、性质、设备、资源与利用的主题模式；能量科学统架结构，是关于能量转化规律、资源、生产、运输与使用的主题模式；信息科学统架结构，是关于信息的本质、产生、传递、处理与使用的主题模式；系统科学的统架结构，是关于系统的结构、动态规律、设计、分析、组织与管理的主题模式；环境科学的统架结构，是关于人类环境的构成要素、物理过程、化学过程、生态平衡、社会影响以及技术文化等作用的主题模式；计算机

---

① 刘发中. 科学学体论与科技整体生产力论[J]. 理论月刊, 1993, (2): 18-20.

科学的统架结构，是关于信息加工过程规律、方法、手段、可行性、有效性和复杂性以及各种信息加工技术的乃至人-机关系的主题模式；人体科学统架结构，是关于人体的生物结构与功能、心理活动规律、人体各种生物与意识能力的主题模式；数学科学统架结构，是关于物质世界各种纯粹数量与规律以及在多个领域的应用技术的主题模式；物理学的统架结构，是物理变化基本规律及其在各种物质运动形态中的作用与表现和各种工程应用的主题模式，等等。上述种种学体变革，均是形成学科统架结构，从而能够解决复杂和综合的实际问题，使科学认识不断进入新的深度和广度。

首先，这种科学统架结构具有明显的统化作用。它给出了物质高度普遍属性与特大系统过程的一般概念，使它具有很大的统化力，当传统科学学科材料接触它之后，经过碰撞，发生作用，从而形成新的观点，给出新的解释，获得新的意义，并被融解、进入新的主题模式之中。例如，如果我们头脑中形成了能量科学统架结构的主题模式。那么，物理学、化学、生物学以及天文物理学中有关能量的知识与技术，便会被吸收消化，成为能量科学技术体系的内容。

其次，科学统架结构具有创新作用，可以激励人们去创新，建立前所未有的科学概念与发现新的定律。把各种有关的知识纳入主题模式所确定的框架后，就可以看到这个框架中有哪些缺点，从而进行新的研究，并找出新的联系。特别是在统化过程中，不仅使现存的知识取得新的意义，而且这个知识熔炉中各种材料相互作用将产生新的结构。例如，如果把反映论知识纳入到信息科学统架结构所确定的知识体系中，信息概念便会与反映概念相互结合产生信息反应概念。

最后，科学统架结构作为一种主题模式，对科学研究可以起到指导作用。它能够指出科学研究的方向、内容、范围和意义。由于对科学研究活动的约束程度不同，可以把科学统架结构看成研究规范、研究纲领和研究进路。例如，人们把系统哲学统架结构视为研究规范，便会努力在不同领域中发现系统、分析系统和设计系统，所取得的成果反过来又充实和丰富系统哲学体系。

## 二、自然科学日趋"软化"，日益向社会科学的认识方式逼近

一个多世纪以前，马克思在探讨未来科学发展时，就做过这样的预

测，科学将沿着逐步克服自然科学与社会科学之间相互对立的趋向发展，从而把两大知识领域的对象和方法高度综合起来，形成一门统一的学科。马克思在《1844 年经济学-哲学手稿》中说："自然科学往后将包括关于人的科学，正像关于人的科学包括自然科学一样：这将是一门科学。"[①]德国物理学家普朗克也曾指出：科学乃是统一的整体。将科学划分为若干不同领域，这与其说是由事物本身的性质决定的，还不如说是由人类认识能力的局限造成的。其实，从物理学和化学，通过生物学和人类学直到社会科学，这中间存在着连续不断的环节。这些环节无论在哪一处都不可能被割裂，难道非得人为地把它们割裂开来吗？今天，上述认识不再是预测或信仰，而是科学发展的一种客观趋势。通过对系统哲学思想史的研究，我们知道，自然科学越来越"软"，社会科学越来越"硬"，"软""硬"互渗，两大领域间的联系不断加强。

在目前的信息数据时代，不仅自然科学与工程技术相互包含，而且自然科学与社会科学的整体化趋势也日趋加强，它们的共同基础是大数据。而数据恰恰是各种关系的数据度量。社会科学的认识方式可以在自然科学的研究中得到应用。学科有别，方法相通，相互可以借鉴，这具有一定的普遍性。自然科学的认识方式日趋"软化"，指的是自然科学认识方式的软化，具有更大的灵活性和弹性，向社会科学认识方式接近。这主要表现在以下几个方面。

（一）认识程序的作用下降，方法原则作用则不断增强

在自然科学的认识和研究方式中，认识程序的功能，同方法原则的功能有比较明显的区别。认识程序涉及认识过程的细节，规定认识过程的每一步必须怎样做，内容比较具体，逻辑比较严密，重复性好，可操作性好，呈刚性。方法原则是对一般科学认识过程所提出的一般要求，并不对具体科学研究活动作具体的规定，所以灵活性比较大。然而，以系统哲学为背景的当今的时代，科学认识中的方法论色彩越来越浓，认识程序的刚性规定所占的比重则越来越小。科学研究方式，也随着信息技术的发展而得到拓展。[②]

① 马克思. 1844 年经济学-哲学手稿[M]//马克思恩格斯文集：第一卷，中共中央马克思恩格斯列宁斯大林著作编译局，编. 北京：人民出版社，2009：194.
② 杜鹏，沈华，张凤. 对科学研究的新认识[J]. 中国科学院院刊，2021，36（12）：1413-1418.

## （二）科学认识方式中的哲学社会学内容的作用逐步增强

从总体上看，科学认识中的内容可以分为自然科学内容和哲学社会科学内容两部分。近现代自然科学的内容主要是把经典力学的认识模式就包含基本概念、观点和方法加以移植和推广。比如，安培定律就是根据牛顿的平方反比定律用数学方法研究电力发现的；门捷列夫的元素周期律是用量变说明化学元素的性质而得出的；甚至卢瑟福的原子模型也是使用牛顿经典力学认识模式构造的结果。在经典力学认识模式的拥护者看来，力学理论是构建其他科学理论的"母理论"，是其他各种"子理论"的认识模式。而科学认识模式的哲学内容，则是指这种认识模式所蕴含的哲学观点，它不直接为科学理论提供基本概念和具体的程序、方法，只为构建科学理论提供一种哲学精神。它是科学理论的"元理论"。由于现代科学技术的发展越来越整体化、系统化，其认识模式便变得越来越抽象，越来越"哲学化"，即越来越具有哲理性，越来越具有弹性，从而日趋"软化"，日益向社会科学的认识方式逼近。

## （三）科学研究中多种方法综合使用

现代科学技术的研究中，科学家总是自觉或不自觉地同时采用几种方法综合使用。或者，科学家在应用或选择科学认识方式时，更注重的是与本人课题结合的实际情况，合则用，不合，则进行调整或选用新的方式，不再僵化，因而有更大的灵活性。在科学技术如此成熟的现当代，美国科学哲学家费耶阿本德甚至提出"反对方法"的口号，这是值得深思的。费耶阿本德认为任何方法都会束缚科学家的创造性，因为科学研究本质上是一种无政府事业，每个科学家都可以自行其是，各用其法，不存在也不需要普遍的规范性方法。他说，科学家在进行研究时，都有选择方法的能力，唯一的方法论规则就是不作任何规定，唯一正确的口号就是"怎么都行"。他认为科学方法论本身就有局限性，如果科学研究要按照普遍的固定的规则进行，是不现实的，也是有害的。费耶阿本德的这些看法尽管片面，完全否定了科学方法论的积极作用，但是也有一定的合理性与积极作用。因为他强调科学创造的"自由度"，强调科学方法规则的局限性，反对用僵化的规则来限制科学家的创造性，这些都是可取的。因为任何科学认识模式都有其自身无法克服的局限性，都是对科学研究的一种限制。费耶阿本德的观点从一个侧面反映了科学认识方式的发展趋势：多元化和软化。[1]在科学技术高度发展的今天，如果谁还像近代许多科学家那样，固守并过分夸大某一种科学认识方式，那么，他在科学的道路上将寸步难行。

（四）哲学方法论：兼具指令性功能与启发性功能

当今的科学认识方式，既具有指令性功能，又具有启发性功能。指令性功能是指规定科学家必须怎样，启发性功能是指希望、建议科学家应该怎样，最好怎样。科学认识方式的功能是指令性与启发性的统一。指令性功能日趋弱化，启发性功能则日趋强化，就像这是当今系统科学与系统哲学日益朝着演化生成的方向发展一样，这也是科学认识方式的演化趋势。

自然科学认识方式的日趋"软化"，有利于科学家的创造，是科学认识方式进化的表现，在大科学时代的今天，学科纵横交错，在某一时刻，某种方法作用比较大，而在另一个时刻，另一种方法的作用比较大，有时候又需要综合几种方式，因此，不需要一套固定不变的程序。因为固定不变的程序是对科学创造活动的一种限制。

## 三、自然科学的认识方式发生颠覆性变革

众所周知，自从笛卡儿-牛顿机械自然观形成以来，近代自然科学的认识方式一直坚持主客二分、坚持中性的语言、自然的可逆性、自然的简单性、坚持机械决定论、坚持结论的精确性。而社会科学的认识方式在总体上则贯穿着以下基本原则：非中性的语言、社会的不可逆性、复杂性、非机械决定论、结论的模糊性。这两者是截然不同的认识方式。

然而，我们的时代正在经历系统哲学思想的大革命，现代自然科学的认识方式不可避免地要铭刻上系统哲学思想印记。因而正出现一种新的

① 吴彤，于金龙. 新系统哲学：多元与地方性系统观念及其意义[J]. 自然辩证法研究，2021，37（11）：3-8.

趋势，即自然科学的认识方式借鉴并日益朝着社会科学认识方式接近。这主要表现在以下五个方面。

## （一）从旁观者到参与者

经典物理学有一个基本信念，科学家只能站在自然之外，以旁观者的身份来认识自然界。科学认识的结论同主体的认识方式的选择无关，且只有这样才能保证认识本身的客观性。在这个信念之下，许多自然科学家认为，科学家的任务是用中性的语言，客观地、如实地反映自然界的本来面目。为此，当尽可能地排除自己的主观愿望、思想、观念、情感、行为、操作等因素的影响。在自然界面前，科学家应当是旁观者，站在自然之外来观察世界。恩格斯在谈到近代唯物主义的自然观时说："唯物主义自然观只是按照自然界的本来面目质朴地理解自然界，不添加任何外来的东西。"①

然而，自然科学的认识方式经过从伽利略、牛顿到爱因斯坦，再到玻尔、普里高津，科学家在科学认识中，经历了如下螺旋式的变化：旁观者—观察者—参与者，即科学家从在自然界之外观察自然，到自然界之内观察自然，再到参与自然变化的活动中来认识自然。这是科学认识方式的深刻变革。

在经典物理学中，被测量的宏观物理量是已经现实地存在着的，测量过程只是把这些量记录下来而已，故测量仪器对客体的作用是可以忽略不计或补偿的。这时候的自然科学认识方式，相对于科学家而言，科学家仅仅是旁观者。对此，物理学家海森伯曾精辟指出，"经典物理学的真正核心"是这样一个"不言而喻的假定"，认为"对于空间和时间中发生的事件，有一个客观的、不依赖于任何观察的进程。"②的世界，是从世界之外来看的对象；世界，被一个旁观者所描述。

爱因斯坦的狭义相对论指出，时间、长度的测量结果同参考系的选择有关，即同观察者的位置与状态有关。我们不可能站在绝对参考系的立场

---

① 恩格斯. 自然辩证法[M]//马克思恩格斯全集：第二十六卷，中共中央马克思恩格斯列宁斯大林著作编译局，译. 北京：人民出版社，2014：526.

② 海森堡. 严密自然科学基础近年来的变化[M]. 《海森堡论文选》翻译组，译. 上海：上海译文出版社，1978：2.

上，对时空进行绝对的测量。除去质量与能量的关系，狭义相对论主要是关于时间、空间测量的物理学，测量同参考系的选择有关，也就是说同观察者的选择有关。在相对论中，"观察者"不是"外来的东西"，而是内在的根据。在这个意义上可以说，狭义相对论是"观察者"的物理学。这时候的自然科学认识方式，相对于科学家，从"旁观者"进到了"观察者"。于是，在科学的描述中，"观察者"不再是外在于事件进程的看客，而是把自身的活动包含在描述之中了。

在量子力学中，由于微观客体不能直接被观察，人们只能借助仪器与客体的相互作用得到有关信息。然而，仪器对客体的作用既非连续，又难以将客体的物理量严格区分。例如，当我们用扫描隧道显微镜观察电子云时，实际上是向电子投去巨大的能量。显微镜的放大率越高，能量就越大。我们用显微镜看见电子云一次，就意味着巨大的能量直接击中电子一次，使之剧烈摇晃，甚至是剧烈运动。因而我们在显微镜里观察到的，只能是电子被撞击后的状态；如果要剔除这种影响，就意味着必须取消显微镜的作用，而这又意味着将无法得到有关电子的任何信息。如此一来，观测的结果究竟如何，就必然取决于人们所设置的观测条件。至于光的波粒二象性原理，则可形象地解释为：人们戴着粒子的眼镜观测，客体呈现为粒子；人们戴着波的眼镜观测，则客体呈现为波。

因此，量子力学的哥本哈根学派认为，我们认识的结果同我们对实验方式、认识方法的选择有关，所以玻尔说，在现实的舞台上，我们既是观众又是演员。玻尔接过了爱因斯坦的"观察者"概念，赋予其新的认识方式，使"观察者"转化为"参与者"。人们借此可以摆脱以往那种"绝对主体"的地位和外在性眼光，人类回复到作为大自然之一的真实地位，意识到自身既是主体也是客体的相对性。

英国物理学家、天文学家秦斯赞同哥本哈根学派的观点。他说："19世纪的科学家企图像探险家坐在飞机上面探索沙漠一样去探索自然，测不准原理让我们明白，探索自然界不能用这种隔开的方法，我们只能用踏在它上面并且扰动它的方法去探索它。我们所见的自然景致，含有我们自己扬起的尘烟。"①

---

① 转引自：林德宏、肖玲，等. 科学认识思想史[M]. 南京：江苏教育出版社，1995：618.

在系统哲学方面有重大建树，创立耗散结构论的普里高津则把科学理解为人与自然的对话，在对话中科学家不仅是观察者，也是参与者。他说："在相对论、量子力学或热力学中，各种不可能性的证明都向我们表明了自然界不能'从外面'来加以描述，不能好像是被一个旁观者来描述。描述是一种对话，是一种通信，而这种通信所受到的约束表明我们是被嵌入在物理世界中的宏观存在物。"①

## （二）从可逆性到不可逆性

社会是不可逆的，这几乎是不言而喻的事实。中国有一句家喻户晓的成语：机不可失，时不再来。这句成语说的就是不可逆性。在社会科学的各个领域，历史的方法是各学科通用的方法，究其根底，就是为了展现这种不可逆性，而不是重复这种不可逆性，时间的箭头早已射向社会科学这块领域。谁也不会认为原始社会、奴隶社会、封建社会和资本主义社会会像春夏秋冬一样四季循环。

然而，在很长的历史时期内，许多自然科学家，包括物理学家、化学家等对此熟视无睹。他们认为自然界在本质上是可逆的。在牛顿力学中时间是反演对称的，无论时间的方向是否改变，牛顿方程本身是不变的。牛顿方程是可逆的，应用牛顿方程可以既从现在推到未来，也可以追溯过去，在其动力学中没有时间箭头。热力学虽然提出了不可逆性的问题，但并未引起其他自然科学家的重视。在相对论力学、量子力学中，甚至包括爱因斯坦在内这样的大科学家都认为时间本质上也是描述可逆运动的一个几何参量。爱因斯坦说："解释时间箭头的全部问题同相对论问题毫不相干。"②

系统哲学的最新进展，尤其是普里高津的耗散结构论等系统哲学的自组织理论表明，自然界本质上是不可逆过程。这样，自然科学领域内把不可逆问题又请了回来。

时间是布鲁塞尔学派研究的中心问题。普里高津则是这个学派的旗手。他的耗散结构论就是以不可逆性概念为基础建立起来的，其目标就

① 普里戈金，斯唐热. 从混沌到有序：人与自然的新对话[M]. 上海：上海译文出版社，1987：357.
② 爱因斯坦. 爱因斯坦文集：第三卷[M]. 许良英，范岱年，编译. 北京：商务印书馆，1979：497.

是解释远离平衡态的不可逆过程，这样一来，他把历史的因素注入了物理学和化学，重新发现了时间：时间不再是一个简单的运动参数，而是在非平衡世界中内部进化的度量。他说："一种新的统一正在显露出来：在所有层次上不可逆性都是有序的源泉。不可逆性是使有序从混沌中产生的机制。"①

普里高津认为物理学经历了：从"存在"的物理学，到"演化"的物理学的转变。哈肯则说："过去把社会结构看成是静态的，看作是处于平衡态，现在我们的视角完全转变了。结构的形成、消逝、竞争、协作或合并为更大的结构。我们正处在这样的思想转变之中，从静态转向动态。"②这表明自然科学正在吸纳社会科学的方法，日益向社会科学的认识方式接近。

## （三）从简单性到复杂性

1905 年，庞加莱出版《科学的价值》一书。书中表达了这样一个观点：科学的发展可以有两个方向，一是走向统一和简明，二是走向变化和复杂。他认为，现代自然科学正在向多样性和复杂性的方向发展。

简单性原则是近代自然科学认识方式的一个基本原则。而无论是依靠理性思维的"经典科学"，还是依靠仪器，注重定性和定量分析的"经验科学"，都有一个共同的理论预设：世界的本质是简单的，它是由刚性不变的"实体"构成，外部世界的复杂性是由种种简单性的"实体"聚合而成，并在"实体"层面得到还原论的清楚解释和充足说明。科学的任务就是探明宇宙的最终"实体"，而科学中的所有学科最终都可以统一到"实体"上来。科学的任务：就是透过复杂现象把握自然界的简单本质。③简单性原则不仅是科学的目标，也是科学家的信念。

然而社会科学却有着更高的复杂性。它表现在三个方面：首先是研究对象的复杂性。自然科学基本上是"类事件"，同类事件中不同事件之间

① 普里戈金，斯唐热. 从混沌到有序：人与自然的新对话[M]. 上海：上海译文出版社，1987：349.
② 哈肯. 协同学：自然成功的奥秘[M]. 戴鸣钟，译. 上海：上海科学普及出版社，1988：12.
③ 高剑平. 从"实体"的科学到"关系"的科学——走向系统科学思想史研究[J]. 科学学研究，2008，（1）：25-33.

的差别很小。而社会事件基本上是"个体事件"，同类事件中每个事件，都具有鲜明的个性。南京大学的林德宏老师曾有一个形象的比喻：一个村镇各个居民之间的差异，要远大于一棵大树上的各片树叶的差异。其次，社会科学的认识主体具有更高的复杂性。这又表现为两点，一是自然科学家可以用"价值中立"的语言来描述自然现象，社会科学家则不可能做到这一点。二是在自然科学的研究中，只存在认识主体对认识客体的单向作用，认识客体一般不可能干扰主体所达成的认识。而在社会科学研究活动中，却存在着认识主体与认识客体的双向作用，不仅认识主体具有能动性，认识客体也不是完全被动的存在，它时常反作用于认识主体，认识主体所得到的认识通常要几经反复才可能得到。最后，社会科学所形成的理论其检验过程远比自然科学复杂。社会科学理论难于公理化、逻辑化、符号化，又具有更强的历史性和地域性，要以时间和空间为转移，因而其检验也就具有更强的间接性、长期性和不确定性。

到了 20 世纪 70 年代末，系统哲学已经蓬勃发展起来了。系统哲学所有分支学科及其成果，无可辩驳地向人们昭示：复杂性科学时代已经来临。①这时，普里高津顺应时代的潮流，提倡自然科学从追求简单性的认识模式到探索复杂性的认识模式。他指出，无机界具有复杂性。在一定条件下物理-化学系统可以通过自组织过程产生复杂性。平衡态是一种简单的状态，但远离平衡态的耗散结构却能使系统出现复杂性。只要无机物出现了自组织过程，简单性就会转化为复杂性。他把复杂性认识方式从社会科学引入自然科学，从此复杂性不再仅仅是属于生物学了。普里高津说，复杂性正在进入物理学领域，似乎已经根植于自然法则之中了。因此，当代自然科学，正在由简单性走向复杂性。

## （四）从机械决定论到非机械决定论

机械决定论是牛顿力学的认识方式。机械决定论认为，决定自然界物体千差万别的，是微粒量和空间排列的不同；运动不是物质性质的一般变化，其本质上是位置的改变；一切运动包括生物的生长不是受神秘的力的

---

① 范冬萍，黄键. 当代系统观念与系统科学方法论的发展[J]. 自然辩证法研究，2021，37（11）：9-14.

驱使，而是机械位移和机械碰撞的结果。这实际上就意味着：世界是不变的、简单的，我们只要知道对象的初始状态，依照因果律，就能十分精确地预言这个对象在任何时刻的所有细节。如果科学家不能做到精确预言，只能表明其所掌握的科学知识还不完备。机械决定论原则实际上是简单性原则在规律性、因果性、必然性与偶然性问题上的反映。并且，这一原则被爱因斯坦所继承。

然而社会科学遵循的却是非机械决定论。许多社会科学家认为社会领域的因果联系十分复杂，人们很难对社会事件的每一个细枝末节都作出精确的预言。在社会领域，当然也有必然性，但偶然性的作用则更为突出。伽利略斜坡上的小球滚动实验以及比萨斜塔的自由落体实验，是简单的也是必然性的实验。给出初始条件，其结果均在人的掌握之中。然而人生的历程、社会的事件远非小球所能比，随时都有意想不到的事情发生。今天的人们甚至可以做到预测何时何地可能地震，但事先谁也无法预测美国"9·11"事件的发生，这就是社会现象的复杂性。因为社会现象具有十分广阔的"可能性空间"。社会科学家的任务是描述这个可能性空间的"面"，而不是具体确定这个面中的某个"点"。

实际上，科学史上较早地反对机械论的人也有很多。庞加莱就比较早地且旗帜鲜明地反对机械决定论，强调物理学要注重概率演算问题。他说，科学只能做出或然性的结论，只能是概率演算的应用。

量子力学的哥本哈根学派认为，决定论不适用于微观领域。微观世界是概率的世界，物理学正在变成一门统计性科学。在量子力学的自然图景中，如果说量子性是微观自然过程和现象的普遍性的话，那么统计性则是这些过程和现象所服从的自然规律的基本特征。也就是说，量子力学所揭示的自然规律是一种统计规律，与经典力学的规律不同，它不能精确预言物体的运动状态，而只能对物体运动状态出现的概率做出一定的说明。这种统计规律也与经典的统计规律不同，它不是以单个的粒子服从严格的力学规律为基础的一种方法上的权宜之计，而是对单个微观粒子，以至原子内部结构的一种客观描述，强调自然规律的客观统计性。

量子力学用来描述微观物体运动规律的基本方程是薛定谔方程。在这个方程中，波函数表示微观物体的状态。根据波恩对波函数物理意义的解释，它的绝对值的平方所表示的是微观粒子（例如电子）在某个时刻出现在某个空间位置上的概率，因此，与粒子相联系的波只是一种概率波。在这种解释中，概率第一次进入了物理学的定义，从而具有了本体论的意义。因而在量子力学中，规律的统计特征已不再是人类主观认识能力的局限性，而是自然界自身运动变化的结果，是自然界本身的客观性。

把概率引入规律的结构之中，则意味着经典的单值因果决定论的破坏，因为概率所描述的不是事物发展状态之间的确定联系，而是一种由事物发展的可能状态所构成的"可能性空间"。在这个"可能性空间"中，显然事物发展状态的变化范围是确定的，但事物发展出现其中的哪一种状态则可能是偶然的、不确定的。因此，在量子力学的自然图景中，偶然性与可能性不再是规律之外的东西了，而是事物发展的起点和必要环节。

现代分子生物学对量子力学所确立的概率观念，作出了强烈的呼应。法国生物学家雅克·莫诺说："只有偶然性才是生物界中每一次革新和所有创造的源泉。进化这一座大厦的根基是绝对自由的，但又是盲目的纯粹偶然性。"①

普里高津认为自然界既存在决定论现象，又存在随机现象，二者的并存表明了世界的复杂性。但二者的地位并不相同，随机现象要更为普遍，决定论原则只是适用比较简单的情况。

系统哲学则更是以非决定论作为立论基础。系统科学家认为，系统输出的现在状态，是由输入的过去状态按某种概率分布统计地决定的。信息论也可以用概率来描述信息。

控制论的创始人维纳曾经指出，牛顿机械决定论，已经不在物理学中占统治地位了，在这方面作出重要贡献的是，德国的玻尔兹曼和美国的吉布斯。维纳说："玻尔兹曼和吉布斯做的是以更加彻底的方式把统计学引入到物理学中来，使得统计方法不仅对于具有高度复杂的系统有效。"②

协同学的创始人哈肯也持相同的观点。他说："总之，我们今天所知道的微观世界的过程，在我们所看不到的原子领域中具有偶然性，所有想使机械世界观重新通行的尝试，都和实验经验直接矛盾。"③

混沌科学揭示，由确定论方程导出的随机性是一种内在的随机性，它

---

① 莫诺. 偶然性和必然性：略论现代生物学的自然哲学[M]. 上海外国自然科学哲学著作编译组，译. 上海：上海人民出版社，1977：84.

② 维纳. 人有人的用处：控制论和社会[M]. 陈步，译. 北京：商务印书馆，1978：2.

③ 哈肯. 协同学：自然成功的奥秘[M]. 戴鸣钟，译. 上海：上海科学普及出版社，1988：104.

是系统内含的、达到一定参数值时必然显示出来的特性。内在随机性是一种客观随机性，它不是人的主观认识能力的局限（知识、手段的不完备性）的结果，也不是由认识本身（主客体相互作用、观测手段"干扰"观测对象等因素）所造成，从而彻底否定了机械决定论的幻想。可以说，"20世纪物理学最具决定意义的观念变革，是发现世界不是决定论意义下的。因果性这座由形而上学占据的堡垒，终于垮了下来，或至少倾斜了：过去的事情并不精确地决定未来将要发生的事情。"①

（五）从精确性到模糊性

自然科学追求精确性。经典力学的产生，离不开数学的帮助。科学史上有一个有趣的现象，经典力学家和天文学家，同时又是数学家。美国数学史家克莱因甚至说，他们都是以数学家的身份去探索自然、探索力学的。科学家们是没有人会放弃数学这个有力的工具的。罗吉尔·培根曾说，数学是科学的大门和钥匙。数学方法不仅给力学提供明确的、简捷的形式化语言，而且提供数量分析和计算的手段以及推理和证明的工具。所以离开了数学的方法，经典力学就失去了一个赖以产生和发展的基础。经典力学的认识方式是精确性的认识方式。海王星的发现及其运行轨道的精确计算，哈雷彗星按预定时间的回归，就是精确性认识方式的典范。这种精确性，使得牛顿力学在人们心目中，建立起一座精确的丰碑与经典的大厦。

然而社会科学的结论往往是比较模糊的，有较大的弹性。许多社会科学家都认为社会现象具有模糊性、不确定性。如果说，精确性与简单性相伴，那么，复杂性则与模糊性为伍。既然社会是一个十分复杂的系统，人们对社会的认识就必然具有模糊性。大量的社会现象是不能单纯用形式逻辑的排中律来分析的，因此社会科学允许模糊的存在，需要模糊的语言。

实际上，在科学史上，在自然科学领域中，已经有很多的科学家怀疑或质疑自然科学所追求的精确性模式。庞加莱在谈到机械决定论的局限时指出，我们不可能对研究对象的初始条件获得完全的、毫无遗漏的认识，

---

① 哈金. 驯服偶然[M]. 刘钢, 译. 北京：中央编译出版社，2000：1.

科学的结论应当具有概率性。普里高津更是强调自然界的复杂性、随机性、不确定性，因而人的认识便具有不确定性。

统计力学、量子力学、概率论数学以及耗散结构论都已经证明，与或然性、机遇无关的纯粹精确性，是以对被考察系统的"理想化取舍"为前提的。这样，绝对精确性就成为一种逻辑存在。严格地说，这样一种绝对精确性在现实中是不存在的。换句话说，精确性是有条件的，而不是无条件的，即以一定的时间空间尺度为条件。人们可以依据某种规律，在特定的时空尺度内，对未来作出大体的预测，这种预测只能是近似的、模糊的。

20世纪自然科学的一系列成果表明，模糊性也是自然界的普遍属性。既然自然界也是一个大系统，包含许多随机的、不确定的因素，那么自然界事物的类属也就具有模糊性，事物的形态也就具有不确定性。

20世纪60年代，社会科学的模糊性方法被引进到了数学领域，产生了模糊数学。如前所述，精确数学在描述自然界多种事物运动规律中，曾获得显著成效。然而在实践中，人们常常会遇到一些不是"非此即彼"这种界限分明的事物，而是那种"亦此亦彼"界限模糊的事物。因此，原先以精确描述事物为特征的数学就不适用了。1965年，美国人查德提出了"模糊集合"的概念，标志着模糊数学的诞生。模糊数学把复杂系统中所呈现的大量模糊现象作为研究对象，再一次扩展了数学的应用范围。模糊数学考虑的是"全部属于"和"全不属于"的中间状态，即"隶属程度"的问题。这就把数学从处理两种绝对状态（绝对地发生，概率为1；绝对不发生，概率为0）转移到处理连续值的逻辑上来，并在适当的程度上加以相对地划分。以此为基础，数学家们建立了模糊集合的运算、变换的理论，为描述模糊现象找到了一套理论和方法。模糊代数、模糊拓扑、模糊逻辑等随之诞生。模糊数学现已成为许多数学家所关心的领域，它在计算机领域里，在图像识别、人工智能等多方面都得到了广泛的应用。

列宁早就预言，在20世纪将会出现自然科学奔向社会科学的更加强大的潮流。进入21世纪，不但自然科学各学科之间相互渗透、相互融合的趋势加强了，而且自然科学与社会科学之间相互渗透、相互融合的趋势也越来越明显了。自然科学的方法、概念逐渐渗入到社会科学，使社会科学的研究发生了很大变化；同时，自然科学的发展也在逐渐把社会科学的方法纳入到自己的轨道，就当前来看，自然科学奔向社会科学的趋势更强大。

## 四、社会科学日趋"硬化"，日益向自然科学的认识方式逼近

自然科学日趋"软化"，其认识方式日益向社会科学认识方式接近。与此相对应，社会科学则日趋"硬化"，日益向自然科学的认识方式逼近。这表现在以下三个方面。

### （一）社会科学的数学化趋势

人们对事物的认识，总是先认识事物的量，然后再研究事物的质，即通过量的研究才能更深入地认识事物的质。马克思曾经说过，任何一门科学只有在充分地运用了数学时，才能算达到真正完善的地步。自然科学、技术科学运用数学，这是人们熟悉的事情。过去人们认为与数学无关的生物学，现在也经常用到数学了。不仅如此，经济学、社会学、历史学等许多社会科学也把数学作为本学科的有力武器。现代科学技术的发展已经进入到这样一个阶段：无论是自然科学、技术科学，还是社会科学、人文科学，都处于数字化的过程之中。系统论、控制论、信息论的出现以及电子计算机的发展，更是加速了科学数学化的趋势。而大数据、人工智能技术的到来，极大地拓宽了人类收集和分析数据的深度、广度以及规模，人类社会中不可计量、分析的客观存在都被数据化了，极大程度地推进了社会科学的数学化。

### （二）社会科学的实证化趋势

自然科学是实证的科学。一门学科的确立，离不开实践当中大量实证的支持。要么被证实，要么被证伪。这又由两方面决定：一是实证的质，二是实证的量。就实证的量来说，比较容易理解，一个理论在缺乏不利证据的情况下，它的正确性将因支持证据的增加而增加。就实证的质来说，是指证据的精确度。如果一个理论获得了高质量的证据的支持，那么它的精确性将大为增加。因为高精确度的证据在很大程度上排除了证据本身

的不确定性。这本是自然科学的常用方法，然而，如今实证化却越来越被社会科学所青睐，比如，社会科学、管理科学的案例分析，经济学的数学模型等。1968 年，当瑞典中央银行行长向诺贝尔基金会提出设立诺贝尔经济学奖时，曾受到一批自然科学家的反对，他们认为经济学不像物理学、化学、生理学或医学那样是一门实证科学。然而，翻开今天的经济学著作，里面写满的是案例分析或数学模型，实证化趋势越来越强，如果没有受过良好的专业训练，根本就看不懂。<sup>①</sup>

### （三）社会科学的跨学科化趋势

1971 年 2 月初，哈佛大学的卡尔·多伊奇和他的两个同事在《科学》上发表了一项研究报告，列举了 1900—1965 年的 62 项"社会科学方面的进展"，无一不是跨学科的课题。例如，社会不平等的理论与计量、相关分析与社会理论、革新在社会经济变革中的作用、社会计量学与社会图解学、大规模的社会非暴力政治行动、中央经济计划、战争的定量数学研究、生态系统理论、因子分析、经济倾向、就业与财政经济、结构语言学、对策论、社会研究中的大规模取样、国民收入计算、投入-产出分析、线性规划、统计决策理论、运筹学与系统分析、民族主义和一体化的定量模型、计算机、与社会理论有关的多变量分析、计量经济学、分级的计算机决策模型、社会和政治体系的计算机模型、冲突理论和不同的对策、社会过程的随机模型，等等。

值得重视的是，卡尔·多伊奇等人在上述所提的 62 项社会科学的"创造性成就"中，还列举了一般系统论、信息论、控制论，还有罗素和怀特海在 1905—1914 年完成的论题"逻辑与数学的统一"，以及石里克、卡尔纳普、诺伊拉特、弗兰克、维特根斯坦、莱辛巴赫、莫里斯等人在20 世纪 20 年代初到 50 年代末从事的论题："逻辑经验论与科学的统一"。他们在仔细分析后发现，这 62 项成果中，使用定量分析方法的占全部成果的三分之二，占 1930 年以来重大进展的六分之五。完全非定量的文献，即认识新的问题建立新的模式完全没有明确的定量问题含义的文献，在整个时期是稀少的，而自 1930 年以来，则特别稀少。

---

① 李忱，黄强. 大数据背景下社会系统优化定量研究[J]. 系统科学学报，2016, 24（04）: 20-27.

随着研究方法的不断更新，尖端技术的快速推进，尤其是大数据、云计算、5G 技术、计算机算法等作为现代化的研究工具被引进以后，社会科学的理论不再仅仅是一些观念或辞藻，而是一些可用经验和检验形式加以阐述的命题。社会科学正在日趋"硬化"，其认识方式正不断向自然科学的认识方式逼近。

## 五、自然科学和社会科学两大领域正在日益成为一个整体

知识和学科本身是不会对立的，物理知识是不会反对化学知识的，同样，数学知识也是不会反对天文学知识的。相反，各门学科正在成为一个整体。关于学科间的整体联系，维也纳学派曾有过透彻的论述：

科学之为科学，就其本质而言，它所有的各部门，各学科，不仅不是分离的，独立的，而且在原则上它们非互相的联系，互相的贯融不可。……实际科学将它的研究范围分成若干基本科学，将若干基本科学又分成若干的研究对象，并不是因为有种种不同的实际知识的存在，仅是因为在科学的研究和方法上比较地经济与便利。换句话说，科学家将他的研究对象加以分离，加以独立，仅在科学的研究方面有其意义，这既不是表示有种种不同的科学知识，也不是认为科学上有互不相关的科学真理。……过去许多不同的科学学科和研究对象，现在联系起来，统一起来了。[①]

综上所述，社会科学越来越"硬"，自然科学越来越"软"，"软""硬"互渗。一方面自然科学与社会科学在不断地向对方提出挑战，另一方面，自然科学与社会科学两大领域的联系在不断地加强。彼此都在奔向对方。日本学者玉野井芳郎甚至认为，自然科学可以称为"自然的社会科学"，社会科学可以称为"社会的自然科学"。[②]这主要表现在：自然科学某些学科大量引入社会科学的方法和理论，形成了以自然科学为主基调的包括有社会科学的内容的系统的跨学科的研究领域，如历史自然地理学、计算机语言学等；反过来，社会科学大量引入自然科学的方法和理论，形成以社会科学为主体内容的包括自然科学成分的新的研究领域，如生态经济学、技术经济学等。至于综合性的包括自然科学和社会科学两者在内的科学部

---

① 洪谦. 维也纳学派哲学[M]. 北京：商务印书馆，1989：134.

② 转引自：夏禹龙，等. 科学学基础[M]. 北京：科学出版社，1983：7.

门，更是包罗万象。例如，环境科学、城市科学、地球科学等。①这些学科或科学部门的出现，要求把自然科学和社会环境当成一个整体的系统来研究，使自然科学与社会科学两大领域成为一个整体。这是系统哲学思想在方法论方面的深刻变革。

## 第三节 系统哲学思想与世界观转换

早在 20 世纪 20 年代，学者波格丹诺夫（又译为马利诺夫斯基）就提出了完整的系统论思想，其专著《组织形态学》就是一种系统哲学。在西方，怀特海也是在 20 世纪 20 年代提出过程哲学。他根据当时的科学新成果，吸收了亚里士多德的目的论、莱布尼茨的单子论、詹姆斯的实用主义、伯格森的生命机体论，创立了过程哲学，这是系统哲学的前身。稍晚一些，由贝塔朗菲提出的机体生物学与一般系统论，则更具系统哲学的色彩。在当代系统哲学的研究中，拉兹洛是一位代表人物。他的代表性著作从《系统哲学导论》到《进化：广义综合理论》，阐明了自己的哲学体系。我国学者罗嘉昌提出并建立"关系哲学"，乌杰则出版了《系统哲学》。

系统科学随着体系的逐步形成和发展，势必与哲学发生密切的联系。系统科学本身属于科学领域，但系统科学的一些特点使得它必然作为一种新颖的思潮与方法论而逐渐形成与发展，与之相应的则必然出现与系统科学研究有关的系统哲学思潮。

近现代有一个有趣的现象，现代系统科学家们大都有良好的哲学素养。我国的钱学森、一般系统论的创始人贝塔朗菲、耗散结构论的创始人普里高津、协同学的创始人哈肯、控制论的创始人维纳等，都具有良好的哲学素养。维纳为控制论奠基的第一篇论文《行为、目的与目的论》，竟然是一篇哲学与方法论的论文。贝塔朗菲提出了一般系统论，但一般系统论首先是作为一种方法论来起作用的。由此可以看出，系统哲学的整体性质以及研究对象的复杂性，决定了系统哲学是一门崭新的哲学分支学科。这种新表现在什么地方呢？

---

① 鲁兴启. 综合的时代呼唤在系统思维基础上建立跨学科研究的方法论[J]. 系统辩证学学报，1998，（2）：12-17.

任何哲学都有四个基本的领域，这就是本体论、认识论、方法论和价值观。系统哲学的新，就体现在其对哲学的这四个领域都有着较大的丰富、完善或修正。甚至，系统哲学思想丰富了马克思列宁主义，丰富了毛泽东思想的理论宝库，丰富了习近平提出的人类命运共同体理念。

## 一、系统哲学思想与哲学本体论的结合：关系实在

任何哲学本体论都无法回避两个问题：一个叫存在论，或存有论，讨论存在（being）；另外一个问题叫生成论或过程论，讨论生成（be-coming 或 process）。仅就本体论而言，实体毫无疑问是第一位的，是基础性的东西，是完全意义上的存在；属性、关系与过程则是刻画实体的，是第二位的、不完全意义上的存在。随着系统哲学的发展，不可避免地要在哲学中引进系统辩证论，因而系统"整体"和"关系"的思想内核，便无法避免要发生改变。因此在讨论存在或者实在问题时，我们再也不能将"实体"范畴看作是亚里士多德时代纯粹不变的"质料"，也不能将其看作是近代科学中的无差别的质点式的刚性不变的"实体"。"实体"或者说"实在"的意义已经发生改变，它指的是能独立存在、自我支持而不需别的载体的自立体，这种"实体实在"已经演变成"关系实在"。

从系统哲学角度考察，世界就是系统的世界，是特殊的或具体的系统。系统是普遍的。世界就是物质"关系"的集合体。这是一个普遍的命题，这个命题有两个含义：第一个含义是，世界是一个无限大的系统；第二个含义是，世界上的万事万物都可以归结为一个系统。从渺观到微观，从微观到宏观，从宏观到宇观，从宇观到胀观，从自然领域到社会领域，万事万物都是一个系统，系统关系是客观世界的普遍关系。

因此用系统哲学的视野去看存在，实体、过程、关系三者均发生了变化。不错，实体是关系与过程的载体，这仅仅是问题的一个方面；另一方面是关系与过程又决定了实体的新的本质结构、相互作用乃至实体的运行机制。因为新质的本质是新关系或关联的建立，这种过程是一个从无到有的过程，是一种创造，即"无中生有"这么一个"生成"过程。

因此，可以这么说："实体"是"关系"的纽结，是"过程"的一个结构和过程持续性的表现。一切"过程"均有它的"关系"结构，而且"过

程"又是相互作用的结果，所以"过程"与"关系"乃至作用是分不开的。因而有些哲学家便据此将相互作用或相互关系看作是宇宙中终极的和根本的实在，并由此主张消去"实体"概念，建立起先于"实体"存在的纯"关系"的范畴。主张这些论点的哲学家如罗嘉昌和唐力权，他们可以被称为"关系实在"论者。

诚然，用系统哲学思想理解宇宙及其万事万物，无论是理解它的突现性质层次结构还是它的适应性自稳和适应性自组织，都要将"关系"和结构置于核心地位，而不是将系统的组成元素置于核心地位。机械论将事物的组成元素看作是孤立于系统整体的，因而元素的基本性质是不受整体关系影响的。而系统哲学思想则认为，实体元素的性质在相当大的程度上取决于它和其他实体的环境和"关系"。量子力学的波粒二象性就是一个有力的例证，究竟是粒子还是波取决于观察者与仪器的"关系"。

这样一来，又衍生出两个问题：如果将组成元素看作是"实体"，则整体的"关系"决定并支配这些"实体"，此其一；如果将系统整体看作是"实体"，那么这些"实体"不过是内部"关系"与外部"关系"的纽结，此其二。从结构上看，它是一个整体、一个实质或一个"实体"，而揭开纽结看，系统整体不过是"关系"的网络。这些网络以不同的结构模式编织成不同的"实体"，因而在这个意义上，宇宙中一切事物不过是"关系"的产物。

这样一来，在破除了"绝对实体"的概念之后，"过程"的实在性与"关系"的实在性就显示出来了。存在或终极实在就被看成是实体-关系-过程三位一体的东西，从而将实体实在论、过程实在论和关系实在论三个学派的学说统一整合起来，形成一种新的实在观——"关系实在"。不过这是一种强关系弱实体的"关系实在"，强调实体-关系-过程三位一体、但侧重关系的实在观。

## 二、系统哲学思想与哲学认识论和方法论的结合：系统方法论

古代的认识论是整体直观和整体思辨的认识论，它仅仅停留在猜测和直觉的基础上，是对事物表面的认识，不能深入事物的内部，仅仅是定性的、粗糙的认识，因而结论是模糊的不精确的。到了近代科学阶段，采

取了分析还原的认识手段，深入到客体或对象的内部，揭示其内部各种数量关系，不仅定性分析，而且定量分析。用这种分析还原的方法去探索自然，取得了极大的成功，因而可以说，没有分析还原的认识手段就没有近现代科学，也就没有高度发达的工业社会。

但是到了 20 世纪下半叶，科学所面临的对象越来越复杂，例如宇宙的演化、土壤的沙化、生态系统的退化、气候变暖等全球性问题，仅仅凭分析还原的方法，是不能完整地解决这些问题的。于是认识论、方法论发展到第三个阶段：在分析还原的基础上建立系统方法。系统方法注重整体，不仅注重向上的高一级的即更大的整体，而且注重向下的次一级的整体，还注重研究事物所处的那个更大的整体中的功能与地位。因为正是这个更大的整体改变了作为它的部分的事物的性质与行为。如果说经典力学看问题的方法是从外向里看，量子力学看问题的方法是处于过渡期的不完全的从里向外看，那么系统哲学看问题的方法则是既要从里往外看，又要从外向里看，并且随着系统的变迁，可以层层外推或内推，并将前两者看问题的方法结合起来，成为一种系统的方法。这样一来，就带来了认识方法的革命。从而，还原方法与系统扩展方法被统一起来了，认识的经验层次、经验规律层次和理论层次之间的相互关系，可以用系统层次观点加以论述；系统的自组织动力学理论可以用分析发展的动力学机制，帮助人们理解认识从低级到高级的发展及与之相关的哲学问题。系统思维和系统哲学的认识论、方法论成为新时代的思维方式。所以，21 世纪系统思想必与哲学更加紧密地结合，从而建立一整套的系统哲学思想体系。

### 三、系统哲学思想与哲学价值论的结合：系统价值论

哲学的最后一个领域是价值论。

人类的认识论和方法论发展经历三个阶段，人类的伦理观念的发展也经历了三个阶段。

第一个阶段是古代，着重用"仁爱"和"博爱"的思想观念调整人与人之间的关系。中国的儒家伦理与欧洲的基督伦理就是其代表。正是"仁爱"奠定了中华民族"礼仪之邦"的称号，正是"博爱"奠定了古希腊的文明时代。第二个阶段是文艺复兴以后，着重用民主、人权、自由的理念

来调节人与人之间的关系。正是这种伦理，推翻了专制，迎来了民主社会，每一个社会公民都充分享受着自由、民主和人权，迎来了一个人人平等、没有特权的社会。在系统哲学思想中，由于自组织系统已经有了明显的目的性，于是系统天然地就含有价值的内核。如今，人类迈进 21 世纪，伦理阶段发展到第三个阶段，将"仁爱"的观点和权利观念推广到自然界，使人与自然成为一个整体，于是"仁爱"的观点和权利观念便与系统的价值内核协调趋同，从而有限度地承认自然系统、生物系统和生态系统的内在价值，有限度地承认动物的权利，以调整人与自然的关系，解决环境问题。[1][2]

因此系统价值论与系统伦理学也因此而成为当代价值哲学的核心论域。在生态伦理的基础上分析人类的价值和价值观问题，用系统辩证法分析人类各种价值差异、价值冲突和价值协调，21 世纪，人类必将建立一种基于系统哲学思想的价值学说。

## 四、系统哲学思想对马克思列宁主义、毛泽东思想的回归与发展

系统哲学思想，无论是"整体"思维、"关系"思维还是"过程"思维，都是与马克思列宁主义、毛泽东思想高度契合的。系统哲学思想是对马克思列宁主义、毛泽东思想的回归与发展。

首先，就"整体"思维而言，系统哲学思想与马克思列宁主义、毛泽东思想是一致的。因为整体主义不仅是系统哲学思想的一个重要基石，也是马克思主义哲学的一个重要特征。

钱学森把系统表述为：由相互作用和相互依赖的若干组成部分结合成具有特定功能的有机整体。同时，钱学森指出："毛泽东思想的核心部分就是从整体上来认识问题。"[3]系统哲学思想是符合马克思列宁主义、毛泽东思想、邓小平理论、科学发展观，符合习近平新时代中国特色社会主义思想的，是马克思主义的一种新的形态。马克思、恩格斯、列宁、斯大林、毛泽东等经典作家无一例外，都曾多次表达过他们的整体性思想。

① 张华夏. 论系统思想——走向 21 世纪的系统辩证哲学思潮[J]. 系统辩证学学报，1998，(3)：7-16.
② 张华夏. 走向 21 世纪的新辩证法思潮：系统主义[J]. 系统辩证学学报，2000，(1)：1-5.
③ 钱学森. 要从整体上考虑并解决问题[N]. 人民日报，1990-12-31.

马克思在《资本论》的第二卷中,在谈到单个资本的循环时曾经指出:"各个单个资本的循环是互相交错的,是互为前提、互为条件的,而且正是在这种交错中形成社会总资本的运动。"①在这里,马克思表达的是整体的思想。任何社会的再生产过程,都是由生产、交换、分配、消费四个环节组成的有机统一体,社会生产要正常进行,这四个环节就必须协调发展,它们是一个整体,不存在谁主谁次。具体之所以具体,因为它是许多规定的综合,是多样性的统一。也就是说,多样性表现在整体之中。虽然马克思对于系统的思想没有作专门的论述,但他把人类社会比作一个有机体,把生产关系看作是一个总的联合体,把人的本质看作是社会关系的总和,把资本主义生产方式看作是一个整体,等等,这些思想实际上蕴涵了当今时代的系统哲学思想。

恩格斯在《自然辩证法》中说:"如果有人以一般的表达方式向他们说,一和多是不能分离的、相互渗透的两个概念,而且多包含于一之中,同等程度地如同一包含于多中一样……什么样的多样性和多都包括在这个初看起来如此简单的单位概念中。"②恩格斯还说:"我们所面对着的整个自然界形成一个体系,即各种物体相互联系的总体,而我们在这里所说的物体,是指所有的物质存在,从星球到原子,甚至直到以太粒子,如果我们承认以太粒子存在的话。这些物体是互相联系的,这就是说,它们是相互作用着的,并且正是这种相互作用构成了运动。"③在这两句话里,恩格斯明确提出了一分为多、合多为一的整体思想。

列宁在谈到辩证法时,曾这样表达他的整体思想。他说:"每种现象的一切方面(而且历史在不断地揭示出新的方面)相互依存、极其密切而不可分割地联系在一起,这种联系形成统一的、有规律的世界运动过程——这就是辩证法这一内容更丰富的(与通常的相比)发展学说的若干特征。"④

---

① 马克思,恩格斯. 马克思恩格斯选集:第二卷[M]. 中共中央马克思恩格斯列宁斯大林著作编译局,编. 北京:人民出版社,2012:383.

② 恩格斯. 自然辩证法[M]. 中共中央马克思恩格斯列宁斯大林著作编译局,译. 北京:人民出版社,1971:166-167.

③ 马克思,恩格斯. 马克思恩格斯全集:第二十卷[M]. 中共中央马克思恩格斯列宁斯大林著作编译局,译. 北京:人民出版社,1971:409.

④ 列宁. 列宁全集:第二十六卷[M]. 北京:人民出版社,1959:57.

　　斯大林的整体思想则是这样表述的："辩证法不是把自然界看作彼此隔离、彼此孤立、彼此不依赖的各个对象或现象的偶然堆积，而是把它看作有联系的统一的整体，其中各个对象或现象有机地联系着，互相依赖着，互相制约着。"①

　　毛泽东思想的核心就是从整体上来认识问题。毛泽东同志在许多地方表达了他的整体思想。比如，毛泽东同志在《关于重庆谈判》这篇文章中说："世界上的事情是复杂的，是由各方面因素决定的。看问题要从各方面去看，不能只从单方面去看。"②毛泽东同志在《党委会的工作方法》这篇文章里告诫全党的同志：要"学会'弹钢琴'。弹钢琴要十个指头都动作，不能有的动，有的不动。但是，十个指头同时都按下去，那也不成调子。要产生好的音乐，十个指头的动作要有节奏，要互相配合。……都要照顾到，不能只注意一部分问题而把别的丢掉。"③

　　其次，在坚持关系论视野上，我们依然要从马克思主义那里吸取营养，因为马克思主义哲学表现出一种全新的"关系"思维。

　　马克思主义哲学的"关系"思维，不仅力求最大限度地把握和穿透现实世界的各种"要素"和"关系"，而且力求最大限度地把握和穿透各种理论之间的"要素"和"关系"，乃至更进一步地把握和穿透现实和理论之间的一切真实有效的"要素"和"关系"，全方位地从社会各方面现象的复杂总联系中把握各种社会现象。如上所述，马克思全面而审慎地考察了资本主义之生产、消费、分配、交换等多重主体的相互关系后，指出："生产既支配着与其他要素相对而言的生产自身，也支配着其他要素……和这些不同要素相互间的一定关系。当然，生产就其单方面形式来说也决定于其他要素……不同要素之间存在着相互作用。每一个有机体都是这样。"④

　　最后，就动态"过程"思维而言，几乎与达尔文同时，马克思、恩格斯通过对社会现象和自然现象的广泛考察，也得出了世界是动态演化的普

　　① 斯大林. 斯大林文集[M]. 中共中央马克思恩格斯列宁斯大林著作编译局，编. 北京：人民出版社，1985：201-202.

　　② 毛泽东. 毛泽东选集：第四卷[M]. 北京：人民出版社，1991：1157.

　　③ 毛泽东. 毛泽东选集：第四卷[M]. 北京：人民出版社，1991：1442.

　　④ 马克思，恩格斯. 马克思恩格斯选集：第二卷[M]. 中共中央马克思恩格斯列宁斯大林著作编译局，编. 北京：人民出版社，1995：17.

遍结论。恩格斯说："世界不是既成事物的集合体，而是过程的集合体。"①
恩格斯还说："当我们深思熟虑地考察自然界或人类历史或我们自己的精
神活动的时候，首先呈现在我们面前的，是一幅种种联系和相互作用无穷
无尽地交织起来的画面。"②因此，面对着这种种画面，我们既要把握现象
又要把握本质，就得从某一变化过程的"开始"之处着手。恩格斯指出：
"历史从哪里开始，思想进程也应当从哪里开始，而思想进程的进一步发
展不过是历史过程在抽象的、理论上前后一贯的形式上的反映；这些反映
是经过修正的，然而是按照现实的历史过程本身的规律修正的，这时，每
一个要素可以在它完全成熟而具有典型性的发展点上加以考察。"③恩格斯
这一基本原则为我们确立了一条唯物主义的认识路线，即从历史本身出发
来研究事物的运动变化，而不是从某种预设的思想原则去框范现实生活，
从而形成一种动态的考察事物运动变化的思维方式。"整个所谓世界历史
不外是人通过人的劳动而诞生的过程，是自然界对人来说的生成过程"④。

　　上述马克思主义经典作家无不谈到整体思想、关系思想与动态过程
思想。马克思主义理论蕴含着极其丰富的、深邃的系统思想。由此可见，
马克思主义经典作家对系统及其系统的研究方法是很重视的。正因为如
此，贝塔朗菲、拉兹洛等国际上很多知名学者对这些马克思主义经典作家
著作中蕴含的系统思想都作过很高的评价。拉兹洛说："可以设想，如果
马克思还活着，他会是一个很好的系统科学家和系统哲学家。"⑤学者麦奎
里、安贝吉和裘辉在《马克思和现代系统论》一文中写道："马克思确实可
以看作是一位早期的系统论者。他的理论工作的主要部分可以看作是富有
成果的现代系统研究的先声。"⑥只不过由于当时科学和社会发展的水平

---

　　① 马克思，恩格斯. 马克思恩格斯选集：第四卷[M]. 中共中央马克思恩格斯列宁斯大林著作编译局，
编. 北京：人民出版社，1995：244.

　　② 马克思，恩格斯. 马克思恩格斯选集：第三卷[M]. 中共中央马克思恩格斯列宁斯大林著作编译局，
编. 北京：人民出版社，1995：359.

　　③ 马克思，恩格斯. 马克思恩格斯选集：第二卷[M]. 中共中央马克思恩格斯列宁斯大林著作编译局，
编. 北京：人民出版社，1995：43.

　　④ 马克思，恩格斯. 马克思恩格斯文集：第一卷[M]. 中共中央马克思恩格斯列宁斯大林著作编译局，
编. 北京：人民出版社，2009：196.

　　⑤ 转引自：张硕城、陶原珂. 美国系统工程学者依·拉兹洛谈中国改革与哲学[J]. 学术研究，1988，（4）：
87-89.

　　⑥ 麦奎里，安贝吉，裘辉. 马克思和现代系统论[J]. 国外社会科学，1976，（6）：13.

等历史条件的限制，马克思主义经典作家的这些思想未能进一步普遍化并形成独立的哲学理论，而是以包含在辩证法之中的方式体现出来。正如列宁所说，不同的历史时期会把马克思主义的不同方面显示出来。因此，今天的系统哲学思想实际上是向马克思列宁主义、毛泽东思想的回归。不仅如此，由于系统的普适性质，系统哲学思想还可以用来丰富马克思主义哲学，使辩证唯物论采取新的形式。

马克思主义哲学的现代化标准，应当在纵向上体现出当代科学和哲学的最新成就，即真正成为时代之精华。在横向上，即在国际比较中，应当处于领先地位。要做到这一点，首先就要立足于科学发展的最前沿，总结提炼出一系列新的概念、范畴、规律，对马克思主义哲学进行时代的充实。其次，要深入研究当代社会发展过程中的新现象、新情况、新问题，把马克思主义哲学体系的基本原理同今天的社会实践紧密结合起来。最后，要深入研究当今世界各哲学流派包括系统哲学流派在内的发展趋势，从中吸取精华，给马克思主义哲学输入新的活力。

系统哲学思想从本质上讲，也是一种辩证唯物主义思想，所以它和马克思主义哲学是相通的、相容的、一致的。系统哲学思想认为客观世界是由物质系统构成的，而物质系统内部的要素与要素之间、系统与外部环境之间有着密切的联系，它们相互作用、相互依存、相互影响，形成一个不可分割的整体。这显然和辩证唯物主义的观点一致。不过，系统哲学思想不仅把世界看成是一个相互联系的整体，而且还揭示了事物之间的各种联系方式、相互作用的内部机制、相互作用的途经以及相互作用的强弱。换句话说，系统哲学思想是在自然科学和社会科学最新成果的基础上对事物之间的相互作用进行了更为精确的、更为细致的概括和论述。这不仅为马克思主义哲学的普遍联系的观点提供了最新科学成果的佐证，而且也促进了马克思主义哲学向更深层次的发展。比如，系统哲学思想的系统、平衡、有序等概念极大地丰富了辩证唯物主义关于世界的物质性和物质存在方式的思想；系统的结构功能说使质量互变规律更加科学化、具体化；系统哲学中的自组织规律使辩证唯物主义关于发展的学说更加充实，更加普适，更具实证性。这些都充分说明系统哲学在马克思主义哲学现代化的过程中起着一种强有力的推动作用。

总而言之，系统哲学思想与马克思列宁主义、毛泽东思想的关系是一种相互融合、相互补充和相互支撑的关系。研究系统哲学思想不仅可以促进马克思列宁主义、毛泽东思想的现代化，还可以繁荣我国的学术思想，活跃学术气氛。所以系统哲学思想是对马克思列宁主义、毛泽东思想的回归与发展，应当把总结和研究系统哲学思想与丰富、完善马克思列宁主义、毛泽东思想紧密结合起来，推进新时代中国特色社会主义的伟大事业！

## 第四节　系统哲学思想与人类命运共同体

"世界怎么了？我们怎么办？"[①]这是习近平总书记发出的时代之问，也是关于"人类社会往何处去"的历史之问，同时是世界各国所面临的共同课题。习近平总书记说，"我们要站在世界历史的高度审视当今世界发展趋势和面临的重大问题"[②]，"中国人民愿同各国人民一道，推动人类命运共同体建设"[③]。习近平总书记关于构建人类命运共同体的倡议，不仅是对马克思主义世界历史理论在新时代的创新和发展，也是对系统哲学思想的创新与发展，对于运用系统哲学思想解决人类当下的各种重大问题，有着重大的社会实践意义。

习近平总书记在党的十八大报告中就强调，人类只有一个地球，各国共处一个世界，要倡导人类命运共同体意识。习近平当选中共中央总书记后，首次会见外国人士时表示，国际社会日益成为一个你中有我、我中有你的命运共同体，面对世界经济的复杂形势和全球性问题，任何国家都不可能独善其身。"人类命运共同体"是近年来中国政府反复强调的关于人类社会的新理念。2011 年《中国的和平发展》白皮书提出，要以"人类命运共同体"的新视角，寻求人类共同利益和共同价值的新内涵。2018 年，习近平总书记在二十国集团领导人峰会上，对各国领导人说："各国相互协作、优势互补是生产力发展的客观要求，也代表着生产关系演变的前进方向。在这一进程中，各国逐渐形成利益共同体、责任共同体、命运共同体。无论前途是晴是雨，携手合作、互利共赢是唯一正确选择。这既是经

---

① 习近平. 习近平谈治国理政：第 2 卷[M]. 北京：外文出版社，2017：537.
② 习近平. 在纪念马克思诞辰 200 周年大会上的讲话[M]. 北京：人民出版社，2018：22.
③ 习近平. 决胜全面建成小康社会 夺取新时代中国特色社会主义伟大胜利——在中国共产党第十九次全国代表大会上的报告[M]. 北京：人民出版社，2017：60.

济规律使然，也符合人类社会发展的历史逻辑。"①在世界遭遇"百年未有之大变局"的历史关头，世界人民唯有合作构建"人类命运共同体"才有出路。这是攸关人类命运的重大课题。②

　　当前国际形势基本特点是世界多极化、经济全球化、文化多样化和社会信息化。粮食安全、资源短缺、气候变化、网络攻击、人口问题、环境污染、疾病流行、跨国犯罪等全球非传统安全问题层出不穷，对国际秩序和人类生存都构成了严峻挑战。各种问题，牵一发而动全身。不论人们身处何国，信仰何如，是否愿意，实际上人类与自然，一国与他国，一民族与他民族等，已经处于一个复杂的巨系统之中了。也就是说，不管愿意与否，人类已经处于一个命运共同体之中了。这种命运共同体包含了双重意蕴：一是人类与自然之间的"人类命运共同体"，二是各个国家之间的"人类命运共同体"。既然已经处在一个命运共同体中，那么如何解决上述所列举的一系列全球性问题，需要寻找一种既能解决当下全球问题的方法论，又能提供全人类所共同拥有并推崇的价值观。

　　"人类命运共同体"体现了系统哲学思想，是可以推向全球的价值观，是一种以应对人类共同挑战为目的的全球价值观。通过本书前面的论述，我们知道，系统哲学蕴含"关系"思想，蕴含整体思想，蕴含非线性思想，蕴含演化生成思想。目前"人类命运共同体"这一全球价值观正逐步获得国际认同并成为国际共识。"人类命运共同体"可以重建当下国家发展相互依存的国际权力观，重塑全球共同利益观，以及建构全人类可持续发展观和全球治理观。③

## 一、整体思想与"人类命运共同体"中的国际权力观

　　"人类命运共同体"蕴含系统哲学的整体思想。系统哲学认为，不仅部分存在于整体中，而且整体也存在于部分中。如果人们不认识部分，那么就不能理解整体，通常这个判断是成立的；反之，如果人们不认识整体，

　　① 习近平. 登高望远，牢牢把握世界经济正确方向——在二十国集团领导人峰会第一阶段会议上的发言[N]. 人民日报, 2018-12-1（第2版）.
　　② 李包庚. 世界普遍交往中的人类命运共同体[J]. 中国社会科学, 2020,（4）：4-26, 204.
　　③ 曲星. 人类命运共同体的价值观基础[J]. 求是, 2013,（4）：53-55.

那么也就很难理解部分，这个判断同样成立。分形理论揭示，自然界的许多现象具有分形结构。所谓分形结构，就是分形体的整体与部分具有某种自相似性。人们认识外部事物既要从整体中来认识部分，又要从部分中来认识整体。通过这种方式达成的认识，才是比较全面的认识。系统哲学要求从整体上探索系统内部诸要素之间、整体与部分之间、系统与环境之间的辩证关系，以求得对系统的整体理解。这就要求人们要从事物的普遍联系来认识对象，用整体的观点去看世界，进而建立相应的整体方法论。

系统哲学告诉我们，系统是一个整体，整体大于部分之和。多少世纪以来，不同国家和国家集团之间为争夺国际权力发生了数不清的战争与冲突。随着经济全球化深入发展，资本、技术、信息、人员跨国流动，国家之间处于一种相互依存的状态，一国经济目标能否实现与别国的经济波动有重大关联。各国在相互依存中形成了一种利益纽带，要实现自身利益就必须维护这种纽带。也就是说，现存的国际秩序，就是系统整体。国家之间的权力分配未必要像过去那样通过战争等极端手段来实现，国家之间在经济上的相互依存有助于国际形势的缓和，各国可以通过国际体系与合作机制来维持、规范相互依存的关系，从而维护共同利益。维护了全球整体利益，也就维护了各国的共同利益。

人类社会是一个整体，世界各国是一个相互依存的共同体，已经成为国际社会的共识。国际社会发生的如 1997 年亚洲金融风暴、2008 年国际金融危机等事件，使相互依存的整体具有了更加深刻的内涵。在经济全球化背景下，一国发生的危机通过全球化机制的传导，可以迅速波及全球，危及国际社会整体。面对这些危机，国际社会作为系统整体只能"同舟共济""共克时艰"。亚洲金融风暴后中国把握其宏观经济政策以帮助东盟国家，1999 年二十国集团机制的出现，都是国家之间在相互依存中通过国际机制建设应对国际危机的例证，即系统整体思想的具体应用。可以设想，如果国家之间互不合作、以邻为壑、转嫁危机，这些危机完全可能像 20 世纪 20—30 年代的危机一样，引发冲突甚至战争，给人类社会带来严重灾难。[①]

---

① 曲星. 人类命运共同体的价值观基础[J]. 求是，2013，（4）：53-55.

## 二、"关系"思想与"人类命运共同体"中的共同利益观

"人类命运共同体"蕴含系统哲学的"关系"思想。系统哲学告诉我们，系统只能在个体与环境、背景的"关系"中才能得以存在、定义、描述和认识。关于系统，贝塔朗菲给出的定义是：处于一定相互关系中，并与环境发生关系的各组成部分（要素）的总体（集）。系统定义所反映的正是这种跨越层次之间的不可化约和还原的相互关系。结构和功能作为系统论的两个基本范畴，也以"关系"来表征。所谓结构，是指系统中各种联系或关系的总和。而功能则是系统在内部特别是在外部关系中表现出来的特性和能力。系统方法就是立足于部分与部分、整体与部分、系统与环境的"关系"特征去考察系统的功能规律，以达到最佳处理问题的方法，并得到最佳结果。

进入 21 世纪之前，国际社会的利益关系曾被描述为一种排他的零和关系，因为利益争夺而引发战争，是国际社会的常态。第一次世界大战、第二次世界大战，包括冷战在内，都是国际社会争夺利益的结果。随着战争的烈度不断升级，尤其是核武器的出现，战争的后果已经是全人类所不堪承受的，被战争破坏的国家或者地区惨不忍睹。经济的全球化促使人们对传统的国家利益观进行彻底的反思。国际社会已经是一个"关系"社会，是一个你中有我、我中有你的超级巨系统的"关系"社会。产业链条的延长，使得世界上的所有国家都以"关系"中"要素"的形式被嵌入全球的产业链之中。瞬间万里、天涯咫尺的全球化传导机制把人类居住的星球变成了"地球村"，各国利益的高度交融使不同国家成为共同"关系"上即共同利益链条上的一环。任何一个要素，或者任何一个环节出现问题，都可能导致总体"关系"的全球利益链中断。如果一个"要素"即一个国家的粮食安全出现问题，则这个国家的饥民将大规模涌向作为"关系"一环之"要素"的别国。交通工具的进步为难民潮的流动提供了可能，而人道理念的进步又使拒难民于国门之外面临很大的道义压力。互联网把各国空前紧密地作为"关系"联结在一起，在世界任何一点发动网络攻击，看似无声无息，但却能给对象国的经济社会带来巨大的损失，程度不亚于一场战争。气候变化带来的冰川融化、降水失调、海平面上升等问题，不仅给岛国带来灭顶之灾，也将给世界数十个沿海城市造成极大危害。资源能源短缺涉及人

类文明能否延续，环境污染导致怪病多发并跨境流行。面对越来越多的全球性问题，任何国家作为"关系"的"要素"，都不可能独善其身，任何国家要想自己发展，必须让别人发展；要想自己安全，必须让别人安全；要想自己活得好，必须让别人活得好。这就是系统哲学思想的"关系"原理，在国际社会共同利益观面前的生动体现。

在这样的背景下，基于系统哲学的"关系"思想，人们对于"关系"的共同利益也有了崭新的认识。既然人类已经处在"地球村"中，那么各国公民作为一国的"要素"同时也就是整个地球"关系"的公民，全球总体"关系"的利益同时也就是自己国家"要素"的利益，一个国家采取有利于全球利益的举措，也就同时服务了自身利益。

中国政府自改革开放以来调整了自己与国际体系的"关系"，越来越重视人类共同利益的总体"关系"，使自己成为国际社会的"利益攸关者"。正如十八大报告所强调的那样，中国将坚持把中国人民利益同各国人民共同利益结合起来，以更加积极的姿态参与国际事务，发挥负责任大国作用，共同应对全球性挑战。党的十九大报告则倡导："中国将高举和平、发展、合作、共赢的旗帜，恪守维护世界和平、促进共同发展的外交政策宗旨，坚定不移在和平共处五项原则基础上发展同各国的友好合作，推动建设相互尊重、公平正义、合作共赢的新型国际关系。"①

### 三、演化生成思想与"人类命运共同体"中的可持续发展观

"人类命运共同体"蕴含系统哲学的演化生成思想。如果说，20世纪初相对论、量子力学所揭示的客体性质与其环境的整体关系中的生成性，粒子物理和场论所揭示的大多数基本粒子的不稳定性和生灭转化性等，拉开了生成论序幕的话；那么，非平衡热力学所揭示的系统在开放和远离平衡态条件下借以形成新的稳定的宏观有序结构的自组织性，及其所揭示的物质的种种性质如不对称、时间、空间等的演化，就成为生成论转向的标志。大自然时刻都在生长、变化着，系统哲学认为，通过耗散结构论对时间的再发现，通过自组织机制，揭示了自然界演化发展的内涵：世界是一个复杂动态的过程，具有生命与活力，并处于不断的

---

① 习近平. 习近平谈治国理政：第三卷[M]. 北京：外文出版社，2020：45.

演化、生成和创造过程之中，必须坚持生成论，坚持动态演化、生成、过程等系统哲学思想。

　　工业革命以后，人类开发和利用自然资源的能力得到了极大提高，但接踵而至的环境污染和极端事故也给人类造成巨大灾难。1943 年美国洛杉矶光化学烟雾事件、1952 年英国伦敦烟雾事件、20 世纪 50 年代日本水俣病事件、1984 年印度博帕尔化学品泄漏事件等恶性环境污染事件，均造成大面积污染和大量民众的伤病死亡。这些污染与生态事故引起了世界各国人民的思考。

　　1972 年，以研究环境和发展问题著称的"罗马俱乐部"发表了《增长的极限》报告，提出"若世界按照现在的人口和经济增长以及资源消耗、环境污染趋势继续发展下去，那么我们这个星球迟早将达到极限进而崩溃"，引起国际社会极大争论。同年，联合国在斯德哥尔摩召开人类环境研讨会，会上首次有人提出了"可持续发展"的概念。1983 年，联合国成立"世界环境与发展委员会"进行专题研究。该委员会 1987 年发表《我们共同的未来》报告，正式将可持续发展定义为"既能满足当代人需要，又不对后代人满足其需要的能力构成危害的发展"。此后，可持续发展成为国际社会的共识。

　　1992 年，联合国在巴西首都里约热内卢召开环境与发展大会，通过了以可持续发展为核心的《里约环境与发展宣言》等文件，被称为《地球宪章》。2002 年，联合国又在南非召开可持续发展问题世界首脑会议，通过了《约翰内斯堡执行计划》。2012 年，各国首脑再次聚会里约热内卢，出席联合国可持续发展大会峰会，重申各国对可持续发展的承诺，探讨在此方面的成就与不足，发表了《我们憧憬的未来》等成果文件。

　　中国从斯德哥尔摩会议开始就参加了可持续发展问题的历次重要国际会议，在可持续发展理念形成、制度建设、发展援助等方面都发挥了建设性的作用。1994 年中国发布了《中国 21 世纪议程——中国 21 世纪人口、环境与发展白皮书》；1996 年，可持续发展被正式确定为国家的基本发展战略之一。2012 年时任总理的温家宝在联合国可持续发展大会高级别圆桌会上发言表示，中国用占全球不到 10%的耕地和人均仅有世界平均水平 28%的水资源，养活了占全球 1/5 的人口；过去 6 年单位国内生产总值能耗降低了 21%，主要污染物排放总量减少了 15%左右。2021 年 2 月 25 日，习近平总书记在全国脱贫攻坚总结表彰大会上庄严宣告："经过全党全国各族人民共同努力，在迎来中国共产党成立一百周年的重要时刻，我国脱贫攻坚战取得了全面胜利。"①这是一个历史性的时刻。中国脱贫攻坚战取得了全面胜利，现行标准下9899万农村贫困人口全部脱贫，促进了脱贫群众各方面生活水平的显著提高。早在2011年底，中国就已免除50个重债穷国和最不发达国家约300亿元人民币债务，对38个最不发达国家实施了超过60%的产品零关税待遇，并向其他发展中国家提供了1000多亿元人民币的优惠贷款。这些数据说明，"人类命运共同体"所蕴含的可持续发展观，不仅已经从理念变成了中国政府的行动纲领和具体计划，而且已经在中国的实践中取得了巨大的成就。

## 四、非线性思想与"人类命运共同体"中的全球治理观

"人类命运共同体"蕴含系统哲学的非线性思想。现实世界中，广泛地存在着两种系统：线性相互作用系统和非线性相互作用系统。世界的本质是非线性相互作用系统的，线性相互作用系统只是特例。非线性相互作用系统的第一个特征就是多样性，这是复杂性的源泉。因此，从本体论上讲，是否存在多样性，是否存在非线性的相互作用，就成为判断复杂性系统的一个基本标准，同时也是系统哲学着力揭示的一个重要思想。系统哲学的非线性思想要求人们做到以下三点：首先，对于复杂的非线性相互作用系统，如果要想比较全面地认识其本质状态，就需要尽主体最大可能地从各种不同的层次、不同的维度、不同的方法、不同的途径等渠道把问题提出来，而不能满足于一因一果的简单解释。其次，非线性思维要求人类彻底放弃对复杂系统演化的长期预测。最后，非线性思维对人类政治、经济、科学、文化等各方面实践提出了更高的要求。也就是说，对于全球治理，尤其是协同治理，提出了更高的要求。非线性思想反映在系统辩证法里，就是一分为多与合多为一。这就要求人类在面对全球复杂的国际事务时，坚持习近平总书记所倡导的"人类命运共同体"，重塑全球治理观。

---

① 习近平. 在全国脱贫攻坚总结表彰大会上的讲话[N]. 人民日报，2021-2-26（第2版）.

20 世纪 90 年代,联合国支持成立了由 28 位国际知名人士组成的"全球治理委员会",该委员会于联合国成立 50 周年之际发表《天涯成比邻》报告,其对全球治理概念的定义被国际社会广泛接受。

从理论层面,从系统协同的层面,全球治理理论的核心观点是,由于全球化导致国际行为主体多元化,全球性问题的解决成为一个由政府、政府间组织、非政府组织、跨国公司等共同参与和互动的过程,这一过程的重要途径是强化国际规范和国际机制,以形成一个具有机制约束力和道德规范力的、能够解决全球问题的"全球机制"。这恰恰是系统哲学的要素协同思想以及非线性思想的具体体现。

从实践层面,比如,1999 年出现的二十国集团机制,协调各国应对危机,使世界经济摆脱了陷入 20 世纪 20—30 年代全球大萧条的境地。目前国际上各种协调磋商机制也非常活跃,推动国际社会朝着更加制度化和规范化的方向前进,也是系统哲学的非线性思想以及协同思想在国际治理实践中的具体表现。

尽管全球治理仍存争议,比如,怎样处理全球治理与主权独立的关系等。但中国秉承人类命运共同体理念,参与全球治理,从而推动全球治理朝更加公平合理、"包容发展、权责共担"的方向发展。中国既利用全球治理形成的倒逼机制促进中国国内改革,同时也从全球治理中获得更多的和平发展机遇。习近平总书记所倡导的"人类命运共同体",以及中国的和平发展对世界的发展又形成了有力的"正能量"。习近平总书记特别指出,"坚持走和平发展道路,推动建设新型国际关系,推动构建人类命运共同体"①,"探索建设中国特色自由贸易港。中国人民将继续与世界同行、为人类作出更大贡献,坚定不移走和平发展道路,积极发展全球伙伴关系,坚定支持多边主义,积极参与推动全球治理体系变革,构建新型国际关系,推动构建人类命运共同体"②,"倡导构建人类命运共同体,促进全球治理体系变革"③,"全方位外交布局深入展开。

---

① 习近平. 在庆祝中国共产党成立 100 周年大会上的讲话[M]. 北京:人民出版社,2021:16.

② 习近平. 开放共创繁荣 创新引领未来:在博鳌亚洲论坛 2018 年年会开幕式上的主旨演讲[M]. 北京:人民出版社,2018:10.

③ 习近平. 决胜全面建成小康社会 夺取新时代中国特色社会主义伟大胜利——在中国共产党第十九次全国代表大会上的报告[M]. 北京:人民出版社,2017:7.

全面推进中国特色大国外交，形成全方位、多层次、立体化的外交布局，为我国发展营造了良好外部条件"[①]。十九大报告中还强调要积极参加多边事务，并特别提到要支持联合国、二十国集团、上海合作组织、亚信银行、金砖国家等发挥作用，推动国际秩序和国际体系朝着公正合理的方向发展。

　　以系统哲学思想作为理论基础的"人类命运共同体"，可以重塑相互依存的国际权力观、重建共同利益观、可持续发展观和全球治理观，为建设人类命运共同体提供基本的方法论和价值观基础。中国提出的和谐世界观与全球价值观有异曲同工之妙。和谐世界观包括五个维度，即政治多极、经济均衡、文化多样、安全互信、环境可续。政治多极的内涵是，在相互依存的世界上，各大力量中心之间应有一个相互制约的力量框架和多边的行为方式来处理世界事务。经济均衡的内涵是，只有发展中国家与发达国家获得共同发展，世界才会有真正的发展，因此解决发展问题是人类共同利益之所在。文化多样的内涵是保持文化多元，保持人类思维活力，为解决全球问题提供更多答案。安全互信的内涵是，安全是共同的，只有别人安全，自己才有安全，保障安全的有效手段不是冷战式的同盟加威慑，而是互信互利平等协作的新安全观。环境可续意味着各国必须携手合作，把可持续发展理念落到实处。全球所有国家和地区把上述工作做好，就是实现了习近平总书记所倡导的"人类命运共同体"，也是全世界人民所期盼的"人类命运共同体"。

　　构建人类命运共同体，是习近平新时代中国特色社会主义思想中一项具有战略高度和现实紧迫感的伟大构想，充分彰显了以习近平同志为核心的党中央的理想追求和责任担当。构建人类命运共同体作为破解全球性治理难题的中国智慧和中国方案，不仅充分体现了系统哲学思想，而且也是对 21 世纪历史唯物主义理论发展所作出的原创性贡献。[②]

---

① 习近平. 决胜全面建成小康社会 夺取新时代中国特色社会主义伟大胜利——在中国共产党第十九次全国代表大会上的报告[M]. 北京: 人民出版社, 2017: 7.
② 刘同舫. 构建人类命运共同体对历史唯物主义的原创性贡献[J]. 中国社会科学, 2018, (7): 4-21, 204.

# 参 考 文 献

## 一、著作

阿诺尔德，1990. 突变理论[M]. 周燕华，译. 北京：高等教育出版社.

艾根，舒斯特尔，1990. 超循环论[M]. 曾国屏，沈小峰，译. 上海：上海译文出版社.

艾什比，1965. 控制论导论[M]. 张理京，译. 北京：科学出版社.

艾什比，1991. 大脑设计：适应性行为的起源[M]. 乐秀成，朱熹豪，等，译. 北京：
　　商务印书馆.

爱因斯坦，1976. 爱因斯坦文集：第一卷[M]. 许良英，范岱年，编译. 北京：商务印
　　书馆.

爱因斯坦，1979. 爱因斯坦文集：第三卷[M]. 许良英，范岱年，编译. 北京：商务印
　　书馆.

柏格森，1989. 创造进化论[M]. 王珍丽，余习广，译. 长沙：湖南人民出版社.

柏拉图，1986. 理想国[M]. 郭斌和，张竹明，译. 北京：商务印书馆.

柏拉图，1998. 柏拉图《对话》七篇[M]. 戴子钦，译. 沈阳：辽宁教育出版社.

北京大学哲学系外国哲学史教研室，1957. 西方古典哲学原著选辑：古希腊罗马哲学[M].
　　北京：生活·读书·新知三联书店.

北京大学哲学系外国哲学史教研室，1975. 十六—十八世纪西欧各国哲学[M]. 北京：
　　商务印书馆.

北野宏明. 系统生物学基础[M]. 刘笔锋，周艳红，等，译. 北京：化学工业出版社，
　　2007.

贝塔兰菲，1987. 一般系统论：基础，发展、应用[M]. 秋同，袁嘉新，译. 北京：社
　　会科学文献出版社.

贝塔朗菲，1987. 一般系统论：基础，发展和应用[M]. 林康义，魏宏森，等，译. 北
　　京：清华大学出版社.

波普尔，1986. 猜想与反驳：科学知识的增长[M]. 傅季重，纪树立，周昌忠，等，
　　译. 上海：上海译文出版社.

布查纳，2001. 临界：为什么世界比我们想像的要简单[M]. 刘杨，陈雄飞，译. 长春：
　　吉林人民出版社.

布里格斯，皮特，1998. 湍鉴：浑沌理论与整体性科学导论[M]. 刘华杰，潘涛，译. 北
　　京：商务印书馆.

策勒尔，1992. 古希腊哲学史纲[M]. 翁绍军，译. 济南：山东人民出版社.

车文博，1998. 西方心理学史[M]. 杭州：浙江教育出版社.

陈天机，许倬云，关子尹，2002. 系统视野与宇宙人生[M]. 增订版. 香港：商务印书馆（香港）有限公司.

陈文化，1989. 科学技术发展概论[M]. 长沙：湖南科学技术出版社.

陈禹，1989. 关于系统的对话：现象、启示与探讨[M]. 北京：中国人民大学出版社.

成思危，1999. 复杂性科学探索[M]. 北京：民主与建设出版社.

戴汝为，1999. 复杂性研究文集[M]. 北京：科学出版社.

丹皮尔，2001. 科学史：及其与哲学和宗教的关系[M]. 李珩，译，桂林：广西师范大学出版社.

邓聚龙，1990. 灰色系统理论教程[M]. 武汉：华中理工大学出版社.

迪亚库，霍尔姆斯，2001. 天遇：混沌与稳定性的起源[M]. 王兰宇，译. 上海：上海科技教育出版社.

丁雅娴，1994. 学科分类研究与应用[M]. 北京：中国标准出版社.

丁耘，陈新，2005. 思想史研究（第一卷）：思想史的元问题[M]. 桂林：广西师范大学出版社.

杜石然，范楚玉，陈美东，等，1982. 中国科学技术史稿[M]. 北京：科学出版社.

恩格斯，1971. 自然辩证法[M]. 中共中央马克思恩格斯列宁斯大林著作编译局，译，北京：人民出版社.

高奇，2001. 系统科学概论[M]. 济南：山东大学出版社.

格拉斯，麦基，1994. 从摆钟到混沌：生命的节律[M]. 上海：上海远东出版社.

格莱克，1990. 混沌：开创新科学[M]. 张淑誉，译. 上海：上海译文出版社.

格里博格，约克，2001. 混沌：对科学和社会的冲击[M]. 长沙：湖南科学技术出版社.

格林尼斯基，1963. 控制论浅述[M]. 北京：科学出版社.

哈金，2000. 驯服偶然[M]. 刘钢，译. 北京：中央编译出版社.

哈肯，1984. 协同学引论：物理学、化学和生物学中的非平衡相变和自组织[M]. 徐锡申，陈式刚，陈雅深，等，译. 北京：原子能出版社.

哈肯，1988. 协同学：自然成功的奥秘[M]. 戴鸣钟，译. 上海：上海科学普及出版社.

哈肯，1988. 信息与自组织：复杂系统的宏观方法[M]. 成都：四川教育出版社.

哈肯，1994. 协同计算机和认知：神经网络的自上而下方法[M]. 杨家本，译. 北京：清华大学出版社.

哈肯，2001. 协同学：大自然构成的奥秘[M]. 凌复华，译. 上海：上海译文出版社.

海森堡，1978. 严密自然科学基础近年来的变化[M].《海森堡论文选》翻译组，译. 上海：上海译文出版社.

汉肯，1984. 控制论与社会[M]. 黎鸣，译. 北京：商务印书馆.

黑格尔, 1979. 美学[M]. 朱光潜, 译. 北京: 商务印书馆.

黑格尔, 1980. 小逻辑[M]. 2 版. 贺麟, 译. 北京: 商务印书馆.

洪定国, 2001. 物理实在论[M]. 北京: 商务印书馆.

洪谦, 1989. 维也纳学派哲学[M]. 北京: 商务印书馆.

黄麟雏, 李继宗, 邹珊刚, 1984. 系统思想与方法[M]. 西安: 陕西人民出版社.

黄润生, 2000. 混沌及其应用[M]. 武汉: 武汉大学出版社.

霍根, 1997. 科学的终结[M]. 孙拥军, 等, 译. 呼和浩特: 远方出版社.

霍兰, 2001. 涌现: 从混沌到有序[M]. 上海: 上海科学技术出版社.

霍绍周, 1988. 系统论[M]. 北京: 科学技术文献出版社.

卡洛, 1982. 生物机器: 研究生命的控制论途径[M]. 汪云九, 陈德高. 北京: 科学出版社.

坎农, 1982. 躯体的智慧[M]. 范岳年, 魏有仁, 译. 北京: 商务印书馆.

康德, 1978. 任何一种能够作为科学出现的未来形而上学导论[M]. 庞景仁, 译. 北京: 商务印书馆.

克拉默, 2000. 混沌与秩序: 生物系统的复杂结构[M]. 柯志阳, 吴彤, 译. 上海: 上海科技教育出版社.

蒯因, 1987. 从逻辑的观点看[M]. 江天骥, 宋文淦, 张家龙, 等, 译. 上海: 上海译文出版社.

拉卡托斯, 马斯格雷夫. 批判与知识的增长: 1965 年伦敦国际科学哲学会议论文汇编第四卷[M]. 周寄中, 译. 北京: 华夏出版社, 1987.

拉兹洛, 1985. 用系统论的观点看世界[M]. 闵家胤, 译. 北京: 中国社会科学出版社.

拉兹洛, 1987. 系统, 结构和经验[M]. 李创同, 译. 上海: 上海译文出版社.

拉兹洛, 1988. 进化: 广义综合理论[M]. 北京: 社会科学文献出版社.

拉兹洛, 1991. 系统哲学讲演集[M]. 闵家胤, 译. 北京: 中国社会科学出版社.

拉兹洛, 1997. 决定命运的选择[M]. 李吟波, 等, 译. 北京: 生活·读书·新知三联书店.

拉兹洛, 2004. 微漪之塘: 宇宙中的第五种场[M]. 钱兆华, 译. 北京: 社会科学文献出版社.

兰格, 1981. 经济控制论导论[M]. 杨小凯, 郁鸿胜, 译. 北京: 中国社会科学出版社.

黎鸣, 1988. 控制论与社会改革[M]. 北京: 光明日报出版社.

李如生, 1986. 非平衡态热力学和耗散结构[M]. 北京: 清华大学出版社.

李曙华, 2002. 从系统论到混沌学[M]. 桂林: 广西师范大学出版社.

里夫金, 霍华德, 1987. 熵: 一种新的世界观[M]. 吕明, 袁舟, 译. 上海: 上海译文出版社.

梁美灵, 王则柯, 1996. 童心与发现: 混沌与均衡纵横谈[M]. 北京: 生活·读书·新知三联书店.

列尔涅尔，1980. 控制论基础[M]. 刘定一，译. 北京：科学出版社.

列宁，1959. 列宁全集：第二十六卷[M]. 北京：人民出版社.

列宁，1974. 哲学笔记[M]. 2 版. 中共中央马克思恩格斯列宁斯大林著作编译局，译. 北京：人民出版社.

林德宏，1985. 科学思想史[M]. 南京：江苏科学技术出版社.

林德宏，肖玲，等，1995. 科学认识思想史[M]. 南京：江苏教育出版社.

刘放桐，等，1990. 现代西方哲学[M]. 北京：人民出版社.

刘华杰，1996. 浑沌之旅[M]. 济南：山东教育出版社.

刘长林，1990. 中国系统思维：文化基因的透视[M]. 北京：中国社会科学出版社.

卢侃，孙建华，1991. 混沌学传奇[M]. 上海：上海翻译出版公司.

罗嘉昌，1996. 从物质实体到关系实在[M]. 北京：中国社会科学出版社.

罗嘉昌，黄裕生，伍雄武，1998. 场与有：中外哲学的比较与融通（五）[M]. 北京：中国社会科学出版社.

罗嘉昌，郑家栋，1994. 场与有：中外哲学的比较与融通（一）[M]. 北京：东方出版社.

洛伦兹，1997. 混沌的本质[M]. 北京：气象出版社.

吕埃勒，2001. 机遇与混沌[M]. 刘式达，梁爽，李滇林，译. 上海：上海科技教育出版社.

马赫，1986. 感觉的分析[M]. 2 版. 洪谦，唐钺，梁志学，译. 北京：商务印书馆.

马克思，1975. 资本论：第二卷[M]. 中共中央马克思恩格斯列宁斯大林著作编译局，译. 北京：人民出版社.

马克思，1978. 机器，自然力和科学的应用[M]. 北京：人民出版社.

马克思，恩格斯，1995. 马克思恩格斯全集：第四卷[M]. 中共中央马克思恩格斯列宁斯大林著作编译局，译. 北京：人民出版社.

马克思，恩格斯，1979. 马克思恩格斯全集：第四十二卷[M]. 中共中央马克思恩格斯列宁斯大林著作编译局，译. 北京：人民出版社.

马克思，恩格斯，1995. 马克思恩格斯选集：第二卷[M]. 中共中央马克思恩格斯列宁斯大林著作编译局，编. 北京：人民出版社.

马克思，恩格斯，1972. 马克思恩格斯选集：第三卷[M]. 中共中央马克思恩格斯列宁斯大林著作编译局，编. 北京：人民出版社.

马克思，恩格斯，2012. 马克思恩格斯选集：第四卷[M]. 3 版. 中共中央马克思恩格斯列宁斯大林著作编译局，编. 北京：人民出版社.

马克思，恩格斯，1995. 马克思恩格斯选集：第一卷[M]. 中共中央马克思恩格斯列宁斯大林著作编译局，编. 北京：人民出版社.

马清健，1989. 系统和辩证法[M]. 北京：求实出版社.

迈尔斯，1986. 系统思想[M]. 杨志信，葛明浩，译. 成都：四川人民出版社.

麦克莱伦第三，多恩，2003. 世界史上的科学技术[M]. 王鸣阳，译. 上海：上海科技
　　教育出版社.

苗东升，1990. 系统科学原理[M]. 北京：中国人民大学出版社.

苗东升，1998. 系统科学辩证法[M]. 济南：山东教育出版社.

苗东升，1998. 系统科学精要[M]. 北京：中国人民大学出版社.

苗力田，李毓章，2015. 西方哲学史新编（修订本）[M]. 北京：人民出版社.

闵家胤，1999. 进化的多元论：系统哲学的新体系[M]. 北京：中国社会科学出版社.

莫兰，2001. 复杂思想：自觉的科学[M]. 陈一壮，译. 北京：北京大学出版社.

莫诺，1977. 偶然性和必然性：略论现代生物学的自然哲学[M]. 上海外国自然科学
　　哲学著作编译组，译. 上海：上海人民出版社.

尼科里斯，普利高津，1986. 探索复杂性[M]. 罗久里，陈奎宁，译. 成都：四川教育
　　出版社.

尼科利斯，普里戈京，1986. 非平衡系统的自组织[M]. 徐锡申，陈式刚，王光瑞，
　　等，译. 北京：科学出版社.

诺意曼，1979. 计算机和人脑[M]. 甘子玉，译. 北京：商务印书馆.

欧阳莹之，2002. 复杂系统理论基础[M]. 田宝国，周亚，樊瑛，译. 上海：上海科技
　　教育出版社.

庞元正，李建华，等，1989. 系统论控制论信息论经典文献选编[M]. 北京：求实出版社.

彭加勒，1988. 科学的价值[M]. 李醒民，译. 北京：光明日报出版社.

彭新武，2003. 复杂性思维与社会发展[M]. 北京：中国人民大学出版社.

皮亚杰，1981. 发生认识论原理[M]. 王宪钿，等，译. 北京：商务印书馆.

朴昌根，1994. 系统学基础[M]. 成都：四川教育出版社.

普里戈金，1986. 从存在到演化：自然科学中的时间及复杂性[M]. 曾庆宏，严士健，
　　马本堃，等，译. 上海：上海科学技术出版社.

普里戈金，斯唐热，1987. 从混沌到有序：人与自然的新对话[M]. 曾庆宏，沈小峰，
　　译. 上海：上海译文出版社.

钱学森，1986. 关于思维科学[M]. 上海：上海人民出版社.

钱学森，2001. 创建系统学[M]. 太原：山西科学技术出版社.

钱学森，宋健，1980. 工程控制论[M]. 北京：科学出版社.

乔瑞金，1996. 现代整体论[M]. 北京：中国经济出版社.

切克兰德，1990. 系统论的思想与实践[M]. 左晓斯，史然，译. 北京：华夏出版社.

秦书生，2004. 复杂性技术观[M]. 北京：中国社会科学出版社.

萨多夫斯基，1984. 一般系统论原理：逻辑-方法论分析[M]. 贾泽林，刘伸，王兴成，

等，译. 北京：人民出版社.

桑德奎斯特，1989. 系统科学概论[M]. 戚万伍，译. 台北：科技图书股份有限公司.

沙莲香，1990. 传播学：以人为主体的图像世界之谜[M]. 北京：中国人民大学出版社.

上海市科学技术编译馆，1965. 信息论理论基础[M]. 上海：上海市科学技术编译馆.

沈骊天，1987. 系统信息控制科学原理[M]. 南京：南京大学出版社.

沈骊天，1992. 高科技与熵增的竞赛[M]. 南京：南京大学出版社.

沈骊天，1997. 当代自然辩证法[M]. 南京：南京大学出版社.

沈禄赓，2000. 系统科学概要[M]. 北京：北京广播学院出版社.

沈小峰，胡岗，姜璐，1987. 耗散结构论[M]. 上海：上海人民出版社.

圣吉，1994. 第五项修炼：学习型组织的艺术与实务[M]. 郭进隆，译. 上海：上海三
　　联书店.

司马贺，1986. 人类的认知：思维的信息加工理论[M]. 荆其诚，张厚粲，译. 北京：
　　科学出版社.

斯大林，1985. 斯大林文集[M]. 中共中央马克思恩格斯列宁斯大林著作编译局，编.
　　北京：人民出版社.

斯图尔特，1995. 上帝掷骰子吗：混沌之数学[M]. 潘涛，译. 上海：上海远东出版社.

宋毅，何国祥，1986. 耗散结构论[M]. 北京：中国展望出版社.

宋子良，等，1989. 理论科技史[M]. 武汉：湖北科学技术出版社.

孙志海，2004. 自组织的社会进化理论：方法和模型[M]. 北京：中国社会科学出版社.

泰勒，2004. 自然规律中蕴蓄的统一性[M]. 暴永宁，译. 北京：北京理工大学出版社.

童天湘，林夏水，1998. 新自然观[M]. 北京：中共中央党校出版社.

涂序彦，潘华，郭荣江，等，1980. 生物控制论[M]. 北京：科学出版社.

托夫勒，1983. 第三次浪潮[M]. 朱志焱，潘琪，张焱，译. 北京：生活·读书·新知
　　三联书店.

托姆，1989. 突变论：思想和应用[M]. 周仲良，译. 上海：上海译文出版社.

汪子嵩，等，1988. 哲学史教程：第一卷[M]. 北京：人民出版社.

王诺，1994. 系统思维的轮回[M]. 大连：大连理工大学出版社.

王学萌，1993. 灰色系统方法简明教程[M]. 成都：成都科技大学出版社.

王颖，1998. 大系统思维论[M]. 北京：中国青年出版社.

王雨田，1986. 控制论，信息论，系统科学与哲学[M]. 北京：中国人民大学出版社.

维纳，1963. 控制论（或关于在动物和机器中控制和通信的科学）[M]. 2版. 郝季仁，
　　译. 北京：科学出版社.

维纳，1978. 人有人的用处：控制论与社会[M]. 陈步，译，北京：商务印书馆.

魏宏森，1983. 系统科学论方法导论[M]. 北京：人民出版社.

文德尔班，1987. 哲学史教程：上卷[M]. 罗达仁，译. 北京：商务印书馆.

沃尔德罗普, 1997. 复杂: 诞生于秩序与混沌边缘的科学[M]. 陈玲, 译. 北京: 生活·读书·新知三联书店.

乌杰, 1988. 系统辩证论[M]. 呼和浩特: 内蒙古人民出版社.

乌杰, 1991. 系统辩证论[M]. 北京: 人民出版社.

乌杰, 1992. 整体管理论[M]. 北京: 人民出版社.

乌杰, 吴启迪, 2004. 新世纪, 新思维[M]. 北京: 中国财政经济出版社.

邬焜, 巩真, 1996. 系统科学基础[M]. 西安: 陕西科学技术出版社.

邬焜, 李琦, 1987. 哲学信息论导论[M]. 西安: 陕西人民出版社.

吴国盛, 2002. 科学的历程[M]. 北京: 北京大学出版社.

吴彤, 2001. 自组织方法论研究[M]. 北京: 清华大学出版社.

吴祥兴, 陈忠, 等, 2001. 混沌学导论[M]. 上海: 上海科学技术文献出版社.

吴学谋, 1984. 逼近转化论与数学中的泛系概念[M]. 长沙: 湖南科技出版社.

吴学谋, 1989. 泛系方法论文集[M]. 延吉: 延边大学出版社.

吴学谋, 1990. 从泛系观看世界[M]. 北京: 中国人民大学出版社.

吴学谋, 1990. 泛系理论与数学方法[M]. 南京: 江苏教育出版社.

吴学谋, 1996. 泛系: 不合上帝模子的哲学[M]. 武汉: 武汉出版社.

西蒙, 1985. 关于人为事物的科学[M]. 杨砾, 译. 北京: 解放军出版社.

夏禹龙, 等, 1983. 科学学基础[M]. 北京: 科学出版社.

肖纪美, 2000. 梳理人、事、物的纠纷: 问题分析方法[M]. 北京: 清华大学出版社.

许国志, 1994. 系统科学大辞典[M]. 昆明: 云南科技出版社.

许国志, 2000. 系统科学[M]. 上海: 上海科技教育出版社.

许国志, 2000. 系统科学与工程研究[M]. 上海: 上海科技教育出版社.

薛定谔, 1973. 生命是什么? [M]. 上海: 上海人民出版社.

亚里士多德, 1982. 物理学[M]. 张明竹, 译. 北京: 商务印书馆.

亚里士多德, 1990. 亚里士多德全集: 第一卷[M]. 秦典华, 余纪元, 徐开来, 译. 北京: 中国人民大学出版社.

颜泽贤, 1993. 复杂系统演化论[M]. 北京: 人民出版社.

杨士尧, 1986. 系统科学导论[M]. 北京: 农业出版社.

伊东俊太郎, 坂本贤三, 山田庆儿, 等, 1986. 科学技术史词典[M]. 北京: 光明日报出版社.

伊利切夫, 1982. 哲学和科学进步[M]. 潘培新, 汲自信, 潘德礼, 等, 译. 北京: 中国人民大学出版社.

詹奇, 1991. 自组织的宇宙观[M]. 曾国屏, 等, 译. 北京: 中国社会科学出版社.

詹奇, 1992. 自组织的宇宙观[M]. 曾国屏, 吴彤, 宋怀时, 等, 译. 北京: 中国社会科学出版社.

湛垦华，沈小峰，等，1982. 普利高津与耗散结构理论[M]. 西安：陕西科学技术出版社.

张汝伦，2003. 现代西方哲学十五讲[M]. 北京：北京大学出版社.

张锡纯，2000. 二熵：源事理[M]. 北京：北京航空航天大学出版社.

张祥生，肖厚智，2003. 系统科学[M]. 武汉：武汉理工大学出版社.

张彦，林德宏，1990. 系统自组织概论[M]. 南京：南京大学出版社.

张耀南，陈鹏，2002. 实在论在中国[M]. 北京：首都师范大学出版社.

赵凯荣，2001. 复杂性哲学[M]. 北京：中国社会科学出版社.

郑维敏，1998. 正反馈[M]. 北京：清华大学出版社.

中国科学院复杂性研究编委会，1993. 复杂性研究[M]. 北京：科学出版社.

周守仁，2001. 复杂性研究与混沌控制及其哲学阐析[M]. 成都：四川教育出版社.

邹珊刚，黄麟雏，李继宗，等，1987. 系统科学[M]. 上海：上海人民出版社.

## 二、论文

艾根，1988. 关于超循环[J]. 自然科学哲学问题，（1）.

贝塔朗菲，王兴成，1978. 普通系统论的历史和现状[J]. 国外社会科学，（2）：69-77.

陈建新，1995. 我国系统科学研究的发展与成就[J]. 系统辩证学学报，（04）：75-79.

陈润生，1981. 熵[J]. 百科知识，（10）：76-79.

陈一壮，2005. 试论复杂性理论的精髓[J]. 哲学研究，（6）：108-114.

陈禹，2001. 复杂适应系统（CAS）理论及其应用——由来、内容与启示[J]. 系统辩证学学报，（4）：35-39.

成思危，1999. 复杂科学与系统工程[J]. 管理科学学报，（2）：3-9.

成思危，2001. 复杂科学与组织管理[J]. 科学，53（1）：4.

狄增如，2011. 系统科学视角下的复杂网络研究[J]. 上海理工大学学报，33（2）：111-116.

董春雨，2011. 国内复杂系统科学哲学研究的若干热点问题[J]. 学习与探索，（5）：24-27.

范冬萍，2003. 系统哲学的新探索："控制论原理研究计划"[J]. 自然辩证法研究，（9）：80-83.

范冬萍，2018. 系统科学哲学理论范式的发展与构建[J]. 自然辩证法研究，34（6）：110-115.

费军，余丽华，1997. 泛系理论与一般系统论比较研究[J]. 系统辩证学学报，（4）：71-74.

高剑平，2006. 系统科学思想史研究——从"实体"的科学到"关系"的科学[D]. 南京：南京大学.

葛永林，徐正春，2002. 论霍兰的 CAS 理论——复杂系统研究新视野[J]. 系统辩证学学报，（3）：65-67，75.

管晓刚，2000. 耗散结构论的科学与哲学意义[J]. 系统辩证学学报，（4）：30-34.

管云波，魏屹东，2016. 隐喻在系统科学中的方法论意义[J]. 系统科学学报，24（2）：40-44.

桂起权，陈群，2014. 从复杂性系统科学视角支持共生与协同[J]. 系统科学学报，22（1）：9-15，20.

郭元林，2005. 论复杂性科学的诞生[J]. 自然辩证法通讯，（3）：53-58，70-111.

哈肯，1978. 协同学[J]. 任尚芬，译. 自然杂志，（4）.

何跃，柯红路，1997. 泛系的广义超元论诠释[J]. 系统辩证学学报，（01）：31-36.

金吾伦，郭元林，2003. 国外复杂性科学的研究进展[J]. 国外社会科学，（06）：4.

黎鸣，1984. 力的哲学和信息的哲学[J]. 百科知识，（11）.

黎鸣，1984. 论信息[J]. 中国社会科学，（4）：13-26.

李曙华，2004. 系统科学——从构成论走向生成论[J]. 系统辩证学学报，（2）：5-9，34.

李曙华，2005. 生成的逻辑与内涵价值的科学——超循环理论及其哲学启示[J]. 哲学研究，（8）：75-81，128.

李曙华，2005. 系统“生成论”与生成进化论[J]. 系统辩证学学报，（4）：44-48，68.

刘钢，2003. 从信息的哲学问题到信息哲学[J]. 自然辩证法研究，（1）：45-49，74.

刘敏，2010. 量子理论的桥梁作用——在经典科学与系统科学之间[J]. 科学学与科学技术管理，31（10）：10-13，107.

刘敏，2012. 系统科学整体性思想的演进机制与路由[J]. 东南大学学报（哲学社会科学版），14（2）：23-26，126.

刘粤生，1998. 论“信息进化论”与信息增殖——信息增殖进化论的历史背景与理论探索[J]. 科学技术与辩证法，（4）：1-6.

鲁兴启，1998. 综合的时代呼唤在系统思维基础上建立跨学科研究的方法论[J]. 系统辩证学学报，（2）：12-17.

马步广、颜泽贤，2005. 突现进化论的新范式：元系统跃迁[J]. 科学技术与辩证法，（1）：33-37.

麦奎里，安贝吉，裘辉，1979. 马克思和现代系统论[J]. 国外社会科学，（6）：13.

毛建儒，1993. 拉兹洛系统哲学初探[J]. 系统科学学报，（4）：68-73.

毛建儒，1995. 矛盾辩证论与系统辩证论关系述评[J]. 系统辩证学学报，（3）：93-96.

苗东升，1994. 信息论的辩证思想[J]. 系统辩证学学报，（2）：38-43.

苗东升，1996. 耗散结构论的辩证思想[J]. 系统辩证学学报，（1）：34-40.

苗东升，2000. 论复杂性[J]. 自然辩证法通讯，（6）：87-92，96.

苗东升，2001. 复杂性研究的现状与展望[J]. 系统辩证学学报，（4）：3-9.

苗东升，2003. 复杂性科学与后现代主义[J]. 民主与科学，（3）：29-32.

苗东升，2004. 系统思维与复杂性研究[J]. 系统辩证学学报，（1）：1-5，29.

闵家胤，2011. 系统和系统科学[J]. 系统科学学报，19（4）：4-7.

齐磊磊，2015. 从计算机模拟方法到计算主义的哲学思考——基于复杂系统科学哲学的角度[J]. 系统科学学报，23（1）：14-18.

钱学森，1989. 基础科学研究应该接受马克思主义哲学的指导[J]. 哲学研究，（10）：3-8.

钱学森，1979. 大力发展系统工程，尽早建立系统科学的体系[N]，光明日报，11-18.

钱学森，1991. 钱学森在授奖仪式上的讲话[N]. 人民日报，10-19.

钱学森，1990. 要从整体上考虑并解决问题[N]. 人民日报，12-31.

钱兆华，等，2004. 系统思想的特征[J]. 系统辩证学学报，（2）.

秦书生，2005. 复杂性科学批判之批判——兼析"关于'复杂性研究'和'复杂性科学'"一文[J]. 自然辩证法研究，（6）：21-23，112.

茹科夫，童天湘，1978. 反映、信息和意识过程的相互关系[J]. 国外社会科学，（4）：4.

沈骊天，1985. 科技信息资源开发与科技体制改革[J]. 南京大学学报：哲学·人文科学·社会科学，（1）：7.

沈骊天，1985. 热寂、循环、发展——世界运动进程的三种观点[J]. 湘潭大学学报（社会科学版），（1）：67-70.

沈骊天，1987. 社会系统学初探[J]. 南京大学学报（哲学专辑）.

沈骊天，1993. 哲学信息范畴与信息进化论[J]. 自然辩证法研究，（6）：41-46，50.

沈骊天，1994. 热寂与发展——跨世纪的论战[J]. 自然辩证法研究，（11）：38-43.

沈骊天，1995. 微弱的有序与强大的无序——论当代辩证发展观与机械论演化观的根本分歧[J]. 中国社会科学，（5）：97-107.

沈骊天，2005. 解读科学发展观——以人为本与社会进步的历史整合[J]. 学术论坛，（3）：8-12.

沈骊天，魏云芳，2004. 后现代哲学的挑战与系统哲学的回应[J]. 系统辩证学学报，（3）：8-12.

苏子仪，1991. 灰色系统理论方法思考[J]. 哲学研究，（8）：5.

田宝国，谷可，姜璐，2001. 从线性到非线性——科学发展的历程[J]. 系统辩证学学报，（3）：62-67.

王鼎昌，1981. "量-质"信息与控制论系统[J]. 信息与控制，（1）：3-12.

王学萌，穆月英，唐翼东，1995. 灰色系统分析方法论初探[J]. 系统辩证学学报，（2）：85-89，50.

王学萌，朱德威，1993. 灰关联分析的理论探讨[J]. 宁夏工学院学报，（1）.

王雨田，1994. 关于系统科学哲学探讨的回顾与问题[J]. 系统科学学报，（1）：1-10.

王志康，1990. 论复杂性概念——它的来源、定义、特征和功能[J]. 哲学研究，（3）：

102-110.

韦诚，1997. 关系：学科理论系统增长的渊源[J]. 系统辩证学学报，（4）：88-90.

卫郭敏，2019. 系统科学对内外因作用机制的诠释[J]. 系统科学学报，27（1）：41-44.

卫郭敏，武杰，2013. 系统科学视野下的科学整体演化图景[J]. 自然辩证法研究，29（3）：25-30.

乌杰，1988. 系统辩证论——关于当代哲学理论发展的构想[J]. 内蒙古社会科学（文史哲版），（3）：5-19.

吴彤，2000. "复杂性"研究的若干哲学问题[J]. 自然辩证法研究，（1）：6-10.

吴彤，2005. 复杂的实在[J]. 自然辩证法研究，（6）：1-4，10.

肖玲，林德宏，2005. 从"旁观者"到"观察者"——狭义相对论的科学认识论价值[J]. 自然辩证法通讯，（4）：1-5，110.

谢爱华，2003. 突现论：科学与哲学的新挑战[J]. 自然辩证法研究，（9）：84-87.

徐玲，1998. 论钱学森现代科技体系结构学说的方法论特点[J]. 系统辩证学学报，（3）：83-85.

颜泽贤，2005. 复杂性探索与控制论发展[J]. 自然辩证法研究，（6）：11-15，20.

颜泽贤，张华夏，2003. 进化的系统哲学和我们的研究纲领[J]. 自然辩证法研究，19（9）：5.

叶立国，2009. "系统科学范式"研究述评[J]. 系统科学学报，17（4）：25-30.

叶立国，2010. 系统科学理论体系的重建及其哲学思考[D]. 南京大学.

叶立国，2014. 国外系统科学内涵与理论体系综述[J]. 系统科学学报，22（1）：26-30.

于景元，1987. 控制论和系统学[J]. 系统工程理论与实践，（3）：4.

张华夏，1993. 当代哲学的整合与系统辩证论[J]. 系统辩证学学报，（1）：22-30.

张华夏，1997. 系统辩证学的理论与实践[J]. 系统辩证学学报，（1）：1-8.

张华夏，1998. 论系统思想——走向 21 世纪的系统辩证哲学思潮[J]. 系统辩证学学报，（2）：1-7.

张华夏，2000. 走向 21 世纪的新辩证法思潮：系统主义[J]. 系统辩证学学报，（1）：1-5.

张君弟，2005. 论复杂适应系统涌现的受限生成过程[J]. 系统辩证学学报，（2）：44-48.

张锡海，1996. 国内"实在论"研究近况[J]. 哲学动态，（8）：13-16.

张锡梅，1996. 系统科学方法与系统思维方式[J]. 系统辩证学学报，（1）：53-56.

赵凯荣，1995. 系统辩证论的理论与实践[J]. 系统辩证学学报，（1）：12-19.

周理乾，2017. 论系统科学与传统科学的不连续性及其哲学思考[J]. 系统科学学报，25（2）：1-6，10.

周守仁，1991. "对称—整合"思维模式的内容和特点[J]. 大自然探索，（4）：112-119.

## 三、外文文献

Aristotle，1908. Aristotle Metaphysics[M]. London：Clarendon Press.

Beer，1959. Cybernetic and Management[M]. Hoboken：Wiley.

Bertalanffy，1952. Problems of Life[M]. London：C.A. Watts & Co.

Boogerd，Bruggeman，Hofmeyr，Westerhoff，2007. Systems Biology：Philosophical Foundations[M]. Amsterdam：Elsevier.

Checkland，Peter，1981. Systems Thinking，Systems Practice[M]. Hoboken：Wiley.

Collingwood，1994. The Idea of History[M]. Oxford：Oxford University Press.

Dawkins，1976. The Selfish Gene[M]. Oxford：Oxford University Press.

Denett，Haugeland，1987. Intentionality[M]//The Oxford Companion to the Mind. Oxford：Oxford University Press.

Dummett，1994. The Origin of Analytic Philosophy[M]. Cambridge：Cambridge University Press.

Floridi，1999. Pilosophy and Computing：An Introduction[M]. London：Routledge.

Floridi，2002. What is the Philosophy of Information[J]. Metaphilosophy，33：123-145.

Heylighen，2000. Foundations and Methodology for an Evolutionary World View：A Review of the Principia Cybernetica Project[J]. Foundation of Science，5：457-490.

Heylighen，1999. The Growth of Structural and Functional Complexity During Evolution[C]//The Evolution of Complexity. Dordrecht：Kluwer Academic Publishers.

Joslyn，Heylighen，2003. Cybernetics[J]. The Encyclopedia of Computer Science：470-473.

Kitano，2001. Foundations of Systems Biology[M]. Cambridge：The MIT Press.

Klir，2001. Facets of Systems Science[M]. New York：Kluwer Academic/Plenum Publishers.

Lakatos，Imre，Musgrave，1970. Criticism and the Growth of Knowledge[M]. Cambridge：Cambridge University Press.

Laszlo，1983. Systems Science & World Order：Selected Studies[M]. Oxford：Pergamon Press.

Mainzer，Klaus，2005. Symmetry and Complexity：The Spirit and Beauty of Nonlinear Science[M]. Singapore：World Scientific.

Marken，1988. The Nature of Behavior：Control as Fact and Theory[J]. Behavioral Science，33（3）：196-206.

Midgley，Gerald，2003. Systems Thinking(Volume I)：General Systems Theory，Cybernetics and Complexity[M]. Thousand Oaks：SAGE Publications.

Midgley，Gerald，2003. Systems Thinking(Volume II)：Systems Theory and Modelling[M].

Thousand Oaks：SAGE Publications.

Midgley，Gerald，2003. Systems Thinking(Volume III)：Second Order Cybernetics，Systemic Therapy and Soft Systems Thinking[M]. Thousand Oaks：SAGE Publications.

Midgley，Gerald，2003. Systems Thinking(Volume IV)：Critical Systems Thinking and Systemic Perspectives on Ethics，Power and Pluralism[M]. Thousand Oaks：SAGE Publications.

Rescher，1998. Complexity：A Philosophical Overview[M]. Piscataway：Transaction Publishers.

Ricard，1988. The Nature of Behavior：Control as Fact and Theory[J]. Behavioral Science，33：196-206.

Sandquist，Gary，1984. Introduction to System Science[M]. Hoboken：PrenticeHall.

The New England Complex System Institute，1999. Emergence：A Journal of Complexity Issue in Organiqations and Management[C].

Turchin，1977. The Phenomenon of Science[M]. New York：Columbia University Press.

Waldrop，1992. Complexity：The Emerging Science at the Edge of Order and Chaos[M]. New York：Simon and Schuster.

Warfield，2006. An Introduction to Systems Science[M]. Singapore：World Scientific.

Wegener，Ingo，2005. Complexity Theory[M]. Berlin/Heidelberg：Springer-Verlag.

# 后　记

通过对系统哲学思想史的回顾、批评与超越，本书执着地追求一条普遍兼容的思想路线。普遍兼容应当涵盖：物质、能量、信息兼容，实体与关系兼容，还原方法与整体方法兼容，机械论与整体论兼容，存在与演化兼容，构成、组织、生成兼容。本书在观念方面的超越，集中表现在充分肯定系统哲学强调关系、整体论、演化论、生成论的同时，致力于纠正这样一种思想倾向：系统哲学是以完全摒弃实体、还原论、机械论、存在论、构成论等为标志的。恰恰相反，本书主张的系统综合是以包容实体、还原论、机械论、存在论、构成论等为重要特征的，当然这种包容是突破被包容要素原有狭隘思想疆界为前提的。

当前需突破的思想障碍是：研究系统哲学不能执着于一己之说，忽视了综合百家之长，这在研究方法上恰恰违反了系统思想。

研究系统哲学思想史的一大任务，就是呼唤人们走出各自的学说山头，博采众长、兼容并蓄、海纳百川，以汇成系统哲学思想的当代发展潮流，解决人类当下所遇到的各种各样的严重问题，从而为人类千秋万代、永续发展贡献力量。